全国高等院校物联网专业规划教材

物联网应用开发详解
——基于 ARM Cortex–M3 处理器的开发设计

华清远见物联网学院　卢闫进　刘洪涛　编著

电子工业出版社

Publishing House of Electronics Industry

北京·BEIJING

内 容 简 介

本书从物联网理论与实践两个方面介绍了物联网技术。主要内容包含物联网综述、国内外物联网应用现状与远景、传感器技术、RFID 技术、有线传输与组网技术、Cortex-M3 微控制器核、ATMEL SAM3S4B 微处理器在物联网中的应用、μC/OS-II 操作系统应用、RFID 实践、红外无线通信技术与实践、ZigBee 无线通信技术与实践、Wi-Fi 无线通信技术与实践、GPRS 无线通信技术与实践、工业串口屏实践及物联网智能家居综合案例。本书配有丰富的学习资源，除了书中实验代码外，还包含 FSIOT_A 物联网平台其他的开发资料供读者学习参考。

本书可作为高等院校物联网、电子、通信、自动化、计算机等专业的物联网技术、接口技术、ARM 微控制器技术课程的教材，也可作为相关嵌入式开发人员的参考书。

图书在版编目（CIP）数据

物联网应用开发详解：基于 ARM Cortex-M3 处理器的开发设计 / 卢闫进，刘洪涛编著. —北京：电子工业出版社，2013.11

全国高等院校物联网专业规划教材

ISBN 978-7-121-21889-7

Ⅰ. ①物…　Ⅱ. ①卢… ②刘…　Ⅲ. ①微处理器－系统设计－高等学校－教材　Ⅳ. ①TP332

中国版本图书馆 CIP 数据核字（2013）第 271589 号

策划编辑：王昭松
责任编辑：王昭松
印　　刷：北京京师印务有限公司
装　　订：北京京师印务有限公司
出版发行：电子工业出版社
　　　　　北京市海淀区万寿路 173 信箱　邮编 100036
开　　本：787×1 092　1/16　印张：25.25　字数：646.4 千字
印　　次：2013 年 11 月第 1 次印刷
印　　数：3 000 册　定价：49.00 元

前　言

国内物联网产业呈现"井喷"增长，物联网市场应用如今已从电力、交通、安保等公共服务领域逐步走入民用市场领域，并且初步形成了配套的产业链。此外，各地政府对物联网产业的热衷态势无不透露着未来物联网产业的诱人前景。据权威机构预测，2013 年我国物联网市场规模将达到 4896 亿元，未来三年我国物联网市场增长率将保持在 30%以上，市场前景巨大。随着物联网市场的爆发性扩张，物联网行业对人才的需求势必会急速增长，2013 年全国有 10 万以上的物联网行业人才缺口，而在未来十年，所需求的人才数量每年都会增长。

物联网开发是电子技术、嵌入式技术、自动控制、网络通信技术、计算机技术等专业知识的综合应用。大学阶段除了重点学习理论知识外，还需要具备一定的动手实践能力，只有这样才能满足企业的真实需要。理工类高校开展以实验、项目开发为主的物联网应用实训则是一个极好的人才培养途径。实训环节的教学工作是理工科教学体系的重要环节，配套的专业图书和实战案例则成为这个重要环节的必备基础。

本书从物联网的基础知识、系统搭建到综合应用，共分三个层次深入浅出地为读者拨开萦绕于物联网这个概念的重重迷雾，引领读者渐渐步入物联网世界，帮助探索者实实在在地把握第三次 IT 科技浪潮的方向。本书的特色如下：

- ❑ 重基础，适合教学。
- ❑ 重素质，全面讲解。本书在一般性教材的基础上，对物联网系统的软硬件开发环境进行了大量的讲解，可以让读者更进一步、更全面地了解物联网的开发过程。
- ❑ 重实践，与实际项目相结合。本书在多个章节安排小实验，特别在第 15 章使用大量篇幅以物联网智能家居实际项目应用开发为例进行详细的分析讲解，并在配套教学资源中给出了参考设计代码和文档。
- ❑ 重应用。书中的实例对时下经常使用的功能、设备、器材等进行了讲解和说明，力求教材所涉及的内容能紧跟行业实际应用的需要。

全书共分 15 章，第 1 章介绍了物联网的定义、体系架构、产业标准等背景知识。第 2 章介绍了国内外一些典型应用案例，说明物联网的应用现状，并对物联网在更多行业上的应用发展描述了一些远景。第 3 章全面介绍了多种物联网应用中常用的传感器技术和传感器的接口技术。第 4 章从 RFID 原理、架构、接口及 EPC 等方面讲解 RFID。第 5 章介绍了工业领域常用的 CAN 总线、RS-485 总线、TCP/IP 等有线通信及组网技术。第 6 章介绍了 Cortex-M3 微控制器特性。第 7 章介绍了基于华清远见自主研发的 FSIOT_A 物联网平台 SAM3S4B 微处理器在物联网中的应用及相关例程。第 8 章介绍了实时操作系统 μC/OS-II 的基本知识及在 Cortex-M3 上的移植。第 9～13 章主要介绍常见的无线识别和通信技术。第 9 章介绍了 RFID 实践操作及对 S50 卡的读写。第 10 章介绍了红外学习模块相关的操作。第 11 章介绍了 ZigBee 无线通信技术及基于 AT86RF231 的通信构架。第 12 章简要介绍了 Wi-Fi 无线通信技术和相关例程。第 13 章介绍了基于 ME3000 的 GPRS 无线通信的应用。第 14 章介绍了工业串口屏的使用。第 15 章给出了以 FSIOT_A 为实验平台的物联网智能家居综合案例。

本书的出版要感谢华清远见各位老师的无私帮助。本书的前期组织和后期审校工作都凝聚了培训中心多位老师的心血,他们认真阅读了书稿,提出了大量中肯的建议,并帮助纠正了书稿中的很多错误。

全书由卢闫进、刘洪涛承担书稿的编写及统稿工作。书稿的完成需要特别感谢研发中心老师们的帮助。

由于编者水平所限,书中疏漏之处在所难免,恳请读者批评指正。对于本书的批评和建议,可以发表到 www.farsight.com.cn 技术论坛。

编 者

2013 年 8 月

目　　录

第 1 章　物联网综述

随着国内互联网的发展，物联网相关概念也随之进入了人们的视线。所谓物联网是指把所有物品通过射频识别等信息传感设备与互联网连接起来，从而实现智能识别和管理，是继计算机、互联网和移动通信之后的又一次信息产业的革命性发展。以信息感知为特征的物联网被称为世界信息产业的第三次浪潮，在人类生活和生产服务中具有更加广阔的应用前景。物联网已经成为我国的战略性新兴产业。

本章主要对物联网进行基本的介绍，包括物联网的基本概念、发展历史、体系架构、与物联网相关的几个方面及物联网的发展与应用等。

1.1　物联网的定义

1.1.1　通用定义

物联网（Internet of Things，IOT；也称为 Web of Things）是指通过各种信息传感设备，如传感器、射频识别（RFID）技术、全球定位系统、红外感应器、激光扫描器、气体感应器等各种装置与技术，实时对任何需要监控、连接、互动的物体或过程，采集其声、光、热、电、力学、化学、生物、位置等各种需要的信息，与互联网结合形成的一个巨大网络。其目的是实现物与物、物与人，所有的物品与网络的连接，方便识别、管理和控制。

1.1.2　"中国式"定义

在中国，物联网通常指的是将无处不在的末端设备（Devices）和设施（Facilities），包括具备"内在智能"的传感器、移动终端、工业系统、楼控系统、家庭智能设施、视频监控系统等和"外在使能"（Enabled），如贴上 RFID 的各种资产（Assets）、携带无线终端的个人与车辆等"智能化物件"或"智能尘埃"（Mote），通过各种无线和有线的长距离或短距离通信网络实现互联互通（M2M）、应用大集成（Grand Integration），以及基于云计算的 SaaS 营运等模式，在内网（Intranet）、专网（Extranet）和互联网（Internet）环境下，采用适当的信息安全保障机制，提供安全可控乃至个性化的实时在线监测、定位追溯、报警联动、调度指挥、预案管理、远程控制、安全防范、远程维保、在线升级、统计报表、决策支持、领导桌面等管理和服务功能，实现对"万物"的"高效、节能、安全、环保"的"管、控、营"一体化。

1.1.3　欧盟的定义

2009 年 9 月，在北京举办的"物联网与企业环境中欧研讨会"上，欧盟委员会信息和社会媒体司 RFID 部门负责人 Lorent Ferderix 博士给出了欧盟对物联网的定义：物联网是一个动态的全球网络基础设施，它具有基于标准和互操作通信协议的自组织能力，其中物理的和虚拟的"物"具有身份标识、物理属性、虚拟特性和智能的接口,并与信息网络无缝整合。物联网将与媒体互联网、服务互联网和企业互联网一道构成未来的互联网。

1.2 物联网的发展历史

物联网的实践最早可以追溯到 1990 年施乐公司的网络可乐贩售机(Networked Coke Machine)。

1999 年,在美国召开的移动计算和网络国际会议上首先提出了物联网这个概念,它由麻省理工学院 Auto-ID 中心的 Ashton 教授在研究 RFID 时最早提出。Ashton 教授提出了结合物品编码、RFID 和互联网技术的解决方案,基于当时互联网、RFID 技术、EPC 标准,在计算机互联网的基础上,利用射频识别技术、无线数据通信技术等,构造了一个实现全球物品信息实时共享的实物互联网"Internet of Things"(简称物联网)。这也是 2003 年掀起的第一轮物联网热潮的基础。

2003 年,美国《技术评论》提出,传感网络技术将是未来改变人们生活的十大技术之首。

2005 年 11 月 17 日,在突尼斯举行的信息社会世界峰会(WSIS)上,国际电信联盟(ITU)发布《2005 年度互联网报告:物联网》,引用了"物联网"的概念。物联网的定义和范围发生了变化,覆盖范围有了较大的拓展,不再只是指基于 RFID 技术的物联网。

2008 年后,为了促进科技发展,寻找新的经济增长点,各国政府开始重视下一代的技术规划,将目光放在了物联网上。

2009 年 1 月 28 日,就任美国总统后的奥巴马与美国工商业领袖举行了一次"圆桌会议",作为仅有的两名代表之一,IBM 首席执行官彭明盛首次提出"智慧地球"这一概念,建议新政府投资新一代的智慧型基础设施。同年,美国将新能源和物联网列为振兴经济的两大重点。

2009 年 2 月 24 日,在"2009 IBM"论坛上,IBM 大中华区首席执行官钱大群公布了名为"智慧的地球"的最新战略。

2009 年 8 月,温家宝总理在视察中科院无锡物联网产业研究所时,对于物联网应用也提出了一些看法和要求。自温家宝总理提出"感知中国"以来,物联网被正式列为国家五大新兴战略性产业之一,写入政府工作报告。物联网在中国受到了全社会极大的关注,受关注程度是其在美国、欧盟及其他各国和地区所不可比拟的。

2011 年中国首个智能电网综合示范工程中新天津生态城成功投运。这个覆盖区域 31 平方公里、涵盖 6 大环节 12 个子项目的示范工程,全面体现了智能电网系统的服务特点。

2012 年联合国国际电信联盟(ITU-T)第 13 研究组会议正式审议通过了"物联网概述"(Y.IoT-overview)标准草案,标准编号为 Y.2060。该标准是全球第一个物联网总体性标准,是由我国主导的"物联网概述"的全球标准。

目前,随着北斗导航系统的完善,基于北斗导航系统的物联网产品也在不断涌现,加速我国车联网技术的发展。

在国际上,物联网发展国际竞争日趋激烈,美国已将物联网上升为国家创新战略的重点之一;欧盟制订了促进物联网发展的 14 点行动计划;日本的 U-Japan 计划将物联网作为四项重点战略领域之一;韩国的 IT839 战略将物联网作为三大基础建设重点之一。发达国家一方面加大力度发展传感器节点核心芯片、嵌入式操作系统、智能计算等核心技术，另一方面加快标准制定和产业化进程，谋求在未来物联网的大规模发展及国际竞争中占据有利位置。

1.3 物联网的体系架构

从技术架构上来看，物联网可分为 3 层：感知层、网络层和应用层，如图 1-1 所示。

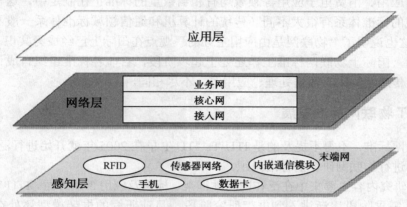

图 1-1 物联网整体框架

感知层由各种传感器及传感器网关构成，包括二氧化碳浓度传感器、温度传感器、湿度传感器、二维码标签、RFID 标签和读/写器、摄像头、GPS 等感知终端。感知层的作用相当于人的眼、耳、鼻、喉和皮肤等神经末梢，其主要功能是识别物体和采集信息。

网络层由各种私有网络、互联网、有线和无线通信网、网络管理系统和云计算平台等组成，相当于人的神经中枢和大脑，负责传递和处理感知层获取的信息。

应用层是物联网和用户（包括人、组织和其他系统）的接口，它与行业需求结合，实现物联网的智能应用。

最终实现：全面感知，可靠传送，智能处理。

1.4 物联网产业标准

物联网覆盖的技术领域非常广泛，涉及总体架构、感知技术、通信网络技术、应用技术等方面，物联网标准组织也是种类繁多。有的从机器对机器通信（M2M）的角度进行研究；有的从泛在网角度进行研究；有的从互联网的角度进行研究；有的专注传感网的技术研究；有的关注移动网络技术研究；有的关注总体架构研究。目前介入物联网领域主要的国际标准组织有 IEEE、ISO、ETSI、ITU-T、3GPP、3GPP2 等。

从泛在网总体框架方面进行系统研究的国际标准组织比较有代表性的是国际电信联盟（ITU-T）及欧洲电信标准化协会（ETSI）M2M 技术委员会。ITU-T 从泛在网角度研究总体架构，ETSI 从 M2M 的角度研究总体架构。

从感知技术（主要是对无线传感网的研究）方面进行研究的国际标准组织比较有代表性的是国际标准化组织（ISO）、美国电气及电子工程师学会（IEEE）。

从通信网络技术方面进行研究的国际标准组织主要有 3GPP 和 3GPP2。它们主要从 M2M业务对移动网络的需求进行研究，只限定在移动网络层面。

在应用技术方面，各标准组织都有一些研究，主要针对特定应用制定标准。

各标准组织都比较重视应用方面的标准制定。在智能测量、电子健康（E-Health）、城市自动化、汽车应用、消费电子应用等领域均有相当数量的标准正在制定中，这与传统的计算机和通信领域的标准体系有很大不同（传统的计算机和通信领域标准体系一般不涉及具体的应用标准），这也说明了"物联网是由应用主导的"观点在国际上已经成为共识。

总的来说，国际上物联网标准工作还处于起步阶段，目前各标准组织自成体系，标准内容涉及架构、传感、编码、数据处理、应用等，不尽相同。

1.4.1 ITU-T 物联网标准发展

提到物联网标准，不得不提及的是 ITU-T。ITU-T 早在 2005 年就开始进行泛在网的研究，可以说是最早进行物联网研究的标准组织。

ITU-T 的研究内容主要集中在泛在网总体框架、标识及应用 3 个方面。ITU-T 在泛在网研究方面已经从需求阶段逐渐进入到框架研究阶段，目前研究的框架模型还处在高层层面。ITU-T 提出的物联网架构曾经在各种场合被广泛引用。

ITU-T 在标识研究方面和 ISO 通力合作，主推基于对象标识（OID）的解析体系，在泛在网应用方面已经逐步展开了对健康和车载方面的研究。下面详细介绍 ITU-T 各个相关研究课题组的研究情况。

SG13 组主要从 NGN 角度展开泛在网的相关研究，标准主导方是韩国。目前标准化工作集中在基于 NGN 的泛在网络/泛在传感器网络需求及架构研究、支持标签应用的需求和架构研究、身份管理（IDM）相关研究、NGN 对车载通信的支持等方面。

SG16 组则成立专门的问题组展开泛在网应用相关的研究，日、韩共同主导，内容集中在业务和应用、标识解析方面。SG16 组研究的具体内容有：Q.25/16 泛在感测网络（USN）应用和业务、Q.27/16 通信/智能交通系统（ITS）业务/应用的车载网关平台、Q.28/16 电子健康应用的多媒体架构、Q.21 和 Q.22 标识研究（主要给出了针对标识应用的需求和高层架构）。

SG17 组主要开展泛在网安全、身份管理、解析的研究。SG17 组研究的具体内容有：Q.6/17 泛在通信业务安全、Q.10/17 身份管理架构和机制、Q.12/17 抽象语法标记（ASN.1）、OID 及相关注册。

SG11 组成立了专门的 "NID 和 USN 测试规范"问题组，主要研究结点标识（NID）和泛在感测网络（USN）的测试架构、H.IRP 测试规范及 X.oid-res 测试规范。

此外，ITU-T 还在智能家居、车辆管理等应用方面开展了一些研究工作。

1.4.2 ETSI 物联网标准进展

ETSI 采用 M2M（Machine to Machine）的概念主要进行物联网总体架构方面的研究，相关工作的进展非常迅速，是在物联网总体架构方面研究得比较深入和系统的标准组织，也是目前在总体架构方面最有影响力的标准组织。

ETSI 专门成立了一个专项小组（M2M TC），从 M2M 的角度进行相关标准研究。ETSI 成立 M2M TC 小组主要是出于以下考虑：虽然目前已经有一些 M2M 的标准存在，涉及各种无线接口、格状网络、路由器和标识机制等方面，但这些标准主要是针对某种特定应用场景，彼此相互独立，而将这些相对分散的技术和标准放到一起并找出不足，这方面所做的工作很少。在这样的研究背景下，ETSI M2M TC 小组的主要研究目标是从端到端的全景角度研究机器对机器通信，并与 ETSI 内 NGN 的研究及 3GPP 已有的研究展开协同工作。

M2M TC 小组的职责是：从利益相关方收集和制订 M2M 业务及运营需求，建立一个端到端的 M2M 高层体系架构，如果需要会制订详细的体系结构，找出现有标准不能满足需求的地方并制订相应的具体标准，将现有的组件或子系统映射到 M2M 体系结构中。M2M 解决方案间的互操作性（制定测试标准）、硬件接口标准化方面则与其他标准组织进行交流及合作。

1.4.3　3GPP/3GPP2 物联网标准进展

3GPP 和 3GPP2 也采用 M2M 的概念进行研究。作为移动网络技术的主要标准组织，3GPP 和 3GPP2 关注的重点在于物联网网络能力增强方面，是在网络层方面开展研究的主要标准组织。

3GPP 针对 M2M 的研究主要从移动网络出发，研究 M2M 应用对网络的影响，包括网络优化技术等。3GPP 研究范围为：只讨论移动网络的 M2M 通信；只定义 M2M 业务，不具体定义特殊的 M2M 应用。Verizon、Vodafone 等移动运营商在 M2M 的应用中发现了很多问题，例如，大量 M2M 终端对网络的冲击，系统控制面容量的不足等。因此，在 Verizon、Vodafone、三星、高通等公司的推动下，3GPP 对 M2M 的研究在 2009 年开始加速，目前基本完成了需求分析，转入网络架构和技术框架的研究，但核心的无线接入网络（RAN）研究工作还未展开。

相比较而言，3GPP2 相关研究的进展要慢一些，目前关于 M2M 方面的研究多处于研究报告的阶段。

1.4.4　IEEE 物联网标准进展

在物联网的感知层研究领域，IEEE 的重要地位显然是毫无争议的。目前无线传感网领域用得比较多的 ZigBee 技术就基于 IEEE 802.15.4 标准。

IEEE 802 系列标准是 IEEE 802 LAN/MAN 标准委员会制定的局域网、城域网技术标准。1998 年，IEEE 802.15 工作组成立，专门从事无线个人局域网（WPAN）标准化工作。在 IEEE 802.15 工作组内有 5 个任务组，分别制定适合不同应用的标准。这些标准在传输速率、功耗和支持的服务等方面存在差异。

- ❏ TG1 组制定 IEEE 802.15.1 标准，即蓝牙无线通信标准。标准适用于手机、PDA 等设备的中等速率、短距离通信。
- ❏ TG2 组制定 IEEE 802.15.2 标准，研究 IEEE 802.15.1 标准与 IEEE 802.11 标准的共存。
- ❏ TG3 组制定 IEEE 802.15.3 标准，研究超宽带（UWB）标准，标准适用于个人局域网中多媒体方面高速率、近距离通信的应用。
- ❏ TG4 组制定 IEEE 802.15.4 标准，研究低速无线个人局域网。该标准把低能量消耗、低速率传输、低成本作为重点目标，旨在为个人或者家庭范围内不同设备之间的低速互联提供统一标准。

- □ TG5 组制定 IEEE 802.15.5 标准，研究无线个人局域网的无线网状网（MESH）组网。该标准旨在研究提供 MESH 组网的 WPAN 的物理层与 MAC 层的必要的机制。
- □ 传感器网络的特征与低速无线个人局域网有很多相似之处，因此传感器网络大多采用 IEEE 802.15.4 标准作为物理层和媒体存取控制层（MAC），其中最为著名的就是 ZigBee。因此，IEEE 的 802.15 工作组也是目前物联网领域在无线传感网层面的主要标准组织之一。中国也参与了 IEEE 802.15.4 系列标准的制定工作，其中 IEEE 802.15.4c 和 IEEE 802.15.4e 主要由中国起草。IEEE 802.15.4c 扩展了适合中国使用的频段，IEEE 802.15.4e 扩展了工业级控制部分。

1.4.5 中国物联网标准进展

总的来说，中国物联网标准的制定工作还处于起步阶段，但发展迅速。目前中国已有涉及物联网总体架构、无线传感网、物联网应用层面的众多标准正在制订中，并且有相当一部分的标准项目已在相关国际标准组织立项。中国研究物联网的标准组织主要有传感器网络标准工作组（WGSN）和中国通信标准化协会（CCSA）。

WGSN 是由中国国家标准化管理委员会批准筹建、中国信息技术标准化技术委员会批准成立并领导，从事传感器网络（简称传感网）标准化工作的全国性技术组织。WGSN 于 2009年 9 月正式成立，由中国科学院上海微系统与信息技术研究所任组长单位，中国电子技术标准化研究所任秘书处单位，成员单位包括中国三大运营商、主要科研院校、主流设备厂商等。WGSN 将"适应中国社会主义市场经济建设的需要，促进中国传感器网络的技术研究和产业化的迅速发展，加快开展标准化工作，认真研究国际标准和国际上的先进标准，积极参与国际标准化工作，并把中国和国际标准化工作结合起来，加速传感网标准的制修订工作，建立和不断完善传感网标准化体系，进一步提高中国传感网技术水平。"作为其宗旨。目前 WGSN 已有一些标准正在制定中，并代表中国积极参加 ISO、IEEE 等国际标准组织的标准制定工作。由于成立时间尚短，WGSN 还没有制订出可发布的标准文稿。

CCSA 于 2002 年 12 月 18 日在北京正式成立。CCSA 的主要任务是为了更好地开展通信标准研究工作，把通信运营企业、制造企业、研究单位、大学等关心标准的企事业单位组织起来，按照公平、公正、公开的原则制定标准，进行标准的协调、把关，把高技术、高水平、高质量的标准推荐给政府，把具有中国自主知识产权的标准推向世界，支撑中国的通信产业，为世界通信做出贡献。2009 年 11 月，CCSA 新成立了泛在网技术工作委员会（TC10），专门从事物联网相关的研究工作。虽然 TC10 成立时间尚短，但在 TC10 成立以前，CCSA 的其他工作委员会已经对物联网相关的领域进行过一些研究。目前 CCSA 有多个与物联网相关的标准正在制订中，但尚没有发布标准文稿。

其他与物联网相关的标准制订组织还有 2009 年 4 月成立的 RFID 标准工作组。RFID 工作组在信息产业部科技司领导下开展工作，专门致力于中国 RFID 领域的技术研究和标准制订，目前已有一定的工作成果。

上述标准组织各自独立开展工作，各标准组的工作各有侧重。WGSN 偏重传感器网络层面，CCSA TC10 偏重通信网络和应用层面，RFID 标准工作组则关注 RFID 相关的领域。同时各标准组的工作也有不少重复的部分，如 WGSN 也会涉及传感器网络上的通信部分和应用部分内容，而 CCSA 也涉及一些传感网层面的工作内容。对于这些重复的部分，各标准组之间目前还没有很好的横向沟通和协调机制，因此，近期国家层面正在筹备成立"物联网标准联合工作组"。联合工作组旨在整合中国物联网相关标准化资源，联合产业各方共同开展物联网技术的研究，积极推进物联网标准化工作，加快制订符合中国发展需求的物联网技术标准，为政府部门的物联网产业发展决策提供全面的技术和标准化服务支撑。

1.5 物联网与网络安全

1.5.1 安全问题

正如任何一个新的信息系统出现都会伴随着信息安全问题一样，物联网也不可避免地伴生着物联网安全问题。

同样，与任何一个信息系统一样，物联网也存在着自身和对他方的安全。其中自身的安全关乎的是物联网是否会被攻击而不可信，其重点表现在如果物联网出现了被攻击、数据被篡改等，并致使其出现了与所期望的功能不一致的情况，或者不再发挥应有的功能，那么依赖物联网的控制结果将会出现灾难性的问题，如工厂停产或出现错误的操控结果，这一点通常称为物联网的安全问题。而对他方的安全则涉及如何通过物联网来获取、处理、传输用户的隐私数据，如果物联网没有防范措施，则会导致用户隐私的泄露，这一点通常称为物联网的隐私保护问题。因此，有人说物联网的安全与隐私保护问题是最让人困惑的物联网安全问题。

1.5.2 安全分析

物联网应该说是一种广义的信息系统，因此物联网安全也属于信息安全的一个子集。信息安全通常分为 4 个层次。

- ❑ 物理安全：即信息系统硬件方面，或者说是表现在信息系统电磁特性方面的安全问题。
- ❑ 运行安全：即信息系统的软件方面，或者说是表现在信息系统代码执行过程中的安全问题。
- ❑ 数据安全：即信息自身的安全问题。
- ❑ 内容安全：即信息利用方面的安全问题。

物联网作为以控制为目的的数据体系与物理体系相结合的复杂系统，一般不会考虑内容安全方面的问题。但是，在物理安全、运行安全、数据安全方面则与互联网有着一定的异同。这一点需要从物联网的构成来考虑。

物联网的构成要素包括传感器、传输系统（泛在网）及处理系统，因此，物联网的安全形态表现在这 3 个要素上。就物理安全而言，主要表现在传感器的安全方面，包括对传感器的干扰、屏蔽、信号截获等，这一点应该说是物联网的重点关注所在；就运行安全而言，则存在于各个要素中，即涉及传感器、传输系统及信息处理系统的正常运行，这方面与传统的信息安全基本相同；数据安全也是存在于各个要素中，要求在传感器、传输系统、信息处理系统中的信息不会出现被窃取、被篡改、被伪造、被抵赖等性质。但这里面传感器与传感网所面临的问题比传统的信息安全更为复杂，因为传感器与传感网可能会因为能量受限的问题而不能运行过于复杂的保护体系。

1.5.3　安全防护

从保护要素的角度来看，物联网的保护要素仍然是可用性、机密性、可鉴别性与可控性。由此可以形成一个物联网安全体系。其中可用性是从体系上来保障物联网的健壮性与可生存性；机密性指应构建整体的加密体系来保护物联网的数据隐私；可鉴别性指应构建完整的信任体系来保证所有的行为、来源、数据的完整性等都是真实可信的；可控性是物联网安全中最为特殊的地方，指应采取措施来保证物联网不会因为错误而带来控制方面的灾难，包括控制判断的冗余性、控制命令传输渠道的可生存性、控制结果的风险评估能力等。

总之，物联网安全既蕴涵着传统信息安全的各项技术需求，又包括物联网自身特色所面临的特殊需求，如可控性问题、传感器的物联安全问题等，这些都需要得到相关研究者的重视。

1.6　物联网与云计算

云计算是物联网发展的核心，并且从两个方面促进物联网的实现。

首先，云计算是实现物联网的核心，运用云计算模式使物联网中以兆计算的各类物品的实时动态管理和智能分析变得可能。物联网通过将射频识别技术、传感技术、纳米技术等新技术充分运用在各个行业中，将各种物体充分连接，并通过无线网络将采集到的各种实时动态信息送达计算机处理中心进行汇总、分析和处理，建设物联网的三大基石包括：

（1）传感器等电子元器件。

（2）传输的通道，如电信网。

（3）高效的、动态的、可以大规模扩展的技术资源处理能力。

其中第三个基石："高效的、动态的、可以大规模扩展的技术资源处理能力"，正是通过云计算模式帮助实现的。

其次，云计算可促进物联网和互联网的智能融合，从而构建智慧地球。物联网和互联网的融合，需要更高层次的整合，需要"更透彻的感知、更安全的互联互通、更深入的智能化"。这同样需要依靠高效的、动态的、可以大规模扩展的技术资源处理能力，而这正是云计算模式所擅长的。同时，采用云计算的创新型服务交付模式，可以简化服务的交付，加强物联网和互联网之间及其内部的互联互通；可以实现新商业模式的快速创新，促进物联网和互联网的智能融合。

把物联网和云计算放在一起，是因为物联网和云计算的关系非常密切。物联网的四大组成部分：感应识别、网络传输、管理服务和综合应用，其中中间两个部分就会利用到云计算。特别是"管理服务"这一项，因为这里有海量的数据存储和计算的要求，使用云计算可能是最省钱的一种方式。

　　云计算与物联网的结合是互联网发展的必然趋势，它将引导互联网和通信产业的发展，并将在 3～5 年内形成一定的产业规模，相信越来越多的公司、厂家会对此进行关注。与物联网结合后，云计算才算是真正从概念走向应用，进入产业发展的"蓝海"。

1.7　物联网与智能处理

　　物联网智能信息处理的目标是将 RFID、传感器和执行器信息收集起来，通过数据挖掘等手段从这些原始信息中提取有用信息，为创新型服务提供技术支持。

　　物联网智能信息处理与互联网中其他智能信息处理方法有很多相似之处，同时物联网也有其自身的特点，如物联网内传感结点所采集的信息具有明显的时间先后关系，因此，物联网中的信息处理较互联网中的信息处理所面临的挑战会更大。

1.8　本章习题

　　1．物联网的定义是什么？
　　2．物联网的基本特征是什么？
　　3．详细介绍物联网与其他产业的结合。

第 2 章　国内外物联网应用现状与远景

第 1 章介绍了物联网的概念，并对物联网架构进行了简要的介绍。本章将从物联网的实际应用出发，详细介绍国内外一些典型的物联网实例，借此让大家对物联网有个更深入的认识。

2.1　国内物联网应用的典型案例

2.1.1　广东虎门大桥组合式收费系统

广东虎门大桥位于珠江入海口，是一条连接珠江三角洲东西两翼、日均车流量 3 万辆次的交通枢纽。为了提高通行效率，特别是为公共汽车等经常往返的固定线路运营单位提供更加方便、快捷的服务，在虎门大桥收费主站的两个方向各安装了一条 ETC 车道，并辅以 MTC 车道和"两片式标签+双界面 CPU 卡"结构的车载单元，形成了采用开放收费机制的组合式收费系统。

1．系统结构

虎门大桥的收费广场为双向 32 车道（每个方向 16 个车道）。其中，内侧 16、17 车道为军、警专用无障碍免费车道；15、18 车道为 ETC 车道；14、19 车道为 MTC 人工备用车道，是在原有现金和非接触 IC 卡收费车道基础上增加组合式收费系统的非接触刷卡终端而成（该新增终端与原有非接触 IC 卡终端不兼容）；外侧 1～13 和 20～32 车道仍采用原有现金或非接触 IC 卡刷卡方式收费。

组合式收费系统的软硬件总体模板包含收费车道、收费站和管理中心 3 个层次，而以硬盘录像机为核心的车道监控系统则为一个独立于收费系统且纵贯收费车道、收费站和管理中心的车道监控系统。

（1）收费车道。与组合式收费有关的收费车道为 ETC 车道和 MTC 人工备用车道，其中 ETC 车道包含车道计算机、车道控制器、天线与天线控制器、自动栏杆、车辆检测器、车道通行灯、费额显示器和声光报警器等；MTC 车道则是在不做任何改动的原有收费车道上增加两台专用非接触 IC 卡读卡器（收费终端）而成，以充分利用车道原有设施。

（2）收费站。进行收费和车流数据的通信、保存和查询，包括收费站服务器、管理工作站和各种数据传输接口等。

（3）管理中心。进行数据汇总和与用户服务有关的账户管理、密钥管理及 IC 卡与标签的发放等工作，包含中心服务器、用户工作站和发卡机等。

（4）车道监控系统。字符叠加器将车道计算机提供的收费数据等信息，叠加显示于车道摄像机。重新插入信息传输卡，再次导入信息，标签才生效。

2. 运营模式

运营模式及特点有以下 3 点。

（1）双界面 CPU 卡（记账卡）和标签由虎门大桥有限公司发行，用户在申请办理时，需交纳一定数量的保证金，以降低管理方运营风险；同时给用户一定优惠，以弥补其预付金的利息损失。

（2）用户将记账卡插入安装于车辆挡风玻璃上的标签，即可在 ETC 专用车道享受不停车收费服务；当 ETC 车道进行故障维护时，可拔卡在 MTC 备用车道的非接触读卡机上"刷卡"付费，从而保证系统运行的可靠性。

（3）后台结算系统处理每天的收费数据、打印报表，并在规定的时间段内统计用户的通行费，从用户账户中划转。

2.1.2 烟台蔬菜大棚远程监控系统

1. 系统介绍

系统利用物联网技术，可实时远程获取温室大棚内部的空气温湿度、土壤水分温度、二氧化碳浓度、光照强度及视频图像，通过模型分析，远程或自动控制湿帘风机、喷淋滴灌、内外遮阳、顶窗侧窗、加温补光等设备，保证温室大棚内环境最适宜作物生长，为作物高产、优质、高效、生态、安全创造条件。同时，该系统还可以通过手机、PDA、计算机等信息终端向农户推送实时监测信息、预警信息、农技知识等，实现温室大棚集约化、网络化远程管理，充分发挥物联网技术在农业生产中的作用。本系统适用于各种类型的日光温室、连栋温室和智能温室。

2. 系统组成

（1）传感终端。温室大棚环境信息感知单元由无线采集终端和各种环境信息传感器组成。环境信息传感器监测空气温湿度、土壤水分温度、光照强度、二氧化碳浓度等多点环境参数，通过无线采集终端以 GPRS 方式将采集数据传输至监控中心，用于指导生产。

（2）通信终端及传感网络建设。温室大棚无线传感通信网络主要由两部分组成：温室大棚内部感知节点间的自组织网络建设；温室大棚间及温室大棚与农场监控中心的通信网络建设。前者主要实现传感器数据的采集及传感器与执行控制器间的数据交互。温室大棚环境信息通过内部自组织网络在中继节点汇聚后，将通过温室大棚间及温室大棚与农场监控中心的通信网络实现监控中心对各温室大棚环境信息的监控。

（3）控制终端。温室大棚环境智能控制单元由测控模块、电磁阀、配电控制柜及安装附件组成，通过 GPRS 模块与管理监控中心连接。根据温室大棚内空气温湿度、土壤温度水分、光照强度及二氧化碳浓度等参数，对环境调节设备进行控制，包括内遮阳、外遮阳、风机、湿帘水泵、顶部通风、电磁阀等设备。

（4）视频监控系统。作为数据信息的有效补充，基于网络技术和视频信号传输技术，对温室大棚内部作物生长状况进行全天候视频监控。该系统由网络型视频服务器、高分辨率摄像头组成，网络型视频服务器主要用以提供视频信号的转换和传输，并实现远程的网络视频服务。在已有 Internet 上，只要能够上网就可以根据用户权限进行远程的图像访问，实现多点、在线、便捷的监测方式。

（5）监控中心。监控中心由服务器、多业务综合光端机、大屏幕显示系统、UPS 及配套网络设备组成，是整个系统的核心。建设管理监控中心的目的是对整个示范园区进行信息化管理并进行成果展示。

（6）应用软件平台。通过应用软件平台可将土壤信息感知设备、空气环境监测感知设备、外部气象感知设备、视频信息感知设备等各种感知设备的基础数据进行统一存储、处理和挖掘，通过中央控制软件的智能决策，形成有效指令，通过声光电报警指导管理人员或者直接控制执行机构的方式调节设施内的小气候环境，为作物生长提供优良的生长环境。

3．特色与创新

先进性：所采用的传感器、通信技术和软件平台在国内均属领先水平。

可靠性：系统的软硬件经过大量实际应用和严格测试，具有良好的可靠性。

易用性：硬件设备安装维护方便，软件平台界面友好，操作方便，易学易用。

扩展性：软硬件采用模块化设计，可扩充结构及标准化模块结构，便于系统适应不同规范和功能要求的监控系统。

2.1.3 中关村软件园智能楼宇系统

中关村智能楼宇节能改造项目是结合 IPv6 技术和物联网技术的楼宇节能项目，通过改造照明系统、空调系统来挖掘节能潜力。当今楼宇中，空调是电耗大户，而长明灯现象也随处可见，因此，解决上述两种能源的浪费将极大地促进节能减排的实施及其目标的实现。

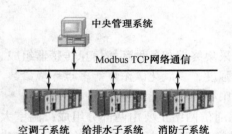

图 2-1 中关村软件园智能楼宇系统示意图

为满足中关村软件园绿色环保、智能控制的迫切需求，北京天地互连信息技术有限公司充分利用其自身优势和在业界的领导地位，联合数十家国内外知名企业、大学、研究机构和组织，充分发挥产学研用的优势和互补性，在软件园部署实施了集成网络设备、无线传感器、照明及控制设备、楼宇空调控制设备、智能电表、IP 摄像机、平台模块、数据测量、可视化软件等代表当前世界最先进水平的通信、网络、硬件、软件等产品及综合解决方案，如图 2-1 所示。

1．走廊、电梯间的照明系统改造

将传统照明设备替代为目前最先进的 LED 照明设备，亮度为原来的 2 倍而输出功率只有原来的 1/3，大大减少了耗电量。同时，配以高效稳定的照明控制设备，通过红外人感无线传感器实时感应人流变动和光线亮度，然后再根据系统预设的阈值进行判定，及时自动控制灯具开关，改变了以往 24 小时长明状态，有效降低了电耗，避免了不必要的能源流失。照明系统改造中涉及的设备主要有光照传感器、人感传感器、电流传感器、采集控制一体设备、网络设备等。

2．机房的空调系统改造

对于机房的空调系统改造，要求能够保持机房 24 小时恒温恒湿（按照规定的温湿度）状态，同时有效实现耗电量的减少。通过在机房关键位置部署灵敏可靠的温湿度无线传感器和无线接收机来收集相关数据，将无线接收机接收的数据发送给 BACNet 网关，BACNet 网关将数据解析上传至互联网供用户访问或控制。空调主板上安装智能控制芯片，通过 485 通信线缆连接至 BACNet 网关。在已改造的空调供电线路中安装智能电表，实时监测空调能耗并通过 BACNet 网关上传至互联网。而空调控制设备通过网关及时进行通信，实现空调数字自动化和智能优化控制，对耗电量比重约为 1/2 的机房用电量的减少发挥了重要作用。空调系统改造中涉及的设备主要有温度传感器、湿度传感器、接收机、BACNet 网关、智能电表等。楼宇改造照明系统示意图如图 2-2 所示。

图 2-2　楼宇改造照明系统示意图

3．技术亮点

该系统的技术亮点如下。

（1）基于 IPv6 技术：确保网络高速有效、安全可靠。

（2）智能控制：通过各种传感器和控制设备，可及时有效监控，实现智能管理。

（3）数据采集：及时精准采集各种数据，为制定应对策略提供实时参考信息。

（4）统计计量：通过智能电表实现远程抄表，避免产生不必要的管理运营成本。

（5）远程操作：无须亲临现场也可有效分析，轻松实施各种应对策略。

（6）可视化操作界面：人性化界面实时掌控最新动态。

2.2　国外物联网应用的典型案例

2.2.1　Perma Sense 项目

在法国和瑞士之间的阿尔卑斯山，高拔险峻，伫立在欧洲的北部。高海拔地带累积的永久冻土与岩层历经四季气候变化与强风的侵蚀，积年累世所发生的变化常会对登山者与当地居民的生产和生活造成极大影响，要获得这些自然环境变化的数据，就需要长期对该地区实行监测，但该地区的环境与海拔也决定了根本无法对它以人工方式实现监控。在以前，这一直是一个无法解决的问题。

然而，一个名为 Perma Sense 的项目使这一情况得以改变。Perma Sense Project 计划希望通过物联网中的无线感应技术的应用，实现对瑞士阿尔卑斯山地质和环境状况的长期监控。监控现场不再需要人为的参与，而是通过无线传感器对整个阿尔卑斯山脉实现大范围深层次监控，监测包括：温度的变化对山坡结构的影响及气候对土质渗水的变化。参与该计划的有瑞士的巴塞尔大学、苏黎世大学与苏黎世联邦理工学院，他们派出了包括计算机、网络工程、地理与信息科学等领域专家在内的庞大研究团队。据他们介绍，该计划将物联网中的无线感应网络技术应用于长期监测瑞士阿尔卑斯山的岩床地质情况，所收集到的数据除可作为自然环境研究的参考外，经过分析后的信息也可以用于山崩、落石等自然灾害的事前警示。熟悉该计划的人透露，这项计划的制订有两个主要目的：一是设置无线感应网络来测量偏远与恶劣地区的环境情况；二是收集环境数据，了解环境变化过程，将气候变化数据用于自然灾害监测。

2.2.2　国外车联网应用案例

FleetNet 是一个由欧洲多家汽车公司、电子公司和大学参与的合作项目，主要合作者有NEC 公司、DaimlerChrysler 公司、Siemens 公司和 Mannheim 大学。该项目利用无线多跳自组织网络技术实现无线车载通信，能够有效提高司机和乘客的安全性和舒适性。

FleetNet 的设计目标包括实现近距离多跳信息传播及为司机和乘客提供位置相关的信息服务。在该项目中，位置信息起着重要的作用，一方面，它本身是 FleetNet 一些应用的基本需求，另一方面，可以使通信协议更加有效地运行。NEC 欧洲实验室和 Mannheim 大学为车载网络设计了基于位置的路由和转发算法，然后基于该算法实现了一个基于位置的车-车通信路由器。研究人员建立了一个由 6 辆车组成的实验网络，其中每辆车装备了一个 GPS 接收器、一个 802.11 无线网卡及一个车-车通信路由器。另外，每辆车还装备了一个 GPRS 接口，这样可以实现对自组织网络中的每辆车进行实时监控。

CarTalk 是欧洲的一个司机辅助系统研究项目。该项目利用车-车通信技术为移动中的车辆建立一个移动自组织网络，从而帮助增强道路系统的安全性。例如，当一辆车刹车或者检测到危险的道路状况时，它会给后方车辆发送一个警告消息。即使在前方有其他车辆遮挡，更后方的车辆也能够尽早地得到警告。这个系统也能够帮助车辆更安全地驶入高速公路和驶离高速公路。

California Path 是美国加州大学伯克利分校发起的一个关于智能交通系统的综合性研究项目。该项目始建于 1986 年，主要由伯克利分校的交通研究学院负责管理，同时也和加州交通部有着密切的合作关系。California Path 致力于运用前沿技术解决和优化加州道路系统存在的问题，它主要关注 3 个方面的研究。

（1）交通系统运筹学研究。研究方向包括车流管理、旅行者信息管理、监控系统、数据处理算法、数据融合和分析等。

（2）交通安全研究。研究内容包括十字路口协同安全系统研究、司机行为建模、工人与行人相关的安全研究等。

（3）新概念应用研究。该研究致力于发现、验证在公共交通系统中的新概念和方法，以帮助减少交通系统的阻塞，提高公共交通的出行效率。

2.3 物联网应用远景

2.3.1 物联网与智能家居

智能家居又称智能住宅，英文名称为"Smart Home"。智能家居是一个以住宅为平台、安装有智能家居系统的居住环境。智能家居集成是利用综合布线技术、网络通信技术、安全防范技术、自动控制技术、音视频技术将与家居生活有关的设备集成。

智能家居在中国已经历了近10年的发展，从人们最初的梦想到今天真实地走进生活，经历了一个艰难的过程。

提到智能家居，人们立刻会联想到网络。冰箱上网、洗衣机上网、电视机上网、微波炉上网……无一不高举着智能家居的大旗，宣称网络家电可以使生活达到全数字化，让人们感到轻松和方便。实际上，智能家居并不只是这些。在国内，智能家居不是一个单独的产品，也不是传统意义上的"智能小区"概念，而是基于小区的多层次家居智能化解决方案。它综合利用计算机、网络通信、家电控制、综合布线等技术，将家庭智能控制、信息交流及消费服务、小区安防监控等家居生活有效地结合起来，在传统"智能小区"的基础上实现了向家庭的延伸，创造出高效、舒适、安全、便捷的个性化住宅空间。

而在物联网的基础上，智能家居又给我们编制了一幅美丽的蓝图：物联网智能家居。

物联网智能家居现在还处于起步阶段，产品大规模批量化生产还需要时间，随之而来的就是产品成本相对较高。在中国只有少部分用于试点研究安装，真正用于生活的还不多见。所以这个时候更加需要成熟的商业产业链推动其发展，使其能够在市场中找到相应的位置。同时政府也应该出台相应的扶持政策，推动物联网智能家居的可持续发展。

从技术稳定性、性价比、产品实用性等多方面考虑，传统的物联网接入技术，如RFID、二维码、传感器技术等则需要进一步成熟。此外，传感网络与宽带、CDMA等移动网络的融合，也是急需技术研发的方面。

物联网智能家居想要走上一个行业良性发展的轨道，必须要建立统一的体系结构标准，这样才能实现各个生产厂家的产品相互兼容，也才能健康持续地发展。但是在现阶段，短时间内还无法制订统一的标准。

2.3.2 物联网与智能农业

智能农业是现代农业的重要标志和高级阶段。智能农业是在现代科学技术革命对农业产生的巨大影响下逐步形成的一个新的农业形态，是现代农业发展的必然趋势和高级阶段。其基本特征是高效、集约，在农业产业链的各个关键环节，通过信息、知识和现代高新技术的高度融合，用信息流调控农业生产与经营活动的全过程。在智能农业环境下，信息和知识成为重要的投入主体，并大幅度提高物质流与能量流的投入效率。在加快传统农业转型升级的过程中，智能农业将成为发展现代农业的重要内容和显著特征，为加快农业产业化进程，促进农业生产方式和经营方式的转变，增强农业综合竞争力发挥革命性的作用。

智能农业是一个新兴产业，它是现代信息技术与人的经验和智慧的结合及其应用所产生的新的农业形态。在智能农业环境下，现代信息技术得到了充分应用，可最大限度地把人的智慧转化为先进生产力，通过知识要素的融入，实现有限的资本要素和劳动要素的投入效应最大化，使得信息、知识成为驱动经济增长的主导因素，使农业增长方式从主要依赖自然资源向主要依赖信息资源和知识资源转变。因此，智能农业也是低碳经济时代农业发展形态的必然选择，符合人类可持续发展的要求。

物联网对智能农业的影响主要体现在以下5个方面。

（1）物联网技术引领现代农业发展方向。智能装备是农业现代化的一个重要标志，物联网技术在农业中广泛应用，可实现农业生产资源、生产过程、流通过程等环节信息的实时获取和数据共享，以保证产前正确规划而提高资源利用效率；产中精细管理而提高生产效率，实现节本增效；产后高效流通并实现安全追溯。农业物联网技术的发展，将会解决一系列在广域空间分布的信息获取、高效可靠的信息传输与互联、面向不同应用需求和不同应用环境的智能决策系统集成的科学技术问题，将是实现传统农业向现代农业转变的助推器和加速器，也将为培育物联网农业应用相关新兴技术和服务产业发展提供无限的商机。

（2）物联网技术推动农业信息化、智能化。应用各种感应芯片和传感器，广泛地采集人和自然界各种属性信息，然后借助有线、无线和互联网络实现各级政府管理者、农民、农业科技人员等"人与人"相连，进而拓展到土、肥、水、气、作物、仓储和物流等"人与物"相连，以及农业数字化机械、自动温室控制、自然灾害监测预警等"物与物"相连，并实现即时感知、互联互通和高度智能化。

（3）物联网技术提高农业精准化管理水平。在农业生产环节，利用农业智能传感器实现农业生产环境信息的实时采集和利用自组织智能物联网对采集数据进行远程实时报送。通过物联网技术监控农业生产环境参数，如土壤湿度、土壤养分、降水量、温度、空气湿度和气压、光照强度、浓度等，可为农作物大田生产和温室精准调控提供科学依据，优化农作物生长环境。不仅可获得作物生长的最佳条件，提高产量和品质，同时可提高水资源、化肥等农业投入品的利用率和产出率。

（4）物联网技术保障农产品和食品安全。在农产品和食品流通领域，集成应用标签、条码、传感器网络、移动通信网络和计算机网络等农产品和食品追溯系统，可实现农产品和食品质量跟踪、溯源和可视数字化管理，对农产品从田头到餐桌、从生产到销售全过程实行智能监控，可实现农产品和食品质量安全信息在不同供应链主体之间的无缝衔接，不仅实现农产品和食品的数字化物流，同时也可大大提高农产品和食品的质量。

（5）物联网技术推动新农村建设。通过互联网长距离信息传输与接近终端小范围无线传感结点物联网的结合，可实现农村信息最后落脚点的解决，真正让信息进村入户，把农村远程教育培训、数字图书馆推送到偏远村庄，缩小城乡数字鸿沟，加快农村科技文化的普及，提高农村人口的生活质量，加快推进新农村建设。

2.3.3 物联网与智能物流

物流业是物联网很早就实实在在落地的行业之一。物流行业不仅是国家十大产业振兴规划的其中一个，也是信息化及物联网应用的重要领域。信息化和综合化的物流管理、流程监控不仅能为企业带来物流效率提升、物流成本控制等效益，也从整体上提高了企业及相关领域的信息化水平，从而达到带动整个产业发展的目的。

目前，国内物流行业的信息化水平仍不高，从内部角度，企业缺乏系统的 IT 信息解决方案，不能借助功能丰富的平台，快速定制解决方案，保证订单履约的准确性，满足客户的具体需求。对外，各个地区的物流企业分别拥有各自的平台及管理系统，信息共享水平低，地方壁垒较高。针对行业目前存在的问题，一些第三方的 IT 系统提供商及电信运营商提出了基于行业信息化的不同解决方案，局部采用了物联网技术，并且也取得了一定的进展。目前相对成熟的应用主要体现在以下几大领域。

（1）产品的智能可追溯的网络系统：如食品的可追溯系统、药品的可追溯系统等。这些智能的产品可追溯系统为保障食品安全、药品安全提供了坚实的物流保障。目前，在医药领域、农业领域、制造领域，产品追溯体系都发挥着货物追踪、识别、查询、信息等方面的巨大作用，有很多成功案例。

（2）物流过程的可视化智能管理网络系统：基于 GPS 卫星导航定位技术、RFID 技术、传感技术等多种技术，在物流过程中可实时实现车辆定位、运输物品监控、在线调度与配送、可视化与管理。目前，还没有全网络化与智能化的可视管理网络，但初级的应用比较普遍，如有的物流公司或企业建立了 GPS 智能物流管理系统；也有的公司建立了食品冷链的车辆定位与食品温度实时监控系统等，初步实现了物流作业的透明化、可视化管理；在公共信息平台与物联网结合方面，也有一些公司在探索新的模式。展望未来，一个高效精准、实时透明的物流业将呈现在眼前。

（3）智能化的企业物流配送中心：这是基于传感、RFID、声、光、机、电、移动计算等各项先进技术的网络，旨在建立全自动化的物流配送中心，建立物流作业的智能控制和操作自动化，实现物流与制造联动，实现商流、物流、信息流、资金流的全面协同。

（4）企业的智慧供应链：在竞争日益激烈的今天，面对大量的个性化需求与订单，如何使供应链更加智慧？如何做出准确的客户需求预测？这些是企业经常遇到的现实问题。这就需要智慧物流和智慧供应链的后勤保障网络系统支持。打造智慧供应链，是 IBM 智慧地球解决方案中重要的组成部分，也有一些应用的案例。

此外，基于智能配货的物流网络化公共信息平台建设、物流作业中智能手持终端产品的网络化应用等，也是目前很多地区推动的物联网在物流业中应用的模式。

在物流业，物联网在物品可追溯领域技术与政策等条件已经成熟，应该全面推进；在可视化与智能化物流管理领域应该开展试点，力争取得重点突破，取得示范意义的案例；在智能物流中心建设方面需要物联网理念进一步提升，加强网络建设和物流与生产的联动；在智能配货的信息化平台建设方面应该统一规划，全力推进。

2.3.4 物联网与智能医疗

1. "感知健康、智能医疗"的背景

中国正处在医疗改革的关键时期，旧的医疗体制及医疗保障制度已经不能适应当前社会发展的需要，群众"看病难、看病贵"已成为国家的核心议题。人口结构老龄化发展趋势，致使疾病和预防控制从原来的以传染病及其防治为主，转变到目前的慢性非传染性疾病及其预防为主的模式。医学模式也由原来的"3P"模式发展到更加注重公民和社会参与的"4P"

模式，即 Predictive（预测性）、Preventive（预防性）、Personalized（个性化）和 Participatory（参与性）。重心下移、关口前移、强化个人责任成为现代医疗保健服务模式的特征，未来数字卫生技术的趋势将更加向基层社区和个人参与方向发展，更加贴近个人的工作和生活本身。个人健康信息采集终端将融合在家庭和工作岗位，在重视信息收集的基础上更加注重信息的反馈和互动，一种实时的健康促进将成为可能。

据卫生部的统计，2008 年中国健康医疗市场规模已超过 1 万亿元，如果按照 21 世纪前 10 年中国健康医疗市场年均超过 10% 的速度，预计到 2020 年中国将会成为全球仅次于美国的第二大医疗市场。

2．物联网在国内医疗健康领域应用的现状

我国政府十分关注物联网技术在医疗领域的应用。2008 年，国家出台了《卫生系统十一五 IC 卡应用发展规划》，提出加强医疗行业与银行等相关部门、行业的联合，推进医疗领域的"一卡通"产品应用，扩大 IC 卡的医疗服务范围，建立 RFID 医疗卫生监督与追溯体系，推进医疗信息系统建设，加快推进 IC 卡与 RFID 标签的应用试点与推广工作。2009 年 5 月 23 日，卫生部首次召开了卫生领域应用大会，围绕医疗器械设备管理，药品、血液、卫生材料等领域的应用展开了广泛的交流讨论。在《卫生信息化发展纲要》中，IC 卡和 RFID 技术被列入卫生部信息化建设总体方案之中。目前，相关部门正在加快制订 IC 卡医疗信息标准、格式标准、容量标准，积极推进 IC 卡的区域化应用，开展异地就医刷卡结算，实现医疗信息区域共享等。

我国在医疗健康行业的物联网应用主要体现在医疗服务、医药产品管理、医疗器械管理、血液管理、远程医疗和远程教育等多个方面，但多数处于试点和起步阶段。

3．物联网在医疗健康领域应用的展望

物联网技术在医疗领域的应用潜力巨大，能够帮助医院实现智能化的医疗和管理，支持医院内部医疗信息、设备信息、药品信息、人员信息、管理信息的数字化采集、处理、存储、传输、共享等，实现物资管理可视化、医疗信息数字化、医疗过程数字化、医疗流程科学化、服务沟通人性化；更能够满足医疗健康信息、医疗设备与用品、公共卫生安全的智能化管理与监控等方面的需求，从而解决医疗平台支撑薄弱、医疗服务水平整体较低、医疗安全生产隐患等问题。"感知健康、智能医疗"具备互联性、协作性、预防性、普及性、创新性和可靠性六大特征。信息技术将被应用到医疗行业的方方面面，并催生许多过去无法实现的服务，实现智能医疗。医疗服务的电脑化和系统化，可以全方位实现医疗信息的收集和存储。互联互通的信息系统使得各医疗机构能够有效地实现无缝信息共享，而智能的医疗系统更可以全面提升患者服务的质量和速度。一种更加智慧、惠民、可及、互通的医疗体系必将成为未来发展的趋势。

2.3.5　物联网与节能减排

近年来，我国经济快速增长，各项建设都取得了巨大成就，但也付出了巨大的资源和环境代价，经济发展与资源环境被破坏的矛盾日益尖锐，群众对环境污染问题反应强烈。这种状况与经济结构不合理、增长方式粗放直接相关。如果不加快调整经济结构、转变增长方式

会出现资源支撑不住、环境容纳不下、社会承受不起、经济发展难以为继的现象。只有坚持节约发展、清洁发展、安全发展，才能实现经济又好又快的发展。

节能减排，抗击气候变化，与人们的日常生活息息相关。目前我国 70%以上的电力来自于煤炭燃烧发电，不仅发电过程造成了大量污染，发电导致的二氧化碳排放和温室效应更是导致气候变化的元凶。节能可以减排二氧化碳，帮助减缓气候变化。节能减排是贯彻落实科学发展观、构建社会主义和谐社会的重大举措；是建设资源节约型、环境友好型社会的必然选择；是推进经济结构调整，转变增长方式的必由之路；是维护中华民族长远利益的必然要求。

当前物联网已经成为业界公认的一大热点，节能减排政策也正越来越受到重视。伴随着物联网及其相关技术的出现，如何通过物联网技术来实现节能减排也逐渐成为学术界的一个研究热点。虽然目前物联网技术尚不成熟，国内的相关研究工作也刚刚启动，但可以预见，这必将成为相关领域的研究热点。

物联网环境下的智能节能系统设计作为物联网应用的一个典型代表，它的设计与实现融合了大量的先进技术，在这里就不对其硬件设计做介绍了。

首先，基于物联网的智能节能系统改变了传统的计量用电方式。众所周知，传统意义上的计电方式借助于电表记录用户耗电情况，通过人工记录的方法保存数据。而基于物联网的智能节能系统是通过物联网采集用电数据并保存到数据库中，借助于以太网将数据呈现给用户。相比之下，大大减少了人力和财力的消耗，既降低了成本，又提高了效率。

其次，基于物联网的智能节能系统从多个角度以不同的方式将用电情况呈现给用户。传统的计电方式只是记录用户的总体用电情况，数据类型和呈现方式都比较单一。而基于物联网的智能节能系统，不仅会记录用户的整体用电情况，并且实时记录用户各个电器的用电数据，通过各种各样的图表将用电情况形象直观地呈现给用户。

此外，基于物联网的智能节能系统采用反馈的机制节能。系统可以通过对用电数据进行横向和纵向分析，将用电情况反馈给用户。所谓横向分析，就是将各个用户的用电数据进行比较，将个人用电情况和社会用电情况进行比较。所谓纵向比较，就是指将用户当前的用电情况和过去的用电情况进行比较。根据分析结果，针对用户的用电情况提出相应的节能建议，从而达到节能的目的。

除此之外，物联网在很多行业还有广泛的应用，如在智能能源、智能环保、智能电网、智能安防、智能交通等领域，物联网将以一种前所未有的姿态呈现在人们的面前。

2.4　本章习题

列举典型物联网应用案例，并分析该案例系统特征。

第 3 章　传感器技术

在阅读完前两章的内容后，相信大家已经对整个物联网体系有了一个大概的了解。物联网产业涉及哪些方面，物联网与这些行业是怎样的一个联系，这些我们都可以从中获知。

从 1.3 节中我们了解到物联网的最下面一层是感知层，这也是其中最为重要的一层。可以这样理解，如果没有感知层来获取各种数据信息，那么上面的网络层和应用层又将操作什么呢？感知层的感知功能又是如何实现的呢？

人们通过视觉、嗅觉、听觉及触觉等感官来感知外界的信息，感知的信息输入大脑进行分析判断（人的思维）和处理，再指挥人做出相应的动作，这是人类认识世界和改造世界具有的本能。但是通过人的五官所感知的外界信息非常有限，例如，人无法利用触觉来感知几百甚至上千摄氏度的温度，并且也不能判别温度的微小变化，这就需要电子设备的帮助。电子仪器特别是计算机控制的自动化装置可以代替人的此类工作，这里计算机类似于人的大脑，仅有大脑而没有感知外界信息的"五官"显然是不够的，中央处理系统还需要它们的"五官"——传感器。

人的五官也可视做一个功能非常复杂、灵敏的"传感器"，例如，人的触觉是相当灵敏的，它可以感知外界物体的温度、硬度、轻重及外力的大小，还可以具有电子设备所不具备的"手感"，如棉织物的手感、液体的黏稠感等。然而，五官感觉大都只能对外界的信息做"定性"感知，而不能做"定量"感知，而且人的五官对许多物理量是感觉不到的，如对磁性就不能感知。视觉可以感知可见光部分，对于频域更加宽的非可见光则无法感知，如红外线和紫外线等。借助温度传感器很容易感知到几百到几千摄氏度的温度，而且要达到 1℃以下的精确度也是轻而易举的。同样，借助红外和紫外线传感器，便可感知到这些不可见光，所以人类才制造出了具有广泛用途的红外夜视仪和 X 光诊断设备，这些技术在军事、国防及医疗卫生领域有着极其重要的作用。

传感器技术包括基于材料科学技术的敏感元件和基于电子技术和计算机技术的传感器电路，它是一门汇集材料科学、信息科学和高科技工艺技术的交叉学科。

3.1　传感器概述

3.1.1　传感器概念

传感器是测量系统中直接作用于被测量（包括物理量、生物量、化学量等）的器件，通过它将被测量转换成容易处理、容易与标准量比较的物理量（如位移、频率、电流、电阻、电压等）。传感器通常是依据有关的物理、化学和生物效应进行工作的。各种功能材料是传感器技术发展的物质基础。传感器技术的研究开发，不仅要求原理正确，选材合适，而且要求有先进的加工工艺技术。近年来，人们根据社会生产、科研和生活的需要，在工业生产、资源节约、灾害预测、安全防卫、环境保护、医疗诊断等方面研制出了各种用途的传感器，为检测、自动控制、环保及电子计算机等方面的应用创造了十分有利的条件。世界各工业发达国家对于开发研究传感器不仅在思想认识上给予高度重视，而且投入了大量人力和物力，它已被列为新技术革命的核心技术之一，今后必将在我国现代化建设中发挥日益重要的作用。

3.1.2　传感器特性

传感器的基本特性可分为静态特性和动态特性两种。

1．静态特性

静态特性是指输入不随时间而变化的特性。设输入为 x，输出为 y，若不考虑时间变化，则输入与输出的关系可表示为：$y=f(x)$

若输入分别为 x，$x+\Delta x$，则对应两者的输出差

$$\Delta y=\mathrm{d}y \cdot \Delta x/\mathrm{d}x=k(x) \cdot \Delta x \tag{3-1}$$

式中，$k(x)$ 为灵敏度系数，当 x 值较小时，$k(x)$ 为定值，当 x 值较大时，$k(x)$ 则随 x 而变化。根据式（3-1）的输入、输出关系，有如下特性。

（1）灵敏度界限。一般来说，当 Δx 小到某种程度时，输出就不再变化了，此时的 Δx 称为灵敏度界限。

（2）迟滞差。迟滞差是由于传感器的响应受到输入过程影响而产生的。它的存在破坏了输入和输出的一一对应关系，因此，必须尽量减少迟滞差。

（3）非线性度。指输入与输出线性比例关系的偏差程度。

（4）环境特性。影响传感器特性的环境因素中，最重要的是温度，即使采取了温度补偿措施，或者在结构上有所考虑，仍然会受到温度的影响。尤其是半导体的特性，它对温度变化很敏感，必须给予充分重视。

此外，还有气压、湿度、振动、电源电压等也会影响传感器特性。气压的变化将使气敏传感器的体积发生变化。湿度变化不仅会使光学传感器改变折射率，还会影响电容式传感器的介电常数。湿度变化会导致电路产生漏电现象，漏电将使元件的阻抗值下降，放电现象则会使元件损坏。振动对传感器的影响也是不可忽视的，它除了会使输出发生变化外，还可能导致机械支撑部分发生形变、脱落、导线折断等，造成传感器故障。尤其要防止外界振动频率与传感器固有频率一致，此时将产生共振，其破坏的可能性更大。电源电压的波动会使灵敏度系数改变和产生输出漂移。

（5）稳定性。因为传感器及其部件的特性会随时间而发生变化，即经时变化，所以对同一大小的输入，即使环境条件不变，其输出值也会有所不同。

2．动态特性

动态特性是指输入信号随时间而变化的特性。此时，要求传感器能够随时精确地跟踪输入信号，其输出能按照输入信号的变化规律而变化。输入信号变化时，引起输出信号也随着时间变化，这个过程称为响应。响应是描述动态特性的重要参数。

3.1.3　传感器分类

传感器按其结构原理不同大致可分为 3 类。

1．结构型传感器

结构型传感器大多通过结构部分的位移，将被测参数转换成相应的电阻、电感、电容等变化，从而检测出被测量。这是目前应用最多、最普遍的传感器。

2．物性型传感器

物性型传感器是利用某些材料本身的物性变化来实现被测量的转换。其主要是以半导体、电介质、磁性体等作为敏感材料的固态器件。这些器件具有灵敏度高、质量轻、体积小、便于集成等优点。它减少了对被测对象的影响，提高了响应速度，能解决常规结构型传感器不能解决的某些特殊参数及非接触测量的问题，从而大大扩大了传感器的应用领域。

3．智能型传感器

智能型传感器是一种带有微处理器的、兼有检测与信息处理功能的传感器。在半导体基片上，采用微电子加工技术把传感器功能、逻辑功能、存储功能集成在一起，传感器具有自动校正、自动补偿并进行数字处理、图像识别、存储、记忆等功能。

3.2 传感器结构

传感器一般由敏感元件、转换元件、转换电路 3 部分组成。

1．敏感元件

敏感元件是直接感受被测量，并输出与被测量成确定关系的某一物理量的元件。如图 3-1 所示是一种气体压力传感器的示意图。膜盒的下半部与壳体固接，上半部通过连杆与磁芯相连，磁芯置于两个电感线圈中，后者接入转换电路。这里的膜盒就是敏感元件，其外部与大气压力 p_0 相通，内部感受被测压力 p。当 p 变化时，引起膜盒上半部移动，即输出相应的位移量。

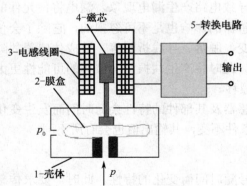

图 3-1 气体压力传感器示意图

2．转换元件

敏感元件的输出就是转换元件的输入，转换元件把输入转换成电路参数量。在图 3-1 中，转换元件是可变电感线圈，它把输入的位移量转换成电感的变化。

3．转换电路

上述电路参数接入转换电路，便可转换成电量输出。

实际上，有些传感器很简单，有些则较复杂，大多数传感器是开环系统，也有些是带反馈的闭环系统。最简单的传感器由一个敏感元件（兼转换元件）组成，它感受被测量时直接输出电量，如热电偶。有些传感器由敏感元件和转换元件组成，没有转换电路，有些传感器转换元件不止一个，要经过若干次转换。

敏感元件与转换元件常常组装在一起，而转换电路为了减小外界的影响，也希望和它们组装在一起，不过由于空间的限制或者其他原因，转换电路常装入电箱中。尽管如此，因为不少传感器要通过转换电路之后才能输出电量信号，从而决定了转换电路是传感器的组成环节之一。这里顺便说明一下：一般情况下，转换电路后面的后续电路，如信号放大、处理、显示等电路不再包括在传感器范围之内。

3.3　常用传感器

3.3.1　电阻式传感器

电阻式传感器的基本原理是将被测量的变化转换成传感元件电阻值的变化，再经过转换电路变成电信号输出。它的类型很多，在几何量和机械量测量领域中应用广泛，常用来测量力、压力、位移、应变、扭矩、加速度等。

一般来说，电阻式传感器的结构简单、性能稳定、灵敏度较高，有的还适于动态测量。

电阻式传感器中的传感元件有应变片、半导体膜片、电位器和电触点等。由它们分别制成了应变式传感器、压阻式传感器、电位器式传感器和电触点式传感器等。其中，电触点式传感器目前已经极少使用。

1．应变式传感器

应变式传感器基本上是利用金属的电阻应变效应将被测量的变化转换为电量输出的一种传感器。应变式传感器主要有应变式力传感器、环式力传感器和梁式力传感器。

1）工作原理

（1）金属的电阻应变效应。当金属丝在外力作用下发生机械变形时，其电阻值将发生变化，这种现象称为金属的电阻应变效应。

（2）应变片的基本结构及测量原理。电阻丝应变片是用直径为 0.025mm 具有高电阻率的电阻丝制成的。为了获得高的阻值，一般将电阻丝排列成栅网状，称为敏感栅，并粘贴在绝缘的基片上。电阻丝的两端焊接引线，敏感栅上面粘贴有保护用的覆盖层。

用应变片测量时，将其粘贴在被测对象表面上，当被测对象受力变形时，应变片的敏感栅也随之变形，其电阻值发生变化，通过转换电路转换为电压或电流的变化，这时可直接测量应变。

通过弹性敏感元件，将位移、力、力矩、加速度、压力等物理量转换为应变，则可用应变片测量上述各量，而制成各种应变式传感器。

应变片之所以应用得比较广泛，是由于它有如下优点。

（1）测量应变的灵敏度和精确度高，性能稳定、可靠。

（2）应变片尺寸小、质量轻、结构简单、使用方便、测量速度快。测量时对被测件的工作状态和应力分布基本上无影响。既可用于静态测量，又可用于动态测量。

（3）测量范围大。既可测量弹性变形，又可测量塑性变形。

（4）适应性强。可在高温、超低温、高压、水下、强磁场及核辐射等恶劣环境下使用，便于多点测量、远距离测量和遥测。

2）应变片的类型、材料及粘贴

（1）应变片的类型和材料。电阻应变片分为金属丝式、金属箔式和金属薄膜式。

① 金属丝式应变片。金属丝式应变片有回线式和短接式两种。

② 金属箔式应变片。它是利用照相制版或光刻技术将厚度为 0.003～0.01mm 的金属箔片制成所需图形的敏感栅，也称为应变花。它有以下优点。

- 可制成多种形状复杂、尺寸准确的敏感栅，其栅长可做到 0.2mm，以适应不同的测量要求。
- 与被测件黏结面积大。
- 散热条件好，允许电流大，提高了输出灵敏度。
- 横向效应小。
- 蠕变和机械滞后小，疲劳寿命长。在常温条件下，金属箔式应变片已逐步取代了金属丝式应变片。

③ 金属薄膜式应变片。金属薄膜式应变片是薄膜技术发展的产物。它采用真空蒸发或真空沉积等方法在薄的绝缘基片上形成厚度在 0.1μm 以下的金属电阻材料薄膜的敏感栅，最后再加上保护层。它的优点是应变灵敏系数大，允许电流密度大，工作范围广，可达-197～317℃。目前使用中的主要问题是难于控制电阻与温度和时间的变化关系。

（2）应变片的粘贴。应变片是用黏结剂粘贴到被测件上的。黏结剂形成的胶层必须准确迅速地将被测件应变传递到敏感栅上。黏结剂的性能及黏结工艺的质量直接影响着应变片的工作特性，如零漂、蠕变、滞后、灵敏系数、线性及受温度变化影响的程度。可见，选择黏结剂和正确的黏结工艺与应变片的测量精度有着极其重要的关系。

3）转换电路

应变片将被测件的应变 ε 转换成电阻相对变化的 $\Delta R/R$，还需进一步转换成电压或电流信号，才能用电测仪表进行测量。通常采用电桥电路实现这种转换。根据电源的不同，电桥分直流电桥和交流电桥。

4）温度误差及其补偿

用应变片测量时，希望其电阻只随应变而变，而不受其他因素的影响。但实际上环境温度变化时，也会引起电阻的相对变化，从而产生温度误差。为消除温度误差，必须采取温度补偿措施。通常补偿温度误差的方法有自补偿法和线路补偿法两种。

2. 压阻式传感器

1）基本工作原理

半导体材料受到应力作用时，其电阻率会发生变化，这种现象称为压阻效应。实际上，任何材料都不同程度地呈现压阻效应,但半导体的这种效应特别强。从宏观上看,电阻应变效应的分析及计算公式也适用于半导体电阻材料。

2)类型与特点

压阻式传感器主要有半导体应变式传感器、压阻式压力传感器和压阻式加速度传感器。压阻式传感器有两种类型:一类是利用半导体材料的体电阻制成粘贴式的应变片,做成半导体应变式传感器;另一类是在半导体材料的基片上用集成电路工艺制成扩散电阻,作为测量传感元件,也称扩散型压阻式传感器,或固态压阻式传感器。固态压阻式传感器主要用于测量压力和加速度等物理量。

压阻式传感器的优点包括以下几个方面。

(1)灵敏度非常高,有时传感器的输出无须放大可直接用于测量。

(2)分辨力高,如测量压力时可测出 10~20Pa 的微压。

(3)测量元件的有效面积可做得很小,故频率响应高。

(4)可测量低频加速度与直线加速度。

压阻式传感器的最大缺点是温度误差较大,故需温度补偿或在恒温条件下使用。

3)温度误差及其补偿

压阻式传感器受到温度影响后,要产生零位漂移和灵敏度漂移,因而会产生温度误差。

压阻式传感器中,扩散电阻的温度系数较大,电阻值随温度变化而变化,故引起传感器的零位漂移。当用电桥测量时,若能将 4 个桥臂的扩散电阻做得大小相差不大,温度系数也一样,则电桥的零漂值会很小,但这在工艺上很难实现。传感器灵敏度的温漂是由于压阻系数随温度变化而引起的,当温度升高时,压阻系数变小,传感器的灵敏度降低;反之,灵敏度升高。

3.电位器式传感器

1)工作原理及特点

电位器由电阻元件及电刷等组成。电阻元件通常有线绕电阻、薄膜电阻、导电塑料等。电刷相对于电阻元件的运动可以是直线运动、转动和螺旋运动,因而可以将直线位移或角位移转换为与其呈一定函数关系的电阻或电压输出。它除了用于线位移和角位移的测量外,还用于测量压力、加速度等物理量。

电位器式传感器结构简单、价格低廉、性能稳定,对环境条件要求不高,输出信号大,并易实现函数关系的转换。但由于存在摩擦及分辨力有限,一般精度不够高,动态响应较差,适于测量变化较缓慢的量。

2)线性与函数电位器

线性电位器:电位器骨架截面处处相同(理想条件下),且电阻丝等节距绕制,阻值变化成比例,有线性特征。

函数电位器:电位器阻值变化符合某一特定的函数,如阻值按抛物线函数变化的电位器。

电位器不接负载或负载无穷大时的输出特性称为空载特性,这两类电位器具有相同的空载特性。

3)负载特性与负载误差

电位器输出端接有负载电阻时,其特性称为负载特性。负载特性相对于空载特性的偏差称为负载误差。

4）电位器的基本结构与材料

电位器通常由骨架、电阻元件及活动电刷组成。常用的线绕式电位器的电阻元件由金属电阻丝绕成。

5）电位器的移动或转动

电刷可直接或通过机械传动装置与被测对象相连，以测量机械线位移或角位移。电位器还可以和弹性敏感元件如膜片、膜盒、波纹管等相连接，弹性元件位移通过机构推动电刷而输出相应的电压信号，可以制成压力、液位、高度等各种传感器。

3.3.2　电感式传感器

电感式传感器是利用线圈自感或互感的变化实现测量的一种装置。

电感式传感器的核心部分是可变自感或可变互感。被测量转换成线圈自感或互感的变化一般要利用磁场作为媒介或利用铁磁体的某些现象。这类传感器的主要特征是具有线圈绕组。

电感式传感器具有结构简单可靠、输出功率大、输出阻抗小、抗干扰能力强、对工作环境要求不高、分辨力较高（如在测量长度时一般可达 $0.1\mu m$）、示值误差一般为示值范围的 $0.1\%\sim0.5\%$、稳定性好等优点。它的缺点是频率响应低，不宜用于快速动态测量。一般说来，电感式传感器的分辨力和示值误差与示值范围有关，示值范围大时，分辨力和示值精度将相应地降低。

电感式传感器种类很多。当利用自感原理时，首先把被测量的变化转换成自感 L 的变化，自感 L 接入一定的转换电路，便可转换成电信号输出。自感 L 又称电感，人们习惯上所称的电感式传感器就是特指这一种。当利用互感原理时，常做成差动变压器形式，这时一次侧线圈要用固定电源激磁，它与两个二次侧线圈间互感 M 的变化，可导致二次侧线圈产生电压信号输出。因为它具有差动变压器的形式，故习惯上称为差动变压器式传感器。此外，还有利用电涡流原理的电涡流式传感器，利用压磁原理的压磁式传感器，利用互感原理的感应同步器等。

1．自感式传感器

1）自感线圈的等效电路

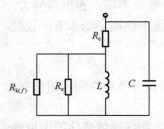

图 3-2　自感线圈的等效电路

自感线圈不是一个纯电感，它除了具有一定的电感量 L 外，还有一些其他参量伴随存在。自感线圈的等效电路如图 3-2 所示。

其中，与 L 串联的 R_c 是铜损电阻，与其并联的 R_e 和 $R_{k(f)}$ 则分别代表铁芯的涡流损失及磁滞损失，与 L 及 R_e 并联的电容 C 则反映了线圈的自身电容，这在高频时必须给予特别的考虑。

2）转换电路

自感式传感器实现了把被测量的变化转变为电感量的变化。为了测出电感量的变化，同时也为了送入下级电路进行放大和处理，就要用转换电路把电感变化转换成电压（或电流）变化。把传感器电感接入不同的转换电路后，原则上可将电感变化转换成电压（电流）的幅值、频率、相位的变化，它们分别称为调幅、调频、调相电路。在自感式传感器中，调幅电路用得较多，调频、调相电路用得较少。调幅电路的一种主要形式是交流电桥。

3）零点残余电压

当两线圈的阻抗相等时，即 $Z_1 = Z_2$，这时电桥平衡，输出电压为零。由于传感器阻抗是一个复数阻抗，有感抗也有电阻，为了达到电桥平衡，就要求两线圈的电阻 R 相等，两线圈的电感 L 相等。实际上，这种情况是不能精确达到的，就是说不易达到电桥的绝对平衡。

如果零点残余电压（简称零残电压）过大，会使灵敏度下降，非线性误差增大，不同挡位的放大倍数有显著差别，甚至造成放大器末级趋于饱和，致使仪器电路不能正常工作，甚至不再反映被测量的变化。在仪器的放大倍数较大时，这一点尤其应该注意。因此，零残电压的大小是判别传感器质量的重要指标之一。在制造传感器时，要规定其零残电压不得超过某一定值。例如，某自感测微仪的传感器，经 200 倍放大后，在放大器末级测量，零残电压不得超过80mV，仪器在使用过程中，若有迹象表明传感器的零残电压太大，就要进行调整。

为了尽可能地减小零残电压，在设计和制造上应采取相应的措施：设计时应使上、下磁路对称；制造时应使上、下磁性材料特性一致，磁筒、磁盖、磁芯要配套挑选；线圈排列要均匀；松紧要一致；最好每层的匝数都相等。至于匝间电容，其值较小，在高频时要考虑，在音频范围内关系不大。为了控制零残电压不超过允许范围，在生产及仪器鉴定中一般还要进行必要的调整。

2. 差动变压器式传感器

1）工作原理

差动变压器式传感器的工作原理是把被测量的变化转换成互感系数 M 的变化。传感器本身是其互感系数可变的变压器，当一次侧线圈接入激励电源后，二次侧线圈就将感应产生电压输出，互感变化时，输出电压将随之变化。这种传感器的二次侧线圈一般有两个，接线方式是差动的，故常称为差动变压器式传感器。另外，因为它是基于互感变化的原理，故也称为互感式传感器。

2）基本分类

差动变压器式传感器的类型可以分为气隙型、截面型和螺管型 3 种。气隙型差动变压器式传感器的优点是灵敏度高，近年来这种类型的传感器使用在逐渐减少；螺管型差动变压器式传感器的灵敏度较低，但其示值范围大，自由行程可任意安排，制造装配也比较方便，因而获得了广泛的应用。

3）转换电路

差动变压器式传感器的转换电路一般采用反串电路和桥路两种。

4）零残电压

差动变压器式传感器也存在零残电压问题。零残电压的存在使得传感器的特性曲线不通过原点，并使实际特性不同于理想特性。

零残电压的存在使得传感器输出特性在零点附近的范围内不灵敏，限制了分辨力的提高。零残电压太大，将使线性度变坏，灵敏度下降，甚至会使放大器饱和，堵塞有用信号通过，致使仪器不再反映被测量的变化。因此，对零残电压进行认真分析，找出减小的办法是很重要的。

产生零残电压的原因大致有以下两点。

（1）由于两个二次侧线圈的等效参数不对称，使其输出的基波感应电动势的幅值和相位不同，调整磁芯位置时，也不能达到幅值和相位同时相同。

（2）由于铁芯 B-H 特性的非线性，产生高次谐波不同，不能互相抵消。

3．电涡流式传感器

1）工作原理

金属导体置于变化的磁场中，导体内就会产生感应电流，这种电流像水中旋涡一样在导体内转圈，称为电涡流或涡流，这种现象称为涡流效应。电涡流式传感器就是在这种涡流效应的基础上建立起来的。

要形成涡流必须具备两个条件：①存在交变磁场；②导电体处于交变磁场中。因此，电涡流式传感器主要由产生交变磁场的通电线圈和置于线圈附近、处于交变磁场中的金属导体两部分组成。金属导体也可以是被测对象本身。

2）特性分析

（1）涡流损耗。电涡流式传感器的物理基础是涡流效应。金属导体具有电阻，有涡流流通时便会消耗一部分电磁能量。涡流引起的能量损耗，称为涡流损耗。

（2）线圈轴上磁感应强度。在影响涡流损耗的诸多因素中，大多数因素是固定的或者是基本不变的，因此对电涡流式传感器的工作起着重要影响的因素是金属导体内的磁场分布。尤其是电涡流式位移传感器，其磁场分布对灵敏度和线性范围起着决定性的作用。

对传感器来说，总是希望其灵敏度高，线性范围大，欲使线性范围大，就要求磁场轴向分布范围大；欲使灵敏度高，就要求被测物体在轴向移动时涡流损耗功率的变化大，即轴向磁场强度变化梯度大。

（3）涡流分布。涡流只存在于金属导体的表面薄层内，在径向只在一个有限的范围内存在，所以实际上存在一个涡流区。但是在推算涡流损耗功率时，曾把涡流当做均匀分布来处理，这是不符合实际的。实际上，涡流分布是不均匀的，涡流区内各处的涡流密度是不同的。

3）转换电路

由电涡流式传感器的工作原理可知，被测参数变化可以转换成传感器线圈的品质因数 Q、等效阻抗 Z 和等效电感 L 的变化。转换电路的任务是把这些参数转换为电压或电流输出。总的来说，利用 Q 值的转换电路使用较少；利用 Z 的转换电路一般用桥路，属于调幅电路；利用 L 的转换电路一般用谐振电路，根据输出是电压幅值还是电压频率，谐振电路又分为调幅和调频两种。

4）电涡流式传感器的应用

电涡流式传感器的特点是结构简单，易于进行非接触的连续测量，灵敏度较高，适用性强，因此得到了广泛的应用。它的变换量可以是位移 x，也可以是被测材料的性质（ρ 或 μ），其应用大致有以下 4 个方面。

（1）利用位移 x 作为变换量，可以做成测量位移、厚度、振幅、振摆、转速等的传感器。

（2）利用材料电阻率 ρ 作为变换量，可以做成温度测量、材质判别等的传感器。

（3）利用磁导率 μ 作为变换量，可以做成测量应力、硬度等的传感器。

（4）利用变换量 x、ρ、μ 等的综合影响，可以做成探伤装置等。

4．压磁式传感器

1）压磁效应

铁磁材料具有结晶体的构造，在晶体形成的过程中也就形成了磁畴，各个磁畴的磁化强度矢量是随机的。在没有外磁场作用时，各个磁畴互相均衡，材料总的磁化强度为零。当有外磁场作用时，磁畴的磁化强度矢量向外磁场方向产生转动，材料呈现磁化。当外磁场很强时，各个磁畴的磁化强度矢量都转向与外磁场平行，这时材料呈现磁饱和现象。

在磁化过程中，各磁畴之间的界限发生移动，因而产生机械变形，这种现象称为磁致伸缩效应。

铁磁材料在外力作用下，引起内部发生形变，产生应力，使各磁畴之间的界限发生移动，使磁畴磁化强度矢量转动，从而也使材料的磁化强度发生相应的变化，这种应力使铁磁材料发生磁性质变化的现象，称为压磁效应。

铁磁材料的压磁效应的具体内容包括以下几点。

（1）材料受到压力时，在作用力方向磁导率 μ 减小，而在作用力的垂直方向，μ 略有增大；作用力是拉力时，其效果相反。

（2）作用力取消后，磁导率复原。

（3）铁磁材料的压磁效应还与外磁场有关。为了使磁感应强度与应力间有单值的函数关系，必须使外磁场强度的数值一定。

2）工作原理

前面说过，铁磁材料在受到外力作用时，内部产生应力，引起磁导率变化。当铁磁材料上绕有线圈时，将引起线圈阻抗变化；当铁磁材料上同时绕有激励绕组和输出绕组时，磁导率的变化将导致绕组间耦合系数变化，从而使输出电动势变化，这样就把作用力转换成电量输出了。

3）压磁元件

压磁式传感器的核心部分是压磁元件，它实质上是一个力/电变换元件。

（1）材料。压磁元件可采用的材料有硅钢片、坡莫合金和一些铁氧体。坡莫合金是理想的压磁材料，它具有很高的相对灵敏度，但价格较贵。铁氧体也有很高的相对灵敏度，但由于它较脆而不常采用。在压磁式传感器中大多采用硅钢片，虽然灵敏度比坡莫合金低一些，但在实际应用中已经可以满足要求。

（2）冲片形状。为了减小涡流损耗，压磁元件的铁芯大都采用薄片的铁磁材料叠合而成。压磁元件的制造工艺对其性能有很大的影响。在冲片、热处理、粘合、穿线和装配等环节都要精心处理，才能使传感器达到预定的优良性能要求。

（3）激励安匝数的选择。压磁元件输出电压的灵敏度和线性度在很大程度上决定于铁磁材料的磁场强度，而磁场强度取决于激励安匝数。

激励过小或过大都会产生严重的非线性和灵敏度降低，这是因为在压磁式传感器中，铁磁材料的磁化现象不仅与外磁场的作用有关，还与各个磁畴内部磁矩的总和及外作用力在材料内部引起的应力有关。最佳条件是外加作用力所产生的磁能与外磁场及磁畴磁能之和接近相等，而且工作在磁化曲线（B-H 曲线）的线性段，这样可以获得较好的灵敏度和线性度。

4）测量电路

压磁式传感器的输出绕组输出电压值比较大，因此一般不需要放大，只要通过整流、滤波，即可传送至指示器指示。

5）压磁式传感器的应用

压磁式传感器具有输出功率大、抗干扰能力强、过载性能好、结构与电路简单、能在恶劣环境下工作、寿命长等一系列优点。尽管它的测量精度不高（误差约为1%），反应速度低，但由于具备上述优点，尤其是寿命长和对使用条件要求不高这两条，因此很适合在重工业、化学工业等领域使用。

压磁元件是一个力/电变换元件，因此压磁式传感器最直接的应用是用做测力传感器，若其他物理量可以通过力的变换，也可以使用压磁式传感器进行测量。

目前，这种传感器已成功地用在冶金、矿山、造纸、印刷、运输等各个工业部门，如用来测量轧钢的轧制力、钢带的张力、纸张的张力，吊车提物的自动称量、配料的称量，金属切削过程的切削力及电梯安全保护等。

5．感应同步器

感应同步器是利用两个平面形绕组的互感随位置不同而变化的原理制成的，可用来测量直线或转角位移。测量直线位移的称为长感应同步器，测量转角位移的称为圆感应同步器。

感应同步器的优点有以下几个方面。

（1）具有较高的精度与分辨力。感应同步器可以不经任何机械传动直接测量仪器或机床的线位移或角位移，所以其测量精度首先取决于印制电路绕组的加工精度，这可由工艺来保证。长感应同步器的基板与安装部件材料相近，热膨胀系数接近，圆感应同步器的基板受热后向各方向的膨胀都对应于圆心，所以温度变化对其测量精度影响不大。感应同步器由许多节距同时参加工作，多节距的误差平均效应减小了局部误差的影响。感应同步器的分辨力取决于原始信号质量与电子细分电路的信噪比及电子比较器的分辨力，前者可通过控制印制电路绕组的加工精度、稳定励磁电压、限制气隙变化等措施来解决，后者可通过线路的精心设计和采取严密的抗干扰措施来解决。

（2）抗干扰能力强。感应同步器在一个节距内是一个绝对测量装置，在任何时间内都可以给出仅与位置相对应的单值电压信号，因而不受瞬时作用的偶然干扰信号的影响。平面绕组的阻抗很小，受外界干扰电场的影响很小。

（3）使用寿命长，维护简单。定尺和滑尺、定子和转子互不接触，没有摩擦、磨损，所以使用寿命很长。它不怕油污、灰尘和冲击振动的影响，不需要经常清扫。但需装设防护罩，防止铁屑进入其气隙。

（4）可以进行长距离位移测量。可以根据测量长度的需要，将若干根定尺拼接，拼接后总长度的精度可保持（或稍低于）单个定尺的精度。

（5）工艺性好，成本较低，便于复制和成批生产。

由于感应同步器具有上述优点，长感应同步器目前已被广泛应用于大位移静态与动态测量中，如三坐标测量机、程控数控机床、高精度重型机床及加工中的测量装置等；圆感应同步器则被广泛应用于机床和仪器的转台及各种回转伺服控制系统中。

1）类型与结构

（1）长感应同步器。长感应同步器可分为标准型、窄型、带型、三重型几种。

（2）圆感应同步器。一般说来，在极数相同的情况下，圆感应同步器的直径做得越大，越容易做得准确，精度越高。圆感应同步器可在定子、转子圆盘上各配置粗、细绕组而做成二重型，也可配置粗、中、细绕组而做成三重型，从而做成绝对坐标测量系统。

2）信号处理方式

由感应同步器组成的检测系统可以采取不同的励磁方式，并可对输出信号采取不同的处理方式。

从励磁方式上说，可分为两大类：一类是以滑尺（或定子）励磁，由定尺（或转子）取出感应电动势信号；另一类是以定尺（或转子）励磁，由滑尺（或定子）取出感应电动势信号，目前在实际应用中多数用前一类励磁方式。

从信号处理方式上说，可分为鉴相方式和鉴幅方式两种。它们的特征是用输出感应电动势的相位或幅值来进行处理。

3）误差分析

感应同步器的误差包括零位误差与细分误差。

（1）零位误差。感应同步器的零位误差是指在只有一组励磁绕组情况下定尺输出零电压时的实际位移量与理论位移量之差。感应同步器的零位误差习惯上以累积误差形式表示，即取各点零位误差中的最大值与最小值之差的一半，并冠以"±"号表示。

引起零位误差的因素可能有刻划误差、安装误差、变形误差，以及横向段导电片中的环流电动势的影响等。

（2）细分误差。感应同步器的细分误差是指在一个周期中每个细分点的实际细分值与理论细分值之差。细分误差也是以累积误差形式表示，即取各点细分误差中的最大值与最小值之差的一半，并冠以"±"号表示。

产生细分误差，除了电路方面的原因外，在感应同步器方面，主要是由于定尺输出信号不符合前述的理论关系引起的。这可能由于：①正、余弦绕组产生的感应电动势幅值不等；②感应电动势与位移 x 间不完全符合正弦、余弦关系；③两路信号的正交性有偏差等。

生产中要对感应同步器的上述两项误差进行测试，测试结果超过误差时应找出原因并加以解决。

3.3.3 电容式传感器

电容式传感器是将被测量（尺寸、压力）的变化转换成电容量变化的一种传感器。实际上，它本身（或和被测物）就是一个可变电容器。

电容式传感器具有零漂小、结构简单、动态响应快、易实现非接触测量等一些突出的优点。虽然它易受干扰和寄生电容的影响，但随着电子技术的发展，这些缺点正逐渐被克服，因此电容式传感器越来越广泛地应用于位移、振动、液位、压力等测量中。

1．工作原理及类型

1）工作原理

由物理学可知，两平行极板组成的电容器，如果不考虑边缘效应，其电容量为

$$C=\varepsilon S/\zeta \qquad\qquad (3-2)$$

当被测量的变化使式中的 ε、S 或 ζ 任一参数发生变化时，电容量 C 也就随之变化。

2）类型

电容式传感器有 3 种基本类型，即变极距（或称变间隙）（ζ）型，变面积（S）型和变介电常数（ε）型。它们的电极形状有平板形、圆柱形和球平面形（较少采用）3 种。

3）电容式传感器的性能指标

（1）灵敏度。被测量变化缓慢的情况下，电容变化量与引起其变化的被测量之比称为静态灵敏度。

（2）非线性。变极距型传感器，当板极间距 ζ 变化 +/-$\Delta\zeta$ 时，电容量 C 随之变化。通过计算可以发现，输出电容 ΔC 与被测量 $\Delta\zeta$ 之间的关系是非线性的。

2．电容式传感器的特点

1）优点

电容式传感器与电阻式、电感式等传感器相比有如下一些优点。

（1）温度稳定性好。电容式传感器的电容值一般与电极材料无关，有利于选择温度系数低的材料，而且本身发热极小，影响稳定性甚微。而电阻式传感器有电阻，电感式传感器有铜损等，易发热产生零漂。

（2）结构简单、适应性强。电容式传感器结构简单，易于制造，易于保证高的精度：可以做得非常小巧，以实现某些特殊的测量；能工作在高温、低温、强辐射及强磁场等恶劣的环境中，可以承受很大的温度变化，承受高压力、高冲击、高过载等；能测超高压和低压差，也能对带磁工件进行测量。

（3）动态响应好。电容式传感器由于带电极板间的静电引力很小，需要的作用能量极小，又由于它的可动部分可以做得很小很薄，即质量很轻，因此其固有频率很高，动态响应时间短，能在几兆赫兹的频率下工作，特别适用于动态测量。又由于其介质损耗小，可以用较高频率供电，因此系统工作频率高。它可用于测量高速变化的参数，如测量振动、瞬时压力等。

（4）可以实现非接触测量，具有平均效应。如非接触测量回转轴的振动或偏心率、小型滚珠轴承的径向间隙等。当采用非接触测量时，电容式传感器具有平均效应，可以减小工件表面粗糙度等对测量的影响。

电容式传感器除了上述优点外，还因其带电极板间的静电引力很小，所需输入力和输入能量极小，因而可测极低的压力、力和很小的加速度、位移等，可以做得很灵敏，分辨力高，可测 0.01μm 甚至更小的位移；由于其空气等介质损耗小，采用差动结构并接成桥式时产生的零残电压极小，因此允许电路进行高倍率放大，使仪器具有很高的灵敏度。

2）缺点

电容式传感器的主要缺点如下。

（1）输出阻抗高，负载能力差。电容式传感器的容量受其电极的几何尺寸等限制，一般为几十到几百皮法，甚至只有几皮法，使传感器的输出阻抗很高，因此传感器负载能力差，易受外界干扰影响而产生不稳定现象，严重时甚至无法工作，必须采取屏蔽措施，从而给设计和使用带来不便。容抗大还要求传感器绝缘部分的电阻值极高（几十兆欧以上），否则绝缘部分将作为旁路电阻影响仪器的性能，如灵敏度降低，为此还要特别注意周围的环境，如湿度、清洁度等。若采用高频供电，可降低传感器输出阻抗，但高频放大传输远比低频的复杂，且寄生电容影响大，不易保证工作的稳定。

（2）寄生电容影响大。电容式传感器的初始电容量小，而连接传感器和电子线路的引线电缆电容、电子线路的杂散电容及传感器内极板与其周围导体构成的电容等（所谓"寄生电容"）却较大，不仅降低了传感器的灵敏度，而且这些电容（如电缆电容）常常是随机变化的，将使仪器工作很不稳定，影响测量精度。因此对电缆的选择、安装、接法都有要求。

应该指出，材料、工艺、电子技术，特别是集成技术的高速发展，使电容式传感器的优点得到发扬而缺点不断地得到克服。电容式传感器正逐渐成为一种高灵敏度、高精度，在动态、低压及一些特殊测量方面大有发展前途的传感器。

3）转换电路

将电容量转换成电压（或电流）的电路称为电容式传感器的转换电路。它们的种类很多，目前较多采用的有电桥电路、调频电路、脉冲调宽电路和运算放大器式电路等。

3. 电容式传感器的应用

电容式传感器具有结构简单、灵敏度高、分辨力高、能感受 $0.01\mu m$ 甚至更小的位移、无反作用力、动态响应好、能实现非接触测量、能在恶劣环境下工作等优点，而且随着新工艺、新材料的问世，特别是电子技术的发展，干扰和寄生电容等问题不断得到解决，因此越来越广泛地应用于各种测量中。电容式传感器可用来测量直线位移、角位移、振动振幅，尤其适合测量高频振动振幅、精密轴系回转精度、加速度等机械量，还可用来测量压力、差压力、液位、料面、成分含量、非金属材料的涂层、油膜等的厚度，测量电介质的湿度、密度、厚度等，在自动检测和控制系统中也常常用来作为位置信号发生器。当测量金属表面状况、距离尺寸、振动振幅时，往往采用单边式变极距型电容式传感器，这时被测物是电容器的一个电极，另一个电极则在传感器内。

4. 容栅式传感器

容栅式传感器是在变面积型电容式传感器的基础上研制出的一种新型传感器。它具有电容式传感器的优点，如动态响应快、结构简单、易实现非接触测量，还因具有多极电容及平均效应，使其抗干扰能力强，精度高，对刻制和安装精度要求不高，量程大，是一种很有发展前途的传感器。现已应用于数显量具（如数显卡尺、数显千分尺）及雷达测角系统中。

3.3.4 磁电式传感器

磁电式传感器是通过磁电作用将被测量（如振动、位移、转速等）转换成电信号的一种传感器。磁电感应式传感器、霍尔式传感器和磁栅式传感器都是磁电式传感器的主要类型。它们的工作原理并不完全相同，各有各的特点和应用范围。

1. 磁电感应式传感器

磁电感应式传感器简称感应式传感器，也称电动式传感器。它利用导体和磁场发生相对运动而在导体两端输出感应电动势的原理工作，是一种机-电能量变换型传感器，无须供电电源，电路简单，性能稳定，输出阻抗小，具有一定的频率响应范围（一般为 10～1000Hz），适用于振动、转速、扭矩等测量。但这种传感器的尺寸和重量都较大。其主要应用有磁电感应式振动速度传感器、磁电感应式转速传感器和磁电感应式扭矩仪。

1）工作原理和类型

（1）工作原理。磁电感应式传感器是以电磁感应原理为基础的。磁电感应式传感器只适用于动态测量，可直接测量振动物体的速度或旋转体的角速度。如果在其测量电路中接入积分电路或微分电路，那么还可以用来测量位移或加速度。

（2）类型。将磁电感应式传感器分为恒定磁通式和变磁通式两类。

2）动态特性

磁电感应式传感器只适用于测量动态物理量，因此动态特性是这种传感器的主要性能。这种传感器和压电式传感器一样都是机-电能量变换型传感器，且具有双向性质，既能用做传感器，将机械量转换为电量，也能用做发生器，将电量转换为机械量。在测量简谐运动时，为了更简便地分析它们的动态特性，将不采用以往求解运动微分方程的分析方法，而采用二端口网络理论，并引入机械阻抗，像分析线性电路的频率传递函数一样来分析传感器的频响特性。分析时，用矩阵形式表示机械量和电量间的关系，建立它们的传递矩阵，从而得到传感器的传递函数，由此画出频响特性曲线来说明传感器的动态特性。

动态特性主要体现在机械阻抗、传递矩阵和传递函数等方面。

2．霍尔式传感器

霍尔式传感器是利用霍尔元件基于霍尔效应原理而将被测量，如电流、磁场、位移、压力等转换成电动势输出的一种传感器。虽然它的转换效率较低，受温度影响较大，转换精度要求较高时必须进行温度补偿，但霍尔式传感器结构简单、体积小、坚固、频率响应宽（从直流到微波）、动态范围（输出电动势的变化）大、无触点、使用寿命长、可靠性高、易微型化和集成电路化，因此在测量、自动控制和信息处理等方面得到广泛的应用。

1）工作原理与特性

（1）霍尔效应。金属或半导体薄片置于磁场中，当有电流流过时，在垂直于电流和磁场的方向上将产生电动势，这种物理现象称为霍尔效应。

（2）霍尔元件。基于霍尔效应原理工作的半导体器件称为霍尔元件。它由霍尔片、数据引线和壳体组成。

（3）霍尔元件的电磁特性。霍尔元件的电磁特性包括控制电流（直流或交流）与霍尔输出电势之间的关系；霍尔输出与磁场（恒定或交变）之间的关系；元件的输入或输出电阻与磁场之间的关系。

2）霍尔元件的误差及其补偿

由于制造工艺问题及实际使用时所存在的各种影响霍尔元件性能的因素，如元件安装不合理、环境温度变化等，都会影响霍尔元件的转换精度，从而带来误差。

（1）霍尔元件的零位误差及其补偿。霍尔元件的零位误差包括不等位电动势、寄生直流电动势等。

解决不等位电动势，除了工艺上采取措施降低不等位电动势外，还需采用补偿电路加以补偿。

在元件制作和安装时，尽量使电极欧姆接触，并做到散热均匀，使其有良好的散热条件。

通过这种方法，可以解决寄生直流电动势的误差。

（2）霍尔元件的温度误差及其补偿。一般半导体材料的电阻率、迁移率和载流子浓度等都随温度而变化。霍尔元件由半导体材料制成，因此它的性能参数如输入和输出电阻、霍尔常数等也随温度而变化，致使霍尔电动势变化，产生温度误差。为了减小温度误差，除选用温度系数较小的材料如砷化铟外，还可以采用适当的补偿电路。下面简单介绍几种温度误差的补偿方法。

① 采用恒流源供电和输入回路并联电阻。

② 合理选取负载电阻的阻值。

③ 采用恒压源和输入回路串联电阻。

④ 采用温度补偿元件（如热敏电阻、电阻丝等）。

⑤ 采用霍尔元件不等位电动势 U_0 的温度补偿。

3）应用

（1）霍尔式位移传感器。该传感器保持霍尔元件的控制电流恒定，而使霍尔元件在一个均匀梯度的磁场中沿 x 方向移动，则输出的霍尔电动势为 $U_H=kx$。

电势的极性表示了元件位移的方向。磁场梯度越大，灵敏度越高；磁场梯度越均匀，输出线性度就越好。为了得到均匀的磁场梯度，往往将磁钢的磁极片设计成特殊形状。这种位移传感器可用来测量 $\pm0.5mm$ 的小位移，特别适用于微位移、机械振动等测量。若霍尔元件在均匀磁场内转动，则产生与转角的正弦函数成比例的霍尔电压，因此可用来测量角位移。

（2）霍尔式压力传感器。任何非电量只要能转换成位移量的变化，均可利用霍尔式位移传感器的原理变换成霍尔电动势。霍尔式压力传感器就是其中的一种。它首先由弹性元件（可以是波登管或膜盒）将被测压力变换成位移，由于霍尔元件固定在弹性元件的自由端上，因此弹性元件产生位移时将带动霍尔元件，使它在线性变化的磁场中移动，从而输出霍尔电动势。

3. 磁栅式传感器

磁栅式传感器主要由磁栅和磁头组成。磁栅上录有等间距的磁信号，利用磁带录音的原理将等节距周期变化的电信号用录磁的方法记录在磁性尺子或圆盘上。装有磁栅传感器的仪器或装置工作时，磁头相对于磁栅将占有一定的相对位置或相对位移，在这个过程中，磁头把磁栅上的磁信号读出来，这样就把被测位置或位移转换成电信号了。

1）磁栅的类型

磁栅分为长磁栅和圆磁栅两类，前者用于测量直线位移，后者用于测量角位移。长磁栅又可分为尺型、带型和同轴型 3 种。

2）磁头

磁栅上的磁信号由读取磁头读出，按读取信号方式的不同，磁头可分为动态磁头与静态磁头两种。

（1）动态磁头。动态磁头为非调制式磁头，又称速度响应式磁头。常见的录音机信号取出就属于此类。它只有一组线圈，当磁头与磁栅之间以一定的速度相对移动时，由于电磁感应将在该线圈上产生信号输出。当磁头与磁栅之间相对运动很缓慢或相对静止时，由于磁头线圈内的磁通变化很小或变化为零，输出电压将很小或为零，因此，速度响应式磁头在使用上受到一定的局限。

物联网应用开发详解——基于ARM Cortex-M3处理器的开发设计

（2）静态磁头。静态磁头是调制式磁头，又称磁通响应式磁头。它与动态磁头的根本不同在于，在磁头与磁栅之间没有相对运动的情况下也有信号输出。

3）信号处理方式

动态磁头利用磁栅磁头以一定的速度进行相对移动，读出磁栅上的信号，将此信号进行处理后使用。例如，某些动态丝杠检查仪就是利用动态磁头读取磁尺上的磁信号，作为长度基准，与圆光栅盘（或磁盘）上读取的圆接准信号进行相位比较，以检测丝杠的黏度。

静态磁头一般成对使用，就是用两个磁头，其信号处理方式分为鉴幅与鉴相两种。

4）磁栅式传感器的特点与误差分析

磁栅式传感器的优缺点及使用范围与感应同步器相似，其精度略低于感应同步器，除此之外，它具有以下特点。

（1）录制方便，成本低廉。当发现所录磁栅不合适时可抹去重录。

（2）使用方便，可以在仪器或机床上安装好后再录制磁栅，因而可避免安装误差。

（3）可方便地录制任意节距的磁栅。如检查蜗杆时希望基准量中含有 X 因子，可在节距中考虑。

与感应同步器相似，磁栅式传感器的误差也包括零位误差与细分误差两项。

影响零位误差的主要因素有：①磁栅的节距误差；②磁栅的安装与变形误差；③磁栅剩磁变化所引起的零线漂移；④外界电磁场的干扰等。

影响细分误差的主要因素有：①由于磁膜不均匀或录磁过程不完善造成磁栅上信号幅度不相等；②两个磁头间距偏离正交较远；③两个磁头参数不对称；④磁场高次谐波分量和感应电动势高次谐波分量的影响。

上述两项误差应限制在允许的范围内，若发现超差，则应找出原因并加以解决。

一般来说，空间磁场不影响磁栅式传感器的正常工作，尽管如此，仍要注意对它的屏蔽，磁栅外面应有防尘罩，防止铁屑进入。不要在仪器未接地时插拔磁头引线插头，以防磁头磁化。

3.3.5 压电式传感器

压电式传感器的工作原理是以某些物质的压电效应为基础，它是一种发电式传感器。压电效应是可逆的。

正压电效应：当沿着一定方向对某些电介质加力而使其变形时，在一定表面上产生电荷，当外力去掉后，又重新回到不带电状态。

逆压电效应：当在电介质的极化方向上施加电场时，这些电介质就在一定方向上产生机械变形或机械应力；当外加电场撤去时，这些变形或应力也随之消失。可见，压电式传感器是一种典型的"双向传感器"。

具有压电效应的电介质称为压电材料。在自然界中，已发现20多种单晶具有压电效应，石英（SiO_2）就是一种性能良好的天然压电晶体。此外，人造压电陶瓷，如钛酸钡、锆钛酸铅等多晶体也具有良好的压电功能。

由于压电转换元件具有自发电和可逆电两种重要性能，加上它的体积小、质量轻、结构简单、工作可靠、固有频率高、灵敏度和信噪比高等优点，因此，压电式传感器的应用获得飞跃式发展。利用正压电效应研制成压电电源、煤气炉和汽车发动机的自动点火装置等多种电压发生器；在测试技术中，压电转换元件是一种典型的力敏元件，能测量最终可变换为力的物理量，如压力、加速度、机械冲击和振动等，因此在声学、力学、医学和宇航等领域中都可见到压电式传感器的应用。利用逆压电效应可制成多种超声波发生器和压电扬声器等，如电子手表就用到压电谐振器。利用正、逆压电效应可制成压电陀螺、压电线性加速度计、压电变压器、声呐和压电声表面波器件等。更有意义的是根据研究生物压电学的结果认识到生物都具有压电性，人的各种感觉器官实际上是生物压电传感器，如根据正压电效应治疗骨折，可加速痊愈，用逆压电效应对骨头通电，具有矫正畸形骨等功能。

压电转换元件的主要缺点是无静态输出，要求有很高的电输出阻抗，需用低电容、低噪声电缆，很多压电材料的工作温度只有 250℃ 左右。

1．工作原理

压电方程是关于压电体中电位移、电场强度、应力和应变张量之间关系的方程组。常表现为：当压电元件受到外力 F 作用时，在相应的表面产生表面电荷 Q，其关系为

$$Q=dF \tag{3-3}$$

式中，d 为压电系数，它是描述压电效应的物理量，对方向一定的作用力和产生一定电荷的表面是一个常数。

2．压电材料

明显呈现压电效应的敏感功能材料称为压电材料。由于它是物性型的，因此选用合适的压电材料是设计高性能传感器的关键。主要应考虑以下几方面：具有大的压电系数；机械强度高、刚度大，以便获得较高的固有振动频率；高电阻率和大介电系数；高的居里点；温度、湿度和时间稳定性好。

1）石英晶体

晶体的许多物理特性取决于晶体切割的方向。为了利用石英的压电效应进行力—电转换，需将晶体沿一定的方向切割成晶片。适于各种不同应用的切割方法很多，最常用的就是 X 切和 Y 切。有关晶片的切型及其符号是这样规定的：在直角坐标系中，如切片的原始位置是厚度平行于 X 轴，长度平行于 Y 轴，宽度平行于 Z 轴，以此原始位置旋转出来的切型为 X 切族；如切片的厚度、长度和宽度边分别平行于 X、Y 和 Z 轴，以此原始位置旋转出来的切型为 Y 切族，并规定逆时针旋转为正切型，而顺时针旋转为负切型。

石英晶体最明显的优点是它的介电常数和压电常数的温度稳定性好，适于做工作温度范围很宽的传感器。

2）铌酸锂晶体

铌酸锂晶体是人工拉制的，像石英一样也是单晶体，时间稳定性远比多晶体的压电陶瓷好，居里点高达 1200℃，适于做高温传感器。这种材料各向异性很明显，比石英脆，耐冲击性差，故加工和使用时要小心谨慎，避免急冷急热。

3）压电陶瓷

用做压电陶瓷的铁电体将原料粉碎、成型，通过 1000℃ 以上的高温烧结得到多晶铁电体。由于具有制作工艺方便、耐湿、耐高温等优点，因此在检测技术、电子技术和超声等领域中

用得最普遍。

需要指出的是，原始的压电陶瓷材料没有压电性，陶瓷烧结后有电畴，它们是压电特性的基础，可惜它们在原始材料中是无序排列的。

压电陶瓷的电极最常见的是一层银，通过锻烧与陶瓷表面牢固地结合在一起。电极的附着力极重要，如结合不好会降低有效电容量和阻碍极化。

3．压电元件常用结构形式

1）压电元件的基本变形

对能量转换有意义的石英晶体变形方式有以下几种。

- ❑ 厚度变形（TE 方式）。
- ❑ 长度变形（LE 方式）。
- ❑ 面剪切变形（FS 方式）。
- ❑ 厚度剪切变形（TS 方式）。
- ❑ 弯曲变形（BS 方式）。

2）双晶片元件

在实际使用中，如果仅用单片压电片工作的话，要产生足够的表面电荷就要有很大的作用力。而测量粗糙度和微压差时所能提供的力是很小的，所以常把两片或两片以上的压电片组合在一起。

多晶片是双晶片的一种特殊类型，已广泛应用于测力和加速度传感器中。

为了保证双片悬臂元件黏结后两电极相通，一般用导电胶黏结。并联接法时中间应加入一铜片或银片作为引出电极。

4．测量电路

为了使压电元件能够正常工作，它的负载电阻（即前置放大器的输入电阻 R_i）应有极高的值，因此与压电元件配套的测量电路的前置放大器有两个作用：一是放大压电元件的微弱电信号；二是把高阻抗输入变换为低阻抗输出。前置放大器有两种形式：一种是电压放大器，其输出电压与输入电压（压电元件的输出电压）成正比；另一种是电荷放大器，其输出电压与输入电荷成正比。

5．压电式传感器的应用举例

从上面的介绍可以看出，压电元件是一种典型的力敏感元件，可用来测量最终能转换为力的多种物理量。在检测技术中，常用来测量力和加速度，主要有压电式压力传感器、压电式加速度传感器、压电式阻抗头和压电式粗糙度测量传感器。

6．压电式传感器的误差

1）环境温度的影响

环境温度的变化对压电材料的压电系数和介电常数的影响都很大，它将使传感器灵敏度发生变化。压电材料不同，温度影响的程度也不同。如用石英，当温度低于 400℃时，其压电系数和介电常数都很稳定。

人工极化的压电陶瓷受温度的影响比石英要大得多；不同的压电陶瓷材料，压电系数和介电常数的温度特性比钛酸钡好得多。一种新型的压电材料——铌酸锂晶体的居里点为（1210±10）℃，远比石英和压电陶瓷的居里点高，所以用做耐高温传感器的转换元件。

2）湿度的影响

环境湿度对压电式传感器性能的影响也很大，如果传感器长期在高湿环境下工作，其绝缘电阻将会减小，低频响应变坏。现在，压电式传感器的一个突出指标要求是绝缘电阻要高。为了能达到这一指标，采取的必要措施是：合理的结构设计，把转换元件组做成一个密封式的整体，有关部分一定要良好绝缘；要进行严格的清洁处理和装配，电缆两端必须气密焊封，必要时可采用焊接密封方案。

3）横向灵敏度及其引起的误差

压电式单向传感器只能感受一个方向的作用力。一只理想的加速度传感器，只有当振动沿压电传感器在轴向运动时才有输出信号。若在与主轴正交方向的加速度作用下也有信号输出，则此输出信号与横向作用的加速度之比称为传感器的横向灵敏度。产生横向灵敏度的主要原因是：压电材料的不均匀性；压电片切割或极化方向的偏差；压电片表面粗糙或有杂质，或两个表面不平行；基座平面与主轴方向互不垂直，质量块加工精度不够；安装不对称等。其中尤其以安装时传感器的轴线和安装表面不垂直的影响为最大。结果是传感器最大灵敏度方向与其几何主轴不一致；横向作用的加速度在传感器最大灵敏度方向上分量不为零。

4）电缆噪声

普通的同轴电缆由聚乙烯或聚四氟乙烯作绝缘保护层的多股绞线组成，外部屏蔽层由一个编织的多股镀银金属套包在绝缘材料上。工作时电缆受到弯曲或振动，屏蔽套、绝缘层和电缆芯线之间可能发生相对移动或摩擦而产生静电荷。由于压电式传感器是电容性的，这种静电荷不会很快消失而被直接送到扩大器，这就形成电缆噪声。为了减小这种噪声，可使用特制的低噪声电缆，同时将电缆固紧，以免产生相对运动。

5）接地回路噪声

在测试系统中接有多种测量仪器，如各仪器和传感器分别接地，各接地点又有电位差，这便在测量系统中产生噪声。防止这种噪声的有效方法是整个测量系统在一点接地，并且选择指示器的输入端为接地点。

7. 压电声表面波传感器

当外加交变电场通过逆压电效应的耦合作用时，便在压电体中激发起各种形式的弹性波。当外电场的频率与弹性波在压电体中传播时的机械谐振频率一致时，压电体便进入机械谐振状态，成为压电振子。

逆压电效应来源于带电粒子在电场中所受的力。正负离子在电场中往往是反向移动，而电偶极子则往往旋转，直至与电场方向一致，其所引起的位移就称为逆压电效应的机械应变。

应当指出：逆压电效应与固体介质如玻璃上发生的电致伸缩效应虽然都是电-机耦合效应，但它们对外电场的响应特性却完全不同。主要存在两个区别：逆压电应变通常比电致伸缩应变大几个数量级；压电应变与电场强度成正比，当外加电场反向（极化强度也反向）时，材料产生的应变也同时反向，而电致伸缩应变则与场强的平方成正比，因此与外加电场的方向无关。这两种效应几乎同时发生，但电致伸缩效应在实际应用中往往可以忽略不计。

利用正逆压电效应可以制作多种器件，压电声表面波传感器和压电陀螺就是它们的代表。

声表面波（SAW）技术自 1965 年由 White 等人发现以来，已研制成多种表面波器件，如带通滤波器、振荡器、相关器和延迟线等。近几年来，人们观察到外界因素（如温度、压力、加速度等）对声表面波传播参数的影响，制作了声表面波传感器（SAWS）。它能得到迅速发展和广泛应用是因为它具有很多优点。

（1）具有高精度、高灵敏度，它能把被测量转变为电信号频率的测量，而频率的测量精度高，抗干扰能力强。

（2）被测量转换成频率变化的数字信息进行传输、处理，因此极易与微机直接配合，组成自适应实时处理系统。

（3）SAW 器件应用平面制作工艺，极易集成化、一体化，结构牢固，质量稳定，重复性和可靠性好。

（4）体积小，质量轻，功耗小。

3.3.6　光电式传感器

光电式传感器的工作原理是：首先把被测量的变化转换成光信号的变化，然后通过光电转换元件变换成电信号。

由于光电测量方法灵活多样，可测参数众多，一般情况下具有非接触、高精度、高分辨力、高可靠性和反应快等优点，加之激光光源、光栅、光学码盘、CCD 器件、光导纤维等的相继出现和成功应用，使得光电传感器的内容极其丰富，在检测和控制领域中得到了广泛的应用。

1．光电效应与光电器件

光电转换元件的作用原理是基于一些物质的光电效应。

当前物理学界认为光由分离的能团——光子组成，兼有波和粒子的特性。把光看做一个波群，波群可想象为一个频率为 f 的振荡，能量 E 和频率 f 的关系为

$$E=hf \tag{3-4}$$

式中，h 为普朗克常数。由此可知，不同颜色的光子由于其光波频率不同，其能量也不同，绿光光子比红光光子具有更多的能量。

光照射在物体上可看成是一连串具有能量为 E 的粒子轰击在物体上。光子与物质间的连接体是电子，如一个光子被半导体吸收后，半导体内的一个电子从光子那里得到能量，并马上释放出来参加导电过程。同样，一个自由电子被俘获后，便失去能量，用发射光子的形式释放该能量。

综上所述，所谓光电效应即是物体吸收能量为 E 的光后所产生的电效应。下面分别介绍目前所利用的几种光电效应及其器件。

（1）光电发射型。在光线作用下能使电子逸出物体表面，也称外光电效应。用这种原理制成的光电元件主要有真空光电管和光电倍增管等，用这种原理制成的辐射计数管仍在普遍使用。

（2）光电导型。这种类型的光电器件采用半导体材料并利用内光电效应制成。在光线作用下，半导体材料的电阻值变小，这种现象称为光导效应，具有光导效应的材料称为光敏电

阻，也称光导管。

（3）光电导结型。这类光电元件的工作原理与光电导型是相似的，其差别只是光照射在半导体结上而已。

（4）光电伏特型。光电伏特型光电元件是自发电式的，是有源器件。也就是说，这种半导体器件受到光照时就会产生一定方向的电动势，而无须外部电源。这种因光照而产生电动势的现象称为光生伏特效应。

上面讨论的几种光电元件都是半导体传感元件，它们各有特点，但又有相似之处，为了便于分析和选用，把它们的特性综合成以下几点。

- 光电特性。
- 伏安特性。
- 光谱特性。
- 频率特性。
- 温度特性。

2．一般形式的光电传感器

影响光电元件接收量的因素可能是光源本身的变化，也可能是由光学通路造成的。按其接收状态不同可分为模拟式光电传感器和脉冲式光电传感器两大类。

1）模拟式光电传感器

模拟式光电传感器的工作原理是基于光电元件的光电特性，其光通量随被测量而变化，光电流就成为被测量的函数，故称为光电传感器的函数运用状态。这种形式通常有以下几种情况。

（1）吸收式。被测物放在光学通路中，光源的部分光通量由被测物吸收，剩余的投射到光电元件上，被吸收的光通量与被测物的透明度有关，所以常用来做混浊度计等。

（2）反射式。光源发出的光投射到被测物上，被测物把部分光通量反射到光电元件上。反射光通量取决于反射表面的性质、状态和与光源之间的距离。利用这个原理可制成表面粗糙度测试仪等。

（3）遮光式。光源发出的光通量经被测物遮去其一部分，使作用到光电元件上的光通量减弱，减弱的程度与被测物在光学通路中的位置有关。

（4）辐射式。物体作为辐射源，其自身参数（如辐射能量）按照一定的算法转换为光电元件参数的变化。

2）脉冲式光电传感器

脉冲式光电传感器的作用方式是光电元件的输出仅有两种稳定状态，也就是"通"与"断"的开关状态，所以也称为光电元件的开关运用状态。

光电式转速计即是其应用之一。光电式转速计将转速的变化变换成光通量的变化，再经光电元件转换成电量的变化。根据其工作方式不同又可分为反射型和直射型两类。

3．光纤传感器

由于光导纤维（简称光纤）具有很多优点，因此用它制成的光纤传感器（FOS）与常规传感器相比就有很多特点。

（1）抗电磁干扰能力强。常用光纤主要由电绝缘、耐腐蚀的 SiO_2 制成，工作时利用光子传输信息，因而不怕电磁场干扰。电磁干扰噪声的频率与光频相比很低，对光波无干扰。此外，光波易于屏蔽，外界光频性质的干扰也很难进入光纤。

（2）灵敏度高。很多光纤传感器的灵敏度都优于同类常规传感器，有的甚至高出几个数量级。

（3）质量轻、体积小。光纤直径只有几微米到几百微米，同时光纤柔软，可深入机器内部或人体弯曲的内脏进行检测，使光波可沿需要的途径传输。

（4）适于遥测。利用光通信技术组成遥测网。

由于光纤传感器的这些独特优点和广泛的潜在应用，使它发展极快。自 1977 年以来已研制出多种光纤传感器，被测量包括位移、速度、加速度、液位、压力、流量、振动、水声、 温度、电流、电压、磁场和核辐射等。新的传感原理及应用正在不断涌现和扩大。

1）光导纤维

光纤的种类从构成光纤的材料来看，除玻璃光纤外还有塑料光纤。但不论是通信用或传感用光纤，从性能和可靠性而言，当前大多采用玻璃光纤。

光纤按其传输的模式分为单模光纤和多模光纤两类。简单地说，光在纤芯中传播就是交变的电场和磁场在光纤中向前传输，可分解为沿轴向和径向传播的平面波。沿径向传播的平面波在纤芯和包层的界面上产生反射。

光纤按其折射率分布不同可分为梯度型、阶跃型和单孔型。

2）光纤传感器

光纤传感器按工作原理不同可分为以下两大类。

（1）功能型（或称物性型、传感型）光纤传感器。光纤在这类传感器中不仅作为光传播的波导，而且具有测量的功能。因为光纤既是电光材料又是磁光材料，所以可以利用克尔效应、法拉第效应等，制成测量强电流、高电压等的传感器；其次可以利用光纤的传输特性把输入量变为调制的光信号。因为表征光波特性的参量，如振幅（光强）、相位和偏振态会随着光纤的环境（如应变、压力、温度、电场、射线等）而改变，故利用这些特性便可实现传感测量。

（2）非功能型（或称结构型、传光型）光纤传感器。光纤在这类传感器中只是作为传光的媒质，还需加上其他敏感元件才能组成传感器。它的结构比较简单并能充分利用光电元件和光纤本身的特点，因此很受重视。主要有光纤位移传感器、光纤温度传感器、光波长分布（颜色）传感器和光频率调制型光纤传感器。

3）光纤传感器发展趋势

光纤传感器是 20 世纪 70 年代中期出现的一种新型光学传感器，它具有很多优点，是对以电为基础的传统传感器的革命性变革，发展前景是极其光明的。但是，目前光纤传感器的成本较高，在这方面仍面临着传统传感器的挑战，存在着与传统传感器和其他新型传感器的竞争问题。为此，在这里有必要说明光纤传感器未来可能的发展趋势。

（1）应以传统传感器无法解决的问题作为光纤传感器的主要研制对象。例如，高电压、大电流、强电磁干扰、易燃易爆、强腐蚀、高温高压等恶劣环境下所使用的传感器，光纤陀螺、光纤水听器、干涉型光纤磁场计等也应成为当前光纤传感器的主要研究对象。

（2）集成化光纤传感器。除光纤外的其他光学元件、信号处理系统，以及光源和光检测器都采用集成回路。

（3）多功能全光纤控制系统。利用具有各种功能的光纤传感器，通过光纤网络，把各种敏感信息馈送到中心计算系统，对信息处理，做出判断，输出各种控制信号，对生产过程做出合理的控制。

（4）充分发挥光纤的低传输损耗特性，发展远距离监测系统。如环境保护监测系统、核能发电站监测系统等。

（5）开辟新领域。一种新产品的生命力不仅表现在其对旧市场的占领能力，而且表现在其对新市场的开拓能力，光纤式仪表很可能发展成新一代仪表。因为现在所用的仪表都是电磁式仪表，其主要缺点是抗电磁干扰能力差，与其相反，光纤传感器具有很强的抗电磁干扰能力，因此，由光学探头（光纤敏感元件）和信号处理系统相结合的光纤仪表，将是较理想的新一代测量仪表。

4．电荷耦合摄像器件

电荷耦合摄像器件（Charge-coupled Device to Imaging，CCD），是 20 世纪 70 年代发展起来的一种新型器件，它将光敏二极管阵列和读出移位寄存器集成为一体，构成具有自扫描功能的图像传感器。它不仅作为高质量固体化的摄像器件成功应用于广播电视、可视电话和无线电传真，而且在生产过程自动检测和控制等领域已显示出广阔的前景和巨大的潜力。

5．光栅式传感器

在玻璃尺、金属尺或玻璃盘上，像刻线标尺或度盘那样进行长刻线（一般为 10～20mm）的密集刻划，没有刻划的地方透光（或反光），刻划的发黑处不透光（或不反光），这就是光栅。

实际上，光栅很早就被人们发现了，但应用于技术领域只有 100 多年的历史。早期人们利用光栅的衍射效应进行光谱分析，到了 20 世纪 50 年代人们才开始利用光栅的莫尔条纹现象进行精密测量，从而出现了光栅式传感器。现在人们把这种光栅称为计量光栅，以区别于其他光栅。近年来，光栅式传感器在精密测量领域得到了迅速发展。光栅式传感器有如下特点。

（1）精度高。光栅式传感器在大量程测量长度或直线位移方面仅低于激光干涉传感器。在圆分度和角位移测量方面，光栅式传感器也属于精度最高的。

（2）大量程测量兼有高分辨力。感应同步器和磁栅式传感器也具有大量程测量的特点，但分辨力和精度都不如光栅式传感器。

（3）可实现动态测量，易于实现测量及数据处理的自动化。

（4）具有较强的抗干扰能力，对环境条件的要求不像激光干涉传感器那样严格，但不如感应同步器和磁栅式传感器的适应性强，油污和灰尘会影响它的可靠性。主要适用于在实验室和环境较好的车间使用。

（5）高精度光栅的制作成本高，目前制造量程大于 1m 的光栅尚有困难。

光栅式传感器在几何量测量领域中有着广泛的应用。凡是与长度（或直线位移）和角度（或角位移）测量有关的精密计量仪器常使用光栅式传感器，如工具显微镜、三坐标测量机、分度头和一些位移量同步比较的动态测量仪器。在一些高精度机床和数控机床上也常用光栅式传感器进行线位移和角位移的测量，此外，在振动、速度、应力、应变等机械量测量中也有应用。

目前，应用光栅式传感器测量长度，精度最高可达 0.5～3μm/3000mm，分辨力可达0.05μm；测量角度，精度最高可达 0.15″，分辨力能做到 0.1″甚至更小。

6．激光式传感器

激光是在 20 世纪 60 年代初问世的。由于激光具有方向性强、亮度高、单色性好等特点，因此被广泛应用于工农业生产、国防军事、医学卫生、科学研究等各个方面，如用来测距、通信、准直、定向，进行难熔材料打孔、切割、焊接，用来精密检测、定位等。

激光器是发射激光的装置。按工作物质不同可分为固体激光器、气体激光器、半导体激光器、染料激光器等。它们各有各的特点和应用场合。

由于激光器、光学零件和光电器件所构成的激光测量装置能将被测量（长度、流量、速度）转换成电信号，因此广义上也可将激光测量装置称为激光式传感器。

7．码盘式传感器

码盘式传感器建立在编码器的基础上。只要编码器保证一定的制作精度，并配置合适的读出部件，这种传感器就可以达到较高的精度。这种传感器结构简单，可靠性高，因此在空间技术、数控机械系统等方面得到了广泛的应用。

编码器从原理上看，类型很多，如电触式、电容式、感应式、光电式等。编码器主要由码盘和码尺构成，前者用于测角，后者用于测长。按采集量特征不同又可分为增量码编码器和绝对码编码器两大类。

以光学编码器为例，增量码编码器指用光信号扫描分度盘（分度盘与转动轴相连），通过检测、统计信号的通断数量来计算旋转角度。绝对码编码器用光信号扫描分度盘（分度盘与传动轴相连）上的格雷码刻度盘以确定被测物的绝对位置值，然后将检测到的格雷码数据转换为电信号，以脉冲的形式输出测量的位移量。

8．红外传感器

1）红外辐射的基本知识

红外辐射俗称红外线，是一种人眼看不见的光线。

任何物体，当其温度高于绝对零度（−273.15℃）时，都将有能量向外辐射。物体温度越高，其辐射到周围空间的能量越多。辐射能以波动的方式传递，其中包括的波长范围很广，这里主要研究能被物体吸收的并能重新转变为热能的波长为 0.8～40μm 的红外线。这种射线又称热射线，其传递过程称为辐射或红外辐射。

实验证明，红外辐射与可见光是同样的东西，可见光所具有的一切特性，红外辐射也都具有，即红外辐射也是按直线前进，也服从反射定律和折射定律，也有干涉、衍射和偏振等现象。事实上，在近代红外技术中，这些红外辐射的各种特性都一再被利用，都能得到预期的良好结果。

2）红外探测器

凡是能把红外辐射量转变成另一种便于测量的物理量（通常是电信号）的器件，统称为红外探测器，它是红外传感器的关键部件——传感元件。红外探测器的特性可用 4 个基本特性参数来描述。

（1）响应率。探测器输出信号方均根电压与入射到探测器上的方均根辐射功率 P 之比。

（2）噪声等效功率和探测率。当信号方均根电压等于噪声的方均根电压时，入射到探测器上的功率（方均根值）称为噪声等效功率（NEP）。定义 NEP 的倒数为探测率。

（3）时间常数。将一个矩形的辐射脉冲照射到探测器上，输出信号上升沿或下降沿都落在矩形脉冲之后，信号电压从零值上升到 $1-e^{-1}=63\%$ 的时间，称为探测器的时间常数或响应时间。

（4）光谱响应。相同功率的各单色辐射入射到探测器上所产生的信号电压与辐射波长的关系，称为探测器的光谱响应。

目前，已研制的探测器就其工作机理不同可分成两大类，即光子探测器和热探测器。

3.3.7　其他

除前面提到的几种传感器外，还有很多传感器没有提及，如半导体式传感器、热电式传感器、射线式传感器、谐振式传感器、力平衡式传感器等，可以通过查看相关的书籍来获取更多的传感器知识。

3.4　MEMS 技术

你是否曾想过：为什么智能型手机倒向一边时，荧幕会自动从垂直的显示方式调整为横向的显示方式，或者为什么游戏机的控制器能响应方向、速度和加速度的改变？这些用户友好功能的背后是微机电系统的加速度运动传感器，它们是实现这些功能的关键所在，也是这些智能型手机与游戏机如此流行的原因之一。

3.4.1　微机电系统概念

微机电系统（Micro-Electronic Mechanical System，MEMS），是在微电子技术基础上结合精密机械技术发展起来的一个新的科学技术领域，微机电系统是一个独立的智能系统。

一般来说，MEMS 是指可以采用微电子批量加工工艺制造的，集微型机构、微型传感器、微型致动器（执行器）及信号处理和控制电路，直至接口、通信和电源等部件于一体的微型系统。

通常，MEMS 主要包含微型传感器、执行器和相应的处理电路 3 部分。

3.4.2　微机电系统发展简史

微机电的概念最早可追溯到 1959 年 R.Feynman 在加州理工大学的演讲。1982 年，K.E. Peterson 发表了一篇题为 "Silicon as a Mechanical Material" 的综述文章，对硅微机械加工技术的发展起到了奠基的作用。

微机电研究的真正兴起始于 1987 年，其标志是直径为 10μm 的硅微电动机（转子直径 120μm，电容间隙 2μm）在加州大学伯克利分校的研制成功，引起了世界的轰动。自此以后，微电子机械系统技术开始引起世界各国科学家的极大兴趣。专家预言，它的意义可与当年晶体管的发明相比。

为了进一步完善这一学科，使其更多更快地为人类服务，除探索新技术、新工艺外，各国科学家们还在积极努力从事 MEMS 的基础理论研究，包括对微流体力学、微机械摩擦和其他相关理论的研究，并建立一套方便、快捷的分析与设计系统。相信在不久的将来，MEMS将广泛渗透到医疗、生物技术、空间技术等领域。

3.4.3 微机电系统的特点及前景

1．微机电系统的特点

微机电系统具有以下 6 个特点。

（1）微型化。MEMS 器件体积小、质量轻、耗能低、惯性小、谐振频率高、响应时间短。

（2）以硅为主要材料，机械电气性能优良。硅的强度、硬度及杨氏模量与铁相当，密度类似铝，热传导率接近钼和钨。

（3）可大量生产。用硅微加工工艺在一片硅片上可同时制造出成百上千个微型机电装置或完整的 MEMS，这种批量生产可大大降低生产成本。

（4）集成化。可以把不同功能、不同敏感方向或致动方向的多个传感器或执行器集成于一体或形成微传感器阵列、微执行器阵列，甚至把多种功能的器件集成在一起，形成复杂的微系统。微传感器、微执行器和微电子器件的集成可制造出可靠性、稳定性很高的 MEMS。

（5）多学科交叉。MEMS 涉及电子、机械、材料、制造、信息与自动控制、物理、化学和生物等多种学科，并集中了当今科学技术发展的许多尖端成果，是一种多学科交叉技术。

（6）应用上高度广泛。MEMS 的应用领域包括信息、生物、医疗、环保、电子、机械、航空、航天、军事等。它不仅可形成新的产业，还能通过产品的性能提高、成本降低，有力地改造传统产业。

2．应用前景

MEMS 在国防、医疗、仪器检测、材料等领域，尤其是活动空间狭小、操作精度要求高、功能需要高度集成的航空航天等领域，具有广阔的应用前景，被认为是一项面向 21 世纪可以广泛应用的新兴技术。

目前 MEMS 已从实验室探索走向产业化轨道，MEMS 市场的主导产品为压力传感器、加速度计、微陀螺仪、墨水喷咀和硬盘驱动头等。大多数工业观察家预测，未来 5 年 MEMS 器件的销售额将呈迅速增长之势，年平均增加率约为 18%，2013 年 MEMS 市场即将达到 115 亿美元，预计 2017 年底将超过 200 亿美元。

3.5　传感器接口

3.5.1　SPI 接口

SPI 接口的全称是"Serial Peripheral Interface"，意为串行外围接口，是 Motorola 首先在其

MC68HCXX 系列处理器上定义的。SPI 接口主要应用在 EEPROM、Flash、实时时钟、A/D 转换器、数字信号处理器和数字信号解码器上。

SPI 总线系统是一种同步串行外设接口，它可以使 MCU 与各种外围设备以串行方式进行通信以交换信息。

SPI 总线系统可直接与各个厂家生产的多种标准外围器件直接接口，该接口一般使用 4 条线：串行时钟线（SCLK）、主机输入/从机输出数据线 MISO、主机输出/从机输入数据线 MOSI 和低电平有效的从机选择线 SS（有的 SPI 接口芯片带有中断信号线 INT，有的 SPI 接口芯片没有主机输出/从机输入数据线 MOSI）。

SPI 接口在 CPU 和外围低速器件之间进行同步串行数据传输，在主器件的移位脉冲下，数据按位传输，高位在前，低位在后，为全双工通信。数据传输速度总体来说比 I²C 总线要快，每秒可达到几兆字节。SPI 接口是以主从方式工作的，这种模式通常有一个主器件和一个或多个从器件。其接口包括以下 4 种信号。

- ❑ MOSI——主器件数据输出，从器件数据输入。
- ❑ MISO——主器件数据输入，从器件数据输出。
- ❑ SCLK——时钟信号，由主器件产生。
- ❑ SS——从器件使能信号，由主器件控制，有的 IC 会标注为 CS（Chip Select）。

在点对点的通信中，SPI 接口不需要进行寻址操作，且为全双工通信，显得简单高效。SPI 接口的一个缺点是没有指定的流控制，没有应答机制确认是否接收到数据。

3.5.2 I²C 接口

1．I²C 总线定义

I²C（Inter-Integrated Circuit）总线是一种由 PHILIPS 公司开发的两线式串行总线，用于连接微控制器及其外围设备。I²C 总线产生于 20 世纪 80 年代，最初为音频和视频设备开发，如今主要在服务器中使用，其中包括单个组件状态的通信。管理员可对各个组件进行查询，以管理系统的配置或掌握组件的功能状态，可随时监控内存、硬盘、网络、系统温度等多个参数，增加了系统的安全性，方便了管理。

2．总线特点

I²C 总线最主要的优点是简单和有效。由于接口直接在组件之上，因此 I²C 总线占用的空间非常小，减少了电路板的空间和芯片引脚的数量，降低了互连成本。总线的长度可达 8m，并且能够以 10kbps 的最大传输速率支持 40 个组件。I²C 总线的另一个优点是，它支持多主控（Multimastering），任何能够进行发送和接收的设备都可以成为主总线，主控能够控制信号的传输和时钟频率，当然，在任何时间点上只能有一个主控。

3．工作原理

I²C 总线是由数据线 SDA 和时钟 SCL 构成的串行总线，可以发送和接收数据。在 CPU 与被控 IC 之间、IC 与 IC 之间进行双向传送，最高传输速率 100kbps。各种被控制电路均并联在这条总线上，但就像电话机一样只有拨通各自的号码才能工作，所以每个电路和模块都有唯一的地址，在信息的传输过程中，I²C 总线上并接的每一模块电路既是主控器（或被控器），又是发送器（或接收器），这取决于它所要完成的功能。CPU 发出的控制信号分为地址码和控制量两部分，地址码用来选址，即接通需要控制的电路，确定控制的种类；控制量决定该调整的类别（对比度、亮度）及需要调整的量。这样，各控制电路虽然挂在同一条总线上，却彼此独立，互不相关。

I²C 总线在传送数据过程中共有 3 类信号，分别是开始信号、结束信号和应答信号。

开始信号：SCL 为高电平时，SDA 由高电平向低电平跳变，开始传送数据。

结束信号：SCL 为高电平时，SDA 由低电平向高电平跳变，结束传送数据。

应答信号：接收数据的 IC 在接收到 8bit 数据后，向发送数据的 IC 发出特定的低电平脉冲，表示已收到数据。CPU 向受控单元发出一个信号后，等待受控单元发出一个应答信号，CPU 接收到应答信号后，根据实际情况做出是否继续传递信号的判断。若未收到应答信号，则判断为受控单元出现故障。

这些信号中，开始信号是必需的，结束信号和应答信号都可以不要。

目前有很多半导体集成电路上都集成了 I²C 接口。带有 I²C 接口的单片机有 CYGNAL 的 C8051F0XX 系列，PHILIP 的 SP87LPC7XX 系列，MICROCHIP 的 PIC16C6XX 系列等。很多外围器件如存储器、监控芯片等也提供 I²C 接口。

3.5.3　串行接口

串行接口简称串口，也称串行通信接口（通常指 COM 口），是采用串行通信方式的扩展接口。

串口出现在 1980 年前后，数据传输速率为 115～230kbps。串口出现的初期是为了实现连接计算机外设的目的，初期串口一般用来连接鼠标和外置 MODEM 及老式摄像头和写字板等设备。串口也可以用于两台计算机（或设备）之间的互连及数据传输。由于串口不支持热插拔及传输速率较低，目前部分新主板和大部分便携式计算机已开始取消该接口，多用于工控和测量设备及部分通信设备中。

串口按照电气标准及协议来分，包括 RS-232-C、RS-422、RS-485、USB 等。RS-232-C、RS-422 与 RS-485 标准只对接口的电气特性做出规定，不涉及接插件、电缆或协议。USB 是最近几年发展起来的新型接口标准，主要应用于高速数据传输领域。

1．RS-232-C

RS-232-C 也称标准串口，是最常用的一种串行通信接口。它是在 1970 年由美国电子工业协会（EIA）联合贝尔系统、调制解调器厂家及计算机终端生产厂家共同制定的用于串行通信的标准。它的全名是"数据终端设备（DTE）和数据通信设备（DCE）之间串行二进制数据交换接口技术标准"。传统的 RS-232-C 接口标准有 22 根线，采用标准 25 芯 D 型插座（DB25），后来使用简化为 9 芯 D 型插座（DB9），现在 25 芯插座已很少使用。

RS-232 采取不平衡传输方式，即单端通信。由于其发送电平与接收电平的差仅为 2～3V，所以其共模抑制能力差，再加上双绞线上的分布电容，其传送距离最大为 15m，最高传输速率为 20kbps。RS-232 是为点对点（即只用一对收发设备）通信而设计的，其驱动器负载为 3～7kΩ，所以 RS-232 适合本地设备之间的通信。

2. RS-422

RS-422 标准全称是"平衡电压数字接口电路的电气特性",它定义了接口电路的特性。典型的 RS-422 是四线接口,实际上还有一根信号地线,共 5 根线。由于接收器采用高输入阻抗和发送驱动器比 RS-232 更强的驱动能力,故允许在相同传输线上连接多个接收结点,最多可接 10 个结点,即一个主设备(Master),其余为从设备(Slave),从设备之间不能通信,所以RS-422 支持点对多的双向通信。接收器输入阻抗为 4kΩ,故发端最大负载能力是 10×4kΩ+100Ω(终接电阻)。RS-422 四线接口由于采用单独的发送和接收通道,因此不必控制数据方向,各装置之间任何的信号交换均可以按软件方式(XON/XOFF 握手)或硬件方式(一对单独的双绞线)实现。RS-422 的最大传输距离为 1219m,最大传输速率为 10Mbps,其平衡双绞线的长度与传输速率成反比,在 100kbps 速率以下才可能达到最大传输距离,只有在很短的距离下才能获得最高速率传输,一般 100m 长的双绞线上所能获得的最大传输速率仅为 1Mbps。

3. RS-485

RS-485 是在 RS-422 的基础上发展起来的,所以 RS-485 的许多电气规定与 RS-422 相似,如都采用平衡传输方式,都需要在传输线上接终接电阻等。RS-485 可以采用二线与四线方式,二线制可实现真正的多点双向通信,而采用四线连接时,与 RS-422 一样只能实现点对多的通信,即只能有一个主设备,其余为从设备,但它比 RS-422 有改进,无论四线还是二线连接方式,总线上最多可接 32 个设备。

RS-485 与 RS-422 的不同在于其共模输出电压,RS-485 在-7~+12V 之间,而 RS-422 在 -7~+7V 之间。RS-485 接收器最小输入阻抗为 12kΩ,RS-422 是 4kΩ。由于 RS-485 满足所有 RS-422 的规范,所以 RS-485 的驱动器可以用在 RS-422 的网络中。

RS-485 与 RS-422 一样,其最大传输距离约为 1219m,最大传输速率为 10Mbps。平衡双绞线的长度与传输速率成反比,在 100kbps 速率以下,才可能使用规定最长的电缆长度,只有在很短的距离下才能获得最高传输速率,一般 100m 双绞线最大传输速率仅为 1Mbps。

4. USB

USB 是英文 Universal Serial Bus(通用串行总线)的缩写,是在 1994 年底由 Intel、康柏、IBM、Microsoft 等多家公司联合推出的新型外设接口标准。USB 用一个 4 针(USB3.0 标准为9 针)插头作为标准插头,采用菊花链形式可以把所有的外设连接起来。USB 接口可用于连接多达 127 个外设,如鼠标、调制解调器和键盘等。USB 接口速度快、连接简单、不需要外接电源,传输速率为 12Mbps,USB2.0 可达到 480Mbps;电缆最大长度为 5m,USB 电缆有 4 条线:2 条信号线,2 条电源线,可提供 5V 电源。USB 电缆分为屏蔽和非屏蔽两种。

3.6 本章习题

1. 介绍日常生活中常用的一些传感器,并叙述它们的功能及特性。
2. 传感器有哪些接口?
3. 传感器的应用领域有哪些?

第 4 章　RFID 技术

在现实生活中，通过传感器可以获取不同的外界信息。如在出行乘坐动车的时候，细心的乘客可以发现，现在的动车组列车上就装有几种传感器（用来测量温度的传感器、测速使用的传感器、烟雾报警传感器装置等），但是有一些信息并不能通过传感器来实现，如关于自身的一些数字信息，那么这些数据又是怎样存储和操作的呢？

通过物联网的基本概念了解到，物联网的感知层除了使用到传感器技术外，还涉及射频识别（RFID）技术。RFID 技术作为物联网技术的核心技术之一，是感知层的重要基础网络。RFID 是一种非接触式的自动识别技术，它通过射频信号自动识别目标对象并获取相关数据，识别工作无须人工干预，作为条形码的无线版本存在。其应用将给零售、物流等产业带来革命性变化。本章首先介绍 RFID 的基本原理、基本组成、应用领域等，然后介绍 RFID 的基本架构及各个模块的实现，最后介绍当前 RFID 技术和 EPC 编码的结合。

4.1　RFID 概述

自 2004 年以来，与 RFID 技术相关的文章在各大媒体上不断涌现，相关的报道让这一技术在短时间内成为国际追逐的焦点。从全球巨型商业帝国沃尔玛，到国际 IT 巨头 IBM、HP、微软等，从美国国防部到中国国家标准委员会，它们全都在 RFID 魔棒的指挥下舞蹈起来。

那么，什么是 RFID 技术呢？RFID 射频识别是一种非接触式的自动识别技术，它通过射频信号自动识别目标对象并获取相关数据，识别工作无须人工干预，可工作于各种恶劣环境。RFID 技术可识别高速运动物体并可同时识别多个标签，操作快捷方便。作为条形码的无线版本，RFID 技术具有条形码所不具备的防水、防磁、耐高温、使用寿命长、读取距离大、标签上的数据可以加密、存储数据容量更大、存储信息更改自如等优点，其应用将给零售、物流等产业带来革命性的变化。

4.1.1　RFID 的基本组成

最基本的 RFID 系统由 3 部分组成。

（1）标签（Tag）。由耦合元件及芯片组成，每个标签具有唯一的电子编码，附着在物体上标识目标对象。

（2）读写器（Reader）。读取（有时还可以写入）标签信息的设备，可设计为手持式或固定式。

（3）天线（Antenna）。在标签和读写器之间传递射频信号。

4.1.2　RFID 的工作原理

RFID 技术的基本工作原理是：标签进入磁场后，接收读写器发出的射频信号，凭借感应电流所获得的能量发送出存储在芯片中的产品信息（Passive Tag，无源标签），或者主动发送某一频率的信号（Active Tag，有源标签）；读写器读取信息并解码后，送至中央信息系统进行有关数据处理。下面介绍各部件的功能。

- ❑ RFID 标签又被称为标签或智能标签，它是内部带有天线的芯片，芯片中存储能够识别目标的信息。RFID 标签具有使用持久、信息接收传播穿透性强、存储信息容量大、种类多等特点。有些 RFID 标签支持读/写功能，目标物体的信息能随时被更新。
- ❑ 读写器分为手持和固定两种，由发送器、接收仪、控制模块和收发器组成。利用收发器和控制计算机或可编程逻辑控制器（PLC）连接，从而实现沟通功能。读写器具有天线接收和信息传输的功能。
- ❑ 数据传输和处理系统。读写器通过接收标签发出的无线电波接收读取数据，最常见的是被动射频系统，当读写器遇见 RFID 标签时，发出电磁波，周围形成电磁场，标签从电磁场中获得能量激活标签中的微芯片电路，芯片转换电磁波，然后发送给读写器，读写器把它转换成相关数据，控制计算器就可以处理这些数据从而进行管理控制了。在主动射频系统中，标签中装有电池，在有效范围内活动。

4.1.3　RFID 应用领域

RFID 技术源于雷达技术的发展及应用，雷达发射无线电波并通过接收到的目标反射信号来测定和定位目标的位置及速度，其物理机制是 RFID 技术的工作基础。在过去的半个世纪里，雷达的改进和应用催生了 RFID 技术，20 世纪 70 年代末，美国政府将 RFID 技术转移到民间，进入大发展时期。到了 21 世纪初期，有源标签、无源标签及半无源标签均得到发展。标签成本不断降低，应用规模和行业不断扩大。无源标签的远距离识别、适应高速移动物体的 RFID 正在实现。下面介绍几种 RFID 的应用。

1．车辆自动识别方面

早在 1995 年，北美铁路系统就采用了射频识别技术的车号自动识别标准，在北美超过 10 万辆货车在 14 个地点安装了射频识别装置。自 1998 年以来，澳大利亚开发了用于识别和管理矿山车辆的射频识别系统。

2．在高速公路收费及智能交通方面

中国香港"驾易通"采用的就是射频识别技术，装有射频标签的汽车能被自动识别，无须停车缴费，大大提高了行车速度和效率。

3．在货物的管理及监控方面

澳大利亚和英国的西思罗机场将射频识别技术应用于旅客行李管理中，大大提高了分拣效率，降低了出错率。同样，欧盟从 1997 年开始就要求生产的新车型必须具有基于射频识别技术的防盗系统。

4. 在标签应用方面

上海世博会的门票系统全部采用了 RFID 技术，每张门票内都含有一个自主知识产权的"世博芯"，通过采用特定的密码算法技术，确保数据在传输过程中的安全性，使外界无法对数据进行篡改或窃取。

5. 在生产线的自动化及过程控制方面

德国 BMW 公司为保证汽车在流水线各位置准确完成装配任务，将射频识别系统应用在汽车装配线上。而摩托罗拉公司则采用了射频识别技术的自动识别工序控制系统，满足了半导体生产对于环境的特殊要求，同时提高了生产效率。

6. 在动物的跟踪及管理方面

许多发达国家采用射频识别技术，通过对牲畜个别识别，保证牲畜大规模疾病爆发期间，对感染者的有效跟踪及对未感染者进行隔离控制。像疯牛病、口蹄疫及禽流感等，如果防控不当，将给人们的健康带来危害。采用了 RFID 系统之后，可提供食品链中的肉类食品与其动物来源之间的可靠联系，从销售环节就能追查到它们的历史与来源，并能一直追踪到具体的养殖场和动物个体。

除了上述列举的关于 RFID 的应用实例外，RFID 技术在很多领域都存在它的应用价值，在这里就不再一一列举了。

4.2 RFID 架构

4.2.1 RFID 分类

RFID 系统的分类方式有很多种，都与 RFID 射频标签的工作方式有关，常见的分类方式有以下几种。

（1）根据采用的频率不同，可分为低频系统和高频系统两大类（进一步细分可分为低频、高频、超高频和微波）。

① 低频系统一般指其工作频率小于 30MHz，典型的工作频率有 125kHz、225kHz、13.56MHz 等，基于这些频率的射频识别系统一般都有相应的国际标准。其基本特点是标签的成本较低、标签内保存的数据量较少、阅读距离较短（无源情况，典型阅读距离为 10cm）、标签外形多样（卡状、环状、纽扣状、笔状）、阅读天线方向性不强等。

② 高频系统一般指其工作频率大于 400MHz，典型的工作频率有 915MHz、2450MHz、5800MHz 等。高频系统在这些频率上也有众多的国际标准予以支持。高频系统的基本特点是标签及读写器成本均较高，标签内保存的数据量较大，阅读距离较远（可达几米至十几米），适应物体高速运动性能好，外形一般为卡状，阅读天线及标签天线均有较强的方向性。

（2）根据读取标签数据的技术实现手段不同，可分为广播发射式、倍频式和反射调制式三大类。

① 广播发射式射频识别系统实现起来最简单。标签必须采用有源方式工作，并实时将其存储的标识信息向外广播，读写器相当于一个只收不发的接收机。这种系统的缺点是标签因

需不停地向外发射信息，既费电又对环境造成电磁污染，而且系统不具备安全保密性。

② 倍频式射频识别系统实现起来有一定的难度。一般情况下，读写器发出射频查询信号，标签返回的信号载频为读写器发出射频的倍频。这种工作模式对读写器接收、处理回波信号提供了便利，但是，对于无源标签来说，标签将接收的读写器射频能量转换为倍频回波载频时的水平，其能量转换效率较低，提高转换效率需要较高的微波技巧，这就意味着需要更高的标签成本。同时这种系统工作须占用两个工作频点，一般较难获得无线电频率管理委员会的产品应用许可。

③ 反射调制式射频识别系统实现起来要解决同频收发问题。系统工作时，读写器发出微波查询信号，标签（无源）将部分接收到的微波查询信号整流为直流电供标签内的电路工作，另一部分微波查询信号被标签内保存的数据信息调制（ASK）后反射回读写器。读写器接收到反射回的幅度调制信号后，从中解出标签所保存的标识性数据信息。系统工作过程中，读写器发出微波信号与接收反射回的幅度调制信号是同时进行的。反射回的信号强度较发射信号要弱得多，因此技术实现上的难点在于同频接收。

（3）根据标签内是否装有电池为其供电，又可将其分为有源标签、无源标签及半无源标签三大类。

① 有源标签内装有电池，一般具有较远的阅读距离，不足之处是电池的寿命有限（3～10年）。

有源标签又称主动标签，标签的工作电源完全由内部电池供给，同时标签电池的能量供应也部分转换为标签与读写器通信所需的射频能量。

有源标签通过标签自带的内部电池进行供电，它的电能充足，工作可靠性高，信号传送的距离远。此外，有源标签可以通过设计电池的不同寿命对标签的使用时间或使用次数进行限制，它可以用在需要限制数据传输量或者使用数据有限制的地方。有源标签的缺点主要是价格高，体积大，标签的使用寿命受到限制，而且随着标签内电池电力的消耗，数据传输的距离会越来越小，影响系统的正常工作。

② 无源标签内无电池，它接收到读写器发出的微波信号后，将部分微波能量转化为直流电供自己工作，一般可做到免维护。与有源标签相比，无源标签在阅读距离及适应物体运动速度方面略有限制。

无源标签又称被动标签，没有内装电池，在读写器的读出范围之外时，标签处于无源状态，在读写器的读出范围之内时，标签从读写器发出的射频能量中提取其工作所需的电源。无源标签一般均采用反射调制方式完成标签信息向读写器的传送。

无源标签的内部不带电池，需靠外界提供能量才能正常工作。无源标签产生电能的装置一般是天线与线圈，当标签进入系统的工作区域时，天线接收到特定的电磁波，线圈就会产生感应电流，再经过整流并给电容充电，电容电压经过稳压后作为工作电压。无源标签具有永久的使用期，常用在标签信息需要每天读写或频繁读写多次的地方，而且无源标签支持长时间的数据传输和永久性的数据存储。无源标签的缺点主要是数据传输的距离要比有源标签短。因为无源标签依靠外部的电磁感应而供电，它的电能比较弱，数据传输的距离和信号强度就受到限制，需要敏感性比较高的信号接收器才能可靠识读。但它的价格、体积、易用性决定了它是标签的主流。

③ 半无源标签。半无源标签内的电池供电仅对标签内要求供电维持数据的电路或者标签芯片工作所需电压提供辅助支持，或者对本身耗电很少的标签电路供电。标签未进入工作状态前，一直处于休眠状态，相当于无源标签，标签内部电池能量消耗很少，因而电池可维持几年，甚至长达 10 年。当标签进入读写器的读出区域时，受到读写器发出的射频信号激励，进入工作状态时，标签与读写器之间信息交换的能量支持以读写器供应的射频能量为主（反射调制方式），标签内部电池的作用主要是弥补标签所处位置的射频场强不足，标签内部电池的能量并不转换为射频能量。

（4）根据标签内保存的信息注入方式不同，可将其分为集成电路固化式、现场有线改写式和现场无线改写式三大类。

① 集成电路固化式标签内的信息一般在集成电路生产时即将信息以 ROM 工艺模式注入，其保存的信息是一成不变的。

② 现场有线改写式标签一般将标签保存的信息写入其内部的 EEPROM 存储区中，改写时需要专用的编程器或写入器，改写过程中必须为其供电。

③ 现场无线改写式标签一般适用于有源标签，具有特定的改写指令，电子标签内保存的信息也位于其中的 EEPROM 存储区。

一般情况下，改写标签数据所需时间远大于读取标签数据所需时间。通常，改写所需时间为秒级，读取时间为毫秒级。

4.2.2 RFID 硬件体系结构

RFID 最基本的硬件体系结构由 RFID 标签（即射频卡）、RFID 射频天线和 RFID 读写器组成。

RFID 标签中存有识别目标的信息，由耦合元件及芯片组成，有的标签内置天线，用于和 RFID 射频天线进行通信。RFID 标签中的存储区域可以分为两个区：一个是 ID 区——每个标签都有一个全球唯一的 ID 号码，即 UID。UID 是在制作芯片时存放在 ROM 中的，无法修改；另一个是用户数据区，是供用户存放数据的，可以进行读写、覆盖、增加的操作。

RFID 射频天线的主要作用是在 RFID 标签和 RFID 读写器之间传递射频信号，负责连接两个部分以实现通信。

RFID 读写器是读取或写入 RFID 标签信息的设备。读写器对标签的操作大致有 3 种：识别读取的 UID 信息、读取用户数据和写入用户数据。绝大多数的 RFID 系统还要有数据传输和处理系统，用于对 RFID 读写器发出命令和对读写器读取的信息进行处理，以实现对整个 RFID 系统的控制管理。

有些系统还通过读写器的 RS-232 或 RS-485 接口与外部计算机（上位机主系统）连接，进行数据交换。系统的基本工作流程是：RFID 读写器通过 RFID 射频天线发送一定频率的射频信号，当 RFID 标签进入射频天线工作区域时产生感应电流，RFID 标签获得能量被激活；RFID 标签将自身编码等信息通过内置天线发送出去；系统接收天线接收到从 RFID 标签发送来的载波信号，经天线调节器传送到 RFID 读写器，读写器对接收的信号进行解调和解码，然后送到后台主系统进行相关处理；主系统根据逻辑运算判断该卡的合法性，针对不同的设定做相应的处理和控制，发出指令信号控制执行机构动作。

在耦合方式（电感—电磁）、通信流程（FDX、HDX、SEQ）、从标签到读写器的数据传输方法（负载调制、方向散射、高次谐波）及频率范围等方面，不同的非接触传输方法有根本的区别，但所有的读写器在功能原理上，以及由此决定的设计构造上都很相似，所有读写器均可简化为高频接口和控制单元两个基本模块。

高频接口包含发送器和接收器，其功能包括：产生高频发射频率以启动标签并提供能量；对发射信号进行调制，用于将数据传送给标签；接收并解调来自标签的高频信号。不同射频识别系统的高频接口设计具有一些差异。

RFID 读写器控制单元的功能包括：与应用系统软件进行通信，并执行应用系统软件发来的命令；控制与 RFID 标签的通信过程（主—从原则）；信号的编码、解码等。对于一些特殊的系统还有执行反碰撞算法，对标签与读写器之间要传送的数据进行加密和解密，以及进行标签和读写器之间的身份验证等附加功能。无线射频识别系统的读写距离是一个很重要的参数，目前，长距离无线射频识别系统的价格还很高，因此寻找提高其读写距离的方法很重要。影响标签读写距离的因素包括天线工作频率、读写器的 RF 输出功率、读写器的接收灵敏度、标签的功耗、天线及谐振电路 Q 值、天线方向、RFID 读写器和 RFID 射频的耦合度，以及标签本身获得的能量和发送信息的能量等。大多数 RFID 系统的读取距离和写入距离是不同的，写入距离是读取距离的 40%～80%。

4.3   RFID 标签

一个 RFID 标签包括一片集成电路芯片（用于保存该标签所在物品的个体信息）、一根天线（通常是印制电路天线，用于接收来自读写器的 RF 信息并发送信息）和含有标签的某种外壳。使用 RFID 标签的可以是许多不同的物体，从各类物品到动物，也包括人。标签到读写器的距离是一个很重要的系统变量，它直接受到标签技术的影响。常用的标签技术有以下几种。

1. 无源标签

最简单的标签类型是无源标签，它专门利用读写器发送的 RF 能量来供电，所以它没有集成电池的尺寸和成本问题。无源标签非常便宜，机械鲁棒性好，而且外形尺寸非常小，约为指甲大小。但是，因为无源标签的接收功率与它到 RFID 读写器的物理距离成比例，所以这类标签的缺点是其阅读范围有限。范围与选用的 RF 频率与连接的实际范围有很大关系。低频（LF）标签通常采用 125～135kHz 频段，因为它们的范围受到限制，所以其主要用途就是访问控制和动物标签。高频（HF）标签主要工作在 13.56MHz 频段，允许的工作范围为 0.3～0.6m。HF 标签的主要用途是简单的一对一的对象读取，如访问控制、收费及跟踪图书馆的书籍等物品。超高频（UHF）标签主要工作在 850～950MHz 频段，允许 3m 甚至更远的工作范围。此外，读写器可以同时查询许多个 UHF 标签，与一对一的 HF 标签读取过程不同，这个特点也有助于满足在限定区域内多个读写器的需求。因为这项功能，UHF 标签在工业应用中很普遍，用于库存跟踪和控制。但是 UHF 标签的一个主要缺点是不能有效地穿透液体，这使得它们不能用于充满液体的对象，如饮料和人体，在跟踪这些对象时，通常采用 HF 标签来代替。

2. 半无源标签

像无源标签一样，半无源标签将 RF 能量返回到标签读写器来发送标识信息。但是，它还包含一块电池为标签中的 IC 部分供电，这样就可以支持一些有趣的应用，如在每个标签中放置传感器。采用这种方法，每个应答器不仅可以发送静态的标识数据，还可以发送一些实时的属性，如温度、湿度及时间和日期。通过采用仅仅为 IC 和传感器供电的电池，半无源标签能够实现在成本、尺寸和范围之间的折中。

3. 有源标签

有源标签采用集成电池为标签 IC、传感器和 RF 发射器供电，所以它比半无源标签更进了一步。有源标签的工作范围扩展了很多，达到 100 多米，这就意味着物品通过读写器的速度可以比无源和半无源标签系统的速度高得多。另外，有源标签可以携带更多的产品信息，不只是一个简单的产品 ID 码。

4.4 RFID 读写器

RFID 读写器提供对各标签和终端进行跟踪、管理等功能。它虽然可以采用不同尺寸的封装，但通常都很小，以便安装在三角架或墙上。另外，根据不同的应用和工作条件，可以使用多个读写器以便完全覆盖规定的区域。例如，在仓库中，则需要读写器网络才能保证当货物从 A 点移动到 B 点时，所有通过的货物能够有 100%的查询和记录，这样的网络就需要多个读写器。

读写器有 3 个主要的组成部分。第一部分是发送和接收部分，用来与标签和分离的单个物品保持联系；第二部分是对接收信息进行初始化处理；第三部分是连接服务器，用来将信息传送到管理机构。

RFID 系统中的读写器必须能够处理有效区域内同时存在多个标签的情况，这在限定的空间区域内存在多个标签的应用中非常重要。在存在多个读写器和标签的情况下，主要问题是会发生冲突，因为多个读写器发出查询，也会有多个标签同时应答。有许多方法可以避免这个问题。最常用的方法就是采用某种时分复用算法。读写器可以设置在不同的时间查询，而标签可以设置为经过一个随机的时间间隔后应答。如果嵌入式软件中具有实现此功能的程序，那么可以增加灵活性。

通常，RFID 读写器包括一个网络单元，用于将一个 RFID 读取事件连接到中心服务器。这种后端网络接口可以是有线以太网、无线以太网或者 ZigBee 以太网。中心服务器运行一个数据库系统，其功能包括匹配、跟踪和存储。在许多应用中，还会有一个"报警"功能，对于供应链和库存管理系统，这可能是重新排列提醒；对于安全应用，则是一次向警卫的报警。

当与后端服务器通信时，利用运行 μCLinux 操作系统的高性能嵌入式处理器来构建读写器具有极大的优势。TCP/IP 协议族的鲁棒性和 SQL 数据库引擎的可用性等关键因素降低了开发过程中可能存在的巨大的开发和集成负担。

4.5 RFID 天线技术

4.5.1 人们关注的天线特征

随着 RFID 应用需求的不断扩大，人们对天线也提出了更高的要求，包括天线的机构、形状、体积、质量、带宽特性、电磁散射等。

在研究 RFID 天线的过程中，人们所关注的天线特性主要有以下几个方面。

1．天线的匹配

天线的匹配，简单地说就是馈线终端所接负载阻抗 Z_A 等于馈线特性阻抗 Z_0 时，馈线终端的匹配连接。

在匹配的情况下，馈线上只存在传向终端负载的入射波，而没有由终端负载所产生的反射波，因此，当将天线作为终端负载时，匹配保证天线取得全部信号功率。

在不匹配的情况下，馈线上同时存在入射波和反射波。在入射波和反射波相位相同的地方，电压振幅相加，得到最大电压振幅，形成波腹；而在入射波和反射波相反的地方，电压振幅相减，得到最小电压振幅，形成波节；其他各点的振幅介于波腹和波节之间。

2．天线的极化方式

天线是用于接收和发射电磁波的，天线的极化是指天线在给定方向（一般指最大辐射方向）上所辐射或接收的电磁波的变化，而电磁波的极化就是沿波的极化方向看时，其瞬时电场矢量端点的轨迹。

沿波的方向看去，当其瞬时电场矢量的端点轨迹是椭圆时，则称该天线为椭圆极化波，对应的天线称为椭圆极化天线。当椭圆极化的长轴与短轴相等时，则称为圆极化波，对应的天线称为圆极化天线。当椭圆极化的长半轴与短半轴之比为无限大时，则称为线极化波，对应的天线称为线极化天线。

一般而言，RFID 标签天线的结构简单，不宜进行太复杂的设计，均为线极化天线形式。而 RFID 读写器天线为了能够读出在任意方向摆放的标签，必须设计为圆极化天线形式。

3．天线的带宽

天线的工作带宽是指当天线的辐射特性基本上满足设计规定要求时的频带宽度。RFID 系统对天线的要求不高，这也是具有窄频特性的微带形式的天线等能被普遍应用于 RFID 系统中的原因。不过，如果考虑到各个国家和地区有着不同的无线通信工作频率标准，还有蓝牙、ZigBee 等新型电子设备对 RFID 工作频段的干扰，以及未来由于 RFID 系统数据通信量的大规模增加而导致的信道容量不足等潜在问题的存在，设法研究增加 RFID 天线的频带不失为一项有意义的工作。

需要指出的是，天线所能达到的最大带宽与天线占用的空间成正比。在设计天线结构的过程中，不能因为天线附近具有较大的空余空间，就将金属、磁性材料随意放置在天线周围，这将对天线的实际性能造成带宽严重下降的影响。

4.5.2 天线的分类

根据天线在系统中的不同功能和作用，可以将 RFID 中的天线分为读写器天线和标签天线。

1．读写器天线

读写器天线发射电磁能量以激活标签，实现数据传输向标签发送指令，同时也要接收来自标签的信息。一般地，由于被识别物体的空间指向可能无法确定，这就要求读写器天线为圆极化天线，可以在物体空间指向发生变化时，不会出现极化而完全失去匹配。同时，读写器天线还要求低剖面、小型化，有的要求多频段，有的读写器甚至需要使用多天线技术或智能波束扫描天线阵技术。

射频系统的读写器必须通过天线来发射能量，形成电磁场，通过电磁场对射频标签进行识别。可以说，天线所形成的电磁场范围就是 RFID 系统的可读区域。任何 RFID 系统至少应该包含一根天线发射或接收射频信号。有些 RFID 系统是由一根天线来同时完成发射和接收的，但也有些 RFID 系统由一根天线来完成发射，而由另一根天线来完成接收，所采用的天线的形式及数量应视具体应用而定。在电感耦合射频识别系统中，读写器天线用于产生磁通量，而磁通量用于向射频标签提供电源，并在读写器和射频标签之间传送信息。

因此，读写器天线的设计或选择必须满足以下基本条件：天线线圈的电流最大，用于产生最大的磁通量；功率匹配，以最大限度地利用磁通量的可用能量；足够的带宽，保证载波信号的传输。

2．标签天线

对标签天线的要求如下所述。

（1）标签应答器的天线要将标签所存储的信息进行调制反射，同时还要捕获读写器发射的电磁波，为标签应答器提供能量。

（2）由于要使标签能够粘贴到被识别的物体上，就要求标签足够小，从而要求标签天线的尺寸也足够小，在大多数情况下需要标签天线全方向或半球形覆盖物体。

（3）由于标签芯片的阻抗一般不足 50Ω，这就需要标签天线能够实现非 50Ω 与芯片阻抗的共轭匹配，以提供最大功率给芯片。

（4）在一般情况下，标签需要大规模使用，这就要求标签天线成本低，加工简单。

RFID 标签天线可以分为有源天线和无源天线两大类。有源天线用于需要电池供电的 RFID 标签，系统对其性能的要求较之无源天线要低一些，但是其性能受电池寿命影响很大；无源天线能够克服有源天线受电池限制的不足，但是系统对天线的性能要求很高。

另外，有的研究人员提出了应用于 RFID 系统的多频段天线，读写器使用两个天线，一个用做发射天线，另一个用做接收天线，由此可设计出一种双频标签天线，既可以接收来自发射天线的信号，又可以发射调制有标签代码信息的电磁波。

4.6 RFID 中间件

4.6.1 中间件概述

在分布式异构环境中，通常存在多种硬件系统平台（如 PC、工作站、小型机等），这些硬件系统平台上又存在各种各样的系统软件（如不同的操作系统、数据库、语言编辑器等），以及各种风格的用户界面，这些硬件系统平台可能采用不同的网络协议和网络体系结构连接，为了解决如何将这些系统集成起来的问题，人们提出了中间件（Middleware）的概念。

RFID 中间件扮演着 RFID 标签和应用程序之间的中介角色，从应用程序端使用中间件所提供的一组通用的应用程序接口（API），即能连到 RFID 读写器，读取 RFID 标签数据。这样一来，即使存储 RFID 标签信息的数据库软件或后端应用程序增加或改由其他软件取代，或者发生 RFID 读写器种类增加等情况时，应用端无须修改也能处理，省去多对多连接的维护复杂性问题。

RFID 中间件是一种面向消息的中间件（Message-Oriented Middleware，MOM），信息以消息的形式从一个程序传送到另一个或多个程序。信息可以以异步的方式传送，所以传送者不必等待回应。面向消息的中间件包含的功能不仅是传递信息，还必须包括解译数据、安全性、数据广播、错误恢复、定位网络资源、找出符合成本的路径、消息与要求的优先次序及延伸的除错工具等服务。

4.6.2 中间件的分类

RFID 中间件从架构上可以分为两种。

（1）以应用程序为中心（Application Centric）。该架构是 RFID 读写器厂商提供的 API，以 Hot Code 方式直接编写特定读写器读取数据的 Adapter，并传送至后端系统的应用程序或数据库，从而达成与后端系统或服务串接的目的。

（2）以架构为中心（Infrastructure Centric）。随着企业应用系统的复杂度增高，企业无法负荷以 Hot Code 方式为每个应用程序编写 Adapter，同时面对对象标准化等问题，企业可以考虑采用厂商所提供的标准规格的 RFID 中间件。这样一来，即使存储 RFID 标签信息的数据库软件改由其他软件代替，或读写 RFID 标签的 RFID 读写器种类增加等情况发生，应用端不做修改也能应付。

4.6.3 中间件的特征

中间件有以下几个特征。

（1）独立于架构（Insulation Infrastructure）。RFID 中间件独立并介于 RFID 读写器与后端应用程序之间，能够与多个 RFID 读写器及多个后端应用程序连接，以减轻架构与维护的复杂性。

（2）数据流（Data Flow）。RFID 的主要目的在于将实体对象转换为信息环境下的虚拟对象，因此数据处理是 RFID 最重要的功能。RFID 中间件可对数据进行收集、过滤、整合与传递，以便将正确的对象信息传到企业后端的应用系统。

（3）处理流（Process Flow）。RFID 中间件采用程序逻辑及存储再转送（Store-and-Forward）的功能来提供顺序的消息流，具有数据流设计与管理的能力。

（4）标准（Standard）。RFID 为自动数据采样技术与辨识实体对象的应用。EPCglobal 目前正在研究为各种产品的全球唯一识别号码提出通用标准，即 EPC（产品电子编码）。EPC 是在供应链系统中，以一串数字来识别一项特定的商品，通过无线射频辨识标签由 RFID 读写器读入后，传送到计算机或是应用系统中的过程称为对象命名服务（Object Name Service，ONS）。对象命名服务系统会锁定计算机网络中的固定点，抓取有关商品的消息。EPC 存放在 RFID 标签中，被 RFID 读写器读出后，即可提供追踪 EPC 所代表的物品名称及相关信息，并立即识别和分享供应链中的物品数据，有效地提供信息透明度。

4.7 RFID 接口

下面主要介绍几种 RFID 的接口方式。

1．RJ-45

RJ-45 接口使用 4 对差分线，分别由红白、红、绿白、绿、蓝白、蓝、棕白、棕共 8 种单一颜色或者白条色线组成。RJ-45 的接法有两种，分别为 T-568A 和 T-568B，两种接法唯一的区别是线序不同。

RJ-45 传输信号较远，采用的是 TCP/IP 协议。

2．RS-232

RS-232 是目前比较流行的计算机串口。常用的 RS-232 接口有 DB9 和 DB25 两种形式。RS-232 用来连接数据终端设备和数据通信设备。RS-232 指定线和连接器的类型、连接器的接法及每条线的功能、电压、意义与控制过程。RS-232 与 ITU 的 V.24 和 V.28 兼容。

3．RS-485/RS-422

RS-485 接口组成的半双工网络，一般是两线制，多采用屏蔽双绞线传输。在低速、短距离、无干扰的场合可以采用普通的双绞线，反之，在高速、长线传输时，则必须采用阻抗匹配（一般为 120Ω）的 RS-485 专用电缆（STP-120Ω（for RS485 & CAN）one pair 18 AWG），而在干扰恶劣的环境下还应采用铠装型双绞屏蔽电缆（ASTP-120Ω（for RS485 & CAN）one pair 18 AWG）。

RS-422 是使用平稳线的全双工接口，比 RS-232 抗干扰能力更强。使用 RS-422，在数据传输速率等条件相同时，低频系统的识别距离最近，其次是中高频系统、微波系统，微波系统的识别距离最远。只要读写器的频率发生变化，系统的工作频率就会随之改变。

4.8 RFID 与 EPC 技术

4.8.1 EPC 概述

EPC 的全称是 Electronic Product Code，中文称为产品电子代码。EPC 的载体是 RFID 标签，并借助互联网来实现信息的传递。EPC 旨在为每一件单件产品建立全球的、开放的标识标准，实现全球范围内对单件产品的跟踪与追溯，从而有效地提高供应链管理水平，降低物流成本。EPC 是一个完整、复杂、综合的系统。

1999 年，美国麻省理工学院的一位教授提出了 EPC 开放网络（物联网）构想，在国际条码组织（EAN.UCC）、宝洁公司（P&G）、吉列公司（Gillette Company）、可口可乐、沃尔玛、联邦快递、雀巢、英国电信、SAP、Sun、PHILIPS、IBM 等全球 83 家跨国公司的支持下，开始了这个发展计划，并于 2003 年完成了技术体系的规模场地使用测试。2003 年 10 月，国际上成立了 EPCgloble 全球组织，推广 EPC 和物联网的应用。欧洲、美国、日本等全力推动符合 EPC 技术标签应用，全球最大的零售商美国沃尔玛宣布从 2005 年 1 月开始前 100 名供应商必须在托盘中使用 EPC 标签，2006 年必须在产品包装中使用 EPC 标签。美国国防部及美国、欧洲、日本的生产企业和零售企业都制订了在 2004—2005 年实施标签的方案。

4.8.2 EPC 的特点

EPC 具有以下特点。

1．开放的结构体系

EPC 系统采用全球最大的公用网络系统——Internet，这就避免了系统的复杂性，同时也大大降低了系统的成本，并且还有利于系统的增值。

2．独立的平台与高度的互动性

EPC 系统识别的对象是一个十分广泛的实体对象，因此，不可能有哪一种技术适用所有的识别对象，同时，不同地区、不同国家的射频识别技术标准也不相同，因此开放的结构体系必须具有独立的平台和高度的交互操作性。EPC 系统网络建立在 Internet 系统上，并且可以与 Internet 所有可能的组成部分协同工作。

3．灵活且可持续发展的体系

EPC 系统是一个灵活的、开放的、可持续发展的体系，可在不替换原有体系的情况下做到系统升级。

EPC 系统是一个全球的大系统，供应链的各个环节、各个结点和各个方面都可受益，但对低价值的识别对象，如食品、消费品等来说，它们对 EPC 系统引起的附加价格十分敏感。EPC 系统正在考虑通过本身技术的进步，进一步降低成本，同时通过系统的整体改进使供应链管理得到更好的应用，提高效益，以便抵消和降低附加价格。

4.8.3 EPC 系统的工作流程

在由 EPC 标签、读写器、EPC 中间件、Internet、ONS 服务器、EPC 信息服务及众多数据库组成的实物互联网中，读写器读出的 EPC 只是一个信息参考（指针），由这个信息参考从 Internet 找到 IP 地址并获取该地址中存放的相关的物品信息，并采用分布式的 EPC 中间件处理由读写器读取的一连串 EPC 信息。由于在标签上只有一个 EPC 代码，计算机需要知道与该 EPC 匹配的其他信息，这就需要 ONS 来提供一种自动化的网络数据库服务，EPC 中间件将 EPC 代码传给 ONS，ONS 指示 EPC 中间件到一个保存产品文件的服务器查找，该文件可由 EPC 中间件复制，因而文件中的产品信息就能传到供应链上，EPC 系统的工作流程示意图如图 4-1 所示。

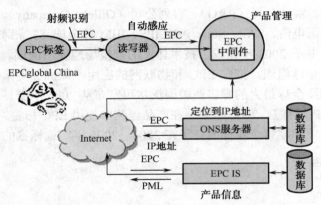

图 4-1　EPC 系统的工作流程示意图

4.8.4 EPC 信息网络系统

信息网络系统由本地网络和全球互联网组成，是实现信息管理、信息流通的功能模块。EPC 系统的信息网络系统是在全球互联网的基础上，通过 EPC 中间件、ONS 和 EPC 信息服务（EPC IS）来实现全球"实物互联"。

1．EPC 中间件

EPC 中间件是具有一系列特定属性的"程序模块"或"服务"，并被用户集成以满足他们的特定需求，EPC 中间件以前被称为 SAVANT。

EPC 中间件是加工和处理来自读写器的所有信息和事件流的软件，是连接读写器和企业应用程序的纽带，主要任务是将数据送往企业应用程序之前进行标签数据校对、读写器协调、数据传送、数据存储和任务管理。

2．对象名称解析服务（ONS）

对象名称解析服务（ONS）是一个自动的网络服务系统，类似于域名解析服务（DNS），ONS 给 EPC 中间件指明了存储产品相关信息的服务器。

ONS 是联系 EPC 中间件和 EPC 信息服务的网络枢纽，并且 ONS 设计与架构都以 Internet 域名解析服务 DNS 为基础，因此，可以使整个 EPC 网络以 Internet 为依托，迅速架构并顺利延伸到世界各地。

3. EPC 信息服务（EPC IS）

EPC 信息服务（EPC IS）提供了一个模块化、可扩展的数据和服务的接口，使得 EPC 的相关数据可以在企业内部或者企业之间共享。它处理与 EPC 相关的各种信息，举例如下。

（1）EPC 的观测值：What / When / Where / Why，通俗地说，就是观测对象、时间、地点及原因，这里的原因是一个比较泛的说法，它应该是 EPC IS 步骤与商业流程步骤之间的一个关联，如订单号、制造商编号等商业交易信息。

（2）包装状态：如物品放在托盘上的包装箱内。

（3）信息源：如位于 Z 仓库的 Y 通道的 X 识读器。

EPC IS 有两种运行模式，一种是 EPC IS 信息被已经激活的 EPC IS 应用程序直接应用；另一种是将 EPC IS 信息存储在资料档案库中，以备今后查询时进行检索。独立的 EPC IS 事件通常代表独立步骤，如 EPC 标记对象 A 装入标记对象 B，并与一个交易码结合。对于 EPC IS 资料档案库的 EPC IS 查询，不仅可以返回独立事件，而且还有连续事件的累积效应，如对象 C 包含对象 B，对象 B 本身包含对象 A。

4.8.5 EPC 射频识别系统

EPC 射频识别系统是实现 EPC 代码自动采集的功能模块，主要由射频标签和射频读写器组成。射频标签是产品电子代码（EPC）的物理载体，附着在可跟踪的物品上，可全球流通并对其进行识别和读写。射频读写器与信息系统相连，是读取标签中的 EPC 代码并将其输入网络信息系统的设备。EPC 射频标签与射频读写器之间利用无线感应方式进行信息交换，具有以下特点。

（1）非接触识别。

（2）可以识别快速移动的物品。

（3）可同时识别多个物品等。

EPC 射频识别系统为数据采集最大限度地降低了人工干预，实现了完全自动化，是"物联网"形成的重要环节。

1. EPC 标签

EPC 标签是产品电子代码的信息载体，主要由天线和芯片组成。EPC 标签中存储的唯一信息是 96 位或者 64 位产品电子代码。为了降低成本，EPC 标签通常是被动式射频标签。

EPC标签根据其功能级别的不同分为5类，当前所开展的EPC测试使用的是Class1/GEN2。

2. 读写器

读写器是用来识别 EPC 标签的电子装置，与信息系统相连实现数据的交换。读写器使用多种方式与 EPC 标签交换信息，近距离读取被动标签最常用的方法是电感耦合方式。只要靠近，盘绕读写器的天线与盘绕标签的天线之间就形成了一个磁场。标签就利用这个磁场发送电磁波给读写器，返回的电磁波被转换为数据信息，也就是标签中包含的 EPC 代码。

读写器的基本任务就是激活标签，与标签建立通信并且在应用软件和标签之间传送数据。

EPC 读写器和网络之间不需要 PC 作为过渡，所有的读写器之间的数据交换直接可以通过一个对等的网络服务器进行。

读写器的软件提供了网络连接能力，包括 Web 设置、动态更新、TCP/IP 读写器界面、内建兼容 SQL 的数据库引擎。

当前 EPC 系统尚处于测试阶段，EPC 读写器技术也还在发展完善中。

4.8.6　EPC 编码体系

EPC 编码体系是新一代的与 GTIN 兼容的编码标准，它是全球统一标识系统的延伸和拓展，是全球统一标识系统的重要组成部分，是 EPC 系统的核心与关键。

EPC 代码是由标头、厂商识别代码、对象分类代码、序列号等数据字段组成的一组数字。具有以下特性。

（1）科学性：结构明确，易于使用和维护。

（2）兼容性：EPC 编码标准与目前广泛应用的 EAN.UCC 编码标准是兼容的，GTIN 是 EPC 编码结构中的重要组成部分，目前广泛使用的 GTIN、SSCC、GLN 等都可以顺利转换到 EPC 中去。

（3）全面性：可在生产、流通、存储、结算、跟踪、召回等供应链的各环节全面应用。

（4）合理性：由 EPCglobal、各国 EPC 管理机构（中国的管理机构称为 EPCglobal China）、被标识物品的管理者分段管理、共同维护、统一应用，具有合理性。

（5）国际性：不以具体国家、企业为核心，编码标准全球协商一致，具有国际性。

（6）无歧视性：编码采用全数字形式，不受地方色彩、语言、经济水平、政治观点的限制，是无歧视性的编码。

当前，出于成本等因素的考虑，参与 EPC 测试所使用的编码标准采用的是 64 位数据结构，未来将采用 96 位的编码结构。

4.9　本章习题

1．什么是 RFID 技术？RFID 技术在生活中有哪些体现？
2．RFID 技术由哪几个部分组成？这几部分是如何相互协调进行工作的？
3．EPC 技术是如何与 RFID 技术结合在一起的？
4．现有的 RFID 安全与隐私的解决方法主要有哪些？

第 5 章　有线传输与组网技术

利用感知层获取到数据信息之后，接下来面临的就是关于数据传输的问题了。在现实生活中，数据传输主要有两种实现方式：有线数据传输和无线数据传输。本章主要就有线传输及网络的相关技术做一下介绍。

5.1　CAN 总线

5.1.1　CAN 简介

CAN 是控制器局域网络（Controller Area Network）的简称，是由以研发和生产汽车电子产品著称的德国博世公司开发的，并最终成为国际标准，它是国际上应用最广泛的现场总线之一。在北美和西欧，CAN 总线协议已经成为汽车计算机控制系统和嵌入式工业控制局域网的标准总线，并且拥有以 CAN 为底层协议专为大型货车和重工机械车辆设计的 J1939 协议。近年来，其所具有的高可靠性和良好的错误检测能力受到重视，被广泛应用于汽车计算机控制系统和环境温度恶劣、电磁辐射强及振动大的工业环境中。

1. 基本概念

CAN 是 ISO 国际标准化的串行通信协议。在当前的汽车产业中，出于对安全性、舒适性、方便性、低公害、低成本的要求，各种各样的电子控制系统被开发出来。由于这些系统之间通信所用的数据类型及对可靠性的要求不尽相同，由多条总线构成的情况很多，线束的数量也随之增加，为适应"减少线束的数量"、"通过多个 LAN，进行大量数据的高速通信"的需要，1986 年德国博世公司开发出面向汽车的 CAN 通信协议。此后，CAN 通过 ISO 11898 及 ISO 11519 进行了标准化，成为欧洲汽车网络的标准协议。

目前，CAN 的高性能和可靠性已被认同，并被广泛地应用于工业自动化、船舶、医疗设备、工业设备等方面。现场总线是当今自动化领域技术发展的热点之一，被誉为自动化领域的计算机局域网，它的出现为分布式控制系统实现各结点之间实时、可靠的数据通信提供了强有力的技术支持。

2. CAN 总线优势

CAN 属于现场总线的范畴，它是一种有效支持分布式控制或实时控制的串行通信网络。较之目前许多 RS-485 基于 R 线构建的分布式控制系统而言，基于 CAN 总线的分布式控制系统在以下方面具有明显的优越性。

1）网络各结点之间的数据通信实时性强

首先，CAN 控制器工作于多种方式，网络中的各结点都可根据总线访问优先权（取决于报文标识符）采用无损结构的逐位仲裁的方式竞争向总线发送数据，且 CAN 协议废除了站地址编码，而代之以对通信数据进行编码，这可使不同的结点同时接收到相同的数据，这些特点使得 CAN 总线构成的网络各结点之间的数据通信实时性强，并且容易构成冗余结构，提高系统的可靠性和系统的灵活性。而利用 RS-485 只能构成主从式结构系统，通信方式也只能以主站轮询的方式进行，系统的实时性、可靠性较差。

2）缩短了开发周期

CAN 总线通过 CAN 收发器接口芯片 82C250 的两个输出端 CANH 和 CANL 与物理总线相连，而 CANH 端的状态只能是高电平或悬浮状态，CANL 端的状态只能是低电平或悬浮状态。这就保证不会出现在 RS-485 网络中的现象，即当系统有错误，出现多结点同时向总线发送数据时，导致总线呈现短路，从而损坏某些结点的现象。而且 CAN 结点在错误严重的情况下具有自动关闭输出功能，以使总线上其他结点的操作不受影响，从而保证在网络中不会因个别结点出现问题，使总线处于"死锁"状态。此外，CAN 具有完善的通信协议，可由 CAN 控制器芯片及其接口芯片来实现，从而大大降低系统开发难度，缩短开发周期，这些是仅有电气协议的 RS-485 所无法比拟的。

3）已形成国际标准

与其他现场总线相比较，CAN 总线具有通信速率高、容易实现、性价比高等诸多特点，是一种已形成国际标准的现场总线。这也是目前 CAN 总线应用于众多领域，具有强劲的市场竞争力的重要原因。

综上所述，与一般的通信总线相比，CAN 总线的数据通信具有突出的可靠性、实时性和灵活性。由于其良好的性能及独特的设计，CAN 总线越来越受到人们的重视。它在汽车领域上的应用是最广泛的，世界上一些著名的汽车制造厂商，如 BENZ（奔驰）、BMW（宝马）、PORSCHE（保时捷）、ROLLS-ROYCE（劳斯莱斯）和 JAGUAR（美洲豹）等都采用了 CAN 总线来实现汽车内部控制系统与各检测和执行机构间的数据通信。同时，由于 CAN 总线本身的特点，其应用范围已不再局限于汽车行业，而向自动控制、航空航天、航海、过程工业、机械工业、纺织机械、农用机械、机器人、数控机床、医疗器械及传感器等领域发展。CAN 已经形成国际标准，并已被公认为几种最有前途的现场总线之一。其典型的应用协议有 SAE J1939/ISO 11783、CANopen、CANaerospace、DeviceNet、NMEA 2000 等。

5.1.2 报文传输与帧结构

在进行数据传送时，发出报文的结点为该报文的发送器。该结点在总线空闲或丢失仲裁前恒为发送器，如果一个结点不是报文发送器，并且总线不处于空闲状态，则该结点为接收器。构成一帧的帧起始、仲裁场、控制场、数据场和 CRC 序列均借助位填充规则进行编码。当发送器在发送的位流中检测到 5 位连续的相同数值时，将自动在实际发送的位流中插入一个补码位，而数据帧和远程帧的其余位场则采用固定格式，不进行填充，错误帧和超载帧同样是固定格式。报文中的位流是按照非归零（NZR）码方法编码的，因此一个完整的位电平要么呈显性，要么呈隐性。

CAN 有两种不同的帧格式，不同之处为识别符场的长度不同：具有 11 位识别符的帧称为标准帧；而含有 29 位识别符的帧为扩展帧。CAN 报文有以下 4 种不同的帧类型。

（1）数据帧：将数据从发送器传输到接收器。

（2）远程帧：总线结点发出远程帧，请求发送具有同一识别符的数据帧。

（3）错误帧：任何结点检测到总线错误就发出错误帧。

（4）过载帧：用以在先行的和后续的数据帧（或远程帧）之间提供一附加的延时。

数据帧和远程帧可以使用标准帧及扩展帧两种格式。它们用一个帧间空间与前面的帧分隔。

1．数据帧

数据帧由 7 个不同的位场组成：帧起始（Start of Frame）、仲裁场（Arbitration Frame）、控制场（Control Frame）、数据场（Data Frame）、CRC 场（CRC Frame）、应答场（ACK Frame）、帧结尾（End of Frame）。数据场的长度为 0～8 位。

在 CAN2.0B 中存在两种不同的帧格式，其主要区别在于标识符的长度，在标准帧格式中，仲裁场由 11 位识别符和远程请求位（RTR）组成；在扩展帧格式中，仲裁场包括 29 位识别符、替代远程请求位（SRR）、识别符扩展位（IDE）和 RTR 位。

扩展格式是 CAN 协议的一个新特色。为了使控制器的设计相对简单，不要求执行完全的扩展格式，但必须完全支持标准格式。新的控制器至少应具有以下属性，才被认为是符合 CAN 规范。

❑ 每一新的控制器支持标准格式。

❑ 每一新的控制器可以接收扩展格式的报文，不能因为格式差别而破坏扩展帧格式。

下面具体分析数据帧的每一个位场。

1）帧起始

帧起始标志数据帧或远程帧的开始，仅由一个"显性"位组成。只有在总线空闲时才允许结点开始发送信号。所有结点必须同步于首先开始发送报文的结点的帧起始前沿。

2）仲裁场

仲裁场由标识符和远程发送请求位（RTR 位）组成。RTR 位在数据帧中为显性，在远程帧中为隐性。

对于 CAN2.0A 标准，标识符长度为 11 位，这些位按 ID-10～ID-0 的顺序发送，最低位是 ID-0，7 个最高位（ID-10～ID-4）必须不能全是"隐性"。

对于 CAN2.0B 标准，标准格式帧与扩展格式帧的仲裁场标识符格式不同。在标准格式中，仲裁场由 11 位识别符和 RTR 位组成，识别符位由 ID-28～ID-18 组成；而在扩展格式中，仲裁场包括 29 位识别符、替代远程请求位 SRR、标识位 IDE、远程发送请求位 RTR，其识别符由 ID-28～ID-0 组成，格式包含两部分：11 位（ID-28～ID-18）基本 ID、18 位（ID-17～ID-0）扩展 ID。在扩展格式中，基本 ID 首先发送，其次是 SRR 位和 IDE 位，扩展 ID 的发送位于 SRR 位和 IDE 位之后。

SRR 的全称是"替代远程请求位（Substitute Remote Request BIT）"，SRR 是一隐性位。它在扩展格式的标准帧 RTR 位上被发送，并代替标准帧的 RTR 位。因此，如果扩展帧的基本 ID 和标准帧的识别符相同，标准帧与扩展帧的冲突是通过标准帧优先于扩展帧这一途径得以解决的。

IDE 的全称是"识别符扩展位（Identifier Extension Bit）"，对于扩展格式，IDE 位属于仲裁场；对于标准格式，IDE 位属于控制场。标准格式的 IDE 位为"显性"，而扩展格式的 IDE

位为"隐性"。

3）控制场

控制场由 6 位组成。标准格式和扩展格式的控制场格式不同。标准格式里的帧包括数据长度代码、IDE 位（为显性位）及保留位 r0。扩展格式里的帧包括数据长度代码和两个保留位：r1 和 r0，其保留位必须发送为显性，但是接收器认可"显性"和"隐性"位的任何组合。

4）数据场

数据场由数据帧里的发送数据组成。它可以是 0～8 个字节，每个字节包含 8 位，首先发送最高有效位。

5）CRC 场

CRC 场包括 CRC 序列（CRC Sequence），其后是 CRC 界定符（CRC Delimiter）。

6）应答场

应答场长度为两位，包括应答间隙（ACK Slot）和应答界定符（ACK Delimiter）。

7）帧结尾（标准格式及扩展格式）

每一个数据帧和远程帧均由一标志序列界定，这个标志序列由 7 个"隐性"位组成。

2．远程帧

作为接收器的结点，可以通过向相应的数据源结点发送远程帧激活该源结点，让该源结点把数据发送给接收器。远程帧也有标准格式和扩展格式两种，而且都由 6 个不同的位场组成：帧起始、仲裁场、控制场、CRC 场、应答场、帧结尾。

与数据帧相反，远程帧的 RTR 位是"隐性"的。它没有数据场，数据长度代码 DLC 的数值是不受制约的。

3．错误帧

错误帧由两个不同的场组成。第一个场是不同结点提供的错误标志（Error Flag）的叠加，第二个场是错误界定符。

为了能正确地终止错误帧，"错误认可"的结点要求总线至少有长度为 3 位的总线空闲。

4．过载帧

过载帧包括两个位场：过载标志和过载界定符。

以下 3 种过载的情况会引发过载标志的传送。

❑ 接收器的内部情况，需要延迟下一个数据帧和远程帧。

❑ 在间歇的第一和第二字节检测到一个"显性"位。

❑ 如果 CAN 结点在错误界定符或过载界定符的第 8 位（最后一位）采样到一个显性位，结点会发送一个过载帧。该帧不是错误帧，错误计数器不会增加。

5．帧间空间

数据帧（或远程帧）与先行帧的隔离是通过帧间空间实现的，无论此先行帧类型如何（数据帧、远程帧、错误帧、过载帧）。不同的是，过载帧与错误帧之前没有帧间空间，多个过载帧之间也不是由帧间空间隔离的。

帧间空间包括间歇、总线空闲的位场。如果"错误认可"的结点已作为前一报文的发送器，则其帧间空间除了间歇、总线空闲外，还包括称做"挂起传送"（暂停发送，Suspend Transmission）的位场。

5.1.3 编码与故障处理

不同于其他总线，CAN 协议不能使用应答信息。事实上，它可以将发生的任何错误信号发出。CAN 协议可使用以下 5 种检查错误的方法，其中前 3 种为基于报文内容检查。

1．循环冗余检查

在一帧报文中加入冗余检查位可保证报文正确。接收站通过 CRC 可判断报文是否有错。

2．帧检查

这种方法通过位场检查帧的格式和大小来确定报文的正确性，用于检查格式上的错误。

3．应答错误

如前所述，被接收到的帧由接收站通过明确的应答来确认。如果发送站未收到应答，那么表明接收站发现帧中有错误，也就是说，ACK 场已损坏或网络中的报文无站接收。CAN 协议也可通过位检查的方法探测错误。

4．总线检测

有时，CAN 中的一个结点可监测自己发出的信号，因此，发送报文的站可以观测总线电平并探测发送位和接收位的差异。

5．位填充

一帧报文中的每一位都由不归零码表示，可保证位编码的最大效率。然而，如果在一帧报文中有太多相同电平的位，就有可能失去同步。为保证同步，同步沿用填充位产生。在 5 个连续相等位后，发送站自动插入一个与之互补的补码位；接收时，这个填充位被自动丢掉。例如，5 个连续的低电平位后，CAN 自动插入一个高电平位。CAN 通过这种编码规则检查错误，如果在一帧报文中有 6 个相同位，CAN 就知道发生了错误。

如果至少有一个站通过以上方法探测到一个或多个错误，它将发送出错标志终止当前报文的发送。这可以阻止其他站接收错误的报文，并保证网络上报文的一致性。当大量发送数据被终止时，发送站会自动地重新发送数据。作为规则，在探测到错误后 23 位周期内重新开始发送。在特殊场合，系统的恢复时间为 31 位周期。

但这种方法存在一个问题，即一个发生错误的站将导致所有数据被终止，其中也包括正确的数据。因此，如果不采取自监测措施，则总线系统应采用模块化设计。为此，CAN 协议提供一种将偶然错误从永久错误和局部站失败中区别出来的办法。这种方法可以通过对出错站统计评估来确定一个站本身的错误并进入一种不会对其他站产生不良影响的运行方法来实现，即站可以通过关闭自己来阻止正常数据因被错误地当成不正确的数据而被终止。

5.1.4 应用层

CAN 协议本身只定义了物理层和数据链路层的规范（遵循 OSI 标准），这使得 CAN 能够更广泛地适用于不同的应用条件，但也给用户带来了不便。用户在应用 CAN 协议时，必须根据实际需要自行定义 CAN 高层协议。为了将 CAN 协议的应用推向更深的层次，同时满足产品的兼容性和互操作性，国际上已经形成了诸多基于 CAN 的高层协议，如 CAL、CANopen、DeviceNet、SDS、CANKingdom、SAE J1939 等，这些协议应用在工业控制、汽车仪器仪表等行业中。下面只列举其中的几种。

1. DeviceNet 协议

DeviceNet 协议是特别为工业自动控制而定制的。DeviceNetTM 是一个非常成熟的开放式网络，它根据抽象对象模型来定义。

DeviceNet 允许多个复杂设备互相连接，也允许简单设备的互换。基于 CAN 总线的 DeviceNet 提供了相当重要的设备级诊断功能。

DeviceNet 有以下几个特点。

（1）网络大小：最多 64 结点。

（2）网络模型：生产者/消费者模型。

（3）网络长度：可选的端对端网络距离随网络传输速度变化。

（4）总线拓扑结构：线性干线/支线，电源和信号在同一个网络电缆中。

（5）总线寻址：带多点传送的点对点；多主站和主/从轮询或状态改变（基于事件）。

2. CAL 协议

CAL 协议发布于 1993 年，它为基于 CAN 的分布式系统的实现提供了一个不依赖于应用、面向对象的环境，为通信标识符分布、网络层管理提供了对象和服务。CAL 主要应用在基于 CAN 的分布式系统，系统不要求可配置性及标准化的设备建模。

一些欧洲公司正在尝试使用 CAL，尽管 CAL 在理论上正确并在工业上可以投入应用，但每个用户都必须设计一个新的子协议，因为 CAL 是一个真正的应用层。CAL 可以被看做开发一个应用 CAN 方案的必要理论步骤。

3. CANopen 协议

CANopen 协议是一个基于 CAL 的子协议，用于产品部件的内部网络控制。它不仅定义了应用层和通信子协议，也为可编程系统不同器件接口应用子协议定义了页/帧状态。

CANopen 协议中设备建模不是借助于对象目录而是基于设备功能性的描述。

CANopen 协议在汽车电气控制系统、电梯控制系统、安全控制系统、医疗仪器、纺织机械、船舶运输等方面均得到了广泛的应用。

5.1.5 控制器和驱动器

驱动器是控制器与物理总线之间的接口。以 CAN 总线为例，其控制器和驱动器有很多，如 82C250、TJA1050 等，可以通过查看相关的资料得到相关产品的详细信息，在本书中就不再具体阐述了。

5.2 RS-485 总线

5.2.1 RS-485 总线简介

RS-485 标准是由两个行业协会共同制定和开发的，即 EIA（电子工业协会）和 TIA（通信工业协会）。EIA 曾经在它所有标准前面加上 RS 前缀（英文 Rcommended Standard 的缩写），因此许多工程师一直沿用这种名称。

1．总线应用场合

RS-485 总线作为一种多点差分数据传输的电气规范，已成为业界应用最为广泛的标准通信接口之一。这种通信接口允许在简单的一对双绞线上进行多点双向通信，它所具有的噪声抑制能力、数据传输速率、电缆长度及可靠性是其他标准无法比拟的。正因为如此，许多不同领域都采用 RS-485 作为数据传输链路。例如，汽车电子、电信设备局域网、智能楼宇等都经常可以见到具有 RS-485 接口电路的设备。这项标准得到广泛接受的另外一个原因是它的通用性，RS-485 标准只对接口的电气特性做出规定，而不涉及接插件电缆或协议，在此基础上用户可以建立自己的高层通信协议，如 MODBUS 协议等。

2．总线电气性能

- 性能指标：RS-485 总线。
- 工作模式：差分传输（平衡传输）。
- 允许的收发器数目：32（受芯片驱动能力限制）。
- 最大电缆长度：4000 英尺（1219m）。
- 最高数据传输速率：10Mbps。
- 最小驱动输出电压范围：±1.5V。
- 最大驱动输出电压范围：±5V。
- 最大输出短路电流：250mA。
- 最大输入电流：1.0mA/12Vin；-0.8mA/-7Vin。
- 驱动器输出阻抗：54Ω。
- 输入端电容：≤50pF。
- 接收器输入灵敏度：±200mV。
- 接收器最小输入阻抗：12kΩ。
- 接收器输入电压范围：-7～12V。
- 接收器输出逻辑高：>200mV。
- 接收器输出逻辑低：<200mV。

3．总线缺点

（1）RS-485 总线的通信容量较小，理论上最多仅容许接入 32 个设备，不适于以楼宇为结点的多用户容量要求。

（2）RS-485 总线的通信速率低，通常为 9600bps，而且其速率与通信距离有直接关系，当达到数百米以上通信距离时，其可靠通信传输速率小于 1200bps。

（3）RS-485 芯片功耗较大，静态功耗达 2～3mA，工作电流（发送）达 20mA，若加上偏置电阻及终端电阻，工作电流会更大，因此增加了线路电压降，不利于远程布线。

（4）RS-485 总线构成的网络只能以串行布线，不能构成星形等任意分支。串行布线给小区实际布线设计及施工带来很大困难，不遵循串行布线规则又将大大降低通信的稳定性。

（5）RS-485 总线自身的电气性能决定了其在实际工程应用中稳定性较差，在多结点、长距离场合需对网络进行阻抗匹配等调试，增添了工程复杂性。

（6）RS-485 总线通常不带隔离，网络上某一结点出现故障会导致系统整体或局部瘫痪，而且又难以判断其故障位置。

（7）RS-485 总线采用主机轮询方式，会造成一些弊端。

5.2.2 布线规则

RS-485 的布线规则如下所述。

（1）必须采用国际上通行的屏蔽双绞线。推荐的型号为 RVSP2*0.5（二芯屏蔽双绞线，每芯由 16 股的 0.2mm 的导线组成）。采用屏蔽双绞线有助于减少和消除两根 RS-485 通信线之间产生的分布电容和通信线周围产生的共模干扰。

（2）RS-485 收发器在规定的共模电压-7～12V 时才能正常工作。如果超出此范围会影响通信，严重的会损坏通信接口。共模干扰会增大上述共模电压。消除共模干扰的有效手段之一是将 RS-485 通信线的屏蔽层用做地线，将机具、计算机等网络中的设备地连接在一起，并由一点可靠地接入大地。

（3）通信线尽量远离高压电线，不要与电源线并行，更不能捆扎在一起。

（4）RS-485 总线要采用手拉手结构，而不能采用星型结构，星型结构会产生反射信号，从而影响到 RS-485 通信。总线到每个终端设备的分支线长度应尽量短，一般不要超出 5m。分支线如果没有接终端，会有反射信号，对通信产生较强的干扰，应将其去掉。

（5）在同一个网络系统中，使用同一种电缆，尽量减少线路中的接点。接点处确保焊接良好，包扎紧密，避免松动和氧化。保证一条单一的、连续的信号通道作为总线。

（6）一般情况下不需要增加终端电阻，只有在 RS-485 通信距离超过 100m 的情况下，才在 RS-485 通信的开始端和结束端增加终端电阻。

5.2.3 通信协议

RS-485 是双向、半双工通信协议，允许多个驱动器和接收器挂接在总线上，其中每个驱动器都能够脱离总线。该规范满足所有 RS-422 的要求，而且比 RS-422 稳定性更强，具有更高的接收器输入阻抗和更宽的共模范围（-7～12V）。

接收器输入灵敏度为±200mV，这就意味着若要识别符号或间隔状态，接收端电压必须高于+200mV 或低于-200mV。最小接收器输入阻抗为 12kΩ，驱动器输出电压为±1.5V（最小值）和±5V（最大值）。

驱动器能够驱动 32 个单位负载，即允许总线上并联 32 个 12kΩ 的接收器。对于输入阻抗更高的接收器，一条总线上允许连接的单位负载数也较高。RS-485 接收器可随意组合，连接至同一总线，但要保证这些电路的实际并联阻抗不高于 32 个单位负载。

采用典型的 24AWG 双绞线时，驱动器负载阻抗的最大值为 54Ω，即 32 个单位负载并联 2 个 120Ω 终端匹配电阻。RS-485 已经成为 POS、工业及电信应用中的最佳选择。较宽的共模范围可实现长电缆、嘈杂环境（如工厂车间）下的数据传输，更高的接收器输入阻抗还允许总线上挂接更多器件。

5.2.4 硬件设计

在工业控制及测量领域较为常用的网络之一就是物理层采用 RS-485 通信接口所组成的工控设备网络。这种通信接口可以十分方便地将许多设备组成一个控制网络。从目前解决单片机之间中长距离通信的诸多方案分析来看，RS-485 总线通信模式由于具有结构简单、价格低廉、通信距离和数据传输速率适当等特点而被广泛应用于仪器仪表、智能化传感器集散控制、楼宇控制、监控报警等领域。但 RS-485 总线存在自适应、自保护功能脆弱等缺点，如果不注意一些细节的处理，则常出现通信失败甚至系统瘫痪等故障，因此提高 RS-485 总线运行可靠性至关重要。

下面对一个案例进行分析。在某一电路中使用了一种 RS-485 接口芯片 SN75LBC184，它采用单一电源 Vcc，电压在 +3～+5.5V 范围内都能正常工作。与普通的 RS-485 芯片相比，它不但能抗雷电的冲击，而且能承受高达 8kV 的静电放电冲击，片内集成 4 个瞬时过压保护管，可承受高达 400V 的瞬态脉冲电压，因此，它能显著提高防止雷电损坏器件的可靠性。对一些环境比较恶劣的现场，可直接与传输线相接而不需要任何外加保护元件。该芯片还有一个独特的设计，当输入端开路时，其输出为高电平，这样可保证接收器输入端电缆有开路故障时，不影响系统的正常工作。另外，它的输入阻抗为 RS-485 标准输入阻抗的 2 倍（≥24kΩ），可以在总线上连接 64 个收发器。芯片内部设计了限斜率驱动，使输出信号边沿不会过陡，使传输线上不会产生过多的高频分量，从而有效扼制了电磁干扰。在图 5-1 中，四位一体的光电耦合器 TLP521 让单片机与 SN75LBC184 之间完全没有了电的联系，提高了工作的可靠性。基本原理为：当单片机 P1.6=0 时，光电耦合器的发光二极管发光，光敏三极管导通，输出高电压（+5V），选中 RS-485 接口芯片的 DE 端，允许发送。当单片机 P1.6=1 时，光电耦合器的发光二极管不发光，光敏三极管不导通，输出低电压（0V），选中 RS-485 接口芯片的 /RE 端，允许接收。SN75LBC184 的 R 端（接收端）和 D 端（发送端）的原理与此类似。

此处只是对其工作原理做了简单介绍。由于 RS-485 使用了差分电平传输信号，所以传输距离比 RS-232 更长，最长可以达到 3000m，因此很适合工业环境下的应用。但与 CAN 总线等更为先进的现场工业总线相比，其处理错误的能力还稍显逊色，所以在软件部分还需要进行特别的设计，以避免数据错误等情况发生。另外，系统的数据冗余量较大，对于速度要求高的应用场所不宜用 RS-485 总线。虽然 RS-485 总线存在一些缺点，但由于它的线路设计简单、价格低廉、控制方便，只要处理好细节，在某些工程应用中仍然能发挥良好的作用。总之，解决可靠性的关键在于工程开始施工前就要全盘考虑可采取的措施，这样才能从根本上解决问题，而不要等到工程后期再去亡羊补牢。

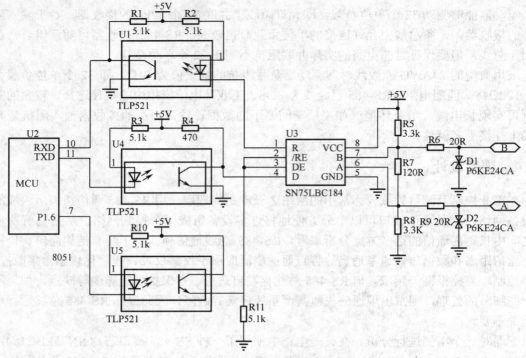

图 5-1　RS-485 硬件设计案例

5.3　TCP/IP

5.3.1　TCP/IP 简介

TCP/IP（Transmission Control Protocol/Internet Protocol）的中文译名为"传输控制协议/因特网互联协议"，又称网络通信协议，这个协议是 Internet 最基本的协议，是 Internet 的基础，简单地说，就是由网络层的 IP 和传输层的 TCP 组成的。TCP/IP 定义了电子设备（如计算机）如何连入 Internet，以及数据如何在它们之间传输的标准。TCP/IP 是一个 4 层的分层体系结构。高层为 TCP，负责聚集信息或把文件拆分成更小的包。低层为 IP，处理每个包的地址部分，使这些包正确地到达目的地。

5.3.2　TCP/IP 的分层

TCP/IP 的开发研究人员将 Internet 分为 5 个层次，以便于理解，它也称为互联网分层模型或互联网分层参考模型，其分层为：

应用层　　　　　　（第 5 层）

传输层　　　　　　（第 4 层）

互联网层　　　　　（第 3 层）

网络接口层　　　　（第 2 层）

物理层　　　　　　（第 1 层）

（1）物理层：对应于网络的基本硬件，这也是 Internet 的物理构成，即可以看得见的硬件设备，如 PC、互联网服务器、网络设备等，必须对这些硬件设备的电气特性进行规范，使这些设备都能够互相连接并兼容使用。

（2）网络接口层：它定义了将数据组成正确帧的规程和在网络中传输帧的规程，帧是指一串数据，它是数据在网络中传输的单位。

（3）互联网层：本层定义了互联网中传输的"信息包"格式，以及从一个用户通过一个或多个路由器到最终目标的"信息包"转发机制。

（4）传输层：为两个用户进程之间建立、管理和拆除可靠而又有效的端到端连接。

（5）应用层：它定义了应用程序使用互联网的规程。

5.3.3　TCP/IP 协议族中底层的链路层

在 TCP/IP 协议族中，链路层主要有以下 3 个作用。

（1）为 IP 模块发送和接收 IP 数据报。

（2）为 ARP 模块发送 ARP 请求和接收 ARP 应答。

（3）为 RARP 发送 RARP 请求和接收 RARP 应答。

TCP/IP 支持多种不同的链路层协议，这取决于网络所使用的硬件，如以太网、令牌环网、FDDI（光纤分布式数据接口）及 RS-232 串行线路等。

链路层的主要协议有 ARP、RARP、SLIP 和 PPP 等。

5.3.4　网络层协议

网络层协议管理离散的计算机间的数据传输，这些协议用户注意不到，是在系统表层以下工作的。例如，IP 为用户和远程计算机提供了信息包的传输方法，它是在许多信息的基础上工作的，如机器的 IP 地址。在机器 IP 地址和其他信息的基础上，IP 确保信息包能正确地到达目的机器。通过这一过程，IP 和其他网络层的协议共同用于数据传输。如果没有网络工具，用户则看不到在系统中工作的 IP。

重要的网络层协议包括以下几种。

（1）地址解析协议（ARP）。

（2）Internet 控制消息协议（ICMP）。

（3）Internet 协议（IP）。

5.3.5　传输层协议

传输层的两大协议包括：TCP（传输控制协议）和 UDP（用户数据包协议）。

TCP 是一个可靠的、面向连接的协议，UDP 是不可靠的或者说无连接的协议。可以以打电话和发短信为例来说明这种关系。

UDP 就好像发短信，只管发出去，至于对方是不是空号（网络不可到达）、能不能收到（丢包）等并不关心。

TCP 好像打电话，双方要通话，首先要确定对方是不是开机（网络可以到达），然后要确定是不是没有信号，最后还需要对方接听（通信连接）。

5.9 本章习题

1. 本章中提到了哪些用于传输数据的标准？在应用的过程中，是如何将这些标准加以运用的？

2. 如何利用 TCP/IP 进行通信。

第 6 章　Cortex-M3 微控制器核

    Cortex-M3 是一款 32 位的低功耗处理器，它的出现使 ARM 成功进入单片机市场。由于它采用了最新的 ARM v7-M 架构，因此其门数更少，性能却更强。另外，Cortex-M3 采用了 Tail-chaining 中断技术，完全基于硬件进行中断处理，最多可减少 12 个时钟周期数，在实际应用中可减少 70%中断延时时间。Cortex-M3 在物联网技术应用中必将脱颖而出。本章将详细介绍 Cortex-M3 的体系结构。

6.1　低功耗微控制器在物联网中的作用

    网络技术的发展及应用已经革新了人们的生活方式：手机是联网的，笔记本是联网的，计算机是联网的，智能手机是联网的，平板电脑也是联网的。智慧城市的发展，就是人与机器之间的联网，还有更多的机器与机器之间的联网。

    随着物联网技术的不断深化，应用于"物联"这个概念中的设备数量不断增加。海量设备的运行将会带来什么概念？那就是功耗的问题。

    虽然没能力去做 MEMS 传感器基础元件的研发，也没能力去做一些新型传感器材料的研发，但可以在应用层面上利用已有的敏感元件制作一些传感器或变送器产品。不过所制作的产品功耗问题严重，使用的电池也没法使用较长的时间。

    通过这些例子可以知道功耗在物联网中处于什么样的位置，因此，优良的微控制器必须在功耗方面花费一定的精力，而低功耗微控制器也必将在物联网的应用中体现巨大优势。

6.2　Cortex-M3 综述

    Cortex-M3 是一款低功耗处理器，具有门数少、中断延迟小、调试成本低的特点，是为要求有快速中断响应能力的深度嵌入式应用而设计的。图 6-1 给出了 Cortex-M3 芯片与 Cortex-M3 内核的关系，如表 6-1 所示为该款处理器所包含的组件及其特点。

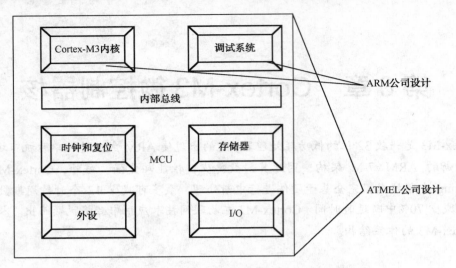

图 6-1　Cortex-M3 芯片与 Cortex-M3 内核的关系

表 6-1　Cortex-M3 的组件及特点

组　件	组　件　特　点
处理器内核	ARM v7-M 体系结构：Thumb-2 ISA 指令子集，包含所有基本的 16 位和 32 位 Thumb-2 指令（用于多媒体，SIMD 和加强的 DSP 指令除外）
	具有分组的堆栈指针寄存器 SP
	包含硬件除法指令：SDIV 和 UDIV 指令
	两种工作模式：处理模式（handler mode）和线程模式（thread mode）
	两种处理器状态：Thumb 状态和调试状态
	具有可中断−可继续（interruptible-continued）的 LDM/STM 和 PUSH/POP 指令，实现低中断延迟
	自动保存和恢复处理器状态，可以减少进入和退出中断服务程序（ISR）的系统时间
	支持 ARM v6 架构的 BE8/LE 和非对齐访问
中断向量控制器 NVIC	外部中断可配置为 1～240 个
	优先级位可配置为 3～8 位
	中断优先级可动态地重新配置
	优先级分组：分为占先中断等级和非占先中断等级
	支持末尾连锁（tail-chaining）和迟来（late arrival）中断处理机制。这样，在两个中断之间使能背对背中断（back-to-back interrupt）处理，减少中断延时
	处理器状态在进入中断时自动保存，中断退出时自动恢复，不需要多余的指令
存储器保护单元 MPU	8 个存储器区
	子区禁止功能（SRD），实现对存储器区的有效使用
	可使能背景区，执行默认的存储器映射属性
总线接口	指令存储区总线：负责对代码存储区访问
	系统总线：用于访问内存和外设
	私有外设总线：负责一部分私有外设的访问，主要包括调试组件的访问

续表

组 件	组 件 特 点
低成本调试解决方案	基于 ARM 全新的 CoreSight 架构，使得当内核在运行、中止甚至处于复位状态时，通过调试系统，可以对系统中包括 Cortex-M3 寄存器组在内的所有存储器和寄存器进行调试访问
	使用"调试访问接口（DAP）"代替 JTAG 接口
	具有 Flash 修补和断点单元（FPB），实现断点和代码修补
	数据观察点和触发单元（DWT），实现观察点、触发资源和系统分析（systemprofiling）
	仪表跟踪宏单元（ITM），支持对 printf 类型的调试
	跟踪端口的接口单元（TPIU），用来连接跟踪端口分析仪
	可选的嵌入式跟踪宏单元（ETM），实现指令跟踪

6.3   Cortex-M3 编程模式

Cortex-M3 处理器采用 ARM v7-M 架构，包括所有的 16 位 Thumb 指令集和基本的 32 位 Thumb-2 指令集。Cortex-M3 只支持 Thumb 指令，不能执行 ARM 指令。

Thumb 指令集是 ARM 指令集的子集，重新被编码为 16 位。它支持较高的代码密度及 16 位或小于 16 位的存储器数据总线系统。

Thumb-2 在 Thumb 指令集架构（ISA）上进行了大量的改进，它与 Thumb 相比，代码密度更高，并且通过使用 16/32 位指令，提供更高的性能。

6.3.1   Cortex-M3 工作模式和工作状态

Cortex-M3 处理器支持两种工作模式——线程模式和处理模式。

在复位和异常返回时，处理器进入线程模式。特权级和用户级下的代码均可在线程模式下运行。

出现异常时处理器进入处理模式，在处理模式中，只能运行特权级代码。

Cortex-M3 处理器有以下两种工作状态。

（1）Thumb 状态：这是 16 位和 32 位半字对齐的 Thumb 和 Thumb-2 指令的正常执行状态。

（2）调试状态：处理器停机调试时进入该状态。

6.3.2   特权访问和用户访问

Cortex-M3 处理器将代码按特权级和用户级分开对待。用户级代码执行时，对一些关键资源的访问受到限制；特权级代码可以访问所有资源。当处理器进入处理模式时，只能运行特权级代码；而在线程模式下，用户级代码和特权级代码均可运行。

线程模式在复位之后默认为特权访问，可通过 MSR 指令清零 CONTROL[0]位，将其配置为用户（非特权）访问，只能执行用户级代码。使用用户级代码，具有以下限制。

（1）只能运行指令集中的部分指令，如设置 FAULTMASK 和 PRIMASK 的 CPS 指令，在用户级指令中被禁止。

（2）对系统控制空间（SCS）的大部分寄存器的访问是禁止的。

当线程模式从特权访问变为用户访问后，本身不能回到特权访问（即运行特权级代码）。只有当系统发生异常时，处理器才又将以特权级来运行其异常服务程序。异常返回后将回到产生异常之前的特权级继续运行。异常处理程序（如 SVC）可以通过改变其在退出时使用的 EXC_RETURN 值来改变线程模式使用的堆栈。所有异常均使用主堆栈。堆栈指针 R13 是分组寄存器，在 SP_main 和 SP_process 之间切换。在任何时候，进程堆栈和主堆栈中只有一个是可见的，表示为 R13。

除了使用从处理模式退出时的 EXC_RETURN 的值进行切换外，在线程模式中，使用 MSR 指令对 CONTROL[1]执行写操作也可以从主堆栈切换到进程堆栈。

6.3.3 Cortex-M3 寄存器组

Cortex-M3 处理器有以下 5 组 32 位寄存器。

- 13 个通用寄存器，R0～R12；
- 分组堆栈指针寄存器 R13，在不同模式下表示为 SP_process 和 SP_main；
- 链接寄存器，R14；
- 程序计数器，R15；
- 特殊寄存器组，SR。

如图 6-2 所示为 Cortex-M3 的寄存器集。

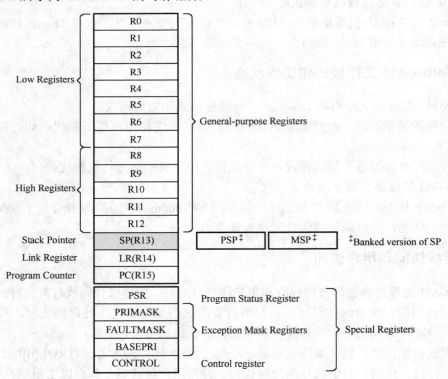

图 6-2 Cortex-M3 的寄存器集

通用寄存器 R0～R12 没有在结构上定义特殊的用法。大多数指定通用寄存器的指令都能够使用 R0～R12。

通用寄存器中，R0～R7 被称为"低寄存器"，可以被指定通用寄存器的所有指令访问；R8～R12 被称为"高寄存器"，只能被指定通用寄存器的所有 32 位指令访问（32 位的 Thumb-2 指令不受限制），而不能被 16 位指令（少量的 16 位 Thumb）访问，在 C 编程时，编译器多把 R0～R3 用于传递参数，通常子函数参数等于或小于 4 个，代码执行效率会高。

寄存器 R13 用做堆栈指针（SP）。由于 SP 忽略了写入值的 bit[1:0]位，因此它自动实现 4 字节边界对齐。处理模式始终使用 SP_main（主堆栈指针），而线程模式可配置为 SP_main 或 SP_process（进程堆栈指针）。

寄存器 R14 是子程序的链接寄存器（LR）。在执行分支（branch）和链接（BL）指令或带有交换的分支和链接指令（BLX）时，LR 用于接收来自 PC 的返回地址。LR 也用于异常返回。其他任何时候都可以将 R14 看做一个通用寄存器。

寄存器 R15 为程序计数器（PC），读取 PC 值，返回值为当前指令的地址＋4，因此指令始终与字或半字边界对齐；但如果向 PC 中写数据，必须向 PC 中写奇数（LSB=1）用以表明该指令执行在 Thumb 状态下，如果写入 PC 数据的 LSB 位为 0，则视为程序转入 ARM 模式下，将产生异常。

特殊功能寄存器组分为特殊用途程序状态寄存器 xPSR、中断屏蔽寄存器组（PRIMASK、FAULTMASK、BASEPRI）、控制寄存器 CONTROL。

xPSR 被分为 3 个，分别是应用状态寄存器 APSR、中断状态寄存器 IPSR 和执行程序状态寄存器 EPSR。它们分别对应处理器的应用、中断、执行 3 种状态，在表 6-2 中给出特殊用途程序状态寄存器。

表 6-2 Cortex-M3 的特殊用途程序状态寄存器（xPSR）

寄存器	31	30	29	28	27	26:25	24	23:20	19:16	15:10	9	8	7	6	5	4:0
APSR	N	Z	C	V	Q											
IPSR													Exception Number			
EPSR						ICI/IT	T			ICI/IT						

特殊用途程序状态寄存器组既可以单独访问，又可以组合访问。

APSR： N 符号标志位，执行结果为负数，N=1；

　　　　Z 零标志位，执行结果为零数，Z=1；

　　　　C 进位标志，加法有进位，减法有借位，C=1；

　　　　V 溢出标志，带符号数运算结果超出了补码范围，V=1；

　　　　Q 饱和置顶，当 ssat 或 usat 指令超出数据范围时，Q=1；

IPSR：处理器所处的异常类型；

ICI/IT 中断可持续指令（ICI）位，IF-THEN 指令状态位；

T：Thumb 状态，总是 1，试图清零将导致异常。

中断屏蔽寄存器组（PRIMASK，FAULTMASK 及 BASEPRI）在表 6-3 中给出了具体意义。

表 6-3　Cortex-M3 的中断屏蔽寄存器组

名　称	功 能 描 述
PRIMASK	1bit 位控制，置 1，就关掉所有可屏蔽的异常，仅有 NMI 和硬件 Fault 可以响应。默认值 0，表示没有关中断
FAULTMASK	1bit 位控制，置 1，只有 NMI 才能响应，所有其他的异常，包括硬件 Fault 异常都无效。默认值 0，表示没有关中断
BASEPRI	最多 9bit 位（由表示优先级的位数决定），定义屏蔽优先级的阈值，当它被设置为 N 时，所有优先级号大于 N 的被关闭（在中断向量表中，优先级越高，优先级的号越小）

控制寄存器的用途有两个，一是用于定义特权级别，二是用于选择当前使用哪个堆栈指针，其名称和功能描述见表 6-4。

表 6-4　Cortex-M3 的控制寄存器

名　称	功 能 描 述
CONTROL[1]	堆栈指针选择 0=选择主堆栈指针（用户） 1=选择进程堆栈指针（特权）
CONTROL[0]	0=特权级的线程模式 1=用户级的线程模式 Handler 模式只能用特权级

6.3.4　Cortex-M3 数据类型

Cortex-M3 处理器支持以下几种数据类型。

❑　32 位字类型；
❑　16 位半字类型；
❑　8 位字节类型。

在计算机系统中，数据分为两类：指令和地址，ARM 中指令的长度有 32 位 ARM 指令集和 16 位的 Thumb 指令集，而地址是一个无符号的 32 位数值。

6.3.5　Cortex-M3 存储器格式

Cortex-M3 处理器将存储器看做是从 0 开始向上编号的字节的线性集合。

❑　字节 0～3 存放第一个被保存的字；
❑　字节 4～7 存放第二个被保存的字。

Cortex-M3 处理器能够以"小端格式（little-endian）"或"大端格式（big-endian）"访问存储器中的数据，而访问代码时始终使用小端格式。小端格式是 ARM 处理器默认的存储器格式。在小端格式中，一个字中最低地址的字节为该字的最低有效字节，最高地址的字节为最高有效字节。存储器系统地址 0 的字节与数据线 7-0 相连。在大端格式中，一个字中最低地址的字节为该字的最高有效字节，而最高地址的字节为最低有效字节。存储器系统地址 0 的字节与数据线 31-24 相连。

系统复位后更改大小端格式无效，对系统控制区域的访问通常是小端格式，专用外设总线 PPB（Private Peripheral Bus）区域必须是小端格式。

通常使用小端格式，对某些需要使用大端格式的情况，可以使用 REV 指令进行转换。

如图 6-3 所示为小端格式和大端格式的区别。

小端数据格式

31　　　　24	23　　　　16	15　　　　8	7　　　　0
地址F的字节3	地址E的字节2	地址D的字节1	地址C的字节0
地址F的字节3	地址E的字节2	地址D的字节1	地址C的字节0
地址F的字节3	地址E的字节2	地址D的字节1	地址C的字节0
地址F的字节3	地址E的字节2	地址D的字节1	地址C的字节0

大端数据格式

31　　　　24	23　　　　16	15　　　　8	7　　　　0
地址F的字节0	地址E的字节1	地址D的字节2	地址C的字节3
地址F的字节0	地址E的字节1	地址D的字节2	地址C的字节3
地址F的字节0	地址E的字节1	地址D的字节2	地址C的字节3
地址F的字节0	地址E的字节1	地址D的字节2	地址C的字节3

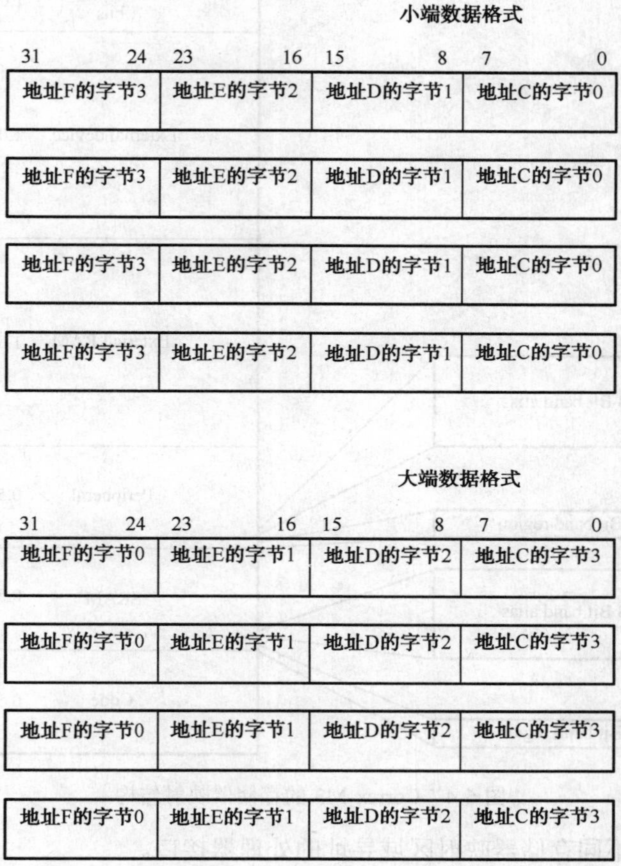

图 6-3　小端格式和大端格式的区别

6.4　Cortex-M3 存储系统

6.4.1　系统总线构架

AHB 私有外设总线，只针对 Cortex-M3 内部 AHB 外设。

APB 私有外设总线，针对 Cortex-M3 内部 APB 设备和外围设备。

6.4.2　存储器映射

Cortex-M3 存储系统采用统一编制方式，程序存储器、数据存储器、寄存器及输入/输出接口被组织在同一个 4GB 线性地址空间，以小端模式存放。Cortex-M3 的存储器映射结构如图 6-4 所示。

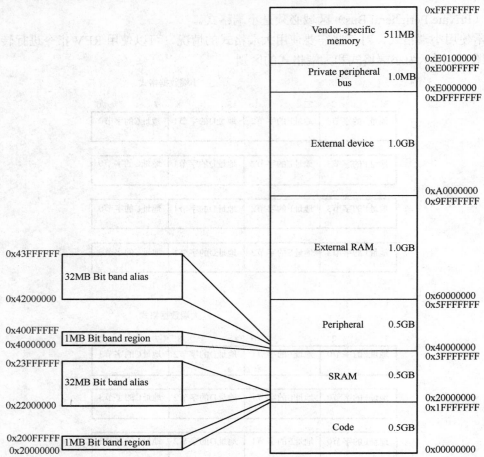

图 6-4 Cortex-M3 的存储器映射结构

表 6-5 列出了被不同存储器映射区域寻址的处理器接口。

表 6-5 被不同存储器映射区域寻址的处理器接口

存储器映射	接　　口
代码	指令取址在 ICode 总线上执行，数据访问在 DCode 总线上执行
SRAM	指令取址和数据访问都在系统总线上执行
SRAM_bitband	别名区域，数据访问是别名，指令访问不是别名
外设	指令取址和数据访问都在系统总线上执行
外设_bitband	别名区域，数据访问是别名，指令访问不是别名
外部 RAM	指令取址和数据访问都在系统总线上执行
外部设备	指令取址和数据访问都在系统总线上执行
专用外设总线	对 ITM、NVIC、FPB、DWT、MPU 的访问在处理器内部专用外设总线上执行。对 TPIU、ETM 和 PPB 存储器映射的系统区域的访问在外部专用外设总线上执行。该存储区为从不执行（XN），因此指令取址是禁止的。它也不能通过 MPU（如果系统中存在）修改

续表

存储器映射	接　口
系统	厂商系统外设的系统部分。该存储区为从不执行（XN），因此指令取址是禁止的。它也不能通过 MPU（如果系统中存在）修改

表 6-6 列出了不同存储器区域的用途。

表 6-6　Cortex-M3 不同存储器区域的用途

名　　称	区　　域	区域类型	XM	高速缓存
代码区	0x00000000-0x1FFFFFFF	常规	—	WT
SDAM	0x20000000-0x3FFFFFFF	常规	—	WBWA
SRAM_bitband	0x22000000-0x23FFFFFF	内部	—	—
外设	0x40000000-0x5FFFFFFF	设备	XN	—
外设_bitband	0x42000000-0x43FFFFFF	内部	XN	—
外部 RAM	0x60000000-0x7FFFFFFF	常规	—	WBWA
外部 RAM	0x80000000-0x9FFFFFFF	常规	—	WT
外部设备	0xA0000000-0xBFFFFFFF	设备	XN	共用
专用外设总线	0xE0000000-0xE00FFFFF	SO	XN	—
系统	0xE0100000-0xFFFFFFFF	设备	XN	—

6.4.3　Bit-banding 机制

处理器的存储器映射包括两个 Bit-banding 区域，分别为 SRAM 和外设存储区域中的最低的 1MB。这些 Bit-banding 区域将存储器别名区的一个字（Word）映射为 Bit-banding 区的一个位（Bit）。

对应两个 Bit-banding 区域，Cortex-M3 存储器有 2 个 32MB 别名区，分别被映射为两个 1MB 的 Bit-banding 区，其映射关系为：

❑　对 32MB SRAM 别名区的访问映射为对 1MB SRAM Bit-banding 区的访问；

❑　对 32MB 外设别名区的访问映射为对 1MB 外设 Bit-banding 区的访问。

下面的公式给出了如何将别名区中的字（Word）与 Bit-banding 区中的对应位（Bit）关联。

```
bit_word_offset=(byte_offset×32)+(bit_number×4)
bit_word_addr=bit_band_base+bit_word_offset
```

其中：bit_word_offset 为 Bit-banding 存储区中的目标位的位置；

bit_word_addr 为别名存储区中映射为目标位的字的地址；

bit_band_base 为别名区的开始地址；

byte_offset 为 Bit-banding 区中包含目标位的字节的编号；

bit_number 为目标位的比特位（0~7）。

图 6-5 给出了 SRAM Bit-banding 别名区和 SRAM Bit-banding 区之间的 Bit-banding 映射的例子。

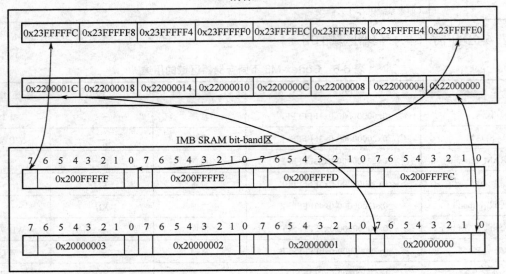

图 6-5 Bit-banding 映射

地址 0x23FFFFE0 的别名字映射为 0x200FFFFC 的 bit-band 字节的位 0：

`0x23FFFFE0=0x22000000+(0xFFFFF*32)+0*4`

地址 0x23FFFFEC 的别名字映射为 0x200FFFFC 的 bit-band 字节的位 7：

`0x23FFFFEC=0x22000000+(0xFFFFF*32)+7*4`

地址 0x22000000 的别名字映射为 0x20000000 的 bit-band 字节的位 0：

`0x22000000=0x22000000+(0*32)+0*4`

地址 0x220001C 的别名字映射为 0x20000000 的 bit-band 字节的位 0：

`0x2200001C=0x22000000+(0*32)+7*4`

向别名区写入一个字与在 bit-band 区的目标位执行"读—修改—写"操作具有相同的作用。写入别名区的字的 Bit 0 决定了写入 bit-band 区的目标位的值。将 Bit 0 为 1 的值写入别名区表示向 bit-band 位写入 1，将 Bit 0 为 0 的值写入别名区，表示向 bit-band 位写入 0。别名字的 Bit[31:1]在 bit-band 位上不起作用，即写入 0x01 与写入 0xFF 的效果相同；写入 0x00 与写入 0x0E 的效果相同。读别名区的一个字返回 0x01 或 0x00。0x01 表示 bit-band 区中的目标比特位；0x00 表示目标位清零，位[31:1]将为 0。

注意，采用大端格式时，对 Bit-banding 别名区的访问必须以字节方式，否则访问结果不可预知。

6.5 Cortex-M3 **异常和中断处理**

6.5.1 异常类型

Cortex-M3 在异常处理机制方面有很大的改进，其异常响应时间为 12 个时钟周期。嵌套向量中断控制器 NVIC（Nested Vectored Interrupt Controller）是 Cortex-M3 处理器的紧耦合部件，每个异常都有唯一的编码，编号 1～15 为系统异常，大于等于 16 则为外部中断，没有编号零异常。同时，抢占（pre-emption）、末尾连锁（tail-chaining）、迟来（late-arriving）技术的使用，大大缩短了异常事件的响应时间。

异常或者中断是处理器响应突发事件的一种机制。当异常发生时，Cortex-M3 通过硬件自动将编程计数器（PC）、编程状态寄存器（xPSR）、链接寄存器（LR）和 R0～R3、R12 等寄存器压栈。在 Dbus（数据总线）保存处理器状态的同时，处理器通过 Ibus（指令总线）从一个可以重新定位的向量表中识别出异常向量，并获取 ISR 函数的地址，也就是保护现场与取异常向量是并行处理的。一旦压栈和取指令完成，中断服务程序或故障处理程序就开始执行。执行完 ISR，硬件进行出栈操作，中断前的程序恢复正常执行。如图 6-6 所示为 Cortex-M3 处理器的异常处理流程。同其他 ARM 芯片相比，Cortex-M3 在异常的分类和优先级上有很大的差别。表 6-7 为其支持的异常类型。

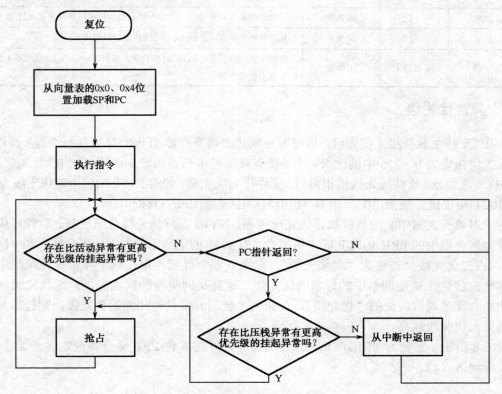

图 6-6　Cortex-M3 异常处理流程

物联网应用开发详解——基于ARM Cortex–M3处理器的开发设计

表 6-7　Cortex-M3 的异常类型

异 常 类 型	位　　置	优　先　级	描　　述
—	0	—	在复位时栈顶从向量表的第一个入口加载
复位	1	−3（最高）	在上电和热复位（warm reset）时调用；在第一条指令执行时，优先级下降到最低且处理器进入"线程"处理模式
不可屏蔽的中断	2	−2	不能被除复位之外的任何异常停止或抢占，为异步响应异常
硬故障	3	−1	由于优先级的原因不能及时响应的故障或通过配置将故障时能禁止而不能响应的故障，统一归为"硬故障"，该异常为异步响应异常
存储器管理	4	可调整	存储器管理故障，包括违反访问规范及数据访问类型不匹配。即使 MPU 被禁止或不存在，也可以用它来支持默认的存储器映射的 XN 区域
总线故障	5	可调整	预取故障，存储器地址访问故障，以及其他相关的地址/存储故障（预取 Abort 和数据 Abort）
使用故障	6	可调整	使用故障，如执行未定义的指令或尝试不合法的状态转换时发生的故障
—	7～10	保留	
SVCall	11	可调整	利用 SVC 指令调用系统服务
调试监控	12	可调整	调试监控，在处理器没有停止时出现，为同步响应异常，但只有在使能时是有效的。如果它的优先级比当前有效的异常的优先级要低，则不能被激活
—	13	保留	
PendSV	14	可调整	可挂起的系统服务请求。是异步响应的，只能由软件来实现挂起
SysTick	15	可调整	系统节拍定时器（tick timer）启动后，为异步响应异常
外部中断	16 及以上	可调整	在内核的外部产生。INTISR[239：0]，通过 NVIC（设置优先级）输入，均为异步影响中断

6.5.2　异常优先级

　　NVIC 支持由软件指定优先级，通过对中断优先级寄存器的 PRI_N 区执行"写"操作，将中断优先级指定为 0～255 中的一级。硬件优先级随着中断号的增加而降低，"0"优先级最高，"255"优先级最低。软件优先级被指定后，硬件优先级无效。如将 INTISR[0]指定优先级为"1"，INTISR[31]指定优先级为"0"，则 INTISR[31]的优先级比 INTISR[0]高。

　　为了对具有大量中断的系统加强优先级控制，NVIC 支持优先级分组机制。软件可以使用复位控制寄存器中的 PRIGROUP 区来将每个 PRI_N 中的值分为"占先优先级区"和"次优先级区"。占先优先级又被称为"组优先级"。如果有多个挂起异常在同一异常优先级组中，则使用次优先级区来决定同组中的异常的优先级，这就是同组内的次优先级。组优先级和次优先级的结合就是通常所说的"优先级"。如果两个挂起异常具有相同的优先级，则挂起异常的编号越低，优先级越高。

　　表 6-8 给出了如何对 PRIGROUP 执行写操作，并将 8 位 PRI_N 分为占先优先级区（x）和次优先级区（y）。

表 6-8　优先级分组

PRIGROUP[2:0]	中断优先级区，PRI_N[7：0]				
	二进制位置	占先区	次优先级区	占先优先级的数目	次优先级的数目
b000	bxxxxxxx.y	[7:1]	[0]	128	2
b001	bxxxxxx.yy	[7:2]	[1:0]	64	4
b010	bxxxxx.yyy	[7:3]	[2:0]	32	8
b011	bxxxx.yyyy	[7:4]	[3:0]	16	16
b100	bxxx.yyyyy	[7:5]	[4:0]	8	32
b101	bxx.yyyyyy	[7:6]	[5:0]	4	64
b110	bx.yyyyyyy	[7]	[6:0]	2	128
b111	b.yyyyyyyy	无	[7:0]	0	256

在处理器的异常类型中，优先级决定了处理器如何处理异常，系统可以通过软件指定异常优先级，并可以将优先级分组（分为占先优先级和次优先级）。不同的优先级，处理器处理的方式也不一样。表 6-9 列出了系统对不同优先级采取的不同动作。

表 6-9　异常优先级的动作

动　作	描　述
占先（Pre-emption Priority）	占先优先级又称"抢占式优先级"。具有高抢占式优先级的中断可以在具有低抢占式优先级的中断处理过程中被响应，即"中断嵌套"。当两个中断源的抢占式优先级相同时，这两个中断将没有嵌套关系，当一个中断到来后，如果正在处理另一个中断，这个后到来的中断就要等到前一个中断处理完之后才能被处理。如果这两个中断同时到达，则中断控制器根据它们的"次优先级"高低来决定先处理哪一个
末尾连锁（Tail-chaining）	末尾连锁是处理器用来加速中断响应的一种机制。在结束 ISR 时，如果存在一个挂起中断，其优先级高于正在返回的 ISR 或线程，那么就会跳过出栈操作，转而将控制权让给新的 ISR
返回	在没有挂起（pending）异常或没有比被压栈的 ISR 优先级更高的挂起异常时，处理器执行出栈操作，并返回到被压栈的 ISR 或线程模式。在响应 ISR 之后，处理器通过出栈操作自动将处理器状态恢复为进入 ISR 之前的状态。如果在状态恢复过程中出现一个新的中断，并且该中断的优先级比正在返回的 ISR 或线程更高，则处理器放弃状态恢复操作并将新的中断作为 tail-chaining 来处理
迟来	迟来是处理器用来加速占先的一种机制。如果在保存前一个占先的状态时出现一个优先级更高的中断，则处理器转去处理优先级更高的中断，开始该中断的取向量操作。状态保存不会受到迟来的影响。因为被保存的状态对于两个中断都是一样的，状态保存继续执行不会被打断。处理器对迟来中断进行管理，直到 ISR 的第一条指令进入处理器流水线的执行阶段。返回时，采用常规的 tail-chaining 技术

6.5.3　异常处理的堆栈使用

Cortex-M3 处理器支持两个独立的堆栈：进程堆栈（Process Stack）和主堆栈（Main Stack）。系统运行的任一时刻，进程堆栈或主堆栈只有一个是可见的。复位后进入线程模式默认使用主堆栈，也可以通过软件配置使用进程堆栈。当中断发生时，系统进入 ISR 中断服务，程序使用主堆栈，并且后面所有的抢占中断都使用主堆栈。堆栈使用规则如下所述。

- ❑ 线程模式使用主堆栈还是进程堆栈取决于 CONTROL 位[1]的值。该位可使用 MSR 或 MRS 指令访问，也可以在退出 ISR 时使用适当的 EXC_RETURN 的值来设置。抢占用户线程的异常将用户线程的状态保存在线程模式正在使用的堆栈中。
- ❑ 所有异常使用主堆栈来保存局部变量。

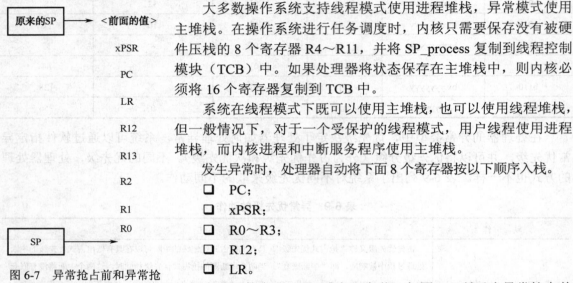

图 6-7 异常抢占前和异常抢占后堆栈中的内容

大多数操作系统支持线程模式使用进程堆栈，异常模式使用主堆栈。在操作系统进行任务调度时，内核只需要保存没有被硬件压栈的 8 个寄存器 R4～R11，并将 SP_process 复制到线程控制模块（TCB）中。如果处理器将状态保存在主堆栈中，则内核必须将 16 个寄存器复制到 TCB 中。

系统在线程模式下既可以使用主堆栈，也可以使用线程堆栈，但一般情况下，对于一个受保护的线程模式，用户线程使用进程堆栈，而内核进程和中断服务程序使用主堆栈。

发生异常时，处理器自动将下面 8 个寄存器按以下顺序入栈。

- ❑ PC；
- ❑ xPSR；
- ❑ R0～R3；
- ❑ R12；
- ❑ LR。

完成压栈之后，SP 减小 8 字节。如图 6-7 所示为异常抢占前和异常抢占后堆栈中的内容。

从 ISR 返回时，处理器将自动将保存的 8 个寄存器出栈。

如表 6-10 所示为 Cortex-M3 处理器进入异常的步骤。

表 6-10　Cortex-M3 处理器进入异常的步骤

动　作	是否可重启	说　明
8 个寄存器压栈	否	在所选的堆栈上将 xPSR、PC、R0、R1、R2、R3、R12、LR 压栈
读向量表	是，迟来异常能够引起重启操作	读存储器中的向量表，地址为向量表基址＋（异常号 4）。ICode 总线上的读操作能够与 DCode 总线上的寄存器压栈操作同时执行
从向量表中读 SP	否	只能在复位时，将 SP 更新为向量表中栈顶的值。选择堆栈，压栈和出栈之外的其他异常不能修改 SP
更新 PC	否	利用向量表读出的位置更新 PC。直到第一条指令开始执行时，才能处理迟来异常
加载流水线	是，占先从向量表中读出新的跳转向量，重新加载流水线	从向量表指向的位置加载指令。此操作与寄存器压栈操作同时执行
更新 LR	否	LR 设置为 EXC_RETURN，以便从异常中退出。EXC_RETURN 为 ARMv7-M 架构参考手册中定义的 16 个值之一

6.5.4 异常处理机制

1. 末尾连锁（Tail-chaining）

末尾连锁机制能够在两个中断之间没有多余的状态保存和恢复指令的情况下实现"背对背"（back-to-back processing）处理。在退出 ISR 并进入另一个中断时，处理器略过 8 个寄存器的出栈和压栈操作，因为它对堆栈的内容没有影响。

如果当前挂起中断的优先级比所有被压栈的异常的优先级都高，则处理器执行末尾连锁机制。如果挂起中断的优先级比被压栈的异常的最高优先级都高，则省略压栈和出栈操作，处理器立即取出挂起中断的向量。在退出前一个 ISR 之后，开始执行被末尾连锁（Tail-chained）的 ISR。

2. 迟来（Late-arriving）

如果前一个 ISR 还没有进入执行阶段，并且迟来中断的优先级比前一个中断的优先级高，则迟来中断能够抢占前一个中断。

响应迟来中断时需执行新的取向量地址和 ISR 预取操作。迟来中断不保存状态，因为状态保存已经被最初的中断执行过了，因此不需要重复执行。

如图 6-8 所示为一个中断迟来的处理机制。

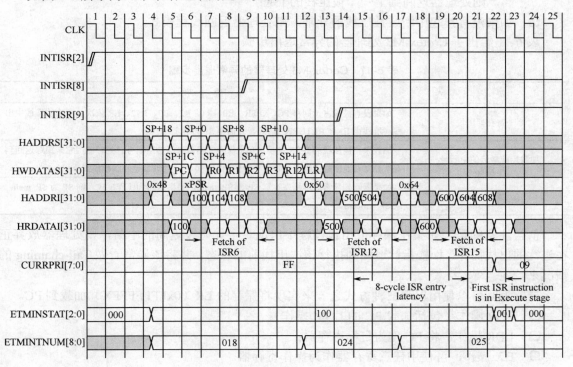

图 6-8　中断迟来处理实例

在图 6-8 中，中断 INTISR[8]抢占了中断 INTISR[2]。中断 INTISR[2]的状态保存已经完成，不需要重复。中断 INTISR[8]在 INTISR[2]的 ISR 的第一条指令进入执行阶段之前实现抢占。

该抢占点之后的更高优先级的中断将会被当做"占先"来处理。中断 INTISR[9]在 INTISR[8] 的 ISR 的第一条指令进入执行阶段之前实现抢占。INTISR[8]的 ISR 取指操作在接收到 INTISR[9] 时被中止,然后处理器开始 INTISR[9]的取向量操作。这个点之后的更高优先级的中断将会被当做"抢占"来处理。在 INTISR[9]的 ISR 进入执行阶段的过程中:

- ❑ ETMINSTAT[2:0](3`b001)表示已经进入 ISR,该脉冲为 1 个周期;
- ❑ CURRPRI[7:0]表示激活中断的优先级,CURRPRI 在整个 ISR 期间保持有效;
- ❑ ETMINTNUM[8:0]表示激活中断的数目;
- ❑ ETMINTNUM 在整个 ISR 期间保持有效。

6.5.5 异常退出

中断服务程序 ISR 的最后一条指令是将进入服务程序时保存的 LR 加载到 PC。该操作实际上是向处理器表明 ISR 已经完成。之后,处理器自动启动异常退出序列。

当从异常返回时,处理器执行下列操作之一。

- ❑ 如果挂起异常的优先级比所有被压栈的异常的优先级都高,则处理器会"末尾连锁"到一个挂起异常;
- ❑ 如果没有挂起异常,或者如果被压栈的异常的最高优先级比挂起异常的最高优先级要高,则处理器返回到上一个被压栈的 ISR;
- ❑ 如果没有挂起中断或被压栈的异常,则处理器返回线程模式。

表 6-11 给出了 Cortex-M3 处理器的异常退出步骤。

表 6-11 Cortex-M3 处理器的异常退出步骤

动　作	说　明
8 个寄存器出栈	如果没有被抢占,则将 PC、xPSR、R0、R1、R2、R3、R12、LR 依次从所选的堆栈中出栈(堆栈由 EXC_RETURN 选择),并调整 SP 寄存器
加载当前激活的中断号	加载来自被压栈的 IPSR 的位[8:0]中保存的当前激活的中断号。处理器用它来跟踪返回到哪个异常及返回时清除激活位。当位[8:0]等于 0 时,处理器返回线程模式
选择 SP	如果返回到异常,堆栈寄存器 SP 为 SP_main,如果返回到线程模式,则 SP 为 SP_main 或 SP_process

值得注意的是,如果在保存值出栈过程中出现一个优先级更高的中断,则处理器放弃正在进行的出栈操作,堆栈指针退回到执行该次出栈前的状态,并将该异常看做 Tail-chaining 的情况来响应。

异常返回可以使用以下三种方式之一来实现将保存的 LR(0xFFFFFFFX)加载到 PC。

- ❑ POP 操作(包括加载 PC 的 LDM 操作);
- ❑ LDR 操作,将 PC 作为目标寄存器;
- ❑ BX 操作,可使用任意寄存器作为操作寄存器。

当系统进入异常服务程序后,LR 的值被自动保存为特殊 EXC_RETURN 值,该值只有 bit[3:0]有意义,其余高 8 位均为 1。当异常服务程序将该值传递给 PC 寄存器时,系统自动启动处理器中断返回序列。表 6-12 给出了 EXC_RETURN 各比特位的具体含义。

表 6-12　EXC_RETURN 各比特位的具体含义

位　段	含　义
[31:4]	EXC_RETURN 标识，全为 1
bit 3	0 = 返回后进入 Handler 模式 1 = 返回后进入线程模式
bit 2	0 = 返回 ARM 状态 1 = 返回 Thumb 状态，在 CM3 中必须为 1
bit 1	保留，必须为 0
bit 0	0 = 返回 ARM 状态 1 = 返回 Thumb 状态，在 CM3 中必须为 1

因为 LR 的值是由系统自动设置的，所以建议用户不要轻易改动它。

如果在线程模式中，一旦将 EXC_RETURN 的值加载到 PC 寄存器，即将该值看做一个地址，而不是特殊的值时，将导致存储器管理故障。

6.5.6　复位异常

NVIC 与内核同时复位，并对内核从复位状态释放的行为进行控制。因此，复位的行为是可预测的。表 6-13 所示为 Cortex-M3 处理器的复位行为。

表 6-13　Cortex-M3 处理器的复位行为

行　为	说　明
NVIC 复位，内核保持在复位状态	NVIC 的大部分寄存器清零。处理器处于线程模式，优先级为特权模式，堆栈设置为主堆栈
NVIC 将内核从复位状态释放	NVIC 将内核从复位状态释放
内核设置堆栈	内核从向量表偏移 0 中读取最初的 SP，该 SP 为 SP_main
内核设置 PC 和 LR	内核从向量表偏移中读取最初的 PC，LR 设置为 0xFFFFFFFF
运行复位程序	NVIC 的中断被禁止，NMI 和硬故障异常开启

位于 0 地址的向量表，从低地址起，依次存放栈顶地址、复位程序的起始地址、NMI ISR 的起始地址、硬故障处理函数 ISR 的起始地址。如果使用 SVC 指令，还需要指定 SVCall ISR 的位置。

完整的向量表程序清单如下：

```
unsigned int stack_base[STACK_SIZE];
void ResetISR(void);
void NmiISR(void);
…
ISR_VECTOR_TABLE vector_table_at_0
{
stack_base + sizeof(stack_base),
ResetISR,
NmiSR,
FaultISR,
0,                              // 如果使用 MemManage (MPU)，在此添加它的 ISR
```

```
0,                              // 如果使用总线故障，在此添加它的 ISR
0,                              // 如果使用"使用故障"，在此添加它的 ISR
0, 0, 0, 0,                     // 保留
SVCallISR,
0,                              // 如果使用调试监控，在此添加它的 ISR
0,                              // 保留
0,                              // 如果使用响应请求可挂起功能，在此添加它的 ISR
0,                              // 如果使用 SysTick，在此添加它的 ISR
                                // 外部中断从这里开始
Timer1ISR,
GpioInISR,
GpioOutISR,
I2CIsr
};
```

通常情况下，复位程序遵循表 6-14 中的步骤进行。C/C ++运行时将执行前 3 步，然后调用 main()。

表 6-14   Cortex-M3 处理器的复位启动动作

行　为	说　明
初始化变量	必须设置所有的全局/静态变量。包括将 BSS（已初始化的变量）清零，并将变量的初值从 ROM 中复制到 RAM 中
设置堆栈	如果使用多个堆栈，另一个分组的 SP 必须进行初始化。当前的 SP 也可以从主堆栈变为进程堆栈
初始化所有运行时间	可选择调用 C/C ++运行时间的注册码，以允许使用堆（heap）、浮点运算或其他功能。这通常可通过 main 调用 C/C ++库来完成
初始化所有外设	在中断使能之前设置外设。可以调用它来设置应用中使用的外设
切换 ISR 向量表	可选择将代码区 0 地址中的向量表转换到 SRAM 中。这样做只是为了优化性能或允许动态改变
设置可配置的故障	使能可配置的故障并设置它们的优先级
设置中断	设置中断优先级和屏蔽位
使能中断	使能中断。使能 NVIC 的中断处理。如果不希望在中断刚使能时产生中断，则可通过 CPS 或 MSR 指令，设置 PRIMASK 寄存器，在准备就绪之前屏蔽中断
改变优先级	如果有必要，线程模式的特权访问可变为用户访问。该操作通常通过调用 SVCall 处理程序来实现
循环（loop）	如果使能退出时进入睡眠功能（sleep-on-exit），则在产生第一个中断/异常之后，控制不会返回。可通过寄存器选择使能/禁止该功能，而 loop 能够处理清除操作和执行的任务。如果选择禁止该睡眠功能，则 loop 能够使用 WFI（现在睡眠）功能

复位程序用来使能系统中断，并启动应用程序。下面介绍 3 种方法，可以在执行完中断处理之后调用复位异常处理程序。

（1）退出中断处理程序时，进入完全睡眠的复位程序。程序操作步骤如下：

```
void reset()
{
// 完成设置工作 (初始化变量，初始化运行时间（根据需要），设置外设等)
nvic[INT_ENA] = 1;                          // 使能中断
nvic_regs[NV_SLEEP] |= NVSLEEP_ON_EXIT;     // 在第一个异常之后不会正常返回
```

```
while (1)
wfi();
}
```

（2）使用 WFI 进入睡眠模式（可选的复位程序）。程序操作步骤如下：

```
void reset()
{
extern volatile unsigned exc_req;
// 完成设置工作 (初始化变量, 初始化运行时间（如果需要）, 设置外设等)
nvic[INT_ENA] = 1;            // 使能中断
while (1)
{
                            // 完成(exc_req = FALSE; exc_req == FALSE; )的部分工作
wfi();                       // 现在进入睡眠状态, 等待中断
                            // 完成部分上电自检异常的检验/清除

}
}
```

（3）所选的 sleep-on-exit 功能被 ISR 取消的复位程序。程序操作步骤如下：

```
void reset()
{
// 完成设置工作 (初始化变量, 初始化运行时间（如果需要）, 设置外设等)
nvic[INT_ENA] = 1;            // 使能中断
while (1)
{
// 处于睡眠状态直到有异常清除 sleep on reset 状态, 这样能够处理上电自检/清除
nvic_regs[NV_SLEEP] |= NVSLEEP_ON_EXIT;
while (nvic_regs[NV_SLEEP] & NVSLEEP_ON_EXIT)
wfi();                       // 现在进入睡眠状态, 等待中断来清除
                            // 完成部分上电自检异常的检验/清除

}
}
```

因为可以通过激活 ISR 来改变异常优先级，所以异常的处理程序不必放在复位程序中，这样做可以保证系统对异常优先级改变时的响应速度。另外，优先级的改变机制解决了操作系统中优先级倒置（priority inversion）问题。对于使用线程和特权访问的操作系统来说，用户代码可以使用线程模式进行操作。

6.5.7 中止（Abort）异常

Cortex-M3 处理器中，有以下 4 种情况产生中止故障。

❑ 指令取址或向量表加载时的总线错误；

❑ 数据访问时的总线错误；

❑ 内部检测到的错误，如出现未定义的指令或使用 BX 指令来改变状态。NVIC 中的故障状态寄存器标识了故障的发生状态；

❑ 系统出现 MPU 故障。

故障处理程序有以下两种。

❑ 固定优先级的硬故障；

❑ 优先级可调整的局部故障。

只有复位和 NMI 能够抢占固定优先级的硬故障。硬故障能够抢占除复位 NMI 或其他硬故障之外的所有异常。

二级总线故障不能升级，因为相同类型的占先故障不能抢占本身。这意味着如果一个被破坏的堆栈引起了故障，尽管压栈操作失败，但故障处理程序仍然执行。故障处理程序能够工作，但堆栈内容被破坏。

局部故障根据引起的原因分类。使能时，局部故障处理程序处理所有常规的故障，当出现下列情况时局部故障升级为硬故障。

❑ 局部故障处理程序正在响应时触发了相同类型的故障；

❑ 局部故障处理程序触发了具有相同或更高优先级的故障；

❑ 异常处理程序触发了具有相同或更高优先级的故障；

❑ 局部故障未使能。

表 6-15 列出了所有局部故障。

表 6-15　Cortex-M3 处理器局部故障

错　　误	位 名 称	处理程序	备　　　注	陷进（trap）使能位
复位	复位原因	复位	任何形式复位	RESETVCATCH
读向量错误	VECTTBL	硬故障	读向量表入口时返回的总线错误	INTERR
uCode 压栈错误	STKERR	总线故障	使用硬件保存上下文时失败，即返回的总线错误	INTERR
uCode 压栈错误	MSTKERR	存储器管理	使用硬件保存上下文时失败，即违反 MPU 访问规则	INTERR
uCode 出栈错误	UNSTKERR	总线故障	使用硬件恢复上下文时失败，即返回的总线错误	INTERR
uCode 出栈错误	MUNSKERR	存储器管理	使用硬件恢复上下文时失败，即违反 MPU 访问规则	INTERR
升级为硬故障	FORCED	硬故障	当局部故障的优先级没有使能，或可配置的故障禁止时，产生的故障及处理程序与当前的，包括故障内的故障的优先级相等或更高。这包括 SVC、BKPT 和其他类型的故障	INTERR
MPU 不匹配	DACCVIOL	存储器管理	由于数据访问而产生的 MPU 违反或故障	MMERR
MPU 不匹配	IACCVIOL	存储器管理	由于指令地址而产生的 MPU 违反或故障	MMERR
预取错误	IBUSERR	总线故障	由于取指令而返回的总线错误。仅在指令进入执行阶段才会发生故障。跳转指令后面的指令若出错，可以被忽略	BUSERR
精确数据总线错误	PRECISEERR	总线故障	由于数据访问而返回的总线错误，是精确的，指向指令	BUSERR

续表

错 误	位 名 称	处理程序	备 注	陷进（trap）使能位
非精确数据总线错误	IMPRECISERR	用法错误	由于数据访问而产生的延迟的总线错误。精确的指令不可知。这是被挂起的，不是同步的。它不引起 FORCED	BUSERR
无协处理器	NOCP	用法错误	确实不存在，或不呈现位	NOCPERR
未定义指令	UNDEFINSTR	用法错误	未知的指令	STATERR
试图在无效的 ISA 状态中执行指令	INVSTATE	用法错误	试图在无效的 EPSR 状态中执行，如在 BX 类型指令改变状态之后，这包括从异常中返回之后的状态	STATERR
在没有使能或带有非法的魔数（magic number）时返回到 PC = EXC_RETURN	INVPC	用法错误	非法退出，由非法的 EXC_RETURN 值，（EXC_RETURN 与压栈的 EPSR 不匹配），或当前的 EPSR 不包含在当前有效的异常列表中时执行退出而引起的	STATERR
非法的未对齐加载或存储	UNALIGNED	用法错误	当任意的多寄存器加载/存储指令尝试访问一个非字对齐的单元时产生该故障 对于任意的与其尺寸不对齐的加载/存储操作，都可以使用 UNALIGN_TRP 位来使能该故障	CHKERR
除以 0	DIVBYZERO	用法错误	在执行 SDIV 或 UDIV 时除数为 0，并且 DIV_0_TRP 位置位时，能够使能来产生该故障	CHKERR
SVC	—	SVCall	系统请求（服务调用）	—

每个故障都有一个故障状态寄存器，带有用于该故障的标志，分别为：

- 3 个可配置的故障状态寄存器，对应 3 个可配置的故障处理程序；
- 一个硬故障状态寄存器；
- 一个调试故障状态寄存器。

处理器共有 2 个故障地址寄存器（FAR），分别为：

- 总线故障地址寄存器（BFAR）；
- 存储器故障地址寄存器（MFAR）。

对应故障状态寄存器中的标志位指示了故障状态寄存器中的地址何时是有效的。

表 6-16 所示为故障状态寄存器和两个故障地址寄存器。

表 6-16 Cortex-M3 处理器故障状态寄存器和故障地址寄存器

状态寄存器名称	处 理 程 序	地址寄存器名称	说 明
HFSR	硬故障	—	升级和特殊
MMSR	存储器管理	MMAR	MPU 故障
BFSR	总线故障	BFAR	总线故障
UFSR	用法所谓	—	用法错误
DFSR	调试器监控或停止	—	调试陷阱

6.5.8 SVC 和 PendSV

1. SVC

SVC（Supervisor Call）指令用于产生一个 SVC 异常。它是用户模式代码中的主进程，用于创造对特权操作系统代码的调用。SVC 是用于呼叫操作系统所提供 API 的正道。用户程序只需知道传递给操作系统的参数，而不必知道各 API 函数的地址。

SVC 指令带一个 8 位的立即数，可以视为是它的参数，被封装在指令自身，如：

```
SVC     3;呼叫 3 号系统服务
```

则 3 被封装在这个 SVC 指令中。因此在 SVC 服务例程中，需要读取本次触发 SVC 异常的 SVC 指令，并提取出 8 位立即数所在的位段，从而判断系统调用号，其工作流程如图 6-9 所示。

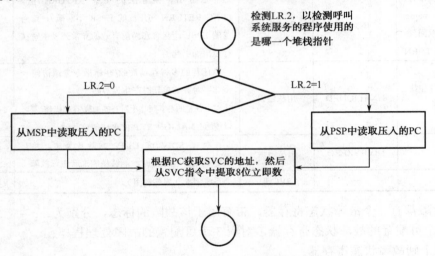

图 6-9　提出 SVC 中立即数的一种途径

实现图 6-9 功能的代码如下：

```
svc_handler
    TST     LR,     #0x4;           ;测试 EXC_RETURN 的比特 2
    ITE     EQ;                     ;如果为 0
    MRSEQ   R0,     MSP;            ;则使用的是主堆栈，故把 MSP 的值取出
    MRSNE   R0,     PSP;            ;否则，使用的是进程堆栈，故把 PSP 的值取出
    LDR     R1,     {R0, #24};      ;从栈中读取 PC 的值
    LDRB    R0,     {R1, #-2};      ;从 SVC 指令中读取立即数放到 R0
  ; 准备调用系统服务函数。这需要适当调整入栈的 PC 的值及 LR(EXC_RETURN)来进入 OS 内部
    BX      LR; 借异常返回的形式，进入 OS 内部，最终调用系统服务函数
```

一旦获取了调用号，就可以用它来调用系统服务函数了，因此操作系统应该使用 TBB/TBH 查表跳转指令来加速定位正确的服务函数。然而，如果读者是设计 OS 的人员，则必须检查这个参数的合法性，以免因数字超出跳转表的范围而跳飞。因为不能在 SVC 服务例程中嵌套使用 SVC，如果有需要，就要直接调用 SVC 函数，如使用 BL 指令。

2. PendSV

PendSV 是为系统级服务提供的中断驱动。在一个操作系统环境中，当没有其他异常正在执行时，可以使用 PendSV 来进行上下文的切换。

在进入 PendSV 处理函数时：

（1）xPSR、PC、LR、R12、R0～R3 已经在处理栈中被保存。

（2）处理模式切换到线程模式。

（3）栈是主堆栈。

由于 PendSV 在系统中被设置为最低优先级，因此只有当没有其他异常或者中断在执行时才会被执行。

6.5.9 NVIC 与中断控制

Cortex-M3 中，NVIC 的存在不仅方便了低延时异常和中断的处理，而且还实现了电源和系统寄存器的管理。

NVIC 支持 240 个优先级可动态配置的中断，每个中断的优先级有 256 个选择。低延迟的中断处理可以通过紧耦合的 NVIC 和处理器内核接口来实现，让新进的中断可以得到有效的处理。NVI 通过时刻关注压栈（嵌套）中断来实现中断的末尾连锁。

用户只能在特权模式下完全访问 NVIC，但是如果使能了配置控制寄存器，就可以在用户模式下挂起（pend）中断。其他用户模式的访问会导致总线故障。一般情况下，NVIC 的所有寄存器都可采用字节、半字和字方式进行访问。

不管处理器存储字节的顺序如何，所有 NVIC 寄存器和系统调试寄存器都是采用小端（little endian）字节排列顺序，即低位字节存储在低地址。

NVIC 控制器除了实现异常处理，还实现了一些系统控制功能。NVIC 寄存器空间分成以下几部分。

- ❏ 0xE000E000 — 0xE000E00F：中断类型寄存器；
- ❏ 0xE000E010 — 0xE000E0FF：系统定时器；
- ❏ 0xE000E100 — 0xE000ECFF：NVIC；
- ❏ 0xE000ED00 — 0xE000ED8F：系统控制模块，包括 CPUID、系统控制、配置和状态、故障报告；
- ❏ 0xE000EF00 — 0xE000EF0F：软件触发异常寄存器；
- ❏ 0xE000EFD0 — 0xE000EFFF：ID 空间。

Cortex-M3 处理器支持电平中断和脉冲中断。电平中断保持有效，直到访问器件的 ISR 将它清除。脉冲中断是边沿模型的一个变量。边沿不是异步的，相反，它必须在 Cortex-M3 时钟 HCLK 的上升沿被采样。

对于电平中断，如果中断程序返回前该信号没有失效，那么中断重新挂起和重新激活。这一点对于 FIFO 和基于缓冲器的器件特别有用，因为它可以保证无须额外的工作，仅通过使用一个 ISR 或重复调用就可将 FIFO 和缓冲器清空，即器件将该信号保持有效，直至器件变空。

脉冲中断在 ISR 过程中可以重新变有效，所以中断可以同时挂起和激活。应用设计必须确保只有在第一个脉冲激活后下一个脉冲才能到达。第二个挂起由于已经挂起所以没有什么用处。但是如果中断在一个或一个以上的周期内保持有效，那么 NVIC 会锁存该挂起位。当 ISR 激活时将挂起位清零。如果在激活的同时中断再次被确定，它可以再次锁存挂起位。脉冲中断大都使用在外部信号、速率或重复信号中。

6.5.10　软件中断

实现软件中断的方式有两种：挂起和触发。挂起是通过 SETPEND 寄存器，而严谨且快捷的方式是使用软件触发中断寄存器 STIR。表 6-17 给出了软件触发中断寄存器的使用说明。

表 6-17　Cortex-M3 的软件触发中断寄存器

寄 存 器	控 制 段	描　　　述
STIR	8:0bit 位有效	软件触发中断。例如，INTID 值为 3，则 IQR3 被触发中断

6.5.11　SysTick 定时器

SysTick 定时器被捆绑在 NVIC 中，用于产生 SysTick 异常。以前，操作系统及所有使用时基的系统，都必须用一个硬件定时器来产生需要的"滴答"中断，作为整个系统的时基。滴答中断对操作系统尤其重要。例如，操作系统可以对多个任务许以不同数目的时间片，确保没有一个任务能霸占系统，或者把每个定时器周期的某个时间范围赐予特定的任务等，还有操作系统提供的各种定时功能，都与这个"滴答"定时器有关。因此，需要一个定时器来产生周期性的中断，而且最好还让用户程序不能随意访问它的寄存器，以维持操作系统"心跳"的节律。

Cortex-M3 处理器内部包含了一个简单的定时器。因为所有的 Cortex-M3 都带有这个定时器，所以软件在不同 Cortex-M3 间的移植工作就得以简化。该定时器的时钟源可以是内部时钟或者外部时钟。不过，STCLK 的具体来源由芯片设计者决定，因此不同产品之间的时钟频率可能会大不相同，需要查看芯片的器件手册来决定选择什么作为时钟源。

SysTick 定时器能产生中断，Cortex-M3 为它专门设立一个异常类型，并且在向量表中有它的一席之地。它使操作系统和其他系统软件在 Cortex-M3 器件间的移植变得简单多了，因为在所有 Cortex-M3 产品间，SysTick 的处理方式都是相同的。

SysTick 定时器除了服务于操作系统外，还能用于其他目的，如作为一个闹铃，用于测量时间等。需要注意的是，当处理器在调试期间被喊停（halt）时，SysTick 定时器也将暂停运行。

Cortex-M3 中存在着系统时钟控制和状态寄存器、系统时钟当前值寄存器、系统时钟重载值寄存器及系统时钟校准值寄存器。通过这几个寄存器之间的相互配合，完成了系统时钟的操作。

6.5.12　中断控制寄存器

编程时常用的中断控制寄存器如表 6-18 所示。

表 6-18　常用的 NVIC 寄存器（地址 0xE000ED04）

位	名　　称	类　型	复 位 值	描　　述
31	NMIPENDSET	R/W	0	NMI 挂起
28	PENDSVSET	R/W	0	写 1 到挂起的系统调用，读取值表示挂起状态
27	PENDSVCLR	W	0	写 1 清除 PendSV 的挂起状态
26	PENDSTSET	R/W	0	写 1 挂起 SYSTICK 异常，读值表示挂起状态
25	PENDSTCLR	W	0	写 1 清除正在申请 SYSTICK 的状态
23	ISRPREEMPT	R	0	表示挂起中断将活跃在下一步（调试）
22	ISRPENDING	R	0	外部中断挂起
21:12	VECTPENDING	R	0	挂起的 ISR 数量
11	RETTOBASE	R	0	设置为 1 时，处理器执行一个异常处理程序
9:0	VECTACTIVE	R	0	当前正在运行的中断服务程序

6.6　Cortex-M3 的电源管理

不同于以往的处理器，Cortex-M3 对电源管理的重视已经上升到处理器内核的水平上。它提供了两种睡眠模式：立即睡眠（Sleeping）和深度睡眠（Deep Sleep）。在睡眠时，可以停止系统时钟，但可以让 FCLK 继续走，以允许处理器能被 SysTick 异常唤醒。对系统控制寄存器进行写操作，可以控制 Cortex-M3 系统功耗的状态，表 6-19 给出了系统控制寄存器的详细说明。

表 6-19　系统控制寄存器（地址 0xE000ED10）

位　　段	名　　称	描　　述
bit4	SEVONPEND	发生异常悬起时请发送事件，用于在一个新的中断悬起时从 WFE 指令处唤醒。不管这个中断的优先级是否比当前的高，都唤醒。如果没有 WFE 导致睡眠，则下次使用 WFE 时将立即唤醒
bit3	保留	—
bit2	SLEEPDEEP	当进入睡眠模式时，使能外部的 SLEEPDEEP 信号，以允许停止系统时钟
bit1	SLEEPONEXIT	激活 "SleepOnExit" 功能
bit0	保留	—

处理器具有以下信号以指示处理器进入睡眠的具体时间。

❑ SLEEPING：该信号在"立即睡眠"或"退出时睡眠"模式下有效，表示处理器时钟可以停止运行。在接收到一个新的中断后，NVIC 会使该信号变无效，使内核退出睡眠。

❑ SLEEPDEEP：当系统控制寄存器的 SLEEPDEEP 位置位时，该信号在"立即睡眠"或"退出时睡眠"模式下有效。该信号被传送给时钟管理器，并可以用来门控处理器和包含锁相环（PLL）的系统元件以节省功耗。在接收到新的中断时，嵌套向量中断控制器 NVIC 将 SLEEPDEEP 信号变无效，并在时钟管理器显示时钟稳定时让内核退出睡眠。

6.6.1 SLEEPING

图 6-10 给出了如何在低功耗状态下利用 SLEEPING 来门控处理器的 HCLK 时钟以减少功耗的实例。如有必要，还可以使用 SLEEPING 来门控其他系统元件。

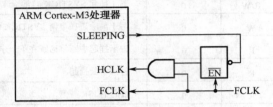

图 6-10 SLEEPING 功耗控制实例

为了探测中断，处理器必须一直接收自由震荡的 FCLK。FCLK 用于对以下元件计时：

❑ 探测中断的 NVIC 中的少量逻辑电路；
❑ DWT 和 ITM 模块，这些模块被使能相应功能后可以在睡眠期间产生跟踪包。如果"调试异常与监控寄存器"的 TRCENA 位使能，那么模块的功耗将会降低。在 SLEEPING 信号有效期间可以降低 FCLK 频率。

6.6.2 SLEEPDEEP

图 6-11 给出了如何在低功耗状态下利用 SLEEPDEEP 来停止时钟控制器以进一步减少功耗的实例。退出低功耗状态时，LOCK 信号指示 PLL 稳定，并且此时使能 Cortex-M3 时钟是安全的，这可以保证处理器不会重启直至时钟稳定。

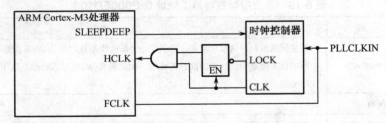

图 6-11 SLEEPDEEP 功耗控制实例

为了检测中断，处理器在低功耗状态下必须接收自由振荡的 FCLK。在 SLEEPDEEP 有效期间可以降低 FCLK 频率。

6.6.3 存储器保护单元（MPU）

存储器保护单元是用来保护存储器的一个元件。Cortex-M3 处理器支持标准的 ARMv7 PMSA 模型，具有以下功能。

- ❑ 保护内存区域;
- ❑ 将保护区域重叠;
- ❑ 控制访问权限;
- ❑ 将存储器属性输出到系统。

内存访问时,如果 MPU 不匹配或越权访问,将发生"内存管理错误(MemManage Fault Handler)",激活存储器管理故障处理程序。表 6-20 所示为 MPU 相关寄存器,关于寄存器的更详细内容请参见 Cortex-M3 参考手册。

表 6-20　MPU 寄存器

名　称	类　型	地　址	复　位　值
MPU 类型寄存器	只读	0xE000ED90	0x00000800
MPU 控制寄存器	读/写	0xE000ED94	0x00000000
MPU 区号寄存器	读/写	0xE000ED98	—
MPU 区域基址寄存器	读/写	0xE000ED9C	—
MPU 区域属性与大小寄存器	读/写	0xE000EDA0	—
MPU 别名 1 区基址寄存器	D9C 重叠	0xE000EDA4	—
MPU 别名 1 区属性与大小寄存器	DA0 重叠	0xE000EDA8	—
MPU 别名 2 区基址寄存器	D9C 重叠	0xE000EDAC	—
MPU 别名 2 区属性与大小寄存器	DA0 重叠	0xE000EDB0	—
MPU 别名 3 区基址寄存器	D9C 重叠	0xE000EDB4	—
MPU 别名 3 区属性与大小寄存器	DA0 重叠	0xE000EDB8	—

对 MPU 区域的编程,可通过对映射到内存的三个字寄存器的编程来实现。三个寄存器相互独立,程序可分开访问。MPU 寄存器相互独立的特性,可以使用户方便地移植现有的 ARMv6、ARMv7 和 CP15 的代码,使 Cortex-M3 很容易地实现向后兼容。当移植 ARMv6、ARMv7 和 CP15 的现有代码时,只需使用 LDRx 和 STRx 操作代替 MRC 和 MCR。

使用 CP15 等效代码更新 MPU 区域的代码实例如下所示。

```
 R1 = region number
 R2 = size/enable
 R3 = attributes
 R4 = address
MOV R0,#NVIC_BASE
ADD R0,#MPU_REG_CTRL
STR R1,[R0,#0] ;
STR R4,[R0,#4] ;
STRH R2,[R0,#8] ;
STRH R3,[R0,#10] ;
```

值得注意的是,如果中断在这期间可以抢占,那么它会受 MPU 区域的影响,即必须禁能、写,然后再使能该区域。这对于上下文转换器通常没太大用处,但是如果需要在其他地方进行更新,这就很有必要了。

MPU 可以包含关键的数据。这是因为在更新时得花费 1 个以上的总线处理，通常是 2 个字，结果就不是"线程安全"了，即中断可以将两个字分离，使得区域包含不连续的信息，此时要注意以下两个问题。

❑ 更新 MPU 通常会产生中断。这不仅是"读—修改—写"的问题，它还会对"保证中断程序不会修改相同区域"的情形造成影响。这是因为编程取决于正写入寄存器的区号，所以它知道要更新哪个区。因而这种情形下每个更新程序周围都必须禁能中断。

❑ 使用域操作更新 MPU 会产生中断，该中断将使正在更新的区域受到影响，因为只有基址或"大小域"被更新。如果新的大小域发生了改变，但是基址没有变，那么基址+new_size 可能会在一个被另外区域正常处理的区域内重叠。

但是对于标准的 OS 上下文转换代码，将会改变用户区域，因为这些区域会被预设成用户特权和用户区地址，所以没有风险。也就是说，即使是中断也不会引起副作用，因此不需要禁能/使能代码，也不需要禁止中断。

最普通的方法是只从两个位置对 MPU 进行编程：引导代码和上下文转换器。如果以唯一的两个位置进行编程，且上下文转换器仅更新用户区，那么因为上下文转换器已经是一个关键区域且引导代码在禁能中断时运行，所以不需要禁能。

6.7 Cortex-M3 调试系统

一直以来，单片机的调试不是很突出的主题，很多山寨点的程序在开发中，甚至都没有调试的概念，而只是把生成的映像直接烧入片子，再根据错误症状来判断问题，然后修改程序重新烧，周而复始，直到问题解决或放弃为止。能够格算得上调试的活动，至少也是设置断点、观察寄存器和内存、监视变量等。使用仿真头和 JTAG（如 AVR），可以方便地实现这些基本的调试要求。在开发比较大的应用程序时，强劲的调试手段是非常重要的。当 bug 复杂到无法分析时，只能用调试来追踪它。如果没有调试手段，简直就束手无策，因此调试在程序开发时，有着重要的意义。

在 Cortex-M3 中调试分两类：侵入式调试和非侵入式调试。

侵入式调试（基本调试）的操作步骤如下。

（1）停机及单步执行程序。

（2）硬件断点。

（3）断点指令（BKPT）。

（4）数据观察点，作用于单一地址、一个范围的地址及数据的值。

（5）访问寄存器的值（既包括读，也包括写）。

（6）调试监视器异常。

（7）基于 ROM 的调试（闪存地址重载）。

非侵入式调试（大多数人很少接触到的高级调试）的操作步骤如下。

（1）在内核运行的时候访问存储器。

（2）指令跟踪，需要通过可选的嵌入式跟踪宏单元（ETM）。

（3）数据跟踪。

（4）软件跟踪（通过 ITM（指令跟踪单元））。

（5）性能速写（profiling）（通过数据观察点及跟踪模块）。

可见，最常用的调试都属于侵入式调试。所谓"侵入式"，主要是强调这种调试会打破程序的全速运行。非侵入式调试则是锦上添花的一类，当调试大型软件和多任务环境下的软件系统时，非侵入式调试有不可替代的强大功效。

在 Cortex-M3 处理器的内部，包含了一系列的调试组件。Cortex-M3 的调试系统是基于 ARM 打造的"CoreSight（内核景象）"调试架构，该架构是一个专业设计的体系，它允许使用标准的方案来访问调试组件，收集跟踪信息，以及检测调试系统的配置。

但对于仿真部分，如果不是开发仿真器，那么编程人员不用做深入研究。

6.8　Cortex-M3 指令集

Cortex-M3 的指令集如表 6-21 所示。

表 6-21　Cortex-M3 指令集

指　令	操　作	作　用	标　志　位
ADD，ADCS	{Rd,} Rn, Op2	带进位加法	N，Z，C，V
ADD，ADDS	{Rd,} Rn, Op2	16 位加法，无条件更新标志位	N，Z，C，V
ADD，ADDW	{Rd,} Rn, #imm12	宽加法（可以加 12 位立即数）	N，Z，C，V
ADR	Rd, label	产生一个地址	—
AND，ANDS	{Rd,} Rn,Op2	寄存器按位与	N，Z，C
ASR，ASRS	Rd,Rm,<Rs|#n>	算术右移	N，Z，C
B	Label	无条件分支	—
BFC	Rd, Rn,#lsb,#with	整数中任意一段连续的二进制值位清零	—
BFI	Rd,Rn,#lsb,#with	把某个寄存器按 LSB 对齐的数值，复制到另一个寄存器的某个位段中	—
BIC，BICS	{Rd,}Rn,Op2	位清零	N，Z，C
BKPT	#imm	软件断点	—
BL	Label	带链接的分支	—
BLX	Rm	转入 ARM 指令，M3 不支持该指令	—
BX	Rm	无条件跳转到由寄存器给出的地址	—
CBNZ	Rn,label	比较结果非零则分支	—
CBZ	Rn,label	比较结果为零则分支	—
CLREX	—	在本地处理器上清除互斥访问状态的标志	—
CLZ	Rd,Rm	计算前导零个数	—
CMN，CMNS	Rn,Op2	将 Op2 取二进制补码后再与 Rn 比较	N，Z，C，V

续表

指　　令	操　　作	作　　用	标　志　位
CMP，CMPS	Rn,Op2	Rn 与 Op2 比较，根据结果更新标志位的值	N，Z，C，V
CPSID	Iflags	快速关中断，（特权级下操作）	—
CPSIE	Iflags	快速开中断，（特权级下操作）	—
DMB	—	数据存储隔离	—
DSB	—	数据同步隔离	—
EOR，EORS	{Rd,}Rn,Op2	按位异或	N，Z，C
ISB	—	指令同步隔离	—
IT	—	条件执行	—
LDM	Rn!,{reglist}	从一片连续的地址空间中加载若干个字，并选中相同数目的寄存器放进去	—
LDMDB，LDMEA	Rn!,{reglist}	从 Rn 读读取多个字，并依次送到寄存器列表中的寄存器中。每读一个字前，Rn 自减一次	—
LDMFD，LDMIA	Rn!,{reglist}	加载多个字，并且在加载后自增基址寄存器	—
LDR	Rt, [Rn, #offset]	加载寄存器内的值	—
LDRB，LDRBT	Rt, [Rn, #offset]	加载寄存器内的 8bit 位值	—
LDRD	Rt,Rt2,[Rn, #offset]	加载寄存器内的 16bit 位值	—
LDREX	Rt, [Rn, #offset]	加载字到寄存器，并且在内核中标明一段地址进入了互斥访问状态	—
LDREXB	Rt, [Rn]	加载字节到寄存器，并且在内核中标明一段地址进入了互斥访问状态	—
LDREXH	Rt, [Rn]	加载半字到寄存器，并且在内核中标明一段地址进入了互斥访问状态	—
LDRH，LDRHT	Rt, [Rn, #offset]	加载半字到寄存器	—
LDRSB，LDRSBT	Rt, [Rn, #offset]	字节的带预索引加载	—
LDRSH，LDRSHT	Rt, [Rn, #offset]	半字的带预索引加载	—
LDRT	Rt, [Rn, #offset]	以用户模式加载数据	—
LSL，LSLS	Rd, Rm, <Rs|#n>	逻辑左移	N，V，C
LSR，LSRS	Rd, Rm, <Rs|#n>	逻辑右移	N，V，C
MLA	Rd, Rn, Rm, Ra	32 位乘加指令	—
MLS	Rd, Rn, Rm, Ra	32 位乘减指令	—
MOV，MOVS	Rd, Op2	数据传送	N，Z，C
MOVT	Rd,#imm16	将 16 位数传送到高半字	—
MOVW，MOV	Rd,#imm16	将 16 位数传送到低半字	N，Z，C
MRS	Rd,spec_reg	把特殊功能寄存器的值传送到 Rd 中	—
MSR	spec_reg, Rm	把 Rm 的值传送到特殊功能寄存器中	N，Z，C，V
MUL，MULS	{Rd,} Rn, Rm	32 位乘法运算	N，Z

续表

指 令	操 作	作 用	标 志 位
MVN，MVNS	Rd, Op2	数据非传送指令，Op2 取反给 Rd	N，Z，C
NOP	-{Rd,} Rn, Rm	空操作	—
ORN，ORNS	{Rd,}Rn,Op2	操作数取反后按位或 Rn	N，Z，C
ORR，ORRS	Rn,Rm	按位或	N，Z，C
POP	Reglist	出栈	—
PUSH	Reglist	压栈	—
RBIT	Rd,Rn	32 位按位翻转 180°	—
REV	Rd,Rn	按字节翻转	—
REV16	Rd,Rn	在每个半字中进行字节旋转	—
REVSH	Rd,Rn	以半字为单位反转，且只反转低半字	—
ROR，RORS	Rd,Rm,<Rs|#n>	环形右移	N，Z，C
RRX，RRXS	Rd,Rm	带进位位的逻辑右移	N，Z，C
RSB，RSBS	{Rd,}Rn,Op2	反向减法	N，Z，C，V
SBC，SBCS	{Rd,}Rn,Op2	带借位的减法	N，Z，C，V
SBFX	Rd,Rn,#lsb,#with	抽取 Rn 中以 lsb 号位为最低有效位，共 width 宽度的位段，并带符号扩展到 Rd 中	
SDIV	{Rd,}Rn,Rm	带符号除法	—
SEV	—	发送事件	—
SMLAL	Rdlo,RdHi,Rn,Rm	带符号 64 位乘加	—
SMULL	Rdlo,RdHi,Rn,Rm	带符号 64 位乘法	—
SSAT	Rd,#n,Rm{,shift#s}	Rm 先执行带符号饱和和移位操作，再把结果带符号扩展后写到 Rd	Q
STM	Rn!,{reglist}	多个数据的存储	
STMDB，STMEA	Rn!,{reglist}	存储多个字到 Rd 处，每存一个字前 Rd 自减一次，32 位宽度	
STMFD，STMIA	Rn!,{reglist}	存储多个字，并且在存储后自增基址寄存器	—
STR	Rt,[Rn,#offset]	把一个寄存器按字存储到存储器中	—
STRB，STRBT	Rt,[Rn,#offset]	把一个寄存器的低字节存储到存储器中	—
STRD	Rt,Rt2,[Rn,#offset]	存储 2 个寄存器组成的双字到连续的地址空间中	—
STREX	Rt,Rt,[Rn,#offset]	检查将要写入的地址是否已进入了互斥访问状态，如果是，则存储寄存器的字	—
STREXB	Rd,Rt,[Rn]	检查将要写入的地址是否已进入了互斥访问状态,如果是，则存储寄存器的字节	—
STRXH	Rd,Rt,[Rn]	检查将要写入的地址是否已进入了互斥访问状态，如果是，则存储寄存器的半字	—
STRT	Rt,[Rn,#offset]	以用户模式存储字数据	

续表

指　　令	操　作	作　用	标 志 位
SUB，SUBS	{Rd,}Rn,Op2	减法	N，Z，C，V
SUB，SUBW	{Rd,}Rn,#imm12	宽减法，可以减 12 位立即数	N，Z，C，V
SVC	#imm	系统调用服务	—
SXTB	{Rd,}Rm,{,ROR,#n}	带符号扩展一个字节到 32 位	—
SXTH	{Rd,}Rm{,ROR,#n}	带符号扩展一个半字到 32 位	—
TBB	[Rn,Rm]	以字节为单位的查表转移。从一个字节数组中选一个 8 位前向跳转地址并转移	—
TBH	[Rn,Rm,LSL #1]	以半字为单位的查表转移。从一个半字数组中选一个 16 位前向跳转的地址并转移	—
TEQ	Rn,Op2	测试是否相等，根据结果修改标志	N，Z，C
TST	Rn,Op2	测试（执行按位与操作，并且根据结果更新 Z）	N，Z，C
UBFX	Rd,Rn,#lsb,#with	无符号位段提取	—
UDIV	{Rd,} Rn,Rm	无符号除法	—
UMULL	Rdlo,RdHi,Rn,Rm	无符号乘法	—
USAT	Rd,#n,Rm {,shift,#s}	无符号饱和操作	Q
UXTB	{Rd,} Rm {,ROR #n}	字节被无符号扩展到 32 位	—
UXTH	{Rd,}Rm,{,ROR #n}	从寄存器中提取半字[15:0]，传送到寄存器中，并用零位扩展到 32 位	—
WFE	—	等待事件	—
WFI	—	等待中断	—

6.9　本章习题

1. 简单介绍 Cortex-M3 的基本特性。
2. 重点掌握 Cortex-M3 中断处理机制，了解在涉及中断时 Cortex-M3 是怎样处理的。
3. 作为低功耗处理器的代表，Cortex-M3 是如何体现这一特性的？
4. Cortex-M3 可操作哪些指令？这些指令是如何运用的？

第7章　ATMEL SAM3S4B 微处理器在
物联网中的应用

7.1　FSIOT_A 物联网开发平台介绍

FSIOT_A 物联网开发平台采用 Atmel 公司先进的基于 Cortex-M3 内核的 SAM3S4B 与 SAM3X8E 处理器设计而成，提供了一套完整的物联网的智能家居解决方案。此开发平台主要有 4 个重要组成部分：传感单元、主板处理单元、交互控制单元及执行单元。

传感单元集成多种传感器，主要有温湿度传感器、烟雾传感器、磁门传感器、光敏传感器、三轴加速度传感器等，利用多个传感器与 ZigBee 主控单元的交互将数据信息传送到上层单元。

执行单元集成数码管、ISD1760 语音模块、蜂鸣器、PWM 风扇等，利用模块与 ZigBee 主控单元的交互接收来自上级单元的命令并完成相应的操作。

交互控制单元作为人机交互界面的存在，为用户提供交互的控制界面。整个开发平台共有两种交互方式的体现：7 寸工业串口触摸屏和 Android 智能终端（智能手机与平板电脑）。

主板处理单元作为平台核心所在，进行数据的接收、分析与处理，其上有 GPRS 模块、Wi-Fi 模块、RFID 射频模块和 ZigBee 模块。

（1）SAM3S4B 芯片接口资源。

ARM® Cortex™-M3 64MHz RISC CPU

256KB flash and 48KB SRAM

1 个全速 USB2.0 device

1 个高速卡接口 SDIO/SD/MMC

2 个 USART 口

2 个 TWI（IIC）口

3 个 SPI 口

1 个 I2S

6 个 16 位 timer

15 通道 12 位 ADC

2 个 12 位 DAC

1 个模拟比较器

4 通道 16 位 PWM

RTC

QTouch® library 支持

工作电压 1.62～3.6V

内部 RC 振荡器

64-pin LQFP/QFN 封装，47 GPIO

（2）传感板资源。

CPU：AT91SAM3S4B

ZigBee 模块：1 个 AT86RE231

温湿度传感器：1 个 DHT11

可编程控制按键：4 个

可编程控制 LED：2 个

门磁模块：1 个

三轴加速度：1 个 MMA7455L

光面传感器：1 个 ISL29003

USB 转串口：1 个 PL-2303HX

烟雾传感器：1 个

电位器：1 个

（3）执行板资源。

CPU：AT91SAM3S4B

ZigBee 模块：1 个 AT86RE231

温湿度传感器：1 个 DHT11

可编程控制按键：4 个

可编程控制 LED：2 个

USB 转串口：1 个 PL-2303HX

蜂鸣器：1 个

数码管：1 个

风扇：1 个

语音芯片：ISD1760

（4）红外板资源。

（5）主控板资源。

CPU：AT91SAM3X8E

ZigBee 模块：1 个 AT86RE231

温湿度传感器：1 个 DHT11

可编程控制按键：4 个

可编程控制 LED：2 个

RJ45 网口控制：1 个 DM9161AEP

RFID 射频模块：1 个 CY1443/SPI

GPRS 模块：1 个 ME3000V2

串口：1 个

Wi-Fi 模块：1 个 RS9110-N-11-22

（6）Andriod4.0 开源平板。

7.2 IAR Embedded Workbench IDE ARM 开发环境搭建

7.2.1 IAR Embedded Workbench IDE 简介

IAR Embedded Workbench for ARM 是 IAR Systems 公司为 ARM 微处理器开发的一个集成开发环境（简称 IAR EWARM）。比较其他的 ARM 开发环境，IAR EWARM 具有入门容易、使用方便和代码紧凑等特点。

IAR Embedded Workbench for ARM version 5.30 包含项目管理器、编辑器、编译连接工具和支持 RTOS 的调试工具，在该环境下可以使用 C/C++和汇编语言方便地开发程序。

7.2.2 仿真工具 J-LINK-ARM V8.0

J-LINK 是 SEGGER 公司为支持仿真 ARM 内核芯片推出的 JTAG 仿真器。配合 IAR EWAR，ADS，KEIL，WINARM，RealView 等集成开发环境支持所有 ARM7/ARM9/ARM11，Cortex M0/M1/M3/M4 等内核芯片的仿真，与 IAR，Keil 等编译环境无缝连接，操作方便，易于连接，简单易学，是学习开发 ARM 最好、最实用的开发工具。图 7-1 给出了 J-LINK 实物和电路板的连接图。

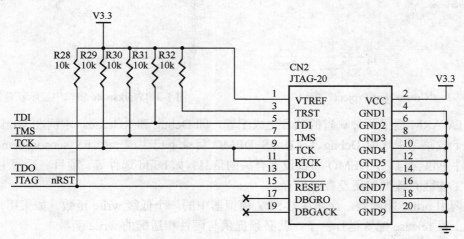

图 7-1　J-LINK 实物和电路板的连接图

J-LINK 一端通过 USB 口与 PC 连接，另一端通过标准 20 芯 JTAG 插头与电路板连接。建议首先连接 J-LINK 到 PC，再连接 J-LINK 到目标系统，最后给目标系统供电（如果目标系统为独立供电，而非由 J-TAG 口供电的情况)。

7.2.3 IAR EWARM 工程实例

对于 IAR EWARM 的下载和安装这里不做介绍，对于项目管理，IAR EWARM 是按项目进行管理的，它提供了应用程序和库程序的项目模板。项目下面可以分级或分类管理源文件。

允许为每个项目定义一个或多个编译连接（build）配置。在生成新项目之前，必须建立一个新的工作区（Workspace）。一个工作区中允许存放一个或多个项目。

（1）生成新的工作区（Workspace）。选择主菜单"File"→"New"→"Workspace"生成新工作区。

（2）选择主菜单"Project"→"Create New Project"，弹出生成新项目窗口，如图7-2所示。本例选择项目模板（Project template）中的"Empty project"。在"Tool chain"栏中选择"ARM"，然后单击"OK"按钮。

（3）在弹出的"另存为"窗口中浏览和选择新建的"My projects"目录，输入文件名"FS_sensor_demo"，然后保存。这时在屏幕左边的"Workspace"窗口中将显示新建的项目名，如图7-3所示。

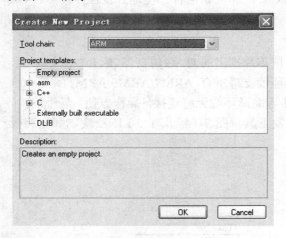

图7-2　"Create New Project"窗口

图7-3　Workspace窗口中显示新建的项目名

IAR EWARM 提供两种缺省的项目生成配置，即 Debug 和 Release。本例在 Workspace 窗口顶部的下拉菜单中选取 Debug。现在 FS_DEMO 目录下已生成一个 FS_sensor_demo.ewp 文件，该文件中包含与 FS_DEMO 项目设置有关的信息，如 build 选件等。项目名后缀上的"＊"号表示该工作区有改变但还没有被保存。

本例调用 printf 库函数，这是在 C-SPY 模拟器中的一个低级 write 函数。如果用户希望在真实硬件上以 release 配置运行例子，就必须提供与硬件相适配的 write 函数。

（4）保存项目。在保存过程中选择路径，并输入工程名字。

（5）建立文件包，并添加文件。

IAR EWARM 允许生成若干个源文件组。用户可以根据项目需要来组织自己的源文件。

文件包添加："Project"→"Add Group"（鼠标右击 FS_DEMO-Debug，键盘输入 A+G，快捷方式）。

文件添加："Project"→"Add Files"（注：在一个文件包中一次可以添加多个文件）。添加完成后的项目目录如图7-4所示。

（6）设置项目选件。选中 Workspace 中的"FS_sensor_demo-Debug"，然后选择主菜单"Project"→"Options"（鼠标右击"FS_sensor_demo-Debug"→"Options"），修改 Device 设

备，改为"Atmel SAM3S4B"，如图 7-5 所示。

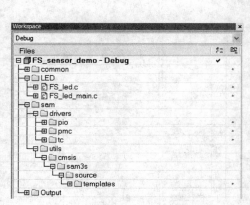

图 7-4　添加完成后的项目目录

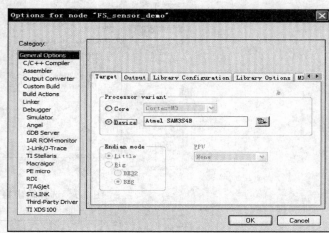

图 7-5　在 Device 中选择 Atmel SAM3S4B

（7）在 Options 窗口的 Category 中选择"C/C++ Compiler"，这里面是设置 C 编译的细节，其中需要注意的是 Preprocessor 选项，在预处理过程中，文件路径的设置确保正确，否则会在编译时出现错误，如图 7-6 所示。

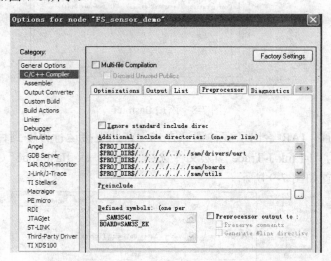

图 7-6　C/C++编译文件相对路径

$PROJ_DIR$是表示*.ewp 所在的目录，文件都以 FS_sensor_demo.ewp 为参照。

（8）输出格式 Output Converter。在输出格式中选择*.hex（十六进制）或者*.bin（二进制）。如图 7-7 所示为选择十六进制输出。

（9）链接选项，这里用的是 flash.icf，如图 7-8 所示。如果只是仿真，不用在目标板上实际运行，就选择 ram.icf。在文件中 Override default 使用相对路径，这样方便在整个项目更改位置时，编译器编译时出现不兼容报错。

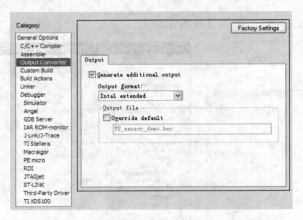

图 7-7　选择输出格式

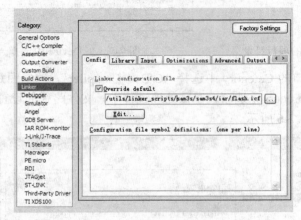

图 7-8　添加 flash.icf

（10）调试的设置。IAR 给出了多种调试方式，在此直接运行程序到目标板，因此只需要将 Driver 选项选择为"J-Link/J-Trace"，宏文件选择"sam3s_ek_flash.mac"（Atmel 网站上 demo 程序中有），具体设置如图 7-9 所示。

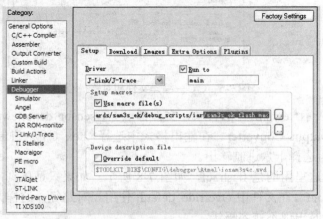

图 7-9　调试的设置

（11）处理器型号的下载设置，其中 Use flash loader 是 IAR 软件安装路径中的，$TOOLKIT_DIR$\config\flashloader\Atmel\SAM3S4\sam3s4-flash.boar。

$TOOLKIT_DIR$指的是已经激活的开发路径的目录，其设置如图 7-10 所示。

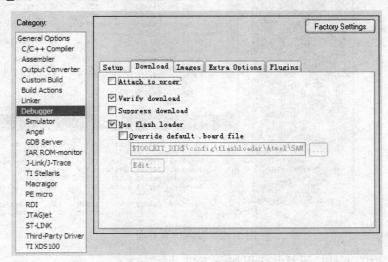

图 7-10　可执行文件的下载设置

（12）仿真器 J-Link 的连接设置。其具体选择如图 7-11 所示。

图 7-11　J-Link 的连接设置

7.2.4　IAR EWARM 调试使用

连接好硬件电路后，打开项目 FS_led.eww，单击"Project"→"Debug and download"，进入调试状态（快捷键 Ctrl+D），如图 7-12 所示。

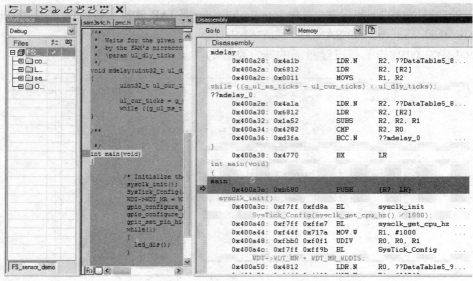

图 7-12　进入仿真界面

（1）调试常用的工具按钮及其作用如图 7-13 所示。

图 7-13　调试常用的工具按钮及其作用

（2）断点设置。进入主程序，用鼠标双击程序左端（显示箭头那一条竖栏中），设置成功后显示红色，如图 7-14 所示，用鼠标单击"合速运行"按钮，可以看到箭头运行到设置的断点。

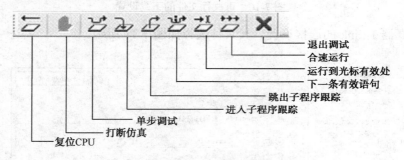

图 7-14　断点设置

（3）变量跟踪。在调试环境下，打开跟踪窗口：菜单"View"→"Auto"，添加对应的观察变量，鼠标右击对应变量，Add to Watch，在 Watch1 窗口，看到变量当前数值。在程序中，每 500ms LED 状态发生变化，定义一个局部变量 debug2，两个全局变量 debug1、g_ul_ms_ticks，可以观察数据变化（局部变量是不能被跟踪的）。单步运行后的窗口如图 7-15 所示。

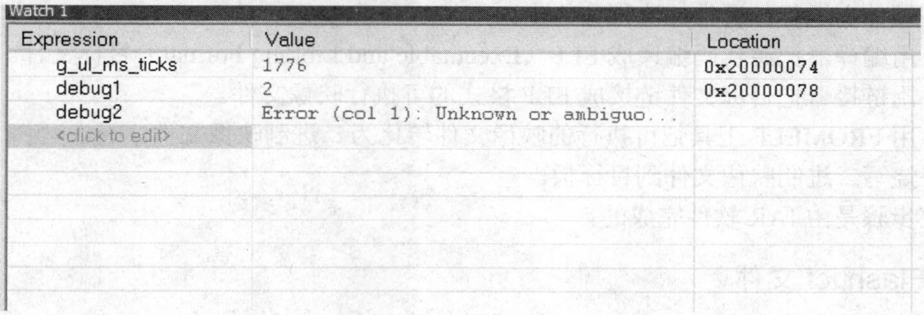

图 7-15　变量跟踪单步运行后的窗口

（4）在菜单"View"中选择"Register"，出现如图 7-16 所示的窗口，可以看到 CPU 寄存器组初始化后的状态。

（5）调试时，反汇编窗口通常是打开的。如果还没打开，可以选择主菜单"View"→"Disassembly"，打开反汇编窗口。

反汇编调试窗口如图 7-17 所示。可以看到，汇编代码与 C 语句一一对应。用上面介绍的几种单步命令执行程序观察结果。

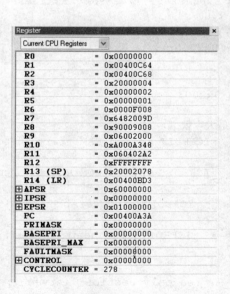

图 7-16　寄存器表值

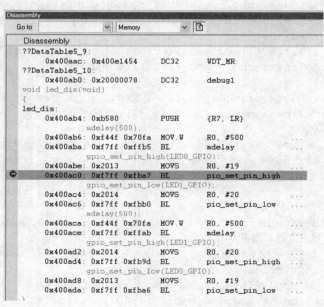

图 7-17　反汇编调试窗口

7.3 SAM3S 启动分析

在分析启动代码之前，需要了解 C 代码和汇编代码通过哪些步骤转化为可执行代码，从而最终在硬件上运行。通常的流程分 4 步。

（1）用编译器把源代码编译成 ELF（Executable and Linking Format）目标文件。

（2）用链接器把目标文件链接成 ELF 格式的可执行映像文件。

（3）用 FROMELF 工具把可执行的映像文件转化为二进制映像文件。

（4）烧写二进制映像文件到目标板。

以上步骤是由 IAR 软件完成的。

7.3.1 Flash.icf 文件

在链接步骤中，IAR 软件会调用配置文件 Flash.icf，这个文件在启动时会进入对应的 Flash 段进行操作，与之对应的有 ram.icf，ram.icf 主要应用模式仿真，并不对实际外设操作。Flash.icf 描述了 SAM3S4B 的 RAM 和 FLASH 的段分配及映射位置在各存储段的操作方式。

```
/*向量表开始部分定义*/
define symbol __ICFEDIT_vector_start__ = 0x00400000;
/*-寄存器区域-*/
define symbol __ICFEDIT_region_RAM_start__  = 0x20000000;
define symbol __ICFEDIT_region_RAM_end__    = 0x2000BFFF; //48Kbytes ram
define symbol __ICFEDIT_region_ROM_start__  = 0x00400000;
define symbol __ICFEDIT_region_ROM_end__    = 0x0043FFFF;// 256Kbytes Flash
/*-Sizes-*/
if (!isdefinedsymbol(__ICFEDIT_size_cstack__)) {
define symbol __ICFEDIT_size_cstack__       = 0x2000;
}
if (!isdefinedsymbol(__ICFEDIT_size_heap__)) {
define symbol __ICFEDIT_size_heap__         = 0x200;
}
define memory mem with size   = 4G; //统一寻址最大容量
define region RAM_region      = mem:[from __ICFEDIT_region_RAM_start__ to
__ICFEDIT_region_RAM_end__];
define region ROM_region      = mem:[from __ICFEDIT_region_ROM_start__ to
__ICFEDIT_region_ROM_end__];
define block CSTACK   with alignment = 8, size = __ICFEDIT_size_cstack__   { };
//对齐方式和容量
define block HEAP     with alignment = 8, size = __ICFEDIT_size_heap__     { };
initialize by copy { readwrite };
do not initialize { section .noinit };
place at address mem:__ICFEDIT_vector_start__ { readonly section .intvec };
//放在 ROM 中的内容为只读内容，即 const 型等
place in ROM_region         { readonly };
place in RAM_region         { readwrite, block CSTACK, block HEAP };//放在 RAM
中的内容为可读可写的内容和 CSTACK 等段
```

7.3.2　startup_sam3.c 功能描述

```
/* 启动向量表中的中断处理 */
#pragma language=extended
#pragma segment="CSTACK"
#pragma section = ".intvec"
#pragma location = ".intvec"
const intvec_elem __vector_table[] = {
    {.__ptr = __sfe("CSTACK")},/*__sfe 是 IAR 的"段操作符"segment operator。表示取
某个段的后一个字节的地址*/
/*这里面主要定义的是中断函数的入口名称*/
    Reset_Handler,
    NMI_Handler,
    HardFault_Handler,
    MemManage_Handler,
    BusFault_Handler,
    UsageFault_Handler,
    (0UL),                 /*保留*/
    (0UL),                 /*保留*/
    (0UL),                 /*保留*/
    (0UL),                 /*保留*/
    SVC_Handler,
    DebugMon_Handler,
    (0UL),                 /*保留*/
    PendSV_Handler,
    SysTick_Handler,

    /* 配置中断 */
    SUPC_Handler,      /*  0  核电压和低电压中断入口 */
    RSTC_Handler,      /*  1  复位中断入口 */
    RTC_Handler,       /*  2  实时时钟中断入口*/
    RTT_Handler,       /*  3  实时计数器中断入口*/
    WDT_Handler,       /*  4  看门狗处理中断入口*/
    PMC_Handler,       /*  5  电压控制器中断入口*/
    EFC0_Handler,      /*  6  内嵌 Flash 控制 0 中断入口*/
    EFC1_Handler,      /*  7  内嵌 Flash 控制 1 中断入口*/
    UART_Handler,      /*  8  UART 中断入口*/
#ifdef _SAM3XA_SMC_INSTANCE_
    SMC_Handler,       /*  9  状态寄存器 */
#else
    (0UL),             /*  9 保留 */
#endif /* _SAM3XA_SMC_INSTANCE_ */
    (0UL),             /*  10 保留 */
    PIOA_Handler,      /*  11 外部 IO 控制器 A 中断入口 */
    PIOB_Handler,      /*  12 外部 IO 中断控制器 B 中断入口 */
#ifdef _SAM3XA_PIOC_INSTANCE_
    PIOC_Handler,      /*  13 外部中断控制器 C 中断入口 */
#else
    (0UL),             /*  保留*/
```

```
#endif /* _SAM3XA_PIOC_INSTANCE_ */
#ifdef _SAM3XA_PIOD_INSTANCE_
    PIOD_Handler,      /* 14 外部中断控制器 A 中断入口 */
#else
    (0UL),             /* 14 保留 */
#endif /* _SAM3XA_PIOD_INSTANCE_ */
#ifdef _SAM3XA_PIOE_INSTANCE_
    PIOE_Handler,      /* 15 P 外部中断控制器 F 中断入口 */
#else
    (0UL),             /* 15 保留 */
#endif /* _SAM3XA_PIOE_INSTANCE_ */
#ifdef _SAM3XA_PIOF_INSTANCE_
    PIOF_Handler,      /* 16 外部中断控制器 F 中断入口 */
#else
    (0UL),             /* 16 保留 */
#endif /* _SAM3XA_PIOF_INSTANCE_ */
    USART0_Handler,    /* 17 串口 0 中断入口  */
    USART1_Handler,    /* 18 串口 1 中断入口 */
    USART2_Handler,    /* 19 串口 2 中断入口 */
#ifdef _SAM3XA_USART3_INSTANCE_
    USART3_Handler,    /* 20 串口 3 中断入口 */
#else
    (0UL),             /* 20 保留 */
#endif /* _SAM3XA_USART3_INSTANCE_ */
    HSMCI_Handler,     /* 21 高速多媒体卡中断入口 */
    TWI0_Handler,      /* 22 两线接口 0 中断入口 */
    TWI1_Handler,      /* 23 两线接口 1 中断入口 */
    SPI0_Handler,      /* 24 SPI 0 中断入口 */
#ifdef _SAM3XA_SPI1_INSTANCE_
    SPI1_Handler,      /* 25 SPI 1 中断入口 */
#else
    (0UL),             /* 25 保留*/
#endif /* _SAM3XA_SPI1_INSTANCE_ */
    SSC_Handler,       /* 26 同步串行控制器中断入口*/
    TC0_Handler,       /* 27 计数器 0 中断入口 */
    TC1_Handler,       /* 28 计数器 1 中断入口*/
    TC2_Handler,       /* 29 计数器 2 中断入口*/
    TC3_Handler,       /* 30 计数器 3 中断入口*/
    TC4_Handler,       /* 31 计数器 4 中断入口*/
    TC5_Handler,       /* 32 计数器 5 中断入口*/
#ifdef _SAM3XA_TC2_INSTANCE_
    TC6_Handler,       /* 33 计数器 6 中断入口*/
    TC7_Handler,       /* 34 计数器 7 中断入口*/
    TC8_Handler,       /* 35 计数器 8 中断入口*/
#else
    (0UL),             /* 33 保留 */
    (0UL),             /* 34 保留 */
    (0UL),             /* 35 保留 */
#endif /* _SAM3XA_TC2_INSTANCE_ */
    PWM_Handler,       /* 36 PWM 中断入口 */
```

```
    ADC_Handler,         /* 37 ADC 控制器中断入口 */
    DACC_Handler,        /* 38 DAC 控制器中断入口 */
    DMAC_Handler,        /* 39 DMA 控制器中断入口 */
    UOTGHS_Handler,      /* 40 USB 转接高速中断*/
    TRNG_Handler,        /* 41 随机数发生器中断入口 */
#ifdef _SAM3XA_EMAC_INSTANCE_
    EMAC_Handler,        /* 42 以太网 MAC 中断入口 */
#else
    (0UL),               /* 42 保留 */
#endif /* _SAM3XA_EMAC_INSTANCE_ */
    CAN0_Handler,        /* 43 CAN 控制器 0 中断入口*/
    CAN1_Handler         /* 44 CAN 控制器 1 中断入口 */
};
```

上面一段函数是嵌套向量中断控制器 NVIC 向量表所对应的中断函数的名字,而中断函数的体需要程序员自行写出。在 Flash.icf 中 place at address mem:__ICFEDIT_vector_start__ { readonly section .intvec };将中断向量表放入对应的地址。

7.3.3 启动代码与应用程序接口

在完成映射后,程序首先执行的是 Reset_Handler(),也就是通常所说的上电进入复位状态启动函数。

```
void Reset_Handler(void)
{
    __iar_program_start();
}
```

__iar_program_start()函数是用汇编实现的,在 IAR 环境中无法直接显示,因为在编译时,IAR 软件直接将__iar_program_start();嵌入代码中,不需要程序员编写。

```
__iar_program_start://该函数在 AT91_CSTARTUP.S 中
#if AT91_REMAP
            ; The memory controller is initialized immediately before the remap
寄存器地址在映射之前要先对存储控制单元初始化
            ldr    r10, =EBI_init_table    ; EBI 寄存器表初始化
            ; If pc > 0x100000
            movs   r0, pc, LSR #20
            ; Mask the 12 highest bits of the address
            moveq  r10, r10, LSL #12
            moveq  r10, r10, LSR #12

            ; 装载跳转目的地址
            ldr    r12, =after_remap       ; 装载跳转地址( after remap )

            ldmia  r10!, {r0-r9,r11}       ; 装载映射和 EBI 基址
            stmia  r11!, {r0-r9}           ; 存储映射地址和重映射指令

            ; 跳转到 ROM 的新起始地址
            mov    pc, r12                 ; jump and break the pipeline
```

```
                      LTORG

   EBI_init_table:
              dc32       0x0100252d   ; Flash 地址 0x01000000, 16MB, 2hold, 16
bits, 4WS
              dc32       0x02002121   ; RAM 地址   0x02000000,  1MB, 0hold, 16
bits, 1WS

              dc32       0x00000001   ; 重映射指令
              dc32       0x00000006   ;
              dc32       __EBI_CSR0   ; EBI 基地址

   after_remap:
   #endif
                  ; 执行 C 启动代码
                  b ?cstartup
   ;----------------------------------------------------------------
   ; ?CSTARTUP
   ;----------------------------------------------------------------

       SECTION FIQ_STACK:DATA:NOROOT(3)
       SECTION IRQ_STACK:DATA:NOROOT(3)
       SECTION SVC_STACK:DATA:NOROOT(3)
       SECTION ABT_STACK:DATA:NOROOT(3)
       SECTION UND_STACK:DATA:NOROOT(3)
       SECTION CSTACK:DATA:NOROOT(3)
       SECTION text:CODE:NOROOT(2)
         EXTERN    ?main
         ARM
   ?cstartup

              mrs     r0,cpsr                            ;将特殊功能寄存器转入 R0
              bic     r0,r0,#MODE_BITS                   ;清楚模块标志位
              orr     r0,r0,#SVC_MODE                    ;设置 SVC 模式位
              msr     cpsr_c,r0                          ;模式改变
              ldr     sp,=SFE(SVC_STACK)                 ;SVC_STACK 结束

              bic     r0,r0,#MODE_BITS                   ;清楚模块标志位
              orr     r0,r0,#UND_MODE                    ;设置 UND 模式位
              msr     cpsr_c,r0                          ;模式改变
              ldr     sp,=SFE(UND_STACK)                 ;UND_STACK 结束

              bic     r0,r0,#MODE_BITS                   ;清楚模块标志位
              orr     r0,r0,#ABT_MODE                    ;设置 ABT 模式位
              msr     cpsr_c,r0                          ;模式改变
              ldr     sp,=SFE(ABT_STACK)                 ;ABT_STACK 结束

              bic     r0,r0,#MODE_BITS                   ;清楚模块标志位
              orr     r0,r0,#FIQ_MODE                    ;设置 FIQ 模式位
```

```
            msr        cpsr_c,r0                              ;模式改变
            ldr        sp,=SFE(FIQ_STACK)                     ;FIQ_STACK 结束

            bic        r0,r0,#MODE_BITS                       ;清楚模块标志位
            orr        r0,r0,#IRQ_MODE                        ;设置 IRQ 模式位
            msr        cpsr_c,r0                              ;模式改变
            ldr        sp,=SFE(IRQ_STACK)                     ;IRQ_STACK 结束

            bic        r0,r0,#MODE_BITS                       ;清楚模块标志位
            orr        r0,r0,#SYS_MODE                        ;设置系统模式
            msr        cpsr_c,r0                              ;模式改变
            ldr        sp,=SFE(CSTACK)                        ;结束 CSTACK

#ifdef __ARMVFP__
; 使能 VFP 协处理
            mov        r0, #0x40000000                        ;设置 VFP 的 EN 标志位
            fmxr       fpexc, r0

            mov        r0, #0x01000000                        ;设置 VFP 的 FZ 位
            fmxr       fpscr, r0
#endif
            ldr        r0,=?main//进入 main 主程序
            bx         r0  //带状态切换指令的跳转

            END
```

以上部分给出了程序在目标板上电后，进入 main()函数前的具体工作，以上代码是 IAR 软件环境自动添加的，在此作为了解，而在应用编程中，重点放在 main()中的执行函数上。

7.4 GPIO 编程

7.4.1 实例内容与目标

熟悉 SAM3S4B 处理器 I/O 编程方法。

通过实验掌握 SAM3S4B 处理器 I/O 控制 LED 发光二极管和蜂鸣器，以及判断门磁状态的方法。

通过实验掌握 SAM3S4B 处理器 I/O 控制 LED 数码管的方法。

通过实验掌握 SAM3S4B 处理器 I/O 控制温湿度信息采集的方法。

7.4.2 GPIO 基本原理

系统 I/O 主要控制晶振时钟、测试、复位和 JTAG，这些通常不用做可编程 I/O 使用。

SAM3S4B 处理器有 2 个通用并行输入/输出（GPIO）控制器：PIOA 和 PIOB 控制器，可控制 47 个可编程 I/O，其结构如图 7-18 所示，每个 GPIO 既可以用做通用 I/O，也可以分配给片上外设。

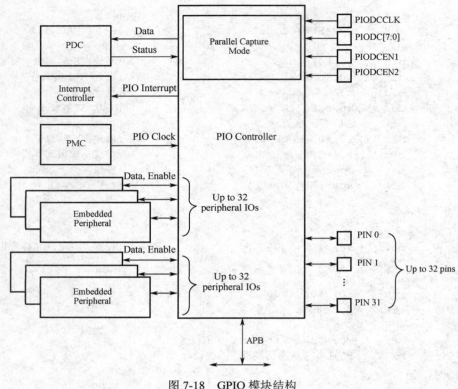

图 7-18   GPIO 模块结构

（1）I/O 特性。

中断方式输入，编程事件：上升/下降沿；

可编程干扰滤波器；

可编程去抖动滤波器；

多驱动器选项允许在漏极开路驱动；

可编程的上拉；

施密特触发方式输入；

写保护寄存器，并行捕获模式。

图 7-19 给出了可编程 GPIO 整体的控制逻辑，每一个 I/O 都由这样的信号线组成，用户可以通过软件配置寄存器来满足不同系统和设计的需要。在运行主程序之前，必须先对每一个用到的引脚的功能进行设置，如果某些引脚的功能没有使用，那么可以先将该引脚设置为通用 I/O 端口。

（2）能耗控制。通过控制 GPIO 的时钟信号，从而降低功耗，在写端口（输出操作）不需要使能时钟，当输入状态采集外部信号时，需要使能 PMC（Power Management Controller）信号，在复位后，系统没有使能 PMC。

（3）中断触发器。I/O 中断与 NVIC 相连，在使用前需要先对 NVIC 对应的寄存器进行编程，同时 I/O 的时钟需要使能。

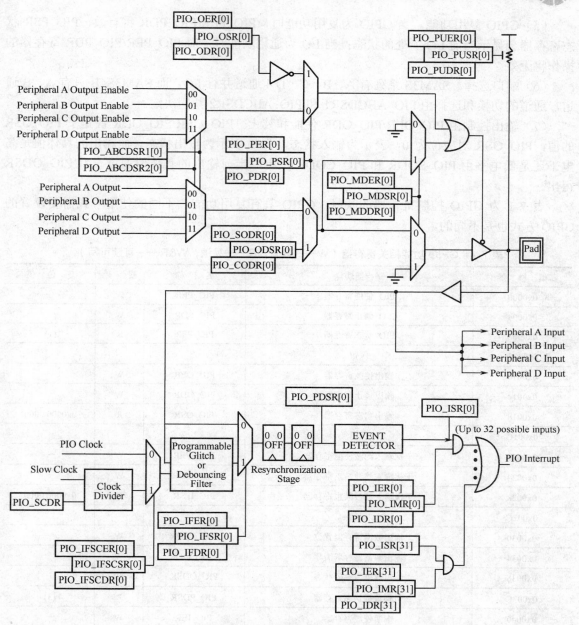

图 7-19　GPIO 整体控制逻辑

（4）GPIO 内部上拉/下拉电阻，由寄存器 PIO_PUER/PIO_PUDR 控制，而 GPIO 实际的上拉是否使能，可以通过 PIO_PUSR 看出来，PIO_PUSR 对应位为 0 则表示上拉；下拉电阻由 PIO_PPDER/PIO_PPDDR 控制，而实际下拉是否使能，可以通过 PIO_PPDSR 看出来，PIO_PPDSR 对应位为 0 则表示下拉。

如果处于上拉状态，不能再对其直接下拉；同理，处于下拉状态，也不能直接改为上拉。复位后处于上拉状态。

（5）GPIO 复用功能。当 GPIO 为复用功能时，PIO_PER/PIO_PDR 将有效，PIO_PSR 状态寄存器会显示当前 I/O 所处的状态；当 I/O 为通用功能时，对 PIO_PER/PIO_PDR 寄存器的操作将无效。

（6）端口选择。SAM3S 系列有 A、B、C、D 4 通道并行 I/O，而 SAM3S4B 只有 A、B 通道，通道的切换和选择由 PIO_ABCDSR1 和 PIO_ABCDSR2 共同决定。

（7）输出控制由 PIO_OER/PIO_ODR 使能和禁止。PIO_OER/PIO_ODR 决定了 PIO_OSR 的值，PIO_OSR 对应位为 0，表示为输入状态，为 1 表示为输出状态。而输出的具体值是高电平还是低电平由 PIO_SODR 和 PIO_CODR 决定，当前输出的具体值通过查看 PIO_ODSR 得出。

表 7-1 为 GPIO 控制寄存器的映射，GPIO 具有复用功能，不同的使用方式需要设置的 GPIO 方式也是不同的。

表 7-1　GPIO 功能相关寄存器（W——只写；R——只读；W&R——可读可写）

偏 移 量	寄存器功能	名　称	权　限	复 位 值
0x0000	PIO 使能寄存器	PIO_PER	W	—
0x0004	PIO 禁止寄存器	PIO_PDR	W	—
0x0008	PIO 状态寄存器	PIO_PSR	R	(1)
0x000C	保留			
0x0010	输出使能寄存器	PIO_OER	W	—
0x0014	输出禁止寄存器	PIO_ODR	W	—
0x0018	输出状态寄存器	PIO_OSR	R	0x0000 0000
0x001C	保留			
0x0020	干扰输入滤波使能寄存器	PIO_IFER	W	—
0x0024	干扰输入滤波禁止寄存器	PIO_IFDR	W	—
0x0028	干扰输入滤波禁止寄存器	PIO_IFSR	R	0x0000 0000
0x002C	保留			
0x0030	输出数据寄存器置位	PIO_SODR	W	—
0x0034	输出数据寄存器清零	PIO_CODR	W	—
0x0038	输出数据寄存器状态	PIO_ODSK	W &R (2)	
0x003C	引脚数据状态寄存器	PIO_PDSR	R	(3)
0x0040	中断使能寄存器	PIO_IER	W	—
0x0044	中断禁止寄存器	PIO_IDR	W	—
0x0048	中断屏蔽寄存器	PIO_IMR	R	0x00000000
0x004C	中断状态寄存器	PIO_ISR	R	0x00000000
0x0050	多驱动使能寄存器	PIO_MDER	W	—
0x0054	多驱动禁止寄存器	PIO_MDDR	W	—
0x0058	多驱动状态寄存器	PIO_MDSR	R	0x00000000
0x005C	保留			

续表

偏 移 量	寄存器功能	名　　称	权　限	复 位 值
0x0060	上拉禁止寄存器	PIO_PUDR	W	—
0x0064	上拉使能寄存器	PIO_PUER	W	—
0x0068	上拉状态寄存器	PIO_PUSR	R	(1)
0x006C	保留			
0x0070	外设选择寄存器 1	PIO_ABCDSR1	R	0x00000000
0x0074	外设选择寄存器 2	PIO_ABCDSR2	R	0x00000000
0x0078 ~7c	保留			
0x0080	输入滤波慢时钟禁止寄存器	PIO_IFSCDR	W	—
0x0084	输入滤波慢时钟使能寄存器	PIO_IFSCER	W	—
0x0088	输入滤波慢时钟状态	PIO_IFSCSR	R	0x00000000
0x008C	慢速时钟分频反跳寄存器	PIO_SCDR	R	0x00000000
0x0090	垫下拉禁止寄存器	PIO_PPDDR	W	—
0x0094	垫下拉使能寄存器	PIO_PPDER	W	—
0x0098	垫下拉状态寄存器	PIO_PPDSR	R	
0x009C	保留			
0x00A0	输出写使能	PIO_OWER	W	—
0x00A4	输出写禁止	PIO_OWDR	W	—
0x00A8	输出写状态寄存器	PIO_OWSR	R	0x00000000
0x00AC	保留			
0x00B0	额外中断模式允许寄存器	PIO_AIMER	W	—
0x00B4	额外中断模式禁止寄存器	PIO_AIMDR	W	—
0x00B8	额外中断模式屏蔽寄存器	PIO_AIMMR	R	0x00000000
0x00BC	保留			
0x00C0	边沿选择寄存器（中断）	PIO_ESR	W	—
0x00C4	电平选择寄存器（中断）	PIO_LSR	W	—
0x00C8	电平/边沿状态寄存器（中断）	PIO_ELSR	R	0x00000000
0x00CC	保留			
0x00D0	下降沿/低电平选择寄存器（中断）	PIO_FELLSR	W	—
0x00D4	上升沿高电平选择寄存器（中断）	PIO_REHLSR	W	—
0x00D8	下降/上升—低电平/高电平 状态寄存器（中断）	PIO_FRLHSR	R	0x00000000
0x00DC	保留			
0x00E0	锁状态	PIO_LOCKSR	R	0x00000000
0x00E4	写保护模式寄存器	PIO_WPMR	R&W	0x0
0x00E8	写保护状态寄存器	PIO_WPSR	R	0x0
0x00EC	保留			
0x0100	施密特触发寄存器	PIO_SCHMITT	R&W	0x00000000

续表

偏 移 量	寄存器功能	名　称	权　限	复 位 值
0x0104-	保留			
0x0110	保留			
0x0114-	保留			
0x150	外设捕获模式寄存器	PIO_PCMR	R&W	0x00000000
0x154	外设捕获中断使能寄存器	PIO_PCIER	W	—
0x158	外设捕获中断禁止寄存器	PIO_PCIDR	W	—
0x15C	外设捕获中断屏蔽寄存器	PIO_PCIMR	R	0x00000000
0x160	外设捕获中断状态寄存器	PIO_PCISR	R	0x00000000
0x164	并行捕获接收保持寄存器	PIO_PCRHR	R	0x00000000
0x0168 to 0x018C	PDC 保留寄存器			

（1）复位值取决于在产品上实现。

（2）PIO_ODSR 是只读或读/写取决于在 PIO_OWSR I/O 线。

（3）复位值 PIO_PDSR 取决于 I/O 线的水平上。读取 I/O 线水平需要时钟的 PIO 控制器要启用，否则 PIO_PDSR 的读取 I/O 线在时钟上的时间被禁用现有水平。

7.4.3　LED 灯实验

发光二极管的核心部分是由 P 型半导体和 N 型半导体组成的晶片，在 P 型半导体和 N 型半导体之间有一个过渡层，称为 PN 结。在某些半导体材料的 PN 结中，注入的少数载流子与多数载流子复合时会把多余的能量以光的形式释放出来，从而把电能直接转换为光能。PN 结加反向电压时，少数载流子难以注入，故不发光。这种利用注入式电致发光原理制作的二极管称为发光二极管，通称 LED。当它处于正向工作状态时（即两端加上正向电压），电流从 LED 阳极流向阴极，半导体晶体会发出从紫外线到红外线不同颜色的光线，光的强弱与电流有关。

1．LED 光源的特点

（1）电压：LED 使用低压电源，供电电压为 6～24V，它是一个比高压电源更安全的电源，特别适用于公共场所。

（2）效能：消耗能量较同光效的白炽灯减少 80%。

（3）适用性：其体积很小，每个单元 LED 小片是 3～5mm^2 的正方形，所以可以制成各种形状的器件，并且适合于易变的环境。

（4）稳定性：连续工作 10 万小时，光衰为初始的 50%。

（5）响应时间：白炽灯的响应时间为毫秒级，LED 灯的响应时间为纳秒级。

（6）对环境污染：无有害金属汞。

（7）颜色：改变电流可以变色，发光二极管方便地通过化学修饰方法，调整材料的能带结构和带隙，实现红、黄、绿、蓝、橙多色发光。如小电流时为红色的 LED，随着电流的增加，可以依次变为橙色、黄色，最后为绿色。

（8）价格：LED 的价格比较昂贵，较之白炽灯，几只 LED 的价格就可以与一只白炽灯的价格相当，而通常每组信号灯需由 300～500 只 LED 构成。

2．单色光 LED 的种类及其发展

最早应用半导体 PN 结发光原理制成的 LED 问世于 20 世纪 60 年代初。当时所用的材料是 GaAsP，发红光（λ_p=650nm），在驱动电流为 20mA 时，光通量只有千分之几个流明，相应的发光效率约 0.1 流明/瓦。

20 世纪 70 年代中期，引入元素 In 和 N，使 LED 产生绿光（λ_p=555nm）、黄光（λ_p=590nm）和橙光（λ_p=610nm），光效也提高到 1 流明/瓦。

LED 在传感板上的连接如图 7-20 所示，采用上拉方式，当 PA19 和 PA20 输出为高电平时，关闭 LED，当 PA19 和 PA20 输出为低电平时，点亮 LED。

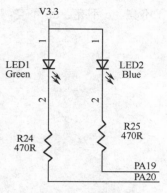

图 7-20　LED 在传感板上的接线图

LED 的程序实现如下。

主程序：配置系统时钟，关闭看门狗，配置 LED 对应的 PIN，闪亮 LED1 和 LED2。

```
int main(void)
{
    /* Initialize the SAM system */
    sysclk_init();        //系统时钟初始化，主频64MHz
    SysTick_Config(sysclk_get_cpu_hz() / 1000); //1ms 产生SysTick_Handler中断
    WDT->WDT_MR = WDT_MR_WDDIS;//关闭看门狗
    gpio_configure_pin(LED2_GPIO, LED2_FLAGS);    //配置PIO_PA19
    gpio_configure_pin(LED1_GPIO, LED1_FLAGS);    //配置PIO_PA20
        while(1)
        {
          led_dis();
        }
}
```

子程序：实现 LED 状态的改变，执行程序后，传感板上的 LED1 和 LED2 灯闪亮。

```
void led_dis(void)
{
        mdelay(500);
        gpio_set_pin_high(LED2_GPIO);           //关闭LED2
        gpio_set_pin_low(LED1_GPIO);            //点亮LED1
        mdelay(500);
        gpio_set_pin_high(LED1_GPIO);           //关闭LED1
        gpio_set_pin_low(LED2_GPIO);            //点亮LED2

}
```

7.4.4　LED 数码管实验

LED 数码管实际上是由 7 个发光管组成"8"字形构成的，加上小数点就是 8 个，如图 7-21

所示。这些段分别由字母 a、b、c、d、e、f、g、dp 来表示。当数码管特定的段加上电压后，这些特定的段就会发亮。例如，显示一个"2"字，那么应当是 a 亮、b 亮、g 亮、e 亮、d 亮、f 不亮、c 不亮、dp 不亮。

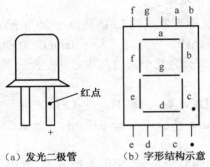

图 7-21　LED 数码管

图 7-22 中 LED 数码管的引线已在内部连接完成，只需引出它们的各个笔画和公共电极。LED 数码管常用段数一般为 7 段，有的另加一个小数点，还有一种是类似于 3 位"+1"型。位数有半位，1、2、3、4、5、6、8、10 位……LED 数码管根据 LED 的接法不同分为共阴和共阳两类，了解 LED 的这些特性，对编程是很重要的。对于共阳数码管，意味着低电平驱动，当对应的数码管引脚为低电平时，对应位置被点亮，从而构成将要显示的数据。对 LED 数码管驱动之前需要对每一个 PIN 进行配置。

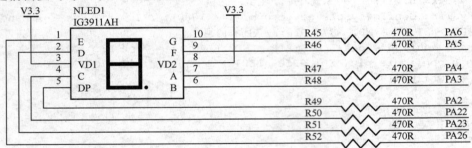

图 7-22　LED 数码管在执行板上的接线

主程序：配置系统时钟，关闭看门狗，配置 LED 数码管对应的 PIN，显示数据。

```
int main(void)
{
  /* 系统初始化 */
  sysclk_init();                                  //系统时钟初始化，主频 64MHz
  SysTick_Config(sysclk_get_cpu_hz() / 1000);     //1ms 产生 SysTick_Handler 中断
  WDT->WDT_MR = WDT_MR_WDDIS;                     //关闭看门狗
  disply_init();                                  //配置 PIN 为输出，关闭数码管
  while(1)
    {
      leddisplay_dis(); //每隔 500ms，依次更替显示 0 到 F，16 个字符
    }
}
```

子程序：初始化部分，主要是管脚定义。

```
#define PIN_LED_A    PIO_PA6_IDX
#define PIN_LED_B    PIO_PA5_IDX
#define PIN_LED_C    PIO_PA4_IDX
#define PIN_LED_D    PIO_PA2_IDX
#define PIN_LED_E    PIO_PA22_IDX
#define PIN_LED_F    PIO_PA23_IDX
#define PIN_LED_G    PIO_PA26_IDX
#define PIN_LED_DP  PIO_PA3_IDX
#define PIN_LEDDISPLAY_STATUS (PIO_OUTPUT_1 | PIO_DEFAULT)
void disply_init(void)                //配置 PIN 为输出，关闭数码管显示
{
gpio_configure_pin(PIN_LED_A,PIN_LEDDISPLAY_STATUS );
gpio_configure_pin(PIN_LED_B,PIN_LEDDISPLAY_STATUS );
gpio_configure_pin(PIN_LED_C,PIN_LEDDISPLAY_STATUS );
gpio_configure_pin(PIN_LED_D,PIN_LEDDISPLAY_STATUS );
gpio_configure_pin(PIN_LED_E,PIN_LEDDISPLAY_STATUS );
gpio_configure_pin(PIN_LED_F,PIN_LEDDISPLAY_STATUS );
gpio_configure_pin(PIN_LED_G,PIN_LEDDISPLAY_STATUS );
gpio_configure_pin(PIN_LED_DP,PIN_LEDDISPLAY_STATUS );

gpio_set_pin_high(PIN_LED_A);
gpio_set_pin_high(PIN_LED_B);
gpio_set_pin_high(PIN_LED_C);
gpio_set_pin_high(PIN_LED_D);
gpio_set_pin_high(PIN_LED_E);
gpio_set_pin_high(PIN_LED_F);
gpio_set_pin_high(PIN_LED_G);
gpio_set_pin_high(PIN_LED_DP);
}

void disply_num(unsigned char num)     //控制对应位置的二极管，显示数据，依次对应 0 到 F
{
    switch(num)
    {
      case 0x00:
                    gpio_set_pin_low(PIN_LED_A);
                    gpio_set_pin_low(PIN_LED_B);
                    gpio_set_pin_low(PIN_LED_C);
                    gpio_set_pin_low(PIN_LED_D);
                    gpio_set_pin_low(PIN_LED_E);
                    gpio_set_pin_low(PIN_LED_F);
                    gpio_set_pin_high(PIN_LED_G);
                    gpio_set_pin_high(PIN_LED_DP);
                    break ;
      case 0x01:
                    gpio_set_pin_high(PIN_LED_A);
                    gpio_set_pin_low(PIN_LED_B);
                    gpio_set_pin_low(PIN_LED_C);
```

```
                    gpio_set_pin_high(PIN_LED_D);
                    gpio_set_pin_high(PIN_LED_E);
                    gpio_set_pin_high(PIN_LED_F);
                    gpio_set_pin_high(PIN_LED_G);
                    gpio_set_pin_high(PIN_LED_DP);
                    break;
        case 0x02:

                    gpio_set_pin_low(PIN_LED_A);
                    gpio_set_pin_low(PIN_LED_B);
                    gpio_set_pin_high(PIN_LED_C);
                    gpio_set_pin_low(PIN_LED_D);
                    gpio_set_pin_low(PIN_LED_E);
                    gpio_set_pin_high(PIN_LED_F);
                    gpio_set_pin_low(PIN_LED_G);
                    gpio_set_pin_high(PIN_LED_DP);
                    break ;
        case 0x03:

                    gpio_set_pin_low(PIN_LED_A);
                    gpio_set_pin_low(PIN_LED_B);
                    gpio_set_pin_low(PIN_LED_C);
                    gpio_set_pin_low(PIN_LED_D);
                    gpio_set_pin_high(PIN_LED_E);
                    gpio_set_pin_high(PIN_LED_F);
                    gpio_set_pin_low(PIN_LED_G);
                    gpio_set_pin_high(PIN_LED_DP);
                    break ;
        case 0x04:

                    gpio_set_pin_high(PIN_LED_A);
                    gpio_set_pin_low(PIN_LED_B);
                    gpio_set_pin_low(PIN_LED_C);
                    gpio_set_pin_high(PIN_LED_D);
                    gpio_set_pin_high(PIN_LED_E);
                    gpio_set_pin_low(PIN_LED_F);
                    gpio_set_pin_low(PIN_LED_G);
                    gpio_set_pin_high(PIN_LED_DP);
                    break;
        case 0x05:

                    gpio_set_pin_low(PIN_LED_A);
                    gpio_set_pin_high(PIN_LED_B);
                    gpio_set_pin_low(PIN_LED_C);
                    gpio_set_pin_low(PIN_LED_D);
                    gpio_set_pin_high(PIN_LED_E);
                    gpio_set_pin_low(PIN_LED_F);
                    gpio_set_pin_low(PIN_LED_G);
                    gpio_set_pin_high(PIN_LED_DP);
                    break;
        case 0x06:

                    gpio_set_pin_low(PIN_LED_A);
                    gpio_set_pin_high(PIN_LED_B);
```

```
                gpio_set_pin_low(PIN_LED_C);
                gpio_set_pin_low(PIN_LED_D);
                gpio_set_pin_low(PIN_LED_E);
                gpio_set_pin_low(PIN_LED_F);
                gpio_set_pin_low(PIN_LED_G);
                gpio_set_pin_high(PIN_LED_DP);
                break ;
        case 0x07:
                gpio_set_pin_low(PIN_LED_A);
                gpio_set_pin_low(PIN_LED_B);
                gpio_set_pin_low(PIN_LED_C);
                gpio_set_pin_high(PIN_LED_D);
                gpio_set_pin_high(PIN_LED_E);
                gpio_set_pin_high(PIN_LED_F);
                gpio_set_pin_high(PIN_LED_G);
                gpio_set_pin_high(PIN_LED_DP);
                break ;
        case 0x08:
                gpio_set_pin_low(PIN_LED_A);
                gpio_set_pin_low(PIN_LED_B);
                gpio_set_pin_low(PIN_LED_C);
                gpio_set_pin_low(PIN_LED_D);
                gpio_set_pin_low(PIN_LED_E);
                gpio_set_pin_low(PIN_LED_F);
                gpio_set_pin_low(PIN_LED_G);
                gpio_set_pin_high(PIN_LED_DP);
                break;
        case 0x09:
                gpio_set_pin_low(PIN_LED_A);
                gpio_set_pin_low(PIN_LED_B);
                gpio_set_pin_low(PIN_LED_C);
                gpio_set_pin_low(PIN_LED_D);
                gpio_set_pin_high(PIN_LED_E);
                gpio_set_pin_low(PIN_LED_F);
                gpio_set_pin_low(PIN_LED_G);
                gpio_set_pin_high(PIN_LED_DP);
                break;
        case 0x0a:
                gpio_set_pin_low(PIN_LED_A);
                gpio_set_pin_low(PIN_LED_B);
                gpio_set_pin_low(PIN_LED_C);
                gpio_set_pin_high(PIN_LED_D);
                gpio_set_pin_low(PIN_LED_E);
                gpio_set_pin_low(PIN_LED_F);
                gpio_set_pin_low(PIN_LED_G);
                gpio_set_pin_high(PIN_LED_DP);
                break;
        case 0x0b:
                gpio_set_pin_high(PIN_LED_A);
                gpio_set_pin_high(PIN_LED_B);
```

```
                gpio_set_pin_low(PIN_LED_C);
                gpio_set_pin_low(PIN_LED_D);
                gpio_set_pin_low(PIN_LED_E);
                gpio_set_pin_low(PIN_LED_F);
                gpio_set_pin_low(PIN_LED_G);
                gpio_set_pin_high(PIN_LED_DP);
                break;
        case 0x0c:
                gpio_set_pin_low(PIN_LED_A);
                gpio_set_pin_high(PIN_LED_B);
                gpio_set_pin_high(PIN_LED_C);
                gpio_set_pin_low(PIN_LED_D);
                gpio_set_pin_low(PIN_LED_E);
                gpio_set_pin_low(PIN_LED_F);
                gpio_set_pin_high(PIN_LED_G);
                gpio_set_pin_high(PIN_LED_DP);
                break;
        case 0x0d:
                gpio_set_pin_high(PIN_LED_A);
                gpio_set_pin_low(PIN_LED_B);
                gpio_set_pin_low(PIN_LED_C);
                gpio_set_pin_low(PIN_LED_D);
                gpio_set_pin_low(PIN_LED_E);
                gpio_set_pin_high(PIN_LED_F);
                gpio_set_pin_low(PIN_LED_G);
                gpio_set_pin_high(PIN_LED_DP);
                break;
        case 0x0e:
                gpio_set_pin_low(PIN_LED_A);
                gpio_set_pin_high(PIN_LED_B);
                gpio_set_pin_high(PIN_LED_C);
                gpio_set_pin_low(PIN_LED_D);
                gpio_set_pin_low(PIN_LED_E);
                gpio_set_pin_low(PIN_LED_F);
                gpio_set_pin_low(PIN_LED_G);
                gpio_set_pin_high(PIN_LED_DP);
                break;
        case 0x0f:
                gpio_set_pin_low(PIN_LED_A);
                gpio_set_pin_high(PIN_LED_B);
                gpio_set_pin_high(PIN_LED_C);
                gpio_set_pin_high(PIN_LED_D);
                gpio_set_pin_low(PIN_LED_E);
                gpio_set_pin_low(PIN_LED_F);
                gpio_set_pin_low(PIN_LED_G);
                gpio_set_pin_high(PIN_LED_DP);
                break;
    }
}
void leddisplay_dis(void)      //依次显示0到F
```

```
{
            disply_num(0);
            mdelay(500);
            disply_num(1);
            mdelay(500);
            disply_num(2);
            mdelay(500);
            disply_num(3);
            mdelay(500);
            disply_num(4);
            mdelay(500);
            disply_num(5);
            mdelay(500);
            ......
            ......
            disply_num(14);
            mdelay(500);
            disply_num(15);
            mdelay(500);
}
```

7.4.5　门磁传感器实验

　　门磁/窗磁其实是门磁开关和窗磁开关的简称，由两部分组成，较小的部件为永磁体，内部有一块永久磁铁，用来产生恒定的磁场，较大的部件是门磁主体，它的内部有一个常开型的干簧管，当永磁体和干簧管靠得很近时（小于 5mm），门磁传感器处于工作守候状态，当永磁体离开干簧管一定距离时，门磁传感器处于常开状态。门磁如图 7-23 所示。门磁在传感板上的接线如图 7-24 所示。

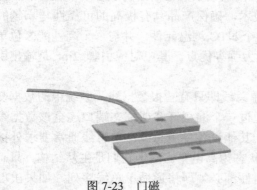

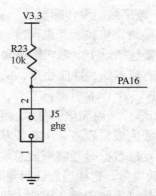

图 7-23　门磁　　　　　　　　　　图 7-24　门磁在传感板上的接线

　　从图 7-24 中可以很容易地看出，闭合时，PA16 采集到的是低电平，相当于门处于关闭状态；磁体移开时，PA16 采集到的是高电平，门相当于打开状态。

　　程序实现：配置系统时钟，关闭看门狗，配置门磁对应的 PIN，配置串口 0。

　　操作门磁，连接串口（串口在此不做介绍，后面有具体使用介绍），用串口工具可以看到打印的信息。

```
int main(void)
{
    Uart *p_uart=(Uart *)0x400e0600;                        //定义串口地址
    /*系统初始化 */
    sysclk_init();
    SysTick_Config(sysclk_get_cpu_hz() / 1000);
    WDT->WDT_MR = WDT_MR_WDDIS;
    gpio_configure_pin(PIO_PA16_IDX, FLUX_PA16); //配置PA16为输入引脚
    pmc_enable_periph_clk(ID_PIOA);                         //PMC寄存器使能
    /* 配置串口 */
    gpio_configure_group(PINS_UART0_PIO, PINS_UART0, PINS_UART0_FLAGS);
    configure_console();
      while(1)
      {
      //读取门磁传感器数值
        if (pio_get(PIOA, PIO_TYPE_PIO_INPUT, PIO_PA16) == 1)
        {
        printf("open door\r");                          //磁体移开
        }
        else
        {
         printf("close door\r");                        //磁体闭合
        }
      mdelay(500);
      }
}
```

7.4.6　温湿度传感器实验

DHT11 数字温湿度传感器是一款含有已校准数字信号输出的温湿度复合传感器。它应用专用的数字模块采集技术和温湿度传感器技术，确保产品具有极高的可靠性与卓越的长期稳定性。传感器包括一个电阻式感湿元件和一个 NTC 测温元件，并与一个高性能 8 位单片机相连接。它具有成本低、性能稳定、抗干扰能力强等优点。其中对应引脚 2int 是输出引脚，连接 SAM3S4B 芯片 PA6 引脚。

DHT11 器件采用简化的单总线通信。单总线即只有一根数据线，系统中的数据交换、控制均由单总线完成。设备（主机或从机）通过一个漏极开路或三态端口连至该数据线，以允许设备在不发送数据时能够释放总线，而让其他设备使用总线；单总线通常要求外接一个约 4.7kΩ 的上拉电阻，这样当总线闲置时，其状态为高电平。由于它们是主从结构，只有主机呼叫从机时，从机才能应答，因此主机访问器件都必须严格遵循单总线序列，如果出现序列混乱，器件将不响应主机。

传感板上温湿度传感器的接线如图 7-25 所示，TH_DATA 接 SAM3S4B 的 PA6 引脚。

TH_DATA 用于微处理器与 DHT11 之间的通信和同步，采用单总线数据格式，一次传送 40bit 数据，高位先出。

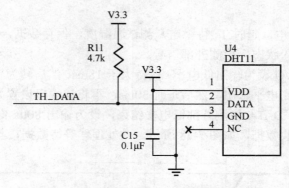

图 7-25　传感板上温湿度传感器的接线

校验位数据定义："8bit 湿度整数数据+ 8bit 湿度小数数据+8bit 温度整数数据+8bit 温度小数数据"，8bit 校验位等于所得结果的末 8 位。

【示例】　接收到的 40 位数据为：

0011 0101　　　　0000 0000　　　　0001 1000　　　0000 0000　　　　0100 1101
湿度高 8 位　　　湿度低 8 位　　　温度高 8 位　　温度低 8 位　　　校验位

计算：0011 0101+0000 0000+0001 1000+0000 0000= 0100 1101

接收数据正确。

湿度：0011 0101=35H=53%RH

温度：0001 1000=18H=24℃

温湿度采集时序如图 7-26 所示。

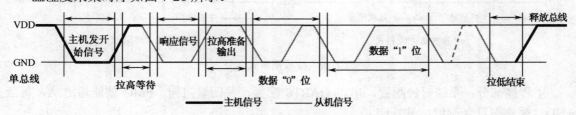

图 7-26　温湿度采集时序图

用户主机（MCU）发送一次开始信号后，DHT11 从低功耗模式转换到高速模式，待主机开始信号结束后，DHT11 发送响应信号，送出 40bit 的数据，触发一次信号采集。温湿度触发信号如图 7-27 所示。

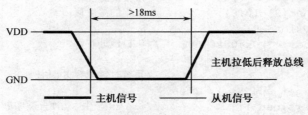

图 7-27　温湿度触发信号

温湿度读取步骤：

第一步：DHT11 上电，延时 1s 待稳定，测试温湿度，保存数据，DHT11 的 DATA 数据线保持高电平，处于输入状态，检测外部信号。

第二步：微处理器 I/O 设为输出低电平，保持大于 18ms，然后转为输入状态，等待 DHT11 做出应答。首先设置为高电平输出，然后延时 30ms，再将该端口设置为输入。

第三步：DHT11 的 DATA 检测外部低电平结束，设为输出 80μs 低电平作为应答和 80μs 高电平通知外设准备接收数据，如图 7-28 所示，微处理器等待数据接收。

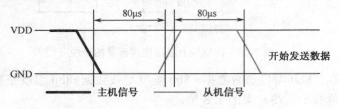

图 7-28　应答信号

第四步：DHT 的 DATA 输出 40bit 数据，微处理器按高低电平接收 40bit 数据。

位数据 "0" 的格式为：50μs 的低电平和 26～28μs 的高电平；位数据 "1" 的格式为：50μs 的低电平加 70μs 的高电平。位数据 "0"、"1" 格式信号如图 7-29 所示。

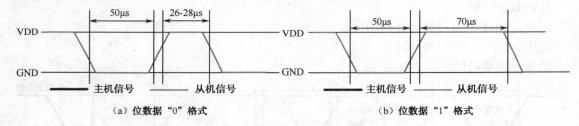

（a）位数据 "0" 格式　　　　　　　（b）位数据 "1" 格式

图 7-29　位数据格式信号

主程序部分：系统时钟配置，串口 UART0 配置，关闭看门狗，PMC 使能通道 A，每延时 1s，采集温度和湿度，并打印。

```
int main(void)
{
  unsigned int i=0;

  unsigned char temp[2]={0,0};          //采集的温度值
  unsigned char hum[2]={0,0};           //采集的湿度值
  unsigned int sysload=0;
  Uart *p_uart=(Uart *)0x400e0600;      //串口地址映射
  /* 系统初始化 */
  sysclk_init();                        //系统时钟配置 64MHz
  sysload= sysclk_get_cpu_hz()/ 1000;
  SysTick_Config(sysload );             //每 1ms 产生 SysTick 中断
  WDT->WDT_MR = WDT_MR_WDDIS;           //关闭看门狗
  /* 配置串口 */
  gpio_configure_group(PINS_UART0_PIO, PINS_UART0, PINS_UART0_FLAGS);
```

```
configure_console();                    //串口配置
pmc_enable_periph_clk(ID_PIOA);        //pmc 使能
mdelay(1000) ;                          //等待 TH11 自身上电稳定过程
while(1)
  {
    Read_Temp_Hum(temp,hum);           //采集温度
    printf("temp[0]=%d\rtemp[1]=%d\rhum[0]=%d,hum[1]=%d\r"
                                ,temp[0],temp[1],hum[0],hum[1]);
      mdelay(1000) ;
  }
}
```

温湿度子程序的采集是按上述时序进行控制的。

```
/***********************************************************************************
****
 * Function Name  : 读取温度
 * Input          : - temp : 温度指针
 *                  - hum : 湿度指针
 * Output         : - temp[0] : 温度低位
 *                  - temp[1] : 温度高位
 *                  - hum[0] : 湿度低位
 *                  - hum[1] : 湿度高位
 * Return         : - 1, 采集成功返回1
 *                  - 0,采集失败返回 0
 ***********************************************************************************
***/
  uint32_t Read_Temp_Hum(uint8_t *temp, uint8_t *hum)
  {
    uint32_t    cnt_last;
    uint8_t     hum_10, hum_01, temp_10, temp_01, chksum, chk;
    uint32_t    tc1, tc;
    uint32_t    i;
    gpio_configure_pin(PIO_PA6_IDX ,PIO_OUTPUT_1|PIO_PULLUP | PIO_DEBOUNCE |
PIO_IT_RISE_EDGE );// 设置 PIO_PA6 为输出
    gpio_set_pin_high(PIO_PA6_IDX);//
    pa6_counter = 0;
    cnt_last = pa6_counter;
    SetTemIntType(2);// 关闭中断
    gpio_configure_pin(PIO_PA6_IDX ,PIO_OUTPUT_1|PIO_PULLUP | PIO_DEBOUNCE |
PIO_IT_RISE_EDGE );//设置为输出
    gpio_set_pin_low(PIO_PA6_IDX);//
    mdelay(30);
    gpio_configure_pin(PIO_PA6_IDX ,PIO_INPUT|PIO_PULLUP );  //设置为输入
    for(i=0; i<3; i++)
    {
      SetTemIntType(i&0x01);// 使能中断
      while(pa6_counter == cnt_last);
      cnt_last = pa6_counter;
    }
```

```
//采集数据，在采集的过程需要判断 TH11 输出的高低电平的信号，采集的过程是使用中断实现的
    for(i=0; i<40; i++)
  {

     SetTemIntType(1);// 使能中断为上升沿有效
     while(pa6_counter == cnt_last);
     cnt_last = pa6_counter;
     tc1 = pa6_tc; //此时记录一下这个时刻滴答倒计时计数器里面还剩下多少
     SetTemIntType(0);// 中断下降沿有效
     while(pa6_counter == cnt_last);
     cnt_last = pa6_counter;
    if(pa6_tc < tc1)
    {
      tc = tc1 - pa6_tc; //记录经过多少滴答
    }
    else
    {
      tc = 64000 - (pa6_tc - tc1);
    }

    if(i < 8)
    {
      hum_10 <<= 1;
         if(tc >= 3200)        //时钟频率是 64MHz，即一个脉冲需要 1/64μs
        hum_10 |= 0x01;       //3200 个脉冲是 3200*（1/64）μs，即 50μs
    }
    else if(i < 16)
    {
      hum_01 <<= 1;
      if(tc >= 3200)
        hum_01 |= 0x01;
    }
    else if(i < 24)
    {
      temp_10 <<= 1;
      if(tc >= 3200)
        temp_10 |= 0x01;
    }
    else if(i < 32)
    {
      temp_01 <<= 1;
      if(tc >= 3200)
        temp_01 |= 0x01;
    }
    else
    {
      chksum <<= 1;
      if(tc >= 3200)
        chksum |= 0x01;
    }
  }
```

```
    SetTemIntType(1);// 中断下降有效
    while(pa6_counter == cnt_last);
    SetTemIntType(2);// 关闭中断采集
  *temp = temp_10;
  *(temp+1) = temp_01;
  *hum = hum_10;
  *(hum+1) = hum_01;

  chk = hum_10;
  chk += hum_01;
  chk += temp_10;
  chk += temp_01;

  if(chk == chksum)
    return 1;
  else
    return 0;
}
```

TUM_Handler 实际上是 PA6 产生的上升沿或下降沿中断，中断时记录下当前 SysTick->VAL 的数值。

```
void TUM_Handler(uint32_t id, uint32_t mask)
{
    if (ID_PIOA == id && PIO_PA6 == mask)
        {
         pa6_tc = SysTick->VAL;
         pa6_counter++;
        }
}
```

下面给出中断采集边沿信号的具体设置及关中断操作函数，主要包括中断通道使能、中断引脚使能、中断优先级设置和中断触发方式设置。

```
/****************************************************************************
****
 * Function Name  : 温湿度中断设置函数
 * Description    : 设置中断类型
 * Input          : - 输入中断
 *                  - 0 :下降沿
 *                  - 1 : 上升沿
 *                  - 2 : 关中断

 * Output         :
 * Return         :
 ****************************************************************************
***/
extern void mdelay(uint32_t ul_dly_ticks);
void SetTemIntType(uint8_t type)
{
```

```
switch (type)
{
    case 0://下降沿中断
      NVIC_EnableIRQ((IRQn_Type) ID_PIOA);
      pio_enable_interrupt(PIOA, PIO_PA6 );
      pio_handler_set_priority(PIOA,
                                (IRQn_Type) ID_PIOA, IRQ_PRIOR_PIO);
      pio_handler_set(PIOA, ID_PIOA, PIO_PA6, // 下降沿中断
          (PIO_PULLUP | PIO_DEBOUNCE | IRQ_FALLING_EDGE),TUM_Handler);
      break;
    case 1://上升沿中断
      NVIC_EnableIRQ((IRQn_Type) ID_PIOA);
      pio_enable_interrupt(PIOA, PIO_PA6 );
      pio_handler_set(PIOA, ID_PIOA, PIO_PA6,
          (PIO_PULLUP | PIO_DEBOUNCE | PIO_IT_RISE_EDGE),TUM_Handler);
    pio_handler_set_priority(PIOA, (IRQn_Type) ID_PIOA, IRQ_PRIOR_PIO);
      break;

    case 2://关中断
        pio_disable_interrupt(PIOA, PIO_PA6 );
        break;
    default:
        break;
    }
 }
```

7.4.7　蜂鸣器控制实验

蜂鸣器是一种一体化结构的电子讯响器，采用直流电压供电，分为压电式蜂鸣器和电磁式蜂鸣器两种类型。蜂鸣器在电路中用字母"H"或"HA"表示。

压电式蜂鸣器主要由多谐振荡器、压电蜂鸣片、阻抗匹配器及共鸣箱、外壳等组成。多谐振荡器由晶体管或集成电路构成。当接通电源后（1.5～15V 直流工作电压），多谐振荡器起振，输出 1.5～2.5kHz 的音频信号，阻抗匹配器推动压电蜂鸣片发声。压电蜂鸣片由锆钛酸铅或铌镁酸铅压电陶瓷材料制成。在陶瓷片的两面镀上银电极，经极化和老化处理后，再与黄铜片或不锈钢片粘在一起。

电磁式蜂鸣器由振荡器、电磁线圈、磁铁、振动膜片及外壳等组成。接通电源后，振荡器产生的音频信号电流通过电磁线圈，使电磁线圈产生磁场。振动膜片在电磁线圈和磁铁的相互作用下，周期性地振动发声。

执行板上的蜂鸣器接线如图 7-30 所示。图中使用了 AO3401 的 PMOS 增强管，当 Speaker 为低电平时，AO3401 导通，Speaker 发出声音。

主程序：实现的过程相对简单，系统时钟配置，关闭看门狗，蜂鸣器引脚配置，调用蜂鸣器执行函数。

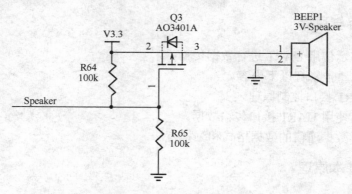

图 7-30 执行板上的蜂鸣器接线

```
int main(void)
{
    /* 系统初始化 */
    sysclk_init();
    SysTick_Config(sysclk_get_cpu_hz() / 1000);
    WDT->WDT_MR = WDT_MR_WDDIS;
    BEER_init();
    while(1)
     {
      BEER();
     }
}
```

PIN 配置初始化，并关闭蜂鸣器。

```
void BEER_init(void)
{
   gpio_configure_pin(PIN_BEER,PIN_BEER_STATUS );
   gpio_set_pin_high(PIN_BEER);
}
```

控制蜂鸣器，以 1Hz 的频率发出声音。

```
void BEER(void)
{
        gpio_set_pin_high(PIN_BEER);
        mdelay(500);
        gpio_set_pin_low(PIN_BEER);
        mdelay(500);
}
```

7.5 UART 编程

在实际应用过程中，不可能只是将单一的模块功能实现了就达到了目的。比如，在信息采集之后，考虑的是如何将这些信息显示并提交给用户，这就不得不涉及数据传输的问题，而串口作为数据传输的有效形式会首先被想到。

7.5.1 实例内容与目标

本小节主要演示使用 UART 进行数据传输。

通过该实例，重点掌握以下内容。

（1）了解 UART 接口控制原理。

（2）熟悉如何使用 UART 接口传输数据。

（3）了解串行数据通信的数据格式和编程方法。

7.5.2 UART 基本原理

1. UART 通信基础知识

DTE（Data Terminal Equipment）即数据终端设备；DCE（Data Communications Equipment）即数据通信设备。

事实上，RS-232C 标准的正规名称是"数据终端设备和数据通信设备之间串行二进制数据交换的接口"。通常，将通信线路终端一侧的计算机或终端称为 DTE，而把连接通信线路一侧的调制解调器称为 DCE。

RS-232C 标准中所提到的"发送"和"接收"，都是站在 DTE 立场上，而不是站在 DCE 的立场来定义的。由于在计算机系统中往往是 CPU 和 I/O 设备之间传送信息，两者都是 DTE，因此双方都能发送和接收。

所谓"串行通信"是指 DTE 和 DCE 之间使用一根数据信号线（另外需要地线，可能还需要控制线），数据在一根数据信号线上一位一位地进行传输，每一位数据都占据一个固定的时间长度，如图 7-31 所示。这种通信方式使用的数据线少，在远距离通信中可以节约通信成本，当然，其传输速度比并行传输慢。

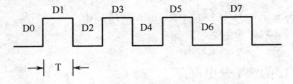

图 7-31　串口通信位传输示意图

串行通信有两种基本的类型：异步串行通信和同步串行通信。两者之间最大的差别是前者以一个字符为单位，后者以一个字符序列为单位。

本节将以异步串行通信为例，讲解串行通信的编程方法。

（1）异步串行传输格式。异步串行通信数据传输格式如图 7-32 所示，包括起始位、数据位和停止位。数据位和停止位一般是可以通过编程设置的。数据位有 5、6、7、8 位可选择，停止位有 1、2 位可选择。

一个完整的异步通信传输必须经历的步骤为：无传输、起始传输、数据传输、奇偶传输和停止传输。

（2）串行通信数据传输过程。由于 CPU 与接口之间按并行方式传输，接口与外设之间按串行方式传输，因此，在串行接口中，必须要有"接收移位寄存器"（串→并）和"发送移位寄存器"（并→串）。

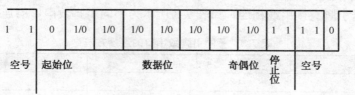

| 1 | 1 | 0 | 1/0 | 1/0 | 1/0 | 1/0 | 1/0 | 1/0 | 1/0 | 1 | 1 | 1 | 0 |

空号　起始位　　　数据位　　　奇偶位　停止位　空号

图 7-32　异步串行通信数据传输格式

在数据输入过程中，数据一位一位地从外设进入接口的"接收移位寄存器"，当"接收移位寄存器"中已接收完一个字符的各位后，数据就从"接收移位寄存器"进入"数据输入寄存器"。CPU 从"数据输入寄存器"中读取接收到的字符（并行读取，即 D7～D0 同时被读至累加器中）。"接收移位寄存器"的移位速度由"接收时钟"确定。

在数据输出过程中，CPU 把要输出的字符（并行地）送入"数据输出寄存器"，"数据输出寄存器"的内容传输到"发送移位寄存器"，然后由"发送移位寄存器"移位，把数据一位一位地送到外设。"发送移位寄存器"的移位速度由"发送时钟"确定。

接口中的"控制寄存器"用来容纳 CPU 送给此接口的各种控制信息，这些控制信息决定了接口的工作方式。

"状态寄存器"的各位称为"状态位"，每一个状态位都可以用来指示数据传输过程中的状态或某种错误。例如，用状态寄存器的 D5 位为"1"表示"数据输出寄存器"空，用 D0 位表示"数据输入寄存器"满，用 D2 位表示"奇偶检验错"等。能够完成上述"串/并"转换功能的电路，通常称为"通用异步收发器"（UART，Universal Asynchronous Receiver and Transmitter）。

2．串口通信基本接线方法

目前较为常用的串口有 9 针串口（DB9）和 25 针串口（DB25），通信距离较近时（＜12m），可以用电缆线直接连接标准 RS-232 端口，若距离较远，需附加调制解调器（MODEM）。最简单且常用的是三线制接法，即信号地、接收数据和发送数据三脚相连。

DB9 和 DB25 常用信号引脚说明见表 7-2。

表 7-2　DB9 和 DB25 常用信号引脚说明

9 针串口（DB9）			25 针串口（DB25）		
针　号	功能说明	缩　写	针　号	功能说明	缩　写
1	数据载波检测	DCD	8	数据载波检测	DCD
2	接收数据	RXD	3	接收数据	RXD
3	发送数据	TXD	2	发送数据	TXD
4	数据中断准备	DTR	20	数据中断准备	DTR
5	信号地	GND	7	信号地	GND
6	数据设备准备好	DSR	6	数据准备好	DSR
7	请求发送	RTS	4	请求发送	RTS
8	清除发送	CTS	5	清除发送	CTS
9	振铃指示	DELL	22	振铃指示	DELL

三线制串口只有接收数据引脚和发送引脚才能实现数据传输，接线方法为：同一个串口的接收引脚和发送引脚直接用线相连。如表 7-3 所示为不同引脚数串口的连接方法。

表 7-3　不同引脚数串口的连接方法

9 针—9 针		25 针—25 针		9 针—25 针	
2	3	3	2	2	2
3	2	2	3	3	3
5	5	7	7	5	7

在串口调试过程中，需注意以下几点。

（1）不同编制机制不能混接，如 RS-232C 不能直接与 RS-422 接口相连，必须通过转换器才能连接。

（2）线路焊接要牢固，不然程序没问题，却因为接线问题而误事。

（3）串口调试时，准备一个好用的调试工具，如串口调试助手、串口精灵等，有事半功倍的效果。

（4）通信双方的数据格式要一致。

（5）建议不要带电插拔串口，插拔时至少有一端是断线的，否则串口易损坏。

3．RS-232 串行接口标准

RS-232 是串行数据接口标准，最初都是由电子工业协会（EIA）制定并发布的，RS-232于 1962 年发布，命名为 EIA-232-E，作为工业标准用以保证不同厂家产品之间的兼容。

RS-232 标准只对接口的电气特性做出规定，而不涉及接插件、电缆或协议，在此基础上用户可以建立自己的高层通信协议，因此在视频应用中，许多厂家都建立了一套高层通信协议，或公开或厂家独家使用。

目前 RS-232 是 PC 与通信工业中应用最广泛的一种串行接口。RS-232 被定义为一种在低速率串行通信中增加通信距离的单端标准，采取不平衡传输方式，即所谓的单端通信，所以RS-232 适合本地设备之间的通信。其相关电气参数如表 7-4 所示。

表 7-4　RS-232 相关电气参数

规 定 标 识	RS-232
工作方式	单端
结点数	1 收，1 发
最大传输电缆长度	50 英尺
最大传输速率	20kb/s
最大驱动输出电压	±25V
驱动器输出信号电平（负载最小值）	±5～±15V
驱动器输出信号电平（空载最大值）	±25V
驱动器负载阻抗（Ω）	3～7kΩ
摆率（最大值）	30V/s
接收器输入电压范围	±15V
接收器输入门限	±3V
接收器输入电阻（Ω）	3～7kΩ

在 TXD 和 RXD 上：逻辑 1（MARK）=-3～-15V，逻辑 0（SPACE）=+3～+15V；在 RTS、CTS、DSR、DTR 和 DCD 等控制线上：信号有效（接通，ON 状态，正电压）=+3～+15V，信号无效（断开，OFF 状态，负电压）=-3～-15V。

以上规定说明了 RS-323C 标准对逻辑电平的定义。对于数据（信息码），逻辑"1"（传号）的电平低于-3V，逻辑"0"（空号）的电平高于+3V；对于控制信号，接通状态（ON）即信号有效的电平高于+3V，断开状态（OFF）即信号无效的电平低于-3V，也就是当传输电平的绝对值大于 3V 时，电路可以有效地检查出来，介于-3～+3V 的电压无意义，低于-15V 或高于+15V 的电压也无意义，因此，实际工作时，应保证电平在±（3～15）V。

4．串行接口电路设计

几乎所有的微控制器、PC 都提供串行接口。串行接口是最常用的 I/O 接口方式。要完成最基本的串行通信功能，实际上只需要 RXD、TXD、GND 即可。但如前所述，RS-232C 标准所定义的高、低电平信号，与一般的微控制器系统的 LVTTL 电路所定义的高、低电平信号完全不同，如 SAM3S4B 系统的标准逻辑"1"对应 2～3.3V 电平，标准逻辑"0"对应 0～0.4V 电平，显然，与前面所述的 RS-232C 标准的电平信号完全不同。两者之间要进行通信，必须经过信号电平的转换，目前常使用的电平转换芯片有 MAX232、MAX3221～MAX3243。如表 7-5 所示为串口相关寄存器描述。

表7-5 串口相关寄存器

偏 移 量	寄存器功能	名 称	复 位 值	权 限
0x0000	控制寄存器	UART_CR	—	Write-only
0x0004	模式寄存器	UART_MR	0x0	Read-Write
0x0008	中断使能寄存器	UART_IER	—	Write-only
0x000C	中断禁止寄存器	UART_IDR	—	Write-only
0x0010	中断屏蔽寄存器	UART_IMR	0x0	Read-only
0x0014	状态寄存器	UART_SR	—	Read-only
0x0018	接收保持寄存器	UART_RHR	0x0	Read-only
0x001C	发送保持寄存器	UART_THR	—	Write-only
0x0020	波特率生成寄存器	UART_BRGR	0x0	Read-Write
0x0024—0x003C	保留	—	—	—
0x004C—0x00FC	保留	—	—	—
0x0100—0x0124	PDC 区	—	—	—

7.5.3 UART 软件设计与分析

在 SAM3S4B 中，UART 的串口控制原理图如图 7-33 所示。可以看出，串口工作第一步需要使能 PMC，如果使用中断方式进行数据的接收和发送，对 NVIC 也需要配置。串口的收发是在同一波特率下进行的，不可能使同一串口发送和接收在不同的波特率下进行。

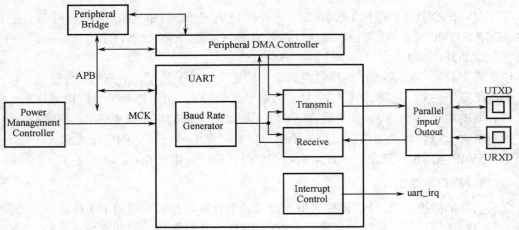

图 7-33　UART 的串口控制原理图

传输的波特率由 MCK 分频和寄存器 UART_BRGR 设定决定，公式 Baud Rate=MCK/(16×CD)，其中 CD 的值为 1～65536。

对于其他寄存器的设置可以查阅 SAM3S 的数据手册。

为方便调试，串口是通过 USB 转串口芯片 PL-2303HX 进行接线的，如图 7-34 所示。PA9、PA10 对应 UART0 端口。

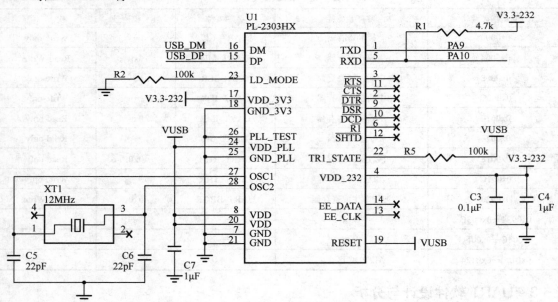

图 7-34　USB 转串口 PL-2303HX 接线图

对 UART 寄存器映射地址的定义使用一个结构体，可以很方便地将 UART 相关联的寄存器整体定义，方便识别和引用。

```
typedef struct {
  WoReg UART_CR;                /*控制寄存器*/
```

```
    RwReg UART_MR;              /*模式寄存器*/
    WoReg UART_IER;             /*中断使能寄存器*/
    WoReg UART_IDR;             /*中断禁止寄存器*/
    RoReg UART_IMR;             /*中断屏蔽寄存器*/
    RoReg UART_SR;              /*状态寄存器*/
    RoReg UART_RHR;             /*接收保持寄存器*/
    WoReg UART_THR;             /*发送保持寄存器*/
    RwReg UART_BRGR;            /*波特率生成寄存器*/
    WoReg UART_PTCR;            /*发送控制寄存器 PDC*/
} Uart;
```

为了便于移植，可以看到 UART 的 GPIO 配置函数使用伪指令方式，先判断然后再对具体的接口、时钟和工作模式进行配置。

```
#define gpio_configure_group(port_id,port_mask,io_flags) \
        pio_configure_pin_group(port_id,port_mask,io_flags)
           /*串口引脚配置*/
         uint32_t pio_configure_pin_group(Pio *p_pio,
         uint32_t ul_mask, const uint32_t ul_flags)
         {
       /* Configure pins */
       switch (ul_flags & PIO_TYPE_Msk) {
       case PIO_TYPE_PIO_PERIPH_A:
           pio_set_peripheral(p_pio, PIO_PERIPH_A, ul_mask);
           pio_pull_up(p_pio, ul_mask, (ul_flags & PIO_PULLUP));
           break;
       case PIO_TYPE_PIO_PERIPH_B:
           pio_set_peripheral(p_pio, PIO_PERIPH_B, ul_mask);
           pio_pull_up(p_pio, ul_mask, (ul_flags & PIO_PULLUP));
       break;
#if (SAM3S || SAM3N || SAM4S || SAM4E)
    case PIO_TYPE_PIO_PERIPH_C:
        pio_set_peripheral(p_pio, PIO_PERIPH_C, ul_mask);
        pio_pull_up(p_pio, ul_mask, (ul_flags & PIO_PULLUP));
        break;
    case PIO_TYPE_PIO_PERIPH_D:
        pio_set_peripheral(p_pio, PIO_PERIPH_D, ul_mask);     //接口配置
        pio_pull_up(p_pio, ul_mask, (ul_flags & PIO_PULLUP));//上拉配置
        break;
#endif
    case PIO_TYPE_PIO_INPUT:
        pio_set_input(p_pio, ul_mask, ul_flags);
        break;
    case PIO_TYPE_PIO_OUTPUT_0:
    case PIO_TYPE_PIO_OUTPUT_1:
        pio_set_output(p_pio, ul_mask,
              ((ul_flags & PIO_TYPE_PIO_OUTPUT_1)
              == PIO_TYPE_PIO_OUTPUT_1) ? 1 : 0,
              (ul_flags & PIO_OPENDRAIN) ? 1 : 0,
              (ul_flags & PIO_PULLUP) ? 1 : 0);
```

```
        break;
    default:
        return 0;
    }
    return 1;
}
static void configure_console(void)
{
    const usart_serial_options_t uart_serial_options = {
        .baudrate = CONF_UART_BAUDRATE,
        .paritytype = CONF_UART_PARITY
    };
    /* Configure console UART. */
    sysclk_enable_peripheral_clock(CONSOLE_UART_ID);          //时钟配置
    stdio_serial_init(CONF_UART, &uart_serial_options);       //模式配置
}
```

UART 接收数据，通过判断结束缓冲区和接收标志位来确定是否接收到数据，并将接收的数据传递给形式参数*puc_data。

```
uint32_t uart_read(Uart *p_uart, uint8_t *puc_data)
{
    /* 接收寄存器准备就绪 */
    if ((p_uart->UART_SR & UART_SR_RXRDY) == 0)
        return 1;
    /*接收一个字节 */
    *puc_data = (uint8_t) p_uart->UART_RHR;
    return 0;
}
```

先判断是否处于发送状态，如果正在发送数据，则直接退出，如果处于准备发送状态，则将要发送的数据给 UART_THR。

```
/**
*在发送数据时，UART 发送保持寄存器要处于发送就绪状态或发送缓冲区位空
*/
uint32_t uart_write(Uart *p_uart, const uint8_t uc_data)
{
    /* 检测发送寄存器是否就绪 */
    if (!(p_uart->UART_SR & UART_SR_TXRDY))
        return 1;
    /* 发送一个字节 */
    p_uart->UART_THR = uc_data;
    return 0;
}
```

主程序主要是验证 UART0 收发数据，首先是利用数据结构定义串口，配置系统时钟，关闭看门狗，配置串口，然后调用读串口函数，运行程序后，通过串口调试软件向 SAM3S4B 发送数据 1，SAM3S4B 返回 OK。

```
int main(void)
{
  unsigned char array[]={"farsight test uart0  !"};    //定义打印数组
  uint8_t data;
  Uart *p_uart=(Uart *)0x400e0600;                      //定义UART0
  /* 系统初始化 */
   sysclk_init();                                        //系统时钟配置，64MHz
   SysTick_Config(sysclk_get_cpu_hz() / 1000);          //SysTick 1ms产生中断
  WDT->WDT_MR = WDT_MR_WDDIS;                            //关闭看门狗
  /* 配置串口0 */
  gpio_configure_group(PINS_UART0_PIO, PINS_UART0, PINS_UART0_FLAGS);//串口配置
  configure_console();//串口波特率为115200，8位，1停止位，无校验
          while(1)
          {
              uart_read((Uart*)p_uart,&data);            //接收一个字符
              if(data== 1)  //如果字符为"1"，则返回OK
              {
              uart_write((Uart*)p_uart,'o');
              mdelay(500);
              uart_write((Uart*)p_uart,'k');
              mdelay(500);
              data=0;}
          }
}
```

7.6 SPI/SSP 编程

在上面一节中，了解到利用串口进行数据传输的过程是怎样一个形式。除了 UART 可以进行本机内部的通信或本机与其他机器之间的通信外，SPI 总线及 I^2C 总线上可以挂接一些外设，外设根据总线的协议完成外设与外设之间或者外设与主机单元之间的数据交互。本节给出 SPI 的原理和以模拟方式进行的通信。

7.6.1 实例内容与目标

（1）了解 SPI 接口控制原理。
（2）掌握 SPI 接口的基本使用方法。

7.6.2 SPI/SSP 基本原理

SPI（Serial Peripheral Interface，串行外设接口）总线系统是一种同步串行外设接口，它可以使 MCU 与各种外围设备以串行方式进行通信以交换信息。外围设备包括 Flash、RAM、网络控制器、LCD 显示驱动器、A/D 转换器和 MCU 等。SPI 总线系统可直接与各个厂家生产的多种标准外围器件直接连接，该接口一般使用 4 条线：串行时钟线（SCLK）、主机输入/从机输出数据线 MISO、主机输出/从机输入数据线 MOSI 和低电平有效的从机选择线/SS（有的 SPI 接口芯片带有中断信号线 INT，有的 SPI 接口芯片没有主机输出/从机输入数据线 MOSI）。SPI

接口的 4 条线如图 7-35 所示。

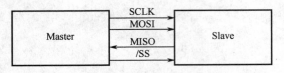

图 7-35　SPI 接口的 4 条线

SPI 接口是 Motorola 首先在其 MC68HCXX 系列处理器上定义的。该接口在 CPU 和外围低速器件之间进行同步串行数据传输，在主器件的移位脉冲下，数据按位传输，高位在前，低位在后，为全双工通信，数据传输速度总体来说比 I²C 总线要快，可达到每秒几兆比特。

SPI 接口是以主从方式工作的，这种模式通常有一个主器件和一个或多个从器件，其接口包括以下 4 种信号。

❑ MISO（Master In/Slave Out data）：主器件数据输入，从器件数据输出；

❑ MOSI：（Master Out/Slave In data）：主器件数据输出，从器件数据输入；

❑ SCLK（Serial Clock）：时钟信号，由主器件产生；

❑ /SS（Slave Select）：从器件使能信号，由主器件控制。

在点对点的通信中，SPI 接口不需要进行寻址操作，且为全双工通信，简单高效。在多个从器件的系统中，每个从器件需要独立地使能信号，硬件上比 I²C 系统要稍微复杂一些。

SPI 接口的内部硬件实际上是两个简单的移位寄存器，传输的数据为 8 位，在主器件产生的从器件使能信号和移位脉冲下，按位传输，高位在前，低位在后。

7.6.3　SPI/SSP 软件设计与分析

图 7-36 给出了基于总线的 SPI 构造方式，PMC 控制时钟的使能，而 CPU 通过 PDC 总线与 SPI 交互，SPI 与外部数据可以设置为中断模式。

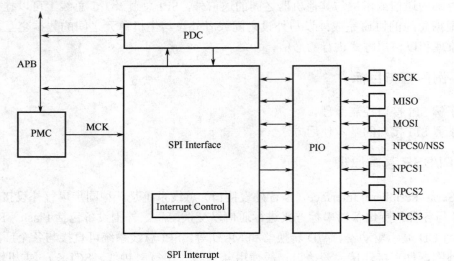

图 7-36　基于总线的 SPI 构造方式

SAM3S4B 采用主从方式，NSS 是从的片选线，通常用中断方式，共用 SPCK、MISO 和 MOSI，进行数据传输的接线如图 7-37 所示。

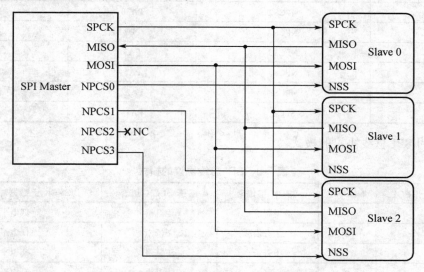

图 7-37　SPI 总线格式中多个从机接线

表 7-6 给出了各信号的描述，在设计电路时需要注意外部设备的接线。

表 7-6　SPI 信号描述

信 号 定 义	功 能 描 述	模 式	
		主	从
MISO	主入从出	输入	输出
MOSI	主出从入	输出	输入
SPCK	串行时钟	输出	输入
NPCS1-NPCS3（片选）	外部片选使能信号	输出	输入
NPCS0/NSS（片选）	外部片选使能信号/从模式片选	输出	输入

表 7-7 给出了 SAM3S4B 的 SPI 使用引脚，在使用前需要进行配置。

表 7-7　SAM3S4B 的 SPI 使用引脚

模 式	信 号	I/O 引脚	外 设
SPI	MISO	PA12	A
SPI	MOSI	PA13	A
SPI	NPCS0	PA11	A
SPI	NPCS1	PA9	B
SPI	NPCS1	PA31	A
SPI	NPCS1	PB14	A
SPI	NPCS1	PC4	B
SPI	NPCS2	PA10	B

模 式	信 号	I/O 引脚	外 设
SPI	NPCS2	PA30	B
SPI	NPCS2	PB2	B
SPI	NPCS3	PA3	B
SPI	NPCS3	PA5	B
SPI	NPCS3	PA22	B
SPI	SPCK	PA14	A

表 7-8 为 SPI 总线协议的模式。

表 7-8　SPI 总线协议的模式

SPI 模式	CPOL	NCPHA	SPCK 移位沿	捕获 SPCK 边沿	SPCK 无数据时电平状态
0	0	1	下降沿	上升沿	低电平
1	0	0	上升沿	下降沿	低电平
2	1	1	上升沿	下降沿	高电平
3	1	0	下降沿	上升沿	高电平

如图 7-38 所示为 NCPHA=1 时 SPI 数据传输的格式，当 NCPHA=1 时，CPOL=0，SPLK 无数据传输保持低电平，数据从 SPLK 第一个下降沿由高位开始传输；当 NCPHA=1 时，CPOL=1，SPLK 无数据传输为高电平，数据从 SPLK 第一个上升沿由高位开始传输。

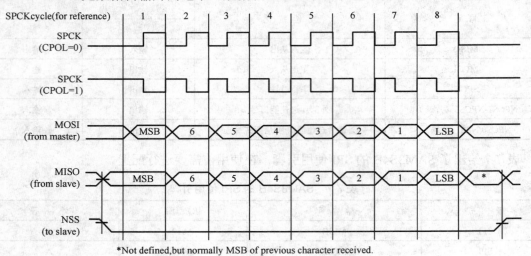

*Not defined,but normally MSB of previous character received.

图 7-38　NCPHA=1 时 SPI 数据传输的格式

如图 7-39 所示为 NCPHA=0 时 SPI 数据传输的格式，当 NCPHA=0 时，CPOL=0，SPLK 无数据传输保持低电平，数据从 SPLK 第一个上升沿由高位开始传输；当 NCPHA=0 时，CPOL=1，SPLK 无数据传输为高电平，数据从 SPLK 第一个下降沿由高位开始传输。

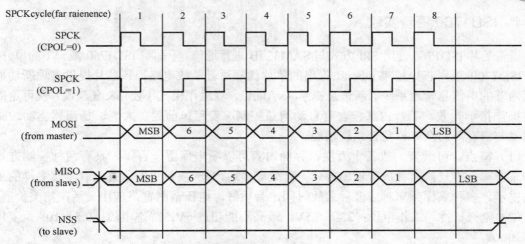

*Not defined,but normally MSB of previous character received.

图 7-39 NCPHA=0 时 SPI 数据传输的格式

表 7-9 给出了 SPI 寄存器的映射地址。

表 7-9 SPI 寄存器映射地址

偏 移 量	寄存器功能	名 称	权 限	复 位 值
0x00	控制寄存器	SPI_CR	W	—
0x04	模式寄存器	SPI_MR	R&W	0x0
0x08	接收数据寄存器	SPI_RDR	R	0x0
0x0C	发送数据寄存器	SPI_TDR	W	—
0x10	状态寄存器	SPI_SR	R	0x000000F0
0x14	中断使能寄存器	SPI_IER	W	—
0x18	中断禁止寄存器	SPI_IDR	W	—
0x1C	中断屏蔽寄存器	SPI_IMR	R	0x0
0x20—0x2C	保留			
0x30	片选寄存器 0	SPI_CSR0	R&W	0x0
0x34	片选寄存器 1	SPI_CSR1	R&W	0x0
0x38	片选寄存器 2	SPI_CSR2	R&W	0x0
0x3C	片选寄存器 3	SPI_CSR3	R&W	0x0
0x4C—0xE0	保留	—	R&W	—
0xE4	写保护控制寄存器	SPI_WPMR	R&W	0x0
0xE8	写保护状态寄存器	SPI_WPSR	R	0x0
0x00E8—0x00F8	保留	—		—
0x00FC	保留	—		—
0x100—0x124	PDC 保留	—		—

物联网应用开发详解——基于ARM Cortex-M3处理器的开发设计 ------

7.6.4 ISD1760 语音实验

语音芯片 ISD1760 使用 SPI 方式与 SAM3S4B 进行通信，下面对 ISD1760 做一下简单介绍。

ISD1700 系列芯片是 Winbond 推出的单片优质语音录放电路，该芯片提供多项新功能，包括内置的多信息管理系统、新信息提示（vAlert）、双运作模式（独立&嵌入式）及可定制的信息操作指示音效。芯片内部包含有自动增益控制、麦克风前置扩大器、扬声器驱动线路、振荡器与内存等的全方位整合系统功能。

（1）特点。可录音、放音十万次，存储内容可以断电保留一百年。具有两种控制方式，两种录音输入方式，两种放音输出方式，可处理多达 255 段以上的信息，有丰富多样的工作状态提示，多种采样频率对应多种录放时间，音质好，电压范围宽，应用灵活，物美价廉。

（2）电气特性。工作电压：2.4～5.5V，最高不能超过 6V；静态电流：0.5～1μA；工作电流：20mA。

用户可利用振荡电阻来自定芯片的采样频率，从而决定芯片的录放时间。主控单片机主要通过 4 线（SCLK，MOSI，MISO，/SS）SPI 协议对 ISD1760 进行串行通信。ISO 1760 作为从机，几乎所有的操作都可以通过这个 SPI 协议来完成。为了兼容独立按键模式，一些 SPI 命令 PLAY、REC、ERASE、FWD、RESET 和 GLOBAL_ERASE 的运行类似于相应的独立按键模式的操作。另外，SET_PLAY、SET_REC、SET_ERASE 命令允许用户指定录音、放音和擦除的开始和结束。此外，还有一些命令可以访问 APC 寄存器，用来设置芯片模拟输入的方式。

ISD1700 系列的 SPI 串行接口操作遵照以下协议。

（1）一个 SPI 处理开始于/SS 引脚的下降沿。在一个完整的 SPI 指令传输周期内，/SS 引脚必须保持低电平。

（2）数据在 SCLK 的上升沿锁存在芯片的 MOSI 引脚，在 SCLK 的下降沿从 MISO 引脚输出，并且首先移出低位。SPI 指令操作码包括命令字节、数据字节和指令字节，这决定于 ISD 1760 的指令类。当命令字及数据输入到 MOSI 引脚时，状态寄存器和当前行信息从 MISO 引脚移出。一个 SPI 指令处理在/SS 变高后启动。在完成一个 SPI 命令的操作后，会启动一个中断信息，并且持续保持为低电平，直到芯片收到 CLR_INT 命令或者芯片复位。

图 7-40 为 ISD1760 在执行板上的接线，其余 SAM3S4B 是以模拟的方式进行的，SAM3S4B 为主，ISD1760 芯片为从。

实现程序：在对 ISD1760 操作时，首先要定义 ISD1760 的指令，这些指令可以通过查询 ISD1760 的手册获得。

```
#define CMD_CLI_INT          0x04          //清中断
#define CMD_PU               0x01          //上电
#define CMD_RESET            0x03          //复位
#define CMD_RD_STATUS        0x05          //读状态
#define CMD_RD_DEVID         0x09          //读取芯片 ID
#define CMD_RD_APC           0x44          //读 APC
#define CMD_WR_APC1          0x45          //SPI 模式下写 APC 寄存器
#define CMD_WR_APC2          0x65          //SPI 模式下写 APC 寄存器
#define CMD_CHK_MEM          0x49          //检查环状存储器
#define CMD_PLAY             0x50          //放音
#define CMD_REC              0x51          //录音
```

```
#define CMD_C_ERASE          0x52              //当前擦除
#define CMD_G_ERASE          0x53              //全部擦除
#define CMD_STOP             0x12              //暂停
#define CMD_SET_PLAY         0x90              //定点播放
#define CMD_SET_REC          0x91              //定点录音
#define CMD_SET_ERASE        0x92              //定点擦除
// ISD1760 引脚接线图
#define PIN_ISD_SS   PIO_PA27_IDX
#define PIN_ISD_SCLK PIO_PA28_IDX
#define PIN_ISD_MOSI PIO_PA29_IDX
#define PIN_ISD_MISO PIO_PA30_IDX
```

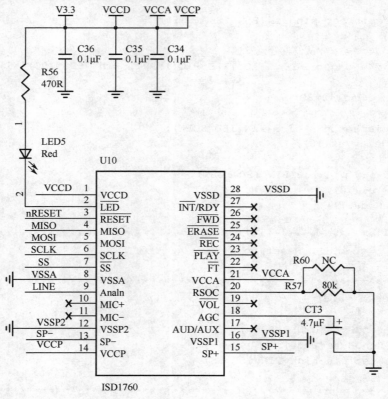

图 7-40　ISD1760 在执行板上的接线

在发送函数 ISD_SendByte()中，可以看出是采用模拟方式接收和发送数据的，在无数据发送时，SCLK 为高电平，主方式下，低电平接收或准备要发送给从的数据。

```
/*********************************************************************
 *    函数原型：ISD_SendByte(unsigned char BUF_ISD)
 *    功    能：SPI 发送与接收数据
 *********************************************************************/
unsigned char ISD_SendByte(unsigned char BUF_ISD)
{
    unsigned char i;
    unsigned char dat = BUF_ISD;
```

```
        gpio_set_pin_high(PIN_ISD_SCLK);
        gpio_set_pin_low(PIN_ISD_SS);
        for(i=0;i<8;i++)
        {
          gpio_set_pin_low(PIN_ISD_SCLK);
            delay_us(1);
            if(dat&0x01)
            {
              gpio_set_pin_high(PIN_ISD_MOSI);
            }
            else
            {
             gpio_set_pin_low(PIN_ISD_MOSI);
            }
            dat>>=1;//从低位开始发送
            if(pio_get(PIOA, PIO_TYPE_PIO_INPUT, PIN_ISD_MISO)==1)//接收判断
            {
                dat|=0x80;
            }
            pio_set_pin_high(PIN_ISD_SCLK);
            delay_us(10);
        }
        gpio_set_pin_low(PIN_ISD_MOSI);
       delay_us(10);
       return(dat);
}
/************************************************************************
*   函数原型: void ISD_Reset(void);
*   功    能: 复位
*************************************************************************/
void ISD_Reset(void)
{
        ISD_SendByte(CMD_RESET);
        ISD_SendByte(0x00);
        gpio_set_pin_high(PIN_ISD_SS);
}
/************************************************************************
*   函数原型: void ISD_PU(void);
*   功    能: 上电
*************************************************************************/
void  ISD_PU(void)
{
        ISD_SendByte(CMD_PU);
        ISD_SendByte(0x00);
        gpio_set_pin_high(PIN_ISD_SS);
        delay_ms(50);
}
/************************************************************************
*   函数原型: void ISD_ClrInt(void)
*   功    能: 清除中断
```

```
*********************************************************************/
void ISD_ClrInt(void)
{
        ISD_SendByte(CMD_CLI_INT);
        ISD_SendByte(0x00);
        gpio_set_pin_high(PIN_ISD_SS);
        delay_ms(10);
}
/*********************************************************************
*    函数原型: void ISD_Rd_Status(void)
*    功    能: 读取状态寄存器和当前地址
*********************************************************************/
void ISD_Rd_Status(void)
{
        unsigned char SR0_L =0;
        unsigned char SR0_H = 0;
        unsigned char SR1   = 0;
        SR0_L = SR0_L;
        SR0_H = SR0_H;
        SR1 = SR1 ;
        ISD_SendByte(CMD_RD_STATUS);
        ISD_SendByte(0x00);
        ISD_SendByte(0x00);
        gpio_set_pin_high(PIN_ISD_SS);
        delay_ms(10);
        SR0_L =ISD_SendByte(CMD_RD_STATUS);
        SR0_H =ISD_SendByte(0x00);
        SR1   =ISD_SendByte(0x00);
        gpio_set_pin_high(PIN_ISD_SS);

}
/*********************************************************************
***
*    函数原型: void ISD_CHK_MEM(void)
*    功    能: 检查环形存储结构
*********************************************************************
**/

void ISD_CHK_MEM(void)
{
        ISD_SendByte(CMD_CHK_MEM);
        ISD_SendByte(0x00);
        gpio_set_pin_high(PIN_ISD_SS);
        delay_ms(10);
}
/*********************************************************************
***
*    函数原型: void ISD_WR_APC2(uchar Volume)
*    功    能: 将<D11:D0>的数据写进APC, 并由<D2:D0>来调节音量
*********************************************************************
```

```
**/

  void ISD_WR_APC2(unsigned char Volume)
  {
        ISD_SendByte(CMD_WR_APC2);
        ISD_SendByte(Volume);              //后3位为音量
        ISD_SendByte(0x04);                //0x04 EOM=0,VALERT=1, 0x0C EOM=1
        gpio_set_pin_high(PIN_ISD_SS);
        delay_ms(10);
  }
  /**********************************************************************
***
  *    函数原型: void ISD_RDAPC(void)
  *    功    能: 读取状态寄存器、当前地址和APC寄存器
  **********************************************************************
**/

  void ISD_RDAPC(void)
  {
        unsigned char SR0_L = 0;
        SR0_L = SR0_L;
        unsigned char SR0_H = 0;
        SR0_H = SR0_H ;
        unsigned char APCL = 0;
        APCL = APCL ;
        unsigned char APCH  = 0;
        APCH = APCH ;
        ISD_SendByte(CMD_RD_APC);
        ISD_SendByte(0x00);
        ISD_SendByte(0x00);
        ISD_SendByte(0x00);
        gpio_set_pin_high(PIN_ISD_SS);
        delay_ms(10);
        SR0_L  =ISD_SendByte(CMD_RD_APC);
        SR0_H  =ISD_SendByte(0x00);
        APCL   =ISD_SendByte(0x00);
        APCH   =ISD_SendByte(0x00);
        gpio_set_pin_high(PIN_ISD_SS);
        delay_ms(10);
  }
  /**********************************************************************
***
  *    函数原型: unsigned char ISD_RDDevID(void)
  *    功    能: 读写器件ID
  **********************************************************************
**/

  unsigned char ISD_RDDevID(void)
  {
        unsigned char SR0_L = 0;
```

```
        SR0_L = SR0_L ;
        unsigned char SR0_H = 0;
        SR0_H = SR0_H ;
        unsigned char ID   = 0;
        ISD_SendByte(CMD_RD_DEVID);
        ISD_SendByte(0x00);
        ISD_SendByte(0x00);
        gpio_set_pin_high(PIN_ISD_SS);
        delay_ms(10);
        SR0_L =ISD_SendByte(CMD_RD_DEVID);
        SR0_H =ISD_SendByte(0x00);
        ID    =ISD_SendByte(0x00);
        gpio_set_pin_high(PIN_ISD_SS);
        delay_ms(10);
        return(ID);
    }
    /*************************************************************************
***
    *    函数原型: void ISD_PLAY(void)
    *    功    能: 播放
    *************************************************************************
**/
    void ISD_PLAY(void)
    {
        ISD_SendByte(CMD_PLAY);
        ISD_SendByte(0x00);
        gpio_set_pin_high(PIN_ISD_SS);
        delay_ms(10);
    }
    /*************************************************************************
    *    函数原型: ISD_REC(void);
    *    功    能: 录音
    *************************************************************************/
    void ISD_REC(void)
    {
        ISD_SendByte(CMD_REC);
        ISD_SendByte(0x00);
        gpio_set_pin_high(PIN_ISD_SS);
        delay_ms(10);
    }
    /*************************************************************************
    *    函数原型: void Erase_All(void);
    *    功    能: 全部删除
    *************************************************************************/
    void Erase_All(void)
    {
        ISD_SendByte(CMD_G_ERASE);
        ISD_SendByte(0x00);
        gpio_set_pin_high(PIN_ISD_SS);
        delay_ms(200);               //延迟 100ms
```

```
    }
    /*******************************************************************************
    *    函数原型: void ISD_GetToneAdd(unsigned char cNum, unsigned int *ipStartAdd,
    unsigned int *ipEndAdd)
    *    功    能: 取出当前语音的首末地址
    *******************************************************************************/
    void ISD_GetToneAdd(unsigned char cNum, unsigned int *ipStartAdd,
                        unsigned int *ipEndAdd)
    {
        *ipStartAdd=aSpeech_Addr[cNum *2];
        *ipEndAdd=aSpeech_Addr[cNum *2 + 1];
    }
    /*******************************************************************************
    *    函数原型: void ISD_SetPLAY(unsigned char cNum)
    *    功    能: 定点播放
    *******************************************************************************/
    void ISD_SetPLAY(unsigned char cNum)
    {
        unsigned int Add_ST, Add_ED;
        unsigned char Add_ST_H, Add_ST_L, Add_ED_H, Add_ED_L;
        ISD_GetToneAdd(cNum, &Add_ST, &Add_ED);    // 取出当前语音的首末地址
        Add_ST_L=(uchar)(Add_ST&0xff);
        Add_ST_H=(uchar)((Add_ST>>8)&0xff);
        Add_ED_L=(uchar)(Add_ED&0xff);
        Add_ED_H=(uchar)((Add_ED>>8)&0xff);
        ISD_SendByte(CMD_SET_PLAY);                 // 发送放音指令
        ISD_SendByte(0x00);
        ISD_SendByte(Add_ST_L);                     //S7:S0 开始地址
        ISD_SendByte(Add_ST_H);                     //S10:S8
        ISD_SendByte(Add_ED_L);                     //E7:E0 结束地址
        ISD_SendByte(Add_ED_H);                     //E10:E8
        ISD_SendByte(0x00);
        gpio_set_pin_high(PIN_ISD_SS);
        delay_ms(300);
    }
    /*******************************************************************************
    *    函数原型: void ISD_Set_REC(unsigned char cNum)
    *    功    能: 定点录音
    *******************************************************************************/
    void ISD_Set_REC(unsigned char cNum)
    {
        unsigned int Add_ST, Add_ED;
        unsigned char Add_ST_H, Add_ST_L, Add_ED_H, Add_ED_L;
        ISD_GetToneAdd(cNum, &Add_ST, &Add_ED);    // 取出当前语音的首末地址
        Add_ST_L=(uchar)(Add_ST&0x00ff);
        Add_ST_H=(uchar)((Add_ST>>8)&0x00ff);
        Add_ED_L=(uchar)(Add_ED&0x00ff);
        Add_ED_H=(uchar)((Add_ED>>8)&0x00ff);
        ISD_SendByte(CMD_SET_REC);                  // 发送录音指令
```

```
        ISD_SendByte(0x00);
        ISD_SendByte(Add_ST_L);                      //S7:S0 开始地址
        ISD_SendByte(Add_ST_H);                      //S10:S8
        ISD_SendByte(Add_ED_L);                      //E7:E0 结束地址
        ISD_SendByte(Add_ED_H);                      //E10:E8
        ISD_SendByte(0x00);
        gpio_set_pin_high(PIN_ISD_SS);
        delay_ms(10);
}

/***********************************************************************
*    函数原型: void ISD_Set_ERASE(unsigned char cNum);
*    功    能: 定点删除
***********************************************************************/
void ISD_Set_ERASE(unsigned char cNum)
{
        uint Add_ST, Add_ED;
        uchar Add_ST_H, Add_ST_L, Add_ED_H, Add_ED_L;
        ISD_GetToneAdd(cNum, &Add_ST, &Add_ED);    // 取出当前语音的首末地址
        Add_ST_L=(uchar)(Add_ST&0x00ff);
        Add_ST_H=(uchar)((Add_ST>>8)&0x00ff);
        Add_ED_L=(uchar)(Add_ED&0x00ff);
        Add_ED_H=(uchar)((Add_ED>>8)&0x00ff);
        ISD_SendByte(CMD_SET_ERASE);                // 发送录音指令
        ISD_SendByte(0x00);
        ISD_SendByte(Add_ST_L);                      //S7:S0 开始地址
        ISD_SendByte(Add_ST_H);                      //S10:S8
        ISD_SendByte(Add_ED_L);                      //E7:E0 结束地址
        ISD_SendByte(Add_ED_H);                      //E10:E8
        ISD_SendByte(0x00);
        gpio_set_pin_high(PIN_ISD_SS);
        delay_ms(200);
}
```

主程序:

```
//在主程序中，依次播放开窗帘、关窗帘、开左窗、关左窗、开右窗
int main(void)
{
    /* 初始化程序 */
    sysclk_init();
    SysTick_Config(sysclk_get_cpu_hz() / 1000);//系统时钟配置
    WDT->WDT_MR = WDT_MR_WDDIS;
    /*config the pin 0f ISP1760 */
    pmc_enable_periph_clk(ID_PIOA);
    ISD1760_Init();//ISD1760 初始化；
    gpio_set_pin_high(PIN_ISD_SS);
      while(1)
        {
        ISD_SetPLAY(0);        //开窗帘 0
```

```
        mdelay(3500);
        ISD_SetPLAY(1);           //关窗帘 1
        mdelay(3500);
        ISD_SetPLAY(2);           //开左窗 2
        mdelay(3500);
        ISD_SetPLAY(3);           //关左窗 3
        mdelay(3500);
        ISD_SetPLAY(4);           //开右窗 4
        ......
        ......
    }
}
```

7.7 I²C 编程

7.7.1 实例内容与目标

该实例演示如何利用 I²C 总线进行数据的传输。通过该实例可以了解以下内容。

（1）了解 I²C 接口的控制原理。

（2）掌握 I²C 接口的基本使用方法。

（3）熟悉如何使用 I²C 总线进行数据的传输。

7.7.2 I²C 基本原理

如图 7-41 所示为 I²C 的硬件接线图。I²C 串行总线一般有两根信号线，一根是双向的数据线 SDA，另一根是时钟线 SCL。所有接到 I²C 总线设备上的串行数据线 SDA 都接到总线的 SDA 上，各设备的时钟线 SCL 接到总线的 SCL 上。

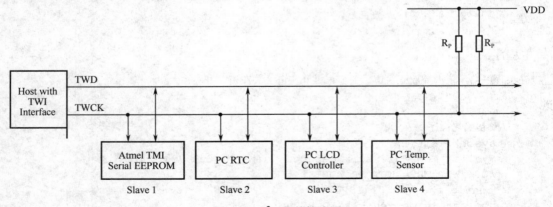

图 7-41 I²C 硬件接线图

为了避免总线信号混乱，要求各设备连接到总线的输出端时必须是漏极开路（OD）输出或集电极开路（OC）输出。设备上的串行数据线 SDA 接口电路应该是双向的，输出电路用于向总线发送数据，输入电路用于接收总线上的数据。而串行时钟线也应是双向的，作为控制总线数据传送的主机，一方面要通过 SCL 输出电路发送时钟信号，另一方面还要检测总线上的 SCL 电平，以决定什么时候发送下一个时钟脉冲电平；作为接收主机命令的从机，要按总线上的 SCL 信号发出或接收 SDA 上的信号，也可以向 SCL 发出低电平信号以延长总线时钟信号周期。总线空闲时，因各设备都是开漏输出，上拉电阻 R_p 使 SDA 和 SCL 线都保持高电平。任一设备输出的低电平都将使相应的总线信号线变低，也就是说，各设备的 SDA 是"与"关系，SCL 也是"与"关系。

总线对设备接口电路的制造工艺和电平都没有特殊的要求（NMOS、CMOS 都可以兼容）。在 I^2C 总线上的数据传输率可高达每秒 10 万位，高速方式时在每秒 40 万位以上。另外，总线上允许连接的设备数以其电容量不超过 400pF 为限。

总线的运行（数据传输）由主机控制。所谓主机是指启动数据传送（发出启动信号）、发出时钟信号及传送结束时发出停止信号的设备，通常主机都是微处理器。被主机寻访的设备称为从机。为了进行通信，每个接到 I^2C 总线上的设备都有一个唯一的地址，以便于主机寻访。主机和从机的数据传送可以由主机发送数据到从机，也可以由从机发送数据到主机。凡是发送数据到总线的设备称为发送器，从总线上接收数据的设备称为接收器。

I^2C 总线上允许连接多个微处理器及各种外围设备，如存储器、LED 及 LCD 驱动器、A/D 及 D/A 转换器等。为了保证数据可靠地传送，任一时刻总线只能由某一台主机控制，各微处理器应该在总线空闲时发送启动数据，为了妥善解决多台微处理器同时发送启动数据的传送（总线控制权）冲突，以及决定由哪一台微处理器控制总线的问题，I^2C 总线允许连接不同传输速率的设备。多台设备之间时钟信号的同步过程称为同步化。

I^2C 总线在传送数据的过程中，主要有 3 种控制信号：起始信号、结束信号和应答信号。

开始信号（START）：如图 7-42 所示，当 SCL 为高电平时，SDA 由高电平向低电平跳变，产生开始信号。当总线空闲时，如没有主动设备在使用总线（SDA 和 SCL 都处于高电平），主机通过发送开始（START）信号建立通信。

停止信号（STOP）：如图 7-42 所示，当 SCL 为高电平时，SDA 由低电平向高电平跳变，产生停止信号。主机通过发送停止信号结束数据通信。

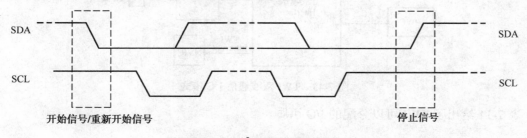

图 7-42　I^2C 开始/结束信号

应答信号（ACK）：数据传送具有应答是必需的，与应答对应的时钟脉冲由主控制器产生，发送器在应答期间必须拉低 SDA 线。当寻址的被控器件不能应答时，数据保持为高电平并使主控器产生停止条件而终止传输。在传输过程中用到主控接收器的情况下，主控接收器必须发出一数据结束信号给被控发送器，从而使被控发送器释放数据线，以允许主控器产生停止条件。

合法的数据传输格式为：I^2C 总线在开始条件后的首字节由主控器发出决定哪个被控器被选择，主控器可以在所有期间寻址。当主控器输出一地址时，系统中的每一器件都将在开始条件后的前 7 位地址和自己的地址进行比较。如果相同，该器件即认为自己被主控器寻址，而作为被控接收器或被控发送器则取决于 R/W 位（最低位）。

7.7.3 SAM3S4B 中 I^2C 的实现

表 7-10 给出了 SAM3S4B 的 TWI 总线兼容 I^2C 的对应关系。

表 7-10 TWI 总线兼容 I^2C 的对应关系

I^2C 标准	Atmel TWI
标准模式速度（100kHz）	支持
快速模式速度（400kHz）	支持
从地址长度为 7 或者 10	支持
重启功能	支持
应答和无应答管理	支持
时钟延长	支持
兼容多主机模式	支持

图 7-43 给出了 TWI 的实现过程及与之相关的模块。这些模块主要是总线控制、时钟控制、中断控制及与外部设备的连接。

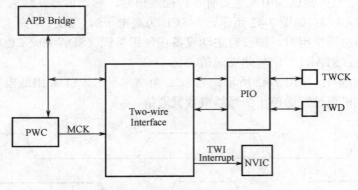

图 7-43 TWI 双线通信 I^2C 模式

表 7-11 给出了 TWI 可以分配的 I/O 引脚。

表 7-11 TWI 可以分配的 I/O 引脚

接　　口	信 号 名 称	I/O 引脚	外　　设
TWI0	TWCK0	PA4	A
TWI0	TWD0	PA3	A
TWI1	TWCK1	PB5	A
TWI1	TWD1	PB4	A

如图 7-44 所示为 TWI 以 I^2C 总线格式进行数据传输的时序。数据传输过程为：起始信号 Start+从地址 Address+读/写标志位+应答信号 Ack+需要传输的数据 Data+结束标志 Stop。

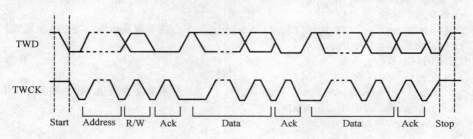

图 7-44 I^2C 总线格式下数据的传输

表 7-12 给出了 TWI 映射的寄存器，在初始化和实际操作过程中，通过操作这些寄存器实现通信。

表 7-12 TWI 映射的寄存器

偏　移　量	寄存器功能	名　　称	权　　限	复　位　值
0x00	控制寄存器	TWI_CR	W	N/A
0x04	主模式寄存器	TWI_MMR	W&R	0x00000000
0x08	从模式寄存器	TWI_SMR	W&R	0x00000000
0x0C	内部地址寄存器	TWI_IADR	W&R	0x00000000
0x10	时钟产生寄存器	TWI_CWGR	W&R	0x00000000
0x14 - 0x1C	保留	—	—	—
0x20	状态寄存器	TWI_SR	R	0x0000F009
0x24	中断使能寄存器	TWI_IER	W	N/A
0x28	中断禁止寄存器	TWI_IDR	W	N/A
0x2C	中断屏蔽寄存器	TWI_IMR	R	0x00000000
0x30	接收保持寄存器	TWI_RHR	R	0x00000000
0x34	发送保持寄存器	TWI_THR		0x00000000
0x100 - 0x124	PDC 保留	—	—	—

I^2C 主模式下发送数据程序：发送过程主要是地址确定，判断是否进入发送状态，等待发送和发送结束。而对于数据的传输过程，总线格式是通过标志位来进行判断的。

```
void I2CWrite(uint8_t addr,uint8_t *buf,uint32_t size)
{
    twi_master_write(TWI0,size,buf,addr);
}
static uint32_t twi_master_write(Twi *p_twi,uint32_t length ,uint8_t *buf ,
uint8_t addr)
{
    uint32_t status, cnt = length;
    if (cnt == 0) {
```

```
            return -1;
    }
    /* 设置写模式和从地址 */
    p_twi->TWI_MMR = 0;
    p_twi->TWI_MMR = TWI_MMR_DADR( addr );      //主通报从地址，(addr 被通知的对象)
    p_twi->TWI_IADR = 0;//
    /* 发送所有字节 */
    while (cnt > 0) {
        status = p_twi->TWI_SR;                 //判断是否启动，进入数据传输状态
        if (status & TWI_SR_NACK) {
            return -2;
        }
        if (!(status & TWI_SR_TXRDY)) {         //等待发送结束
            continue;
        }
        p_twi->TWI_THR = *buf++;                //发送一个字节数据
        cnt--;
    };
    p_twi->TWI_CR = TWI_CR_STOP;               //数据传输结束标志
    while (!(p_twi->TWI_SR & TWI_SR_TXCOMP)) {
    }
    p_twi->TWI_SR;
    return 0;
}
```

I^2C 模式下的接收程序：

```
void I2CRead(uint8_t addr,uint8_t *buf,uint32_t size)
{
  twi_master_read(TWI0,size,buf,addr);
}
static uint32_t twi_master_read(Twi *p_twi, uint32_t length ,uint8_t *buf,uint8_t addr)
{
    uint32_t status, cnt = length;
    /* 先判断接收数据长度，为 0 则为错误 */
    if (cnt == 0) {
        return -1 ;//
    }
    /* 设置读模式和从地址 */
    p_twi->TWI_MMR = 0;
    p_twi->TWI_MMR = TWI_MMR_MREAD | TWI_MMR_DADR( addr );//读取标志和被读取的地址
    p_twi->TWI_IADR = 0;
    /* 发送开始信号 */
    p_twi->TWI_CR |= TWI_CR_START;                      //启动 start 信号
    while (cnt > 0) {
        status = p_twi->TWI_SR;                         //应答状态判断
        if (status & TWI_SR_NACK) {
            return -2 ;                                 //应答失败
        }
```

```
    /* 是否最后一个字节*/
    if (cnt == 1) {
        p_twi->TWI_CR = TWI_CR_STOP;              //停止
    }
    if (!(status & TWI_SR_RXRDY)) {               //读状态寄存器是否完成
        continue;
    }
    *buf++ = p_twi->TWI_RHR;                       //读取接收寄存器内的值
    cnt--;
}
while (!(p_twi->TWI_SR & TWI_SR_TXCOMP)) {        //等待数据完成传输
}
p_twi->TWI_SR;
return 0;
}
```

7.7.4 光敏传感器实验

传感板上使用的光敏传感器是 ISL29003 模块。该模块的框图如图 7-45 所示。

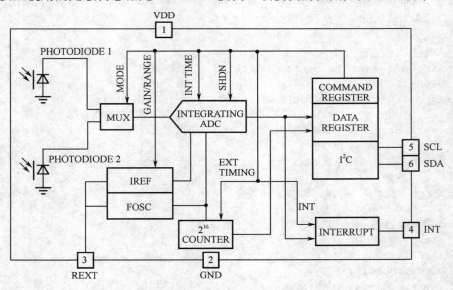

图 7-45 ISL29003 模块框图

ISL29003 内部有两个光电管。光电管 1 对可见光和红外光都是敏感的，光电管 2 主要对红外光敏感，它们的光谱反应是独立的。两个光电管将光信息转换为电流，电流通过二极管输出时会被一个 16 位的 A/D 转换器转换为数字信号。

在 ISL29003 传感器内部共有 8 个寄存器，其中，命令寄存器和控制寄存器决定了设备的操作，这两个寄存器的内容在重新写入前是不会修改的，另外有两个 8 位的寄存器设置高低电平中断的门槛。除此之外还有 4 个 8 位的只读寄存器，其中 2 字节用于传感器的读操作，另外 2 字节用于时间计数。数据寄存器保存着 A/D 转换的最近的数据输出和在先前的阶段中时钟的周期数。

如图 7-46 所示为 ISL29003 的实际接线图。

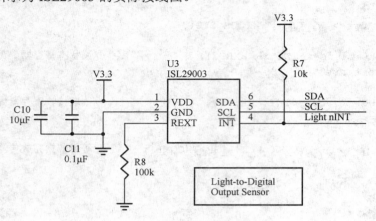

图 7-46　ISL29003 的实际接线图

初始化程序：在 Light_Test()函数的执行过程中，先使用 I2CInit(I2CMASTER,0)进行 I^2C 总线的设置，然后在 light_enable()函数中通过 I^2C 总线发送的命令实现使能，具体代码如下：

```
void Light_init(void)
{
  twi_options_t opt;
  opt.master_clk=sysclk_get_cpu_hz();        //获取系统时钟
  opt.speed=100000;                          //通信速率100K
  twi_master_init(TWI0, &opt);               //配置I²C总线格式
  light_enable();                            //光敏传感器初始化
  light_setRange(LIGHT_RANGE_4000);          //设定光敏范围
}
uint32_t twi_master_init(Twi *p_twi, const twi_options_t *p_opt)
{
    uint32_t status = TWI_SUCCESS;
    /* 禁止 TWI 中断*/
    p_twi->TWI_IDR = ~0UL;
        p_twi->TWI_SR;
    /*复位 TWI */
    twi_reset(p_twi);
    twi_enable_master_mode(p_twi);           //设置为主模式
    /* 选择速度 */
    if (twi_set_speed(p_twi, p_opt->speed, p_opt->master_clk) == FAIL) {
        /* The desired speed setting is rejected */
        status = TWI_INVALID_ARGUMENT;
    }
    if (p_opt->smbus == 1) {
        p_twi->TWI_CR = TWI_CR_QUICK;
    }
    return status;
}
void light_enable (void)
{
```

```
    uint8_t buf[2];
    buf[0] = ADDR_CMD;
    buf[1] = CMD_ENABLE;//使能
    I2CWrite(LIGHT_I2C_ADDR, buf, 2);
    range = RANGE_K1;
    width = WIDTH_16_VAL;
}
```

完成以上操作后，就可以编辑程序来读取光敏传感器的感应值了。

```
void Light_Test(uint32_t* light_result)
{
  *light_result = light_read();
}
uint32_t light_read(void)
{
    uint32_t data = 0;
    uint8_t buf[1];
    buf[0] = ADDR_LSB_SENSOR;
    I2CWrite(LIGHT_I2C_ADDR, buf, 1);
    I2CRead(LIGHT_I2C_ADDR, buf, 1);        //读取低8位的数据
    mdelay(250);
    data = buf[0];
    buf[0] = ADDR_MSB_SENSOR;
    I2CWrite(LIGHT_I2C_ADDR, buf, 1);
    I2CRead(LIGHT_I2C_ADDR, buf, 1);        //读取高8位的数据
    data = (buf[0] << 8 | data);            //数值转换
    data *= range;
    data /= width;
    return data;
}
```

主程序：配置串口，初始化 ISL29003，测试 ISL29003 光敏值，每隔 1s 打印采集到的光敏值。

```
int main(void)
{
  unsigned int light=0;
  Uart *p_uart=(Uart *)0x400e0600;串口地址定义
  /* 系统初始化 */
sysclk_init();
  SysTick_Config(sysclk_get_cpu_hz() / 1000);
  WDT->WDT_MR = WDT_MR_WDDIS;
  gpio_configure_group(PINS_UART0_PIO,PINS_UART0,PINS_UART0_FLAGS);
  //configure_console();//串口初始化
  //I²C 硬件配置
 gpio_configure_pin(TWI0_DATA_GPIO, TWI0_DATA_FLAGS);     //I²C 引脚配置
  gpio_configure_pin(TWI0_CLK_GPIO, TWI0_CLK_FLAGS);
  pmc_enable_periph_clk(ID_PIOA);                         //使能时钟
  pmc_enable_periph_clk(ID_TWI0);                         //使能 TWI 外设
  Light_init();
```

```
while(1)
 {
    Light_Test(&light);                              //读取时钟数据
    printf("%d\r",light);                            //打印数据
    mdelay(1000);
    light=0;                                         //清零
 }
}
```

7.7.5   三轴加速度传感器实验

在传感板中，硬件上连接了一个三轴加速度传感器。通过设置硬件连接及进行软件操作，可以利用三轴加速度获取 x、y、z 轴 3 个方向上的加速度信息。

开发板上使用的是 MMA7455L 加速度传感器，它输出的是数字信号，该传感器具有低通滤波、温度补偿、自我测试、可配置为通过中断引脚（INT0 与 INT1）检测及能够对快速移动进行检测等特点。

通过向传感器的控制寄存器中写入不同的内容，可以配置该传感器工作在不同的模式下，如自测模式、待机模式、测试模式、加速度选择模式等。可以通过 I^2C 总线或者使用 SPI 总线来读取传感器的数字输出。本传感板使用 I^2C 总线实现数据的读取。

MMA7455L 传感器只在从机模式下进行工作，设备地址为 $1D，支持多字节的读/写模式，不支持 Hs 模式、10 位寻址模式和起始字节模式。

在进行单字节的读取时，首先主机（微控制器）会向传感器发出一个开始信号，然后是从机地址，读/写位写入"0"表示这是一个写操作，MMA7455L 会发出一个应答信号，主机传送一个用于读取操作的 8 位的寄存器地址，然后传感器会返回一个应答。主机也可以发送一个重复的开始信号，而后以寻址传感器来读取先前选择的寄存器，从机就会应答并传送数据。等到数据接收之后，主机就会传送一个停止信号。

除此之外，还可以选择多字节读和单字节写的模式。

传感板上 MMA7455L 的接线如图 7-47 所示。

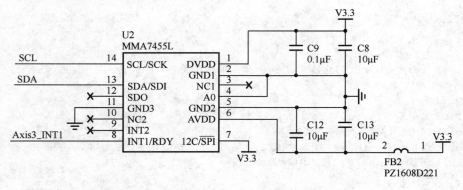

图 7-47   传感板上 MMA7455L 的接线

初始化程序：进行一些初始化，利用 acc_init()函数将 I^2C 总线配置给三轴加速度供信息传递使用。代码如下：

```
void acc_init (void)
{
  /* 默认设置为测量方式 */
  twi_options_t opt;
  opt.master_clk=sysclk_get_cpu_hz();       //时钟设置
  opt.speed=100000;                         //I²C 为 100kHz
  twi_master_init(TWI0, &opt);              //初始化 I²C 模式
  setModeControl( (ACC_MCTL_MODE(ACC_MODE_MEASURE)
         | ACC_MCTL_GLVL(ACC_RANGE_2G) ));  /*设置控制模式*/
  acc_read(&x, &y, &z);                     //获取三轴加速度
  xoff = 0-x;
  yoff = 0-y;
  zoff = 0-z;
}
```

配置结束后，利用 acc_read()函数获取 3 个方向上加速度的具体信息。代码如下：

```
void acc_read (int8_t *x, int8_t *y, int8_t *z)
{
    uint8_t buf[1];
    /* 等待读模式 */
    while ((getStatus() & ACC_STATUS_DRDY) == 0);
     //读取所有信息。
    buf[0] = ACC_ADDR_XOUT8;               //设置读取 x 轴的加速度信息
    I2CWrite(ACC_I2C_ADDR, buf, 1);        //写入要执行操作的命令
    I2CRead(ACC_I2C_ADDR, buf, 1);         //读取返回的数据
    *x = (int8_t)buf[0];
    buf[0] = ACC_ADDR_YOUT8;               //设置读取 y 轴的加速度信息
    I2CWrite(ACC_I2C_ADDR, buf, 1);
    I2CRead(ACC_I2C_ADDR, buf, 1);
    *y = (int8_t)buf[0];
    buf[0] = ACC_ADDR_ZOUT8;               //设置读取 z 轴的加速度信息
    I2CWrite(ACC_I2C_ADDR, buf, 1);
    I2CRead(ACC_I2C_ADDR, buf, 1);
    *z = (int8_t)buf[0];
}
```

主函数：配置相关时钟、PMC 和引脚，配置串口，初始化 MMA7455L，每隔 1s 打印采集到的 x 轴、y 轴、z 轴的数值。

```
int main(void)
{
  unsigned int i=0;
  unsigned char acc[3]={0,0,0};
  Uart *p_uart=(Uart *)0x400e0600;   //串口地址定义
  /* 系统初始化*/
  sysclk_init();
  SysTick_Config(sysclk_get_cpu_hz() / 1000);
  WDT->WDT_MR = WDT_MR_WDDIS;
  /* 配置串口 */
  gpio_configure_group(PINS_UART0_PIO,PINS_UART0,PINS_UART0_FLAGS);
```

```
    configure_console();
//I²C 硬件配置
gpio_configure_pin(TWI0_DATA_GPIO, TWI0_DATA_FLAGS);   //I²C 引脚配置
gpio_configure_pin(TWI0_CLK_GPIO, TWI0_CLK_FLAGS);
pmc_enable_periph_clk(ID_PIOA);
pmc_enable_periph_clk(ID_TWI0);                        //使能 TWI 时钟
acc_init();                                            //初始化三轴加速度
while(1)
    {
    Axis3_Test(acc);                                   //读取 x 轴、y 轴、z 轴数据
    printf("x=%d " ,acc[0]);
    printf("y=%d " ,acc[1]);
    printf("z=%d \r" ,acc[2]);
    mdelay(1000) ;
    }
}
```

7.8　A/D 转换编程

7.8.1　实例内容与目标

A/D 转换控制的实例内容为：连续地读取外部模拟信号并将其转换为数据信号，每次 A/D 转换结束后，都通过 UART 显示出来。

通过该实例，可以掌握以下内容。

（1）了解 A/D 转换原理。

（2）掌握 A/D 转换程序的编写方法。

7.8.2　A/D 转换基本原理

1．A/D 转换基础

在基于 ARM 的嵌入式系统设计中，A/D 转换接口电路是应用系统前向通道的一个重要环节，可完成一个或多个模拟信号到数字信号的转换。模拟信号到数字信号的转换一般来说并不是最终的目的，转换得到的数字量通常要经过微控制器的进一步处理。A/D 转换的一般步骤如图 7-48 所示。

2．A/D 转换的技术指标

1）分辨率（Resolution）

数字量变化是一个最小量时模拟信号的变化量，定义为满刻度与 $2n$ 的比值。分辨率又称精度，通常以数字信号的位数来表示。A/D 转换器的分辨率以输出二进制（或十进制）数的位数表示。从理论上讲，n 位输出的 A/D 转换器能区分 $2n$ 个不同等级的输入模拟电压，能区分输入电压的最小值为满量程输入的 $1/2n$。在最大输入电压一定时，输出位数越多，量化单位越小，分辨率越高。例如，S3C2410X 的 A/D 转换器输出为 10 位二进制数，输入信号最大值为 3.3V，那么这个转换器应能区分输入信号的最小电压为 3.22mV。

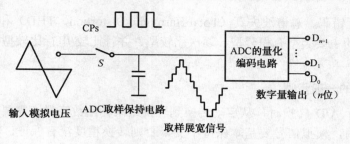

图 7-48　A/D 转换的一般步骤

2）转换速率（Conversion Rate）

完成一次从模拟量转换为数字量的 A/D 转换所需时间的倒数。积分型 A/D 转换器的转换时间是毫秒级，属低速 A/D 转换器；逐次比较型 A/D 转换器是微秒级，属中速 A/D 转换器；全并行/串并行型 A/D 转换器可达到纳秒级。采样时间则是另外一个概念，是指两次转换的间隔。为了保证转换的正确完成，采样速率（Sample Rate）必须小于或等于转换速率。因此有人习惯上将转换速率在数值上等同于采样速率也是可以接受的。转换速率常用的单位是 ksps 和 msps，表示每秒采样千/百万次（kilo/million samples per second）。

3）量化误差（Quantizing Error）

由于 A/D 的有限分辨率而引起的误差，即有限分辨率 A/D 的阶梯状转移特性曲线与无限分辨率 A/D（理想 A/D）的转移特性曲线（直线）之间的最大偏差。通常是一个或半个最小数字量的模拟变化量，表示为 1LSB、1/2LSB。量化和量化误差如图 7-49 所示。

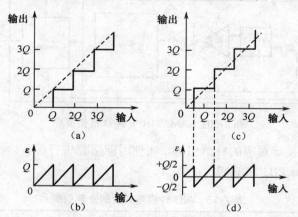

图 7-49　量化与量化误差

4）偏移误差（Offset Error）

输入信号为零时输出信号不为零的值，可外接电位器调至最小。

5）满刻度误差（Full Scale Error）

满刻度输出时对应的输入信号与理想输入信号之差。

6）线性度（Linearity）

实际转换器的转移函数与理想直线的最大偏移，不包括以上 3 种误差。

其他指标还有绝对精度（Absolute Accuracy）、相对精度（Relative Accuracy）、微分非

线性、单调性和无错码、总谐波失真（Total Harmonic Distortion，THD）和积分非线性。

A/D 转换器的主要类型有积分型、逐次比较型、并行比较/串行比较型、电容阵列逐次比较型和压频变换型。

3．A/D 转换的一般步骤

模拟信号进行 A/D 转换时，从启动转换到转换结束输出数字量，需要一定的转换时间，在这个转换时间内，模拟信号要基本保持不变，否则转换精度没有保证，特别当输入信号频率较高时，会造成很大的转换误差。要防止这种误差的产生，必须在 A/D 转换开始时将输入信号的电平保持住，而在 A/D 转换结束后，又能跟踪输入信号的变化。因此，一般的 A/D 转换过程是通过取样、保持、量化和编码这 4 个步骤完成的。取样和保持主要由采样保持器来完成，而量化编码则由 A/D 转换器来完成。

在 SAM3S4B 中，A/D 转换模块如图 7-50 所示。它具有 12bit 分辨率，共计 14 个独立的模拟输入，转化速率达 1MHz。AD14 用于内部温度采集。A/D 转换器在使用时需要设定参考电压及外部触发方式，在中断方式下，A/D 转换器中断号为 29。

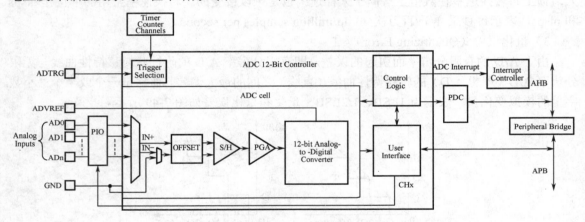

图 7-50　SAM3S4B 中 A/D 转换模块

表 7-13 为 A/D 转换器对应的外部引脚，在使用前需要进行配置。传感板使用到的是 AD7 和 AD9，分别对应引脚 PB3 和 PA22。

表 7-13　A/D 转换器对应的外部引脚

类　　型	信　　号	I/O 引脚	外　　设
ADC	ADTRG	PA8	B
ADC	AD0	PA17	X1
ADC	AD1	PA18	X1
ADC	AD2/WKUP9	PA19	X1
ADC	AD3/WKUP10	PA20	X1
ADC	AD4	PB0	X1
ADC	AD5	PB1	X1
ADC	AD6/WKUP12	PB2	X1

续表

类 型	信 号	I/O 引脚	外 设
ADC	AD7	PB3	X1
ADC	AD8	PA21	X1
ADC	AD9	PA22	X1
ADC	AD10	PC13	X1
ADC	AD11	PC15	X1
ADC	AD12	PC12	X1
ADC	AD13	PC29	X1
ADC	AD14	PC30	X1

表 7-14 给出了 A/D 转换器映射的寄存器。

表 7-14 A/D 转换器映射的寄存器

偏 移 量	寄存器功能	名 称	权 限	复 位 值
0x00	控制寄存器	ADC_CR	W	—
0x04	模式寄存器	ADC_MR	R&W	0x00000000
0x08	通道序列寄存器 1	ADC_SEQR1	R&W	0x00000000
0x0C	通道序列寄存器 2	ADC_SEQR2	R&W	0x00000000
0x10	通道使能寄存器	ADC_CHER	W	—
0x14	通道禁止寄存器	ADC_CHDR	W	—
0x18	通道状态寄存器	ADC_CHSR	R	0x00000000
0x1C	保留	—	—	—
0x20	最新转换数据寄存器	ADC_LCDR	R	0x00000000
0x24	中断使能寄存器	ADC_IER	W	—
0x28	中断禁止寄存器	ADC_IDR	W	—
0x2C	中断屏蔽寄存器	ADC_IMR	R	0x00000000
0x30	中断状态寄存器	ADC_ISR	R	0x00000000
0x34	保留	—	—	—
0x38	保留	—	—	—
0x3C	A/D 转换结束标志	ADC_OVER	R	0x00000000
0x40	扩展模式寄存器	ADC_EMR	R&W	0x00000000
0x44	比较值寄存器	ADC_CWR	R&W	0x00000000
0x48	通道增益寄存器	ADC_CGR	R&W	0x00000000
0x4C	通道偏移寄存器	ADC_COR	R&W	0x00000000
0x50	通道数据寄存器 0	ADC_CDR0	R	0x00000000
0x54	通道数据寄存器 1	ADC_CDR1	R	0x00000000
...	...	...	...	...
0x8C	通道数据寄存器 14	ADC_CDR14	R	0x00000000

续表

偏 移 量	寄存器功能	名 称	权 限	复 位 值
0x90 - 0x90	保留	—	—	—
0x94	模拟控制寄存器	ADC_ACR	R&W	0x00000100
0x98 - 0xAC	保留	—	—	—
0xC4 - 0xE0	保留	—	—	—
0xE4	写保护模式寄存器	ADC_WPMR	R&W	0x00000000
0xE8	写保护状态寄存器	ADC_WPSR	R	0x00000000
0xEC - 0xF8	保留	—	—	—
0xFC	保留	—	—	—

7.8.3 A/D 烟雾传感器实验

传感板上烟雾传感器的接线如图 7-51 所示。

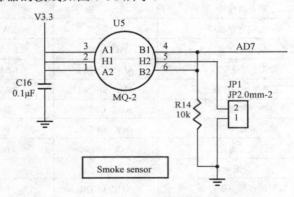

图 7-51 烟雾传感器的接线

烟雾传感器在正常情况下（JP1 短接）保持在 3V 以下，当检测到可燃气体时，电压会升高，大于 3V，通常将 3V 作为报警门限。

初始化程序：主要完成通道选择、转换速率设定和转换精度设定工作。

```
#define ADC   ((Adc   *)0x40038000U) /**< \brief (ADC        ) AD 基址 */
#define ADC_EnableChannel( pAdc, channel )   {\              //通道设定宏定义
        assert( channel < 16 ) ;\
        (pAdc)->ADC_CHER = (1 << (channel));\
    }
//AD 初始化程序
void AD_Init(void)
{
   uint16_t pck =24;
   ADC_Initialize(ADC, ID_ADC);                             //ADC 初始化
   ADC_EnableChannel( ADC, ADC_CHANNEL_9);                  //ADC 通道选择
   ADC_EnableChannel( ADC, ADC_CHANNEL_7);
   ADC_CfgTiming(ADC,0,0,0);                                //转换时间设置
   ADC_cfgFrequency(ADC,0,0);                               // MCK/255*2
```

```
    ADC_CfgTrigering(ADC,0,6,0);                    //软件触发方式
    ADC_CfgLowRes(ADC,0);                           //精度 12bit
    ADC_CfgChannelMode(ADC,0,1);//useq = 0 ,anach = 1;
    ADC_EnableIt(ADC,1u<<24);
    ADC_check(ADC,pck * 1000000);
}
//初始化用到的 AD 采集设置
ADC_Initialize( Adc* pAdc, uint32_t idAdc )
{
    /* 使能外部时钟*/
    PMC->PMC_PCER0 = 1 << idAdc;
    /* 控制器复位 */
    pAdc->ADC_CR = ADC_CR_SWRST;
    /* 复位后设置为默认方式 */
pAdc->ADC_MR = ADC_MR_TRANSFER(1) | ADC_MR_TRACKTIM(0) | ADC_MR_SETTLING(3);
}
```

采集函数如下:

```
void Gas_test(uint8_t* gas_result)
{
  uint32_t adc  = 0 ;
  uint32_t adcs = 0 ;
  ADC_StartConversion(ADC);//启动转换
  adcs = 0xfff & ADC_GetConvertedData(ADC,ADC_CHANNEL_7); //获取 AD 转换值
  adc  =  adcs * 3300 / 4095;//将 AD 采集的电压值转换到 0~3300,对应 0~3.3V
  gas_result[0] = adc/1000; //显示保留小数点后一位
  gas_result[1] = (adc%1000)/100;
}
```

主函数: 将采集的值每隔 800ms 打印一次。

```
int main(void)
{
  Uart *p_uart=(Uart *)0x400e0600;    //串口地址定义
  uint8_t    gasvalue[2]={0};
  sysclk_init();                       //时钟配置
  SysTick_Config(sysclk_get_cpu_hz() / 1000);
  WDT->WDT_MR = WDT_MR_WDDIS;          //关闭看门狗
   //串口配置
  gpio_configure_group(PINS_UART0_PIO, PINS_UART0, PINS_UART0_FLAGS);
  configure_console();
  pmc_enable_periph_clk(ID_PIOA);      //通道 A 时钟使能
  pmc_enable_periph_clk(ID_PIOB);      //通道 B 时钟使能
  pmc_enable_periph_clk(ID_ADC);       /*使能外部 ADC 时钟 */
  AD_Init();                           //A/D 模块及烟雾传感器部分初始化
  for(;;)
  {        //进行对上一次 A/D 采集结果的保存
        Gas_test(gasvalue);                      //采集 A/D 值
        printf("gasvalue=%d.",gasvalue[0]); //打印整数部分
        printf("%d\r",gasvalue[1]);              //打印小数部分
```

```
        delay_ms(800);

    }
}
```

7.8.4 A/D 电压采集实验

传感板上电位器 VR1 的 AD 值采集接线如图 7-52 所示。

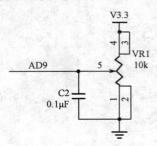

图 7-52 电位器 VR1 的 AD 值采集接线

采集的函数实现方式和烟雾值采集原理一样，只需在采集函数中修改采集通道即可实现，初始化函数和烟雾报警使用的是同一个。

旋转电位器，可以通过串口调试软件看到主程序打印的数据发生变化。

采集函数如下：

```
void ADC_test(uint8_t *adc_result)
{
    uint32_t adc  = 0 ;
    uint32_t adcs = 0 ;
    ADC_StartConversion(ADC);                    //启动 ADC 采集
    adcs = 0xfff & ADC_GetConvertedData(ADC,ADC_CHANNEL_9);//通道为 AD9
    adc  = adcs * 3300 / 4095;                   //采集值转换为 0～3.3V
    adc_result[0] = adc/1000;
    adc_result[1] = (adc%1000)/100;
}
```

7.9 SysTick 定时器编程

7.9.1 实例内容与目标

在这里编写一个对定时器操作的函数以实现相关功能的控制。通过这个实例可以了解到系统时钟的配置方法、时钟计数值的重载机制及如何利用定时器来实现相关的功能。

7.9.2 SysTick 定时器的基本原理

SysTick 是一个 24 位的倒计数定时器，当计数到 0 时，将从 RELOAD 寄存器中自动重装载定时初值。只要 SysTick 控制及状态寄存器中的使能位不被清除，其值就永远不变。

表 7-15 为 SysTick 的寄存器。

表 7-15　SysTick 寄存器

地　　址	名　　称	类　型	使 用 条 件	复 位 值
0xE000E010	CTRL	R&W	特权模式	0x00000004
0xE000E014	LOAD	R&W	特权模式	0x00000000
0xE000E018	VAL	R&W	特权模式	0x00000000
0xE000E01C	CALIB	R	特权模式	0x0002904

Cortex-M3 允许为 SysTick 提供两个时钟源以供选择。第一个是内核的"自由运行时钟 FCLK","自由"表现在它不来自系统时钟 HCLK,因此在系统时钟停止时 FCLK 能够继续运行。第二个是一个外部的参考时钟,使用外部时钟时,因为它在内部是通过 FCLK 来采样的,因此其周期必须至少是 FCLK 的两倍(采样定理)。很多情况下芯片厂商都会忽略此外部参考时钟,因此通常不可用。通过检查校准寄存器的位[31](NOREF),可以判定是否有可用的外部时钟源,而芯片厂商则必须把该引线连接至正确的电平。

当 SysTick 定时器从 1 计到 0 时,它将把 COUNTFLAG 位置位。通过读取 SysTick 控制及状态寄存器(STCSR),往 SysTick 当前值寄存器(STCVR)中写任何数据,可以实现清零。

SysTick 的最大使命是定期产生异常请求,作为系统的时基。OS 都需要这种"滴答"来推动任务和时间的管理。如欲使能 SysTick 异常,则把 STCSR.TICKINT 置位。另外,如果把向量表重定位到了 SRAM 中,还需要为 SysTick 异常建立向量,提供其服务例程的入口地址。

7.9.3　SysTick 定时器的软件设计与实现

SysTick 定时器结构体定义如下:

```
typedef struct
{
  __IO uint32_t CTRL;     /*SysTick 控制与状态寄存器 */
  __IO uint32_t LOAD;     /*!SysTick 重装值寄存器 */
  __IO uint32_t VAL;      /*!SysTick 计数值寄存器 */
  __I  uint32_t CALIB;    /*!SysTick 校准寄存器 */
} SysTick_Type;
系统倍频到128MHz// (12000000) ×32÷3=128MHz

#define CONFIG_PLL0_SOURCE          6
#define CONFIG_PLL0_MUL             32
#define CONFIG_PLL0_DIV             3
#define pll_get_default_rate(pll_id) \
  ((osc_get_rate(CONFIG_PLL##pll_id##_SOURCE) \
      * CONFIG_PLL##pll_id##_MUL)  \
      / CONFIG_PLL##pll_id##_DIV)
```

获取当前系统频率,查看相关宏定义,可知 sysclk_get_cpu_hz()的 return 值为 64MHz。

```
static inline uint32_t sysclk_get_cpu_hz(void)
{
    return sysclk_get_main_hz() /
        ((CONFIG_SYSCLK_PRES == SYSCLK_PRES_3) ? 3 :
            (1 << (CONFIG_SYSCLK_PRES >> PMC_MCKR_PRES_Pos)));
}
```

SysTick_Config()是配置函数，在此将 SysTick 定时器设置为中断方式。

```
 #define   SysTick_LOAD_RELOAD_Msk   (0xFFFFFFUL  <<  SysTick_LOAD_RELOAD_Pos)
/*!< SysTick 重装值置顶*/
 static __INLINE uint32_t SysTick_Config(uint32_t ticks)
 {
 if (ticks > SysTick_LOAD_RELOAD_Msk)
 return (1); /* 装载的值不当 */
 SysTick->LOAD = (ticks & SysTick_LOAD_RELOAD_Msk) - 1; /* 设置重载寄存器 */
 NVIC_SetPriority (SysTick_IRQn, (1<<__NVIC_PRIO_BITS) - 1);//优先级设置
 SysTick->VAL   = 0;       /* Load the SysTick Counter Value */
 SysTick->CTRL = SysTick_CTRL_CLKSOURCE_Msk |
                 SysTick_CTRL_TICKINT_Msk   |
                 SysTick_CTRL_ENABLE_Msk;  /* 使能中断和系统时钟中断*/
 return (0);
 }
```

中断函数如下：

```
void SysTick_Handler(void)
{
    //进行具体的数据处理
}
```

7.9.4　SysTick 定时器参考程序及说明

在前几节使用的 mdelay 函数就是使用定时器实现的。

配置 SysTick 中断时间，每 1ms 产生一次中断。

```
SysTick_Config(sysclk_get_cpu_hz() / 1000);
```

定义一个全局变量，每 1ms 中断使 g_ul_ms_ticks 加 1。

```
/** 定义全局变量，并在系统时钟中断中进行累加*/
volatile uint32_t g_ul_ms_ticks = 0;
void SysTick_Handler(void)
{
    g_ul_ms_ticks++;
}
```

延时函数，记录当前时间，并等待 ul_dly_ticks。

```
void mdelay(uint32_t ul_dly_ticks)
{
    uint32_t ul_cur_ticks;
```

```
    ul_cur_ticks = g_ul_ms_ticks;
    while ((g_ul_ms_ticks - ul_cur_ticks) < ul_dly_ticks);等待计数值到达设定数
}
```

7.10 脉冲宽度调制（PWM）

7.10.1 实例内容与目标

（1）理解 PWM 原理及其应用。

（2）掌握 PWM 控制方式。

7.10.2 PWM 基本原理

脉冲宽度调制（Pulse With Modulation Controller，PWM）是一种对模拟信号电平进行数字编码的方法。通过高分辨率计数器的使用，方波的占空比被调制用来对一个具体模拟信号的电平进行编码。PWM 信号仍然是数字的，因为在给定的任何时刻，满幅值的直流供电要么完全有（ON），要么完全无（OFF）。电压源或电流源是以一种通（ON）或断（OFF）的重复脉冲序列被加到模拟负载上的。通的时候即是直流供电被加到负载上的时候，断的时候即是供电被断开的时候。只要带宽足够，任何模拟值都可以使用 PWM 进行编码。脉冲宽度调制被广泛应用于测量、通信、功率控制与变换等领域。

7.10.3 PWM 软件设计与分析

在 SAM3S4B 中，PWM 宏单元独立地控制 4 个通道，每个通道控制两个互补的输出方波。输出波形的特性，如周期、占空比、极性及死区时间（也称死区或非重叠时间），可以通过用户接口进行配置。每个通道可从时钟生成器提供的时钟中选择其中一个来使用。时钟生成器提供的时钟都是由 PWM 主控时钟（MCK）分频而来的。

可通过映射到外设总线的寄存器来访问 PWM 宏单元。所有的通道都集成了一个双缓存系统，用于防止由于修改周期、占空比或是死区时间而产生不期望的输出波形。

可以把多个通道连接起来作为同步通道，这样能够同时更新它们的占空比或死区时间。对同步通道占空比的更新可通过外设 DMA 控制器通道（PDC）来完成，PDC 可以提供缓冲传输而不需要处理器的干预。

PWM 提供 8 个独立的比较单元，能够将程序设定的值与同步通道的计数器（通道 0 的计数器）进行比较。通过比较可以产生软件中断、在两个独立的事件线上触发脉冲（目的是将 ADC 的转换分别与灵活的 PWM 输出进行同步）及触发 PDC 传输请求。

为了与它们的计数器同步或异步，PWM 的输出可以被覆盖。PWM 模块提供了故障保护机制，它有 4 个故障输入，能够检测故障条件及异步覆盖 PWM 的输出，一些控制寄存器是写保护的。每个通道使用两个外部 I/O 引脚提供互补输出。

表 7-16 给出了 PWM I/O 引脚的描述。

表 7-16 PWM I/O 引脚描述

名　　称	描　　述	类　　型
PWMHx	通道 X 的 PWM 波形输出高	输出
PWMLx	通道 X 的 PWM 波形输出低	输出
PWMFIx	PWM 故障输入 X	输入

　　PWM 接口的引脚是与 PIO 引脚复用的，因此程序员必须先对 PIO 控制器进行编程，将 PWM 所需的引脚配置成外设功能。如果 PWM 的 I/O 引脚没有被应用程序使用，则这些引脚可被 PIO 控制器用于其他目的。所有 PWM 的输出都可以被允许或禁止。如果一个应用程序只需要 4 个通道，则只需为 PWM 的输出分配 4 个 I/O 线。

　　PWM 不需要持续地有时钟。程序员在使用 PWM 之前必须先通过功耗管理控制器（PMC）来允许 PWM 的时钟。如果应用程序不需要对 PWM 进行操作，则可以停止它的时钟，也可以随后重启它的时钟，这样的话，PWM 将从之前停止的位置重新恢复操作。

　　PWM 中断源 ID 为 25。

　　PWM 时钟生成器如图 7-53 所示。

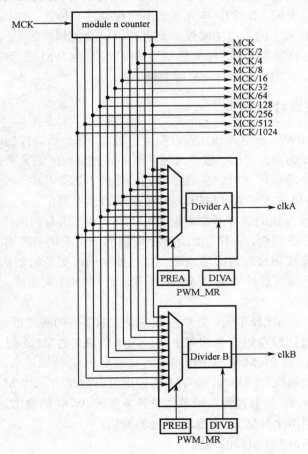

图 7-53　PWM 时钟生成器

时钟产生模块通过对 PWM 主控时钟（MCK）进行分频，为所有的通道提供各种不同的时钟，每个通道都可以独立地从这些分频后的时钟中选择一个。

时钟生成器分为 3 个模块：一个 N 计数器，它提供 11 个时钟：MCK，MCK/2，MCK/4，MCK/8，MCK/16，MCK/32，MCK/64，MCK/128，MCK/256，MCK/512，MCK/1024；两个线性分频器；两个单独的时钟：clkA 和 clkB。

每个线性分频器可以独立地对模 n 计数器的任意一个时钟进行分频，根据 PWM 的时钟寄存器（PWM_CLK）的 PREA（PREB）位域，来选择要被分频的时钟，这个时钟再根据 DIVA（DIVB）位域进行分频，得到最终的时钟 clkA 和 clkB。

图 7-54 为 PWM 通道机构的功能图。

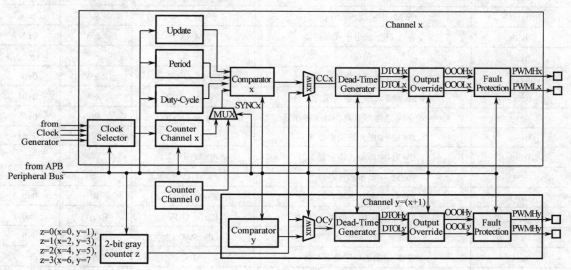

图 7-54　PWM 通道机构的功能图

PWM 通道机构有 4 个通道，每个通道由以下 6 个模块组成。

（1）一个时钟选择器，从时钟生成器提供的时钟中选择其中一个。

（2）一个计数器，由时钟选择器的输出提供时钟，这个计数器的递增或递减由通道的配置和比较器的匹配结果来确定。计数器的大小是 16 位的。

（3）一个比较器，用于根据计数器的值和配置来计算 OCx 的输出波形，根据 PWM_SCM 的 SYNCx 位决定计数器的值是通道计数器，还是通道 0 计数器的值。

（4）一个死区生成器，提供两个互补的输出（DTOHx/DTOLx），可以安全地驱动外部电源开关。

（5）一个输出覆盖模块，能够强制将两个互补的输出改变为编程设置的值（OOOHx/OOOLx）。

（6）一个异步的故障保护机制，有最高优先级，当检测到故障时，能够覆盖两个互补的输出（PWMHx/PWMLx）。

表 7-17 给出了 PWM 寄存器的映射。

表 7-17　PWM 寄存器的映射

偏 移 量	寄存器功能	名　　称	权　限	复 位 值
0x00	PWM 时钟寄存器	PWM_CLK	R&W	0x0
0x04	PWM 允许寄存器	PWM_ENA	W	—
0x08	PWM 禁止寄存器	PWM_DIS	W	—
0x0C	PWM 状态寄存器	PWM_SR	R	0x0
0x10	PWM 中断允许寄存器 1	PWM_IER1	W	—
0x14	PWM 中断禁止寄存器 1	PWM_IDR1	W	—
0x18	PWM 中断屏蔽寄存器 1	PWM_IMR1	R	0x0
0x1C	PWM 中断状态寄存器 1	PWM_ISR1	R	0x0
0x20	PWM 同步通道模式寄存器	PWM_SCM	R&W	0x0
0x24	保留			
0x28	PWM 同步通道更新控制寄存器	PWM_SCUC	R&W	0x0
0x2C	PWM 同步通道更新周期寄存器	PWM_SCUP	R&W	0x0
0x30	PWM 同步通道更新周期更新寄存器	PWM_SCUPUD	W	0x0
0x34	PWM 中断允许寄存器 2	PWM_IER2	W	—
0x38	PWM 中断禁止寄存器 2	PWM_IDR2	W	—
0x3C	PWM 中断屏蔽寄存器 2	PWM_IMR2	R	0x0
0x40	PWM 中断状态寄存器 2	PWM_ISR2	R	0x0
0x44	PWM 输出覆盖值寄存器	PWM_OOV	R&W	0x0
0x48	PWM 输出选择寄存器	PWM_OS	R&W	0x0
0x4C	PWM 输出选择置位寄存器	PWM_OSS	W	—
0x50	PWM 输出选择清零寄存器	PWM_OSC	W	—
0x54	PWM 输出选择置位更新寄存器	PWM_OSSUPD	W	—
0x58	PWM 输出选择清零更新寄存器	PWM_OSCUPD	W	—
0x5C	PWM 故障模式寄存器	PWM_FMR	R&W	0x0
0x60	PWM 故障状态寄存器	PWM_FSR	R	0x0
0x64	PWM 故障清零寄存器	PWM_FCR	W	—
0x68	PWM 故障保护值寄存器	PWM_FPV	R&W	0x0
0x6C	PWM 故障保护允许寄存器	PWM_FPE	R&W	0x0
0x70-0x78	保留	—	—	—
0x7C	PWM 事件线 0 模式寄存器	PWM_EL0MR	R&W	0x0
0x80	PWM 事件线 1 模式寄存器	PWM_EL1MR	R&W	0x0
0x84-AC	保留	—	—	—
0xB0	PWM 步进电机模式寄存器	PWM_SMMR	R&W	0x0
0xB4-E0	保留	—	—	—
0xE4	PWM 写保护控制寄存器	PWM_WPCR	W	—
0xE8	PWM 写保护状态寄存器	PWM_WPSR	R	0

续表

偏　移　量	寄存器功能	名　　称	权　　限	复　位　值
0x100 - 0x128	PDC 保留寄存器	—	—	—
0x12C	保留	—	—	—
0x130	PWM 比较器 0 值寄存器	PWM_CMP0V	R&W	0
0x134	PWM 比较器 0 值更新寄存器	PWM_CMP0VUPD	W	—
0x138	PWM 比较器 0 值模式寄存器	PWM_CMP0M	R&W	0
0x13C	PWM 比较器 0 值模式更新寄存器	PWM_CMP0MUPD	W	—
0x140	PWM 比较器 1 值寄存器	PWM_CMP1V	R&W	0
0x144	PWM 比较器 1 值更新寄存器	PWM_CMP1VUPD	W	—
0x148	PWM 比较器 1 值模式寄存器	PWM_CMP1M	R&W e	0
0x14C	PWM 比较器 1 值模式更新寄存器	PWM_CMP1MUPD	W	—
0x150	PWM 比较器 2 值寄存器	PWM_CMP2V	R&W	0
0x154	PWM 比较器 2 值更新寄存器	PWM_CMP2VUPD	W	—
0x158	PWM 比较器 2 值模式寄存器	PWM_CMP2M	R&W	0
0x15C	PWM 比较器 2 值模式更新寄存器	PWM_CMP2MUPD	W	—
0x160	PWM 比较器 3 值寄存器	PWM_CMP3V	R&W	0
0x164	PWM 比较器 3 值更新寄存器	PWM_CMP3VUPD	W	—
0x168	PWM 比较器 3 值模式寄存器	PWM_CMP3M	R&W	0
0x16C	PWM 比较器 3 值模式更新寄存器	PWM_CMP3MUPD	W	—
0x170	PWM 比较器 4 值寄存器	PWM_CMP4V	R&W	0
0x174	PWM 比较器 4 值更新寄存器	PWM_CMP4VUPD	W	—
0x178	PWM 比较器 4 值模式寄存器	PWM_CMP4M	R&W	0
0x17C	PWM 比较器 4 值模式更新寄存器	PWM_CMP4MUPD	W	—
0x180	PWM 比较器 5 值寄存器	PWM_CMP5V	R&W	0
0x184	PWM 比较器 5 值更新寄存器	PWM_CMP5VUPD	W	—
0x188	PWM 比较器 5 值模式寄存器	PWM_CMP5M	R&W	0
0x18C	PWM 比较器 5 值模式更新寄存器	PWM_CMP5MUPD	W	—
0x190	PWM 比较器 6 值寄存器	PWM_CMP6V	R&W	0
0x194	PWM 比较器 6 值更新寄存器	PWM_CMP6VUPD	W	—
0x198	PWM 比较器 6 值模式寄存器	PWM_CMP6M	R&W	0
0x19C	PWM 比较器 6 值模式更新寄存器	PWM_CMP6MUPD	W	—
0x1A0	PWM 比较器 7 值寄存器	PWM_CMP7V	R&W	0
0x1A4	PWM 比较器 7 值更新寄存器	PWM_CMP7VUPD	W	—
0x1A8	PWM 比较器 7 值模式寄存器	PWM_CMP7M	R&W	0
0x1AC	PWM 比较器 7 值模式更新寄存器	PWM_CMP7MUPD	W	—
0x1B0 - 0x1FC	保留	—	—	—
0x200 + ch_num * 0x20 + 0x0	PWM 通道模式寄存器	PWM_CMR	R&W	0

偏 移 量	寄存器功能	名 称	权 限	复 位 值
0x200 + ch_num * 0x20 + 0x04	PWM 通道占空比寄存器	PWM_CDTY	R&W	0
0x200 + ch_num * 0x20 + 0x08	PWM 通道占空比更新寄存器	PWM_CDTYUPD	W	
0x200 + ch_num * 0x20 + 0x0C	PWM 通道周期寄存器	PWM_CPRD	R&W	0
0x200 + ch_num * 0x20 + 0x10	PWM 通道周期更新寄存器	PWM_CPRDUPD	W	—
0x200 + ch_num * 0x20 + 0x14	PWM 通道计数器寄存器	PWM_CCNT	R	0
0x200 + ch_num * 0x20 + 0x18	PWM 通道死区寄存器	PWM_DT	R&W	0
0x200 + ch_num * 0x20 + 0x1C	PWM 通道死区更新寄存器	PWM_DTUPD	W	—

7.10.4　PWM 控制风扇实验

图 7-55 给出了执行板上 PWM 风扇的接线，PWM 波形从 FAN_SW 输入到风扇，FAN_SW 接 SAM3S4B 的 PA16 引脚控制风速。

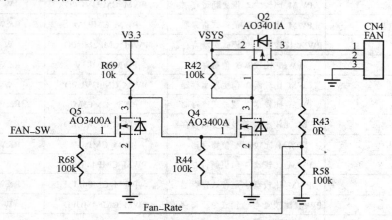

图 7-55　PWM 风扇的接线

主程序：对系统时钟、PWM 所用资源、I/O、中断的配置。

```
int main(void)
{
    /* 系统初始化 */
    sysclk_init();                            //系统时钟配置
    WDT->WDT_MR = WDT_MR_WDDIS;               //关闭看门狗
    gpio_configure_pin(PIO_PA16_IDX,(PIO_PERIPH_C|PIO_DEFAULT));//PWM 控制引脚
    /*使能 PWM 外设时钟 */
    pmc_enable_periph_clk(ID_PWM);
    /*禁止 PWM 通道 */
    pwm_channel_disable(PWM, CHANNEL_PWM_FAN);//
    /*设置 PWM 系统时钟 A*/
    pwm_clock_t clock_setting = {
        .ul_clka = PWM_FREQUENCY * PERIOD_VALUE,
        .ul_clkb = 0,
```

```
            .ul_mck = sysclk_get_cpu_hz()
    };
    pwm_init(PWM, &clock_setting);                    //PWM 系统时钟配置
    /*PWM 风扇配置*/
    g_pwm_channel_fan.alignment = PWM_ALIGN_CENTER;
    /*高电平输出部分*/
    g_pwm_channel_fan.polarity = PWM_HIGH;
    /*使用 PWM 时钟 A 作为时钟源 */
    g_pwm_channel_fan.ul_prescaler = PWM_CMR_CPRE_CLKA;
    /*输出波形周期 */
    g_pwm_channel_fan.ul_period = PERIOD_VALUE;
    /*输出占空比*/
    g_pwm_channel_fan.ul_duty = INIT_DUTY_VALUE;
    g_pwm_channel_fan.channel = CHANNEL_PWM_FAN; //通道
    pwm_channel_init(PWM, &g_pwm_channel_fan);       //通道初始化
    /*PWM 中断打开*/
    pwm_channel_enable_interrupt(PWM, CHANNEL_PWM_FAN, 0);
    /* 配置并使能 PWM 中断 */
    NVIC_DisableIRQ(PWM_IRQn);
    NVIC_ClearPendingIRQ(PWM_IRQn);
    NVIC_SetPriority(PWM_IRQn, 0);
    NVIC_EnableIRQ(PWM_IRQn);
    pwm_channel_enable(PWM, CHANNEL_PWM_FAN);         //使能并执行 PWM 中断函数
    while (1) {
    }
}
```

PWM 中断控制程序：

```
void PWM_Handler(void)
{
    static uint32_t ul_count = 0;  /* PWM 计数值 */
    static uint32_t ul_duty = INIT_DUTY_VALUE;  /* PWM 周期 */
    static uint8_t fade_in = 1;
    uint32_t events = pwm_channel_get_interrupt_status(PWM);
    /* PIN_PWM_FAN_CHANNEL 判断是否是 FAN 中断 */
    if ((events & (1 << CHANNEL_PWM_FAN)) ==
        (1 << CHANNEL_PWM_FAN))
    {
        ul_count++;
        /* Fade in/out */
        if (ul_count == (PWM_FREQUENCY / (PERIOD_VALUE - INIT_DUTY_VALUE)))
        {
            /* 占空比从 0 增加到 100 */
            if (fade_in) {
                ul_duty++;
                if (ul_duty == PERIOD_VALUE) {
                    fade_in = 0;
                }
            } else {
```

```
              /* 占空比从 100 减到 0 */
              ul_duty--;
              if (ul_duty == INIT_DUTY_VALUE) {
                  fade_in = 1;
              }
          }
          /* Set 设置占空比更新中期,10 次中断 */
          ul_count = 0;

g_pwm_channel_fan.channel=PWM_CHANNEL_2;
pwm_channel_update_duty(PWM, &g_pwm_channel_fan, ul_duty);周期更新
      }
   }
}
```

程序执行后，会发现风扇速度随 PWM 的变化而变化。

7.11　WDT 看门狗编程

7.11.1　实例内容与目标

该实例给出了如何对看门狗进行设置，并通过软件模拟中断，演示了在系统发生故障时，看门狗如何启动系统的过程。

通过该实例可以掌握以下内容。

（1）了解 WDT 接口控制原理。

（2）掌握 WDT 接口的基本使用方法。

（3）熟悉如何使用 WDT 监控系统。

7.11.2　WDT 看门狗基本原理

看门狗，又叫 Watchdog Timer，是一个定时器电路，一般有一个输入，称为喂狗（kicking the dog or service the dog），一个输出到 MCU 的 RST 端。MCU 正常工作时，每隔一段时间输出一个信号到喂狗端，给 WDT 清零，如果超过规定的时间不喂狗（一般在程序跑飞时），WDT 定时超过预先设定值，就会给出一个复位信号到 MCU，使 MCU 重新开始工作。看门狗的作用就是防止程序发生死循环，或者叫程序跑飞。

在 SAM3S 系统中，用于看门狗的递减计数器是 12 位的，可以计数的最大周期为 16s（慢速时钟，32.768kHz），其加载的值为慢速时钟的 128 分频。

图 7-56 给出了 WDT 时钟模块寄存器控制逻辑。

SAM3S4B 复位后，WDV 的值为 0xfff，允许外部复位，默认情况下，看门狗处于运行状态，如果用户没有使能看门狗，就需要禁止看门狗，否则需要定时"喂狗"。

看门狗模式寄存器 WDT_MR 只能写一次，复位后重新加载定时器。

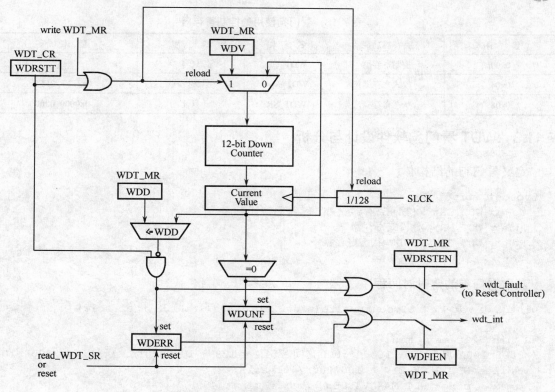

图 7-56　WDT 时钟模块寄存器控制逻辑

在正常情况下，用户定期向 WDT_CR 的 WDRSTT 位置 1，重载看门狗定时器。WDRSTT 置位后，计数器从 WDT_MR 重新加载，并重新启动。慢速时钟 128 分频器也被复位及重新启动。WDT_CR 是写保护寄存器，若预设值不正确，对 WDT_CR 的操作无效，如果发生计数器溢出，且 WDR_MR 的 WDRSTEN 为 1，产生"wdt_fault"，WDT_SR 的 WDUNF 置位。

为防止软件死锁，在 0 和 WDD 之间重新加载看门狗，WDD 在看门狗模式下 WDT_MR 中定义。

如果试图在 WDV 和 WDD 之间重启看门狗定时器，将会导致看门狗错误，即使看门狗被禁止，这将导致 WDT_SR 中的 WDERR 位被修改，wdt_fault 生效。若 WDD 不小于 WDV 的值，上述功能是无效的，看门狗定时器允许在 0 和 WDV 之间重新启动，不产生错误，芯片默认的复位状态是 WDV=WDD。

如果 WDFIFN=1，WDRSTEN=0，则 WDUNF（看门狗溢出）和 WDERR（看门狗错误）置位，触发中断；如果 WDFIFN=1，WDRSTEN=1，则触发 wdt_fault，复位，WDERR、WDUNF 被清零。

如果复位已经产生，读 WDT_SR 寄存器，状态复位，中断被清除，此时 wdt_fault 无效，执行 WDT_MR 写操作，将重新加载计数器，使 CPU 复位。

在调试和空闲状态，WDT_MR 中的 WDIDLEHLT 和 WDDBGHLT 置位，看门狗计数器停止运行。看门狗使用的控制寄存器见表 7-18。

表 7-18　看门狗使用的控制寄存器

偏　　移	寄存器功能	名　　称	权　　限	复　位　值
0x00	控制寄存器	WDT_CR	只写	—
0x04	模式寄存器	WDT_MR	只读一次	0x3FFF_2FFF
0x08	状态寄存器	WDT_SR	只读	0x0000_0000

7.11.3　WDT 看门狗软件设计与分析

定义看门狗的结构体：

```
typedef struct {
  WoReg WDT_CR; /*控制寄存器 */
  RwReg WDT_MR; /*模式寄存器 */
  RoReg WDT_SR; /*WDT 状态寄存器 */
} Wdt;
```

获取看门狗的定时时间程序：

```
uint32_t wdt_get_timeout_value(uint32_t ul_us, uint32_t ul_sclk)
{
    uint32_t max, min;
//3000*1000 属于3.9~16000*1000 之间//min = 128 * 1000000 / ul_sclk;//3000*1000
    min = WDT_SLCK_DIV * 1000000 / ul_sclk;
    max = min * WDT_MAX_VALUE; //max = min * 4095;
    if ((ul_us < min) || (ul_us > max)) {
    return WDT_INVALID_ARGUMENT;
    }
    return WDT_MR_WDV(ul_us / min);//ul_us/min=768=256*3;
}
```

看门狗初始化程序：

```
void wdt_init(Wdt *p_wdt, uint32_t ul_mode, uint16_t us_counter,
      uint16_t us_delta)
{
   p_wdt->WDT_MR=ul_mode| WDT_MR_WDV(us_counter) | WDT_MR_WDD(us_delta);
                           // ul_mode|0x300|(0x300<<16);
   printf("p_wdt->WDT_MR= %x\r",p_wdt->WDT_MR);
}
```

喂狗程序：

```
void wdt_restart(Wdt *p_wdt)
{
   p_wdt->WDT_CR = WDT_KEY_PASSWORD | WDT_CR_WDRSTT;// 0x5a000000 |1
}
```

获取看门狗寄存器状态程序：

```
uint32_t wdt_get_status(Wdt *p_wdt)
{
```

```
    return p_wdt->WDT_SR;
}
```

获取看门狗定时器溢出时间程序：

```
uint32_t wdt_get_us_timeout_period(Wdt *p_wdt, uint32_t ul_sclk)
{
    return WDT_MR_WDV(p_wdt->WDT_MR) * WDT_SLCK_DIV / ul_sclk * 1000000;
}
```

看门狗中断处理函数：

```
void WDT_Handler(void)
{
    gpio_set_pin_high(LED2_GPIO);          //关闭 LED2
    gpio_set_pin_low(LED1_GPIO);           //打开 LED1
    puts("Enter watchdog interrupt.\r");
    wdt_get_status(WDT);                   //获取 WDT 状态寄存器
    wdt_restart(WDT);                      //看门狗复位
    puts("The watchdog timer was restarted.\r");
}
```

在主程序中，初始化串口，打印相关信息，初始化看门狗 3s 为溢出，产生中断的时间，初始化按键 BUTTON2，驱动 LED 灯。

```
int main(void)
{
    Uart *p_uart=(Uart *)0x400e0600;       //串口地址定义
    uint32_t wdt_mode, timeout_value;
    /* 系统初始化 */
    sysclk_init();
    //此处不能禁止看门狗，因为 WDT->WDT_MR 只能进行一次写操作，禁止操作意味着写进去的数值
为 0，此后写入的数据溢出时无效
    pio_configure_group(PINS_UART0_PIO,PINS_UART0,PINS_UART0_FLAGS);
    configure_console();                   //串口配置
    SysTick_Config(sysclk_get_cpu_hz() / 1000);//系统 systick,1ms 中断
    timeout_value = wdt_get_timeout_value(WDT_PERIOD * 1000,
                    BOARD_FREQ_SLCK_XTAL);//看门狗溢出时间为 3s=0X300
    if (timeout_value == WDT_INVALID_ARGUMENT) {
        while (1) {//中断中的处理
                }
    }
    /* 配置 WDT 触发中断 */
    wdt_mode = WDT_MR_WDFIEN |              /* 使能 WDT 看门狗出错中断 */
               WDT_MR_WDRPROC |            /* WDT 出错处理 */
               WDT_MR_WDDBGHLT |           /* WDT 停止与调试状态 */
               WDT_MR_WDIDLEHLT;           /* WDT 进入空闲状态 */
    wdt_init(WDT, wdt_mode, timeout_value, timeout_value);//初始化看门狗
    printf("timeout_period=%d",(int)wdt_get_us_timeout_period(WDT,
BOARD_FREQ_SLCK_XTAL));
    /*配置和使能看门狗中断 */
```

```
        NVIC_DisableIRQ(WDT_IRQn);
        NVIC_ClearPendingIRQ(WDT_IRQn);
        NVIC_SetPriority(WDT_IRQn, 0);
        NVIC_EnableIRQ(WDT_IRQn);
//配置 LED 灯
        gpio_configure_pin(LED1_GPIO, LED0_FLAGS);
        gpio_configure_pin(LED2_GPIO, LED1_FLAGS);
        gpio_set_pin_high(LED1_GPIO);
        pmc_enable_periph_clk(ID_PIOA);
//按键 2 配置
        gpio_configure_pin(BUTTON_2, BUTTON_INPUT);//add by luyj 2013.6.8

  while(1)
      {
      /* 在指定时间启动看门狗 */
        if (g_b_systick_event == true) {
          g_b_systick_event = false;
          if ((g_ul_ms_ticks% WDT_RESTART_PERIOD)==0) {
            printf("2s"); //  2s 打印一次，提示该喂狗了，此时按键喂狗
        }
        }
        if (pio_get(PIOA, PIO_TYPE_PIO_INPUT, PIO_PA0) == 0)
          {
          mdelay(100);
          if (pio_get(PIOA, PIO_TYPE_PIO_INPUT, PIO_PA0) == 0)
            {
            printf("PUSH BUTTON 2!\r");
            wdt_restart(WDT);                //喂狗
            gpio_set_pin_low(LED2_GPIO); //LED2 亮
            gpio_set_pin_high(LED1_GPIO);//LED1 灭
          }
        }
      }
}
```

将程序下载到传感板，运行程序，看门狗中断时，LED1 被点亮，LED2 被关闭，认为看门狗溢出，同时如果调试串口打开（115200，无校验，数据位 8bit，停止位 1bit），可以看到打印信息。

喂狗可以通过按键操作，按下 K2，表示喂狗。当喂狗时，LED1 被关闭，LED2 被点亮，在 3s 内及时喂狗，则不触发看门狗中断，LED1 将处于关闭状态。

7.12 本章习题

1．自己动手创建一个 IAR 实例。

2．SAM3S4B 平台上都有哪些传感器和执行单元？这些传感器是如何采集环境信息的？执行单元又是如何工作的？

3．SAM3S 如果启动执行。

4．掌握 UART 传输原理及应用。

5．掌握 I^{2}C 总线传输原理及应用。

6．掌握 SPI 总线传输原理及应用。

7．掌握 PWM 原理及其应用。

8．理解 WDT 工作特性。

第 8 章　μC/OS-Ⅱ 操作系统应用

μC/OS-Ⅱ内核作为一种代码公开的嵌入式实时操作系统的内核非常有特色，在规模不大的代码内实现了抢占式任务调度和多任务间通信等功能，任务调度算法也很有特点。该内核裁剪到最小状态后编译出来只有 8KB 左右，全部内核功能（添加 LWIP 网络协议栈等）也就100KB 左右，资源消耗非常小。市面上一些 ARM 微处理器片上所带的内存就足够一个裁剪合适的内核的简单应用，非常方便产品的开发设计。

当前，μC/OS-Ⅱ是一个基本完整的嵌入式操作系统解决方案套件，包括μC/TCP-IP（IP 网络协议栈）、μC/FS（文件系统）、μC/GUI（图形界面）、μC/USB（USB 驱动）和μC/FL（Flash加载器）等部件，但是这些部件是不公开代码的。

还有一些在嵌入式环境中发挥重要作用的部件包括嵌入式数据库、POSIX 兼容性接口、常用设备的驱动模块等，将来还会产生更多的重要部件需求。在互联网上的开源社区通常能够找到相应的开源代码包，并且可以进行移植。

8.1　实时操作系统基本原理与技术

本节将主要讲述实时操作系统的基本原理和技术。通过对本节的学习，读者可以了解RTOS（Real Time Operation System，实时操作系统）的基本特征、结构体系、重要指标、性能参数等重要内容，为全面掌握 RTOS 打下良好基础。

8.1.1　实时操作系统的基本特征

与实时操作系统相对的是分时操作系统，UNIX 就是典型的分时操作系统。当分时操作系统允许对中断处理的优先级做调整，使系统对外部事件的响应速度保证不大于某一特定时间间隔时，就构成了实时操作系统。根据 IEEE 对实时操作系统的定义，实时操作系统的基本特征应表现为以下几个方面。

（1）实时性。响应外部事件的时间必须在限定的时间范围内，在某些情况下还需要是确定的、可重复实现的，不管当时系统内部状态如何，都必须是可预测的。

（2）抢占式调度。为确保响应时间，实时操作系统必须允许高优先级的任务一旦进入就绪状态，就可以马上抢占正在运行的低优先级任务的执行权。

（3）具有异步响应能力。异步事件是指无一定时序关系、随机发生的事件。如实时控制设备出现异常等突发事件，都属于随机事件。在实际环境中，嵌入式实时系统需要处理多个外部事件，这些事件往往同时出现，而且发生的时刻也是随机的。实时操作系统应有能力对这类同时发生的外部事件进行有效处理。

（4）内存锁定。必须具有将程序部分代码锁定在内存的能力。将频繁访问的数据锁定在内存，减少了为获得该数据而访问磁盘的时间，从而保证了快速的响应时间。

（5）具有优先级调度机制。实时操作系统必须允许用户定义中断和任务的优先级，并具有相应的优先级调度机制。

（6）同步/互斥机制。提供对共享数据的同步和互斥手段。

实时操作系统能对外部事件和信号在限定的时间范围内做出响应，它所强调的是实时性、可靠性和灵活性。实时操作系统一般与实时应用软件相结合成为有机整体，用实时操作系统来管理和调度实时应用软件的各项任务，为应用软件提供良好的运行和开发环境。一般来说，实时操作系统以库的形式提供系统调用来实现对上层实时应用程序的支持；而应用程序通过链接实时操作系统的库来实现实时任务调度。

8.1.2　实时操作系统的关键技术指标

一般来说，评价一个实时操作系统的优劣可以用以下几个技术指标来衡量。

（1）任务调度算法。一个实时操作系统的任务调度算法，在很大程度上决定了其系统实时性和其多任务调度能力。常用的任务调度算法有优先级调度策略和时间片轮转调度策略；调度的方式可分为可抢占式、不可抢占式和选择可抢占式等；常用的调度算法有 Rate Monotonic（发生率单调）、优先级与发生率成正比（LiuLay 1973）、Lottery Scheduler（彩票调度，Wald&Weih194）等。

（2）上下文切换时间（Context Switching Time）。指当处理器的控制权由运行任务转移到另一个就绪任务时所耗费的系统时间。RTOS 的上下文切换时间可以由以下公式算出：

$$上下文切换时间 = 系统保持当前任务的状态所需时间$$
$$+ 从就绪任务表中查找最高优先级任务的时间$$
$$+ 将优先级最高的就绪任务转到运行态所需要的时间$$

保护和恢复上下文的方法在很大程度上依赖于处理器的架构，所以衡量一个实时操作系统是否适合在某种体系结构的处理器上运行，上下文切换时间是一个重要的衡量指标。

（3）系统确定性（Determinism）。在实时操作系统中，在一定的条件下，系统调用运行的时间是可以预测的，但这并不意味着无论系统的负载如何，所有的系统调用都总是执行一个固定长度的时间，而是指系统调用的最大执行时间可以确定。

（4）最小内存开销。在某些领域，如工业控制领域，基于降低成本的考虑，其内存的配置一般都不大。因此在实时操作系统的设计中，其占用内存大小是一个很重要的衡量指标。同时，这也是 RTOS 设计与其他操作系统设计的明显区别之一。

（5）最大中断禁止时间。当操作系统在执行某些系统调用时，是需要关闭中断响应的，即中断被屏蔽，只有当操作系统重新回到用户态时才重新响应外部中断请求，这一过程所需的最大时间就是最大中断禁止时间。由此可以看出，操作系统的最大中断禁止时间越长，系统丢中断的可能性就越大，所以最大中断禁止时间成为衡量一个操作系统实时性的重要指标。

上述几项中，上下文切换时间和最大中断禁止时间是评价一个实时操作系统实时性最重要的两个技术指标。

8.1.3　实时操作系统基本术语

这里主要介绍在实时操作系统领域常用的专业术语，以便读者更好地掌握本书后面的内容。

（1）硬实时（Hard Real-Time）。通常将具有优先级驱动的、时间确定性的、可抢占调度的系统称为硬实时系统。所谓"硬实时"，主要强调对实时性和确定性的要求较高。

（2）优先级驱动（Priority Driven）。在一个多任务系统中，正在运行的任务总是优先级最高的任务。在任何给定的时间内，总是把处理器分配给优先级最高的任务。

（3）优先级反转（Priority Inversion）。当一个任务等待比它优先级低的任务释放资源而被阻塞时，这种现象被称为优先级反转。优先级继承技术可以解决优先级反转问题。目前市场上大多数商用操作系统都使用了优先级继承技术。

（4）优先级继承（Priority Inheritance）。优先级继承是用来解决优先级反转问题的技术。当优先级反转发生时，较低优先级任务的优先级暂时提高，以匹配较高优先级任务的优先级。这样，就可以使较低优先级任务尽快地执行并且释放较高优先级任务所需要的资源。

（5）实时执行体（Realtime Executive）。实时执行程序包括一套支持实时系统所必需的机制，如多任务、CPU 调度、通信和存储分配等。在嵌入式应用中，这一套机制被称为实时操作系统或实时执行体或实时内核。

（6）重调度过程（Rescheduling Procedure）。重调度过程是判断任务优先级和执行状态的过程。

（7）任务（Task）。实时操作系统中的任务相当于一般操作系统的进程（Process），一个任务就是操作系统的一个可以运行的例程。

（8）任务上下文（Task Context）。任务上下文指一个未运行的任务状态，如堆栈指针、计数器、内存字段和通用寄存器等。

（9）调度延时（Scheduling Latency）。调度延时是指当一个事件从引起更高优先级的任务就绪到这个任务开始运行之间的时间。简而言之，就是一个任务被触发后，由就绪到开始运行的时间。

（10）可伸缩的体系结构（Scalable Architecture）。可伸缩的体系结构指一个软系统能够支持多种应用而无须在接口上做很大的变动。这种结构往往提供可选用的系统组件，供开发者"量体裁衣"。

（11）中断延时（Interrupt Latency）。中断延时指从中断发生到开始执行中断处理程序的这一段时间。

（12）互斥（Mutual Exclusion）。互斥是用于控制多任务对共享数据进行顺序访问的同步机制。在多任务应用中，当两个或更多的任务同时访问同一数据区时，就会造成访问冲突。互斥能使它们依次访问共享数据而不引起冲突。

（13）抢占（Preemptive）。抢占是指当系统处于核心态的内核运行时，允许任务重新调度。也就是说，一个正在执行的任务可以被打断而让另一个任务运行，这提高了应用对外部中断的响应性。许多实时操作系统都是以抢占方式运行的。但这并不是说调度在任何时候都是可以发生的。例如，当实时操作系统的一个任务正在通过系统调用访问共享数据时，重新调度和中断都是不允许的。

8.2 μC/OS-II 的任务管理和调度

8.2.1 任务及任务状态

在μC/OS-II中，任务通常就是一个无限循环。任务的结构和 C 函数类似，有形式参数变量和函数返回类型，但跟函数所不同的是，任务没有返回值，所以在定义任务时，任务的返回值必须定义为 void 型。

μC/OS-II操作系统一共可以管理 64 个任务，用户最多可以创建 56 个应用任务。每个任务创建时，必须被赋予不同的优先级。优先级号越低，任务的优先级越高。μC/OS-II操作系统总是运行进入就绪态的优先级最高的任务。因为在μC/OS-II操作系统中，任务的优先级号就是任务编号（ID），所以同一优先级只能有一个任务。同时，优先级号（或任务的 ID 号）也被一些内核服务函数调用，如改变任务优先级的函数 OSTaskChangePrio()和删除任务函数OSTaskDel()。

μC/OS-II中，任务状态分为等待（Waiting）状态、睡眠（Dormant）状态、就绪（Ready）状态、运行（Running）状态和 ISR 状态。如图 8-1 所示为在操作系统控制下的任务状态转换图。在某一给定的时刻，任务的状态必是 5 种状态之一。

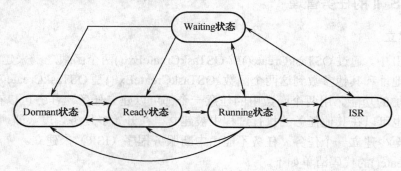

图 8-1　任务状态转换图

睡眠（Dormant）状态指任务程序驻留在程序空间还没有交给μC/OS-II管理的状态。调用OSTaskCreate()或 OSTaskCreateExt()函数可以把任务管理权交给μC/OS-II。任务一旦建立，这个任务就进入就绪态准备运行。任务的建立可以是在多任务运行开始之前，也可以被一个运行着的任务动态地建立。当一个任务是被另一个任务建立时，并且这个任务的优先级高于建立它的那个任务，则这个刚刚被建立的任务将立即得到 CPU 的控制权。一个任务可以通过调用 OSTaskDel()返回到睡眠态，也可以通过调用该函数让另一个任务进入睡眠态。调用函数OSStart()可以启动多任务。OSStart()函数总是调度进入就绪态的优先级最高的任务运行。就绪的任务只有在所有优先级高于该任务的任务转为等待状态，或者是被删除时，才能被操作系统调度进入运行态。

正在运行的任务可以通过调用 OSTimeDly()或 OSTimeDlyHMSM()两个函数之一将自身挂起延迟一段时间。挂起的任务调用 OSTimeDly()（或 OSTimeDlyHMSM()）函数后进入等待状态，等待的时间在调用 OSTimeDly()（或 OSTimeDlyHMSM()）函数时指定。当运行的任务挂起后，下一个优先级最高的并进入了就绪态的任务立刻开始运行。当指定的挂起时间过去以后，系统服务函数 OSTimeTick() 使延迟了的任务进入就绪态。

正在运行的任务需要某一资源的时候也需要等待，可以使用以下 3 个"请求资源函数"之一来实现：OSSemPend()、OSMboxPend()或 OSQPend()。调用"请求资源函数"后任务进入等待状态。当正在运行的任务因等待资源被挂起（Pend）后，下一个优先级最高的就绪任务立即得到了 CPU 的控制权，进入运行态。当请求的资源被释放时，被挂起的任务重新进入就绪态。资源的释放可能来自另一个任务，也可能来自中断服务子程序。

在系统中断打开的情况下，正在运行的任务是可以被中断打断的。当中断发生时，正在运行的任务进入中断服务态（ISR）。响应中断时，正在执行的任务被挂起，中断服务子程序控制了 CPU 的使用权。中断服务子程序可能会释放一个或多个系统资源，而使一个或多个任务进入就绪态。在这种情况下，从中断服务子程序返回之前，操作系统要判定被中断的任务是否还是就绪态任务中优先级最高的。如果中断服务子程序使一个优先级更高的任务进入了就绪态，则新进入就绪态的这个优先级更高的任务得以运行，否则原来被中断了的任务继续运行。当所有的任务都在等待资源释放或等待延迟时间结束时，操作系统将执行空闲任务（idle task），调用 OSTaskIdle()函数。

8.2.2　µC/OS-Ⅱ 的任务管理

1. 任务建立

在µC/OS-Ⅱ中，通过 OSTaskCreate()或 OSTaskCreateExt()两个函数之一来建立任务，用户可以传递任务地址和其他参数到这两个函数。OSTaskCreateExt()是 OSTaskCreate()的扩展版本，提供了一些附加的功能。用两个函数中的任意一个都可以建立任务。任务可以在多任务调度开始前建立，也可以在其他任务的执行过程中被建立。在开始多任务调度（即调用 OSStart()）前，用户必须至少建立一个任务。任务不能由中断服务程序（ISR）来建立。

OSTaskCreate()的代码清单如下。

```
INT8U OSTaskCreate (void (*task)(void *pd), void *pdata, OS_STK *ptos, INT8U prio)
{
    void    *psp;
    INT8U   err;
    if (prio > OS_LOWEST_PRIO) {
        return (OS_PRIO_INVALID);
    }
    OS_ENTER_CRITICAL();
    if (OSTCBPrioTbl[prio] == (OS_TCB *)0) {
        OSTCBPrioTbl[prio] = (OS_TCB *)1;
        OS_EXIT_CRITICAL();
        psp = (void *)OSTaskStkInit(task, pdata, ptos, 0);
        err = OSTCBInit(prio, psp, (void *)0, 0, 0, (void *)0, 0);
        if (err == OS_NO_ERR) {
            OS_ENTER_CRITICAL();
            OSTaskCtr++;
```

```
            OSTaskCreateHook(OSTCBPrioTbl[prio]);
            OS_EXIT_CRITICAL();
            if (OSRunning) {
                OSSched();
            }
        } else {
        OS_ENTER_CRITICAL();
        OSTCBPrioTbl[prio] = (OS_TCB *)0;
        OS_EXIT_CRITICAL();
        }
        return (err);
    } else {
        OS_EXIT_CRITICAL();
        return (OS_PRIO_EXIST);
    }
}
```

从 OSTaskCreate()函数原型可以看出，该函数需要 4 个参数：task 是任务代码的指针，pdata 是当任务开始执行时传递给任务的参数的指针，ptos 是分配给任务的堆栈的栈顶指针，prio 是分配给任务的优先级。

OSTaskCreate()函数先检测分配给任务的优先级是否有效，任务的优先级必须在 0 到 OS_LOWEST_PRIO 之间。接着，OSTaskCreate()要确保在规定的优先级上还没有建立任务。在使用μC/OS-II时，每个任务都有特定的优先级，如果某个优先级是空闲未使用的，μC/OS-II 通过放置一个非空指针在 OSTCBPrioTbl[]中来保留该优先级，这就使得 OSTaskCreate()在设置任务数据结构的其他部分时能重新允许中断。

然后，OSTaskCreate()调用 OSTaskStkInit()，该函数负责建立任务的堆栈。该函数是与处理器的硬件体系相关的函数，可以在μC/OS-II的源码文件 OS_CPU_C.C 中找到。OSTaskStkInit()函数返回新的堆栈栈顶（psp），并被保存在任务的 OS_TCB 中。注意，用户必须将传递给 OSTaskStkInit()函数的第 4 个参数 opt 置 0，因为 OSTaskCreate()与 OSTaskCreateExt()不同，它不支持用户为任务的创建过程设置不同的选项，所以没有任何选项可以通过 opt 参数传递给 OSTaskStkInit()。

μC/OS-II 支持的处理器的堆栈既可以从上（高地址）往下（低地址）递减，也可以从下往上递增。用户在调用 OSTaskCreate()时必须知道堆栈是递增的还是递减的，该配置可以通过μC/OS-II的源码文件 OS_CPU.H 中的 OS_STACK_GROWTH 宏设置。因为用户必须得把堆栈的栈顶传递给 OSTaskCreate()，而栈顶可能是堆栈的最高地址（堆栈从上往下递减），也可能是最低地址（堆栈从下往上递增）。

一旦 OSTaskStkInit()函数完成了建立堆栈的任务，OSTaskCreate()就调用 OSTCBInit()，从空闲的 OS_TCB 池中获得并初始化一个 OS_TCB。OSTCBInit()函数首先从 OS_TCB 缓冲池中获得一个 OS_TCB，如果 OS_TCB 池中有空闲的 OS_TCB，它就被初始化。注意，一旦 OS_TCB 被分配，该任务的创建者就已经完全拥有它了，即使这时内核又创建了其他的任务，这些新任务也不可能对已分配的 OS_TCB 做任何操作，所以 OSTCBInit()在这时就可以允许中断，并继续初始化 OS_TCB 的数据单元。

当OSTCBInit()需要将OS_TCB插入到已建立任务的OS_TCB的双向链表中时,它就禁止中断。该双向链表开始于OSTCBList,而一个新任务的OS_TCB常常被插入到链表的表头。最后,该任务处于就绪状态,并且OSTCBInit()向它的调用者OSTaskCreate()返回一个代码,表明OS_TCB已经被分配和初始化了。

当函数从OSTCBInit()返回后,OSTaskCreate()要检验返回代码,如果成功,就增加OSTaskCtr,OSTaskCtr用于保存产生的任务数目。如果OSTCBInit()返回失败,就置OSTCBPrioTbl[prio]的入口为0,以放弃该任务的优先级。然后,OSTaskCreate()调用OSTaskCreateHook(),OSTaskCreateHook()是用户自己定义的函数,用来扩展OSTaskCreate()的功能。例如,用户可以通过OSTaskCreateHook()函数来初始化和存储浮点寄存器、MMU寄存器的内容,或者其他与任务相关的内容。一般情况下,用户可以在内存中存储一些针对用户的应用程序的附加信息。OSTaskCreateHook()既可以在OS_CPU_C.C中定义(如果OS_CPU_HOOKS_EN置1),也可以在其他地方定义。注意,OSTaskCreate()在调用OSTaskCreateHook()时,中断是关掉的,所以用户应该使OSTaskCreateHook()函数中的代码尽量简化,因为这将直接影响中断的响应时间。OSTaskCreateHook()在被调用时会收到指向任务被建立时的OS_TCB的指针,这意味着该函数可以访问OS_TCB数据结构中的所有成员。

如果OSTaskCreate()函数是在某个任务的执行过程中被调用(即OSRunning置为True),则任务调度函数会被调用,来判断新建立的任务是否比原来的任务有更高的优先级。如果新任务的优先级更高,内核会进行一次从旧任务到新任务的任务切换。如果在多任务调度开始之前,新任务就已经建立了,则任务调度函数OS_Sched()不会被调用。

2. 任务堆栈

每个任务都有自己的堆栈空间,堆栈必须声明为OS_STK类型,并且由连续的内存空间组成。用户可以静态地分配堆栈空间(在编译时分配),也可以动态地分配堆栈空间(在运行时分配)。下面的代码显示了如何静态分配堆栈。

```
static OS_STK MyTaskStack[stack_size];
```

或

```
OS_STK MyTaskStack[stack_size];
```

用户可以用C编译器提供的malloc()函数动态地分配堆栈空间,代码如下:

```
OS_STK *pstk;
pstk = (OS_STK *)malloc(stack_size);
If (pstk != (OS_STK *)0) {              /*确认malloc()能得到足够的内存空间*/
Create the task;
}
```

在动态分配时,用户要时刻注意内存碎片问题。特别是当用户反复地建立和删除任务时,内存堆中可能会出现大量的内存碎片,导致没有足够大的一块连续内存区域可用做任务堆栈,这时malloc()无法成功地为任务分配堆栈空间。

μC/OS-II支持的处理器的堆栈既可以从上(高地址)往下(低地址)增长,也可以从下往上增长。用户在调用OSTaskCreate()或OSTaskCreateExt()时必须知道堆栈是怎样增长的,因为用户必须得把堆栈的栈顶传递给以上两个函数。当 OS_CPU.H 文件中的 OS_STK_GROWTH 置为 0 时，用户需要将堆栈的最低内存地址传递给任务创建函数。

3. 堆栈检验

有时事先确定任务实际所需的堆栈空间大小是很有必要的。因为这样用户就可以避免为任务分配过多的堆栈空间，从而减少自己的应用程序代码所需的 RAM（内存）数量。μC/OS-Ⅱ 提供的 OSTaskStkChk() 函数可以为用户提供这种有价值的信息。

μC/OS-Ⅱ 是通过查看堆栈本身的内容来决定堆栈的方向的。只有内核或任务发出堆栈检验的命令时，堆栈检验才会被执行，它不会自动地去不断检验任务的堆栈使用情况。在堆栈检验时，μC/OS-Ⅱ 要求在任务建立时堆栈中存储的必须是 0 值（即堆栈被清零）。另外，μC/OS-Ⅱ 还需要知道堆栈栈底（BOS）的位置和分配给任务的堆栈的大小。在任务建立时，BOS 的位置及堆栈的这两个值存储在任务的 OS_TCB 中。

为了使用μC/OS-Ⅱ的堆栈检验功能，用户必须要做以下几件事情。

- ❑ 在 OS_CFG.H 文件中设 OS_TASK_CREATE_EXT 为 1；
- ❑ 用 OSTaskCreateExt() 建立任务，并给予任务比实际需要更多的内存空间；
- ❑ 在 OSTaskCreateExt() 中，将参数 opt 设置为 OS_TASK_OPT_STK_CHK + OS_TASK_OPT_STK_CLR。如果用户的程序启动代码清除了所有的 RAM，并且从未删除过已建立的任务，那么用户就不必设置选项 OS_TASK_OPT_STK_CLR 了，这样就会减少 OSTaskCreateExt() 的执行时间；
- ❑ 将用户想检验的任务的优先级作为 OSTaskStkChk() 的参数并调用。

OSTaskStkChk() 顺着堆栈的栈底开始计算空闲的堆栈空间大小，具体实现方法是统计存储值为 0 的连续堆栈入口的数目，直到发现存储值不为 0 的堆栈入口。注意，堆栈入口的存储值在进行检验时使用的是堆栈的数据类型（参看 OS_CPU.H 中的 OS_STK）。换句话说，如果堆栈的入口有 32 位宽，对 0 值的比较也是按 32 位完成的。所用的堆栈的空间大小是指从用户在 OSTaskCreateExt() 中定义的堆栈大小中减去了存储值为 0 的连续堆栈入口以后的大小。OSTaskStkChk() 实际上把空闲堆栈的字节数和已用堆栈的字节数放置在 OS_STK_DATA 数据结构中（参看μCOS_Ⅱ.H）。注意，在某个给定的时间，被检验的任务的堆栈指针可能会指向最初的堆栈栈顶（TOS）与堆栈最深处之间的任何位置。每次在调用 OSTaskStkChk() 时，用户也可能会因为任务还没触及堆栈的最深处而得到不同的堆栈的空闲空间数。

用户应该使自己的应用程序运行足够长的时间，并且经历最坏的堆栈使用情况，这样才能得到正确的数。一旦 OSTaskStkChk() 提供给用户最坏情况下堆栈的需求，用户就可以重新设置堆栈的最后容量了。为了适应系统以后的升级和扩展，用户应该多分配 10%～100% 的堆栈空间。在堆栈检验中，用户所得到的只是一个大致的堆栈使用情况，并不能说明堆栈使用的全部实际情况。

OSTaskStkChk() 函数的代码如下：

```
INT8U OSTaskStkChk (INT8U prio, OS_STK_DATA *pdata)
{
    OS_TCB  *ptcb;
    OS_STK  *pchk;
```

```
    NT32U   nfree;
    INT32U   size;
    pdata->OSFree = 0;
    pdata->OSUsed = 0;
    if (prio > OS_LOWEST_PRIO && prio != OS_PRIO_SELF) {
            return (OS_PRIO_INVALID);
    }
    OS_ENTER_CRITICAL();
    if (prio == OS_PRIO_SELF) {
            prio = OSTCBCur->OSTCBPrio;
    }
    ptcb = OSTCBPrioTbl[prio];
    if (ptcb == (OS_TCB *)0) {
        OS_EXIT_CRITICAL();
        return (OS_TASK_NOT_EXIST);
    }
    if ((ptcb->OSTCBOpt & OS_TASK_OPT_STK_CHK) == 0) {
        OS_EXIT_CRITICAL();
        return (OS_TASK_OPT_ERR);
    }
    nfree = 0;
    size = ptcb->OSTCBStkSize;
    pchk = ptcb->OSTCBStkBottom;
    OS_EXIT_CRITICAL();
#if OS_STK_GROWTH == 1
    while (*pchk++ == 0) {
            nfree++;
    }
#else
    while (*pchk-- == 0) {
      nfree++;
    }
#endif
    pdata->OSFree = free * sizeof(OS_STK);
    pdata->OSUsed = (size - free) * sizeof(OS_STK);
    return (OS_NO_ERR);
}
```

    OS_STK_DATA（参看μCOS_Ⅱ.H）数据结构用来保存有关任务堆栈的信息。这里打算用一个数据结构来达到两个目的。第一，把 OSTaskStkChk()当做查询类型的函数，并且使所有的查询函数用同样的方法返回，即返回查询数据到某个数据结构中；第二，在数据结构中传递数据使得可以在不改变 OSTaskStkChk()的 API（应用程序编程接口）的条件下为该数据结构增加其他域，从而扩展 OSTaskStkChk()的功能。现在，OS_STK_DATA 只包含两个域：OSFree和 OSUsed。从代码中可以看到，通过指定执行堆栈检验的任务的优先级可以调用OSTaskStkChk()。如果用户指定 OS_PRIO_SELF，那么就表明用户想知道当前任务的堆栈信息，前提是任务已经存在。要执行堆栈检验，用户必须已用 OSTaskCreateExt()建立了任务并且已经传递了选项 OS_TASK_OPT_CHK。如果所有的条件都满足了，OSTaskStkChk()就会像前面描述的那样从堆栈栈底开始统计堆栈的空闲空间。最后，存储在 OS_STK_DATA 中的信息就被确定下来了。注意，函数所确定的是堆栈的实际空闲字节数和已被占用的字节数，而不是堆栈的总字节数。堆栈的实际大小（用字节表示）是该两项之和。

4．改变任务优先级

在用户建立任务时会分配给任务一个优先级。在程序运行期间，用户可以通过调用OSTaskChangePrio()来改变任务的优先级。换句话说，就是μC/OS-Ⅱ允许用户动态地改变任务的优先级。

OSTaskChangePrio()的代码如下：

```
INT8U  OSTaskChangePrio (INT8U oldprio, INT8U newprio)
{
…
#if OS_ARG_CHK_EN > 0
    if (oldprio >= OS_LOWEST_PRIO) {
        if (oldprio != OS_PRIO_SELF) {
            return (OS_PRIO_INVALID);
        }
    }
    if (newprio >= OS_LOWEST_PRIO) {
        return (OS_PRIO_INVALID);
    }
#endif
    OS_ENTER_CRITICAL();
    if (OSTCBPrioTbl[newprio] != (OS_TCB *)0) {         /*判断新优先级是否存在*/
        OS_EXIT_CRITICAL();
        return (OS_PRIO_EXIST);
    }
    if (oldprio == OS_PRIO_SELF) {                       /*状态位是否改变*/
        oldprio = OSTCBCur->OSTCBPrio;                   /*获取优先级*/
    }
    ptcb = OSTCBPrioTbl[oldprio];
    if (ptcb == (OS_TCB *)0) {                           /*判断任务状态是否需要改变 */
        OS_EXIT_CRITICAL();                              /*不改变优先级*/
        return (OS_PRIO_ERR);
    }
    if (ptcb == (OS_TCB *)1) {                           /*任务分配互斥体*/
        OS_EXIT_CRITICAL();                              /*不改变优先级*/
        return (OS_TASK_NOT_EXIST);
    }
#if OS_LOWEST_PRIO <= 63
    y= (INT8U)(newprio >> 3);                            /*分配新的任务控制块*/
    x = (INT8U)(newprio & 0x07);
    bity = (INT8U)(1 << y);
    bitx = (INT8U)(1 << x);
#else
    y= (INT8U)((newprio >> 4) & 0xFF);
    x = (INT8U)( newprio & 0x0F);
```

```
    bity = (INT16U)(1 << y);
    bitx = (INT16U)(1 << x);
#endif
    OSTCBPrioTbl[oldprio] = (OS_TCB *)0;           /*从旧的的优先级中删除任务控制块  */
    OSTCBPrioTbl[newprio] = ptcb;
    y_old  = ptcb->OSTCBY;
    if ((OSRdyTbl[y_old] & ptcb->OSTCBBitX) != 0) {
        OSRdyTbl[y_old] &= ~ptcb->OSTCBBitX;
        if (OSRdyTbl[y_old] == 0) {
            OSRdyGrp &= ~ptcb->OSTCBBitY;
        }
        OSRdyGrp    |= bity;                        /*新建优先级运行*/
        OSRdyTbl[y] |= bitx;
#if OS_EVENT_EN
    } else {                                        /*建立的任务没有就绪  */
        pevent = ptcb->OSTCBEventPtr;
        if (pevent != (OS_EVENT *)0) {              /*从任务表中删除任务*/
            pevent->OSEventTbl[y_old] &= ~ptcb->OSTCBBitX;
            if (pevent->OSEventTbl[y_old] == 0) {
                pevent->OSEventGrp &= ~ptcb->OSTCBBitY;
            }
            pevent->OSEventGrp    |= bity;          /*任务添加到等待队列  */
            pevent->OSEventTbl[y] |= bitx;
        }
#endif
    }
    ptcb->OSTCBPrio = newprio;                       /*设置新任务优先级*/
    ptcb->OSTCBY       = y;
    ptcb->OSTCBX       = x;
    ptcb->OSTCBBitY  = bity;
    ptcb->OSTCBBitX  = bitx;
    OS_EXIT_CRITICAL();
    OS_Sched();                                      /*执行优先级最高的任务*/
    return (OS_NO_ERR);
}
```

　　改变优先级时需要注意，空闲任务的优先级是不允许改变的，但可以改变调用本函数的任务或者其他任务的优先级。为了改变调用本函数的任务的优先级，用户可以指定该任务当前的优先级或 OS_PRIO_SELF，OSTaskChangePrio()会决定该任务的优先级。用户还必须指定任务的新（即想要的）优先级，因为μC/OS-Ⅱ不允许多个任务具有相同的优先级，所以OSTaskChangePrio()需要检验新优先级是否是合法的（即不存在具有新优先级的任务）。如果新优先级是合法的，μC/OS-Ⅱ通过将某些东西存储到OSTCBPrioTbl[newprio]中保留这个优先级，如此就使得 OSTaskChangePrio()可以重新允许中断，因为此时其他任务已经不可能建立拥有该优先级的任务，也不能通过指定相同的新优先级来调用 OSTaskChangePrio()。接下来OSTaskChangePrio()可以预先计算新优先级任务的 OS_TCB 中的某些值，而这些值用来将任务放入就绪表或从该表中移除。

　　接着，OSTaskChangePrio()检验目前的任务是否想改变它的优先级。然后，OSTaskChangePrio()

检查想要改变优先级的任务是否存在。很明显，如果要改变优先级的任务就是当前任务，这个测试就会成功。但是，如果 OSTaskChangePrio()想要改变优先级的任务不存在，它必须将保留的新优先级放回到优先级表 OSTCBPrioTbl[]中，并返回给调用者一个错误码。

现在，OSTaskChangePrio()可以通过插入 NULL 指针将指向当前任务 OS_TCB 的指针从优先级表中移除。这就使得当前任务的旧的优先级可以重新使用了。接着，检验一下OSTaskChangePrio()想要改变优先级的任务是否就绪。如果该任务处于就绪状态，它必须在当前的优先级下从就绪表中移除，然后在新的优先级下插入到就绪表中。这里需要注意的是，OSTaskChangePrio()所用的是重新计算的值将任务插入就绪表中的。

如果任务已经就绪，它可能会正在等待一个信号量、一封邮件或是一个消息队列。如果OSTCBEventPtr 非空（不等于 NULL），OSTaskChangePrio()就会知道任务正在等待以上的某件事。如果任务在等待某一事件的发生，OSTaskChangePrio()必须将任务从事件控制块的等待队列（在旧的优先级下）中移除，并在新的优先级下将事件插入到等待队列中。任务也有可能正在等待延时期满或是被挂起。

接着，OSTaskChangePrio()将指向任务 OS_TCB 的指针存储到 OSTCBPrioTbl[]中。新的优先级被保存在 OS_TCB 中，重新计算的值也被保存在 OS_TCB 中。OSTaskChangePrio()完成了关键性的步骤后，在新的优先级高于旧的优先级或新的优先级高于调用本函数的任务的优先级情况下，任务调度程序就会被调用。

5. 挂起任务

有时任务轮转需要挂起任务。挂起任务可通过调用 OSTaskSuspend()函数来完成。被挂起的任务只能通过调用 OSTaskResume()函数来恢复。任务挂起是一个附加功能，也就是说，如果任务在被挂起的同时也在等待延时的期满，那么，挂起操作需要被取消，而任务继续等待延时期满，并转入就绪状态。任务可以挂起自己或者其他任务。

OSTaskSuspend()函数代码如下：

```
INT8U  OSTaskSuspend (INT8U prio)
{
    BOOLEAN    self;
    OS_TCB     *ptcb;
    INT8U      y;
#if  OS_CRITICAL_METHOD == 3
    OS_CPU_SR  cpu_sr = 0;
#endif

#if OS_ARG_CHK_EN > 0
    if (prio == OS_TASK_IDLE_PRIO) {       /*不允许挂起闲置任务*/
        return (OS_TASK_SUSPEND_IDLE);
    }
    if (prio >= OS_LOWEST_PRIO) {          /*任务优先级是否有效?*/
        if (prio != OS_PRIO_SELF) {
        return (OS_PRIO_INVALID);
        }
    }
#endif
```

```
    OS_ENTER_CRITICAL();
    if (prio == OS_PRIO_SELF) {                    /*是否挂起*/
        prio = OSTCBCur->OSTCBPrio;
        self = OS_TRUE;
    } else if (prio == OSTCBCur->OSTCBPrio) {       /*是否挂起*/
        self = OS_TRUE;
    } else {
        self = OS_FALSE;                            /*挂起任务失败*/
    }
    ptcb = OSTCBPrioTbl[prio];
    if (ptcb == (OS_TCB *)0) {                      /*被挂起的任务必须存在 */
        OS_EXIT_CRITICAL();
        return (OS_TASK_SUSPEND_PRIO);
    }
    if (ptcb == (OS_TCB *)1) {                      /*被挂起的任务是否是互斥体*/
        OS_EXIT_CRITICAL();
        return (OS_TASK_NOT_EXIST);
    }
    y          = ptcb->OSTCBY;
    OSRdyTbl[y] &= ~ptcb->OSTCBBitX;                /*任务取消就绪状态*/
    if (OSRdyTbl[y] == 0) {
        OSRdyGrp &= ~ptcb->OSTCBBitY;
    }
    ptcb->OSTCBStat |= OS_STAT_SUSPEND;             /*任务状态是否已经挂起*/
    OS_EXIT_CRITICAL();
    if (self == OS_TRUE) {
        OS_Sched();
    }
    return (OS_NO_ERR);
}
```

通常 OSTaskSuspend()需要检验临界条件。首先，OSTaskSuspend()要确保用户的应用程序不是在挂起空闲任务，接着确认用户指定优先级是有效的。最大的有效的优先级数（即最低的优先级）是 OS_LOWEST_PRIO。注意，用户可以挂起统计任务（statistic）。

接着，OSTaskSuspend()检验用户是否通过指定 OS_PRIO_SELF 来挂起调用本函数的任务本身。用户也可以通过指定优先级来挂起调用本函数的任务。在这两种情况下，任务调度程序都需要被调用。定义局部变量 self 是因为变量在适当的情况下会被测试。如果用户没有挂起调用本函数的任务，OSTaskSuspend()就没有必要运行任务调度程序，因为正在挂起的是较低优先级的任务。

然后，OSTaskSuspend()检验要挂起的任务是否存在。如果该任务存在，它就会从就绪表中被移除。注意，要被挂起的任务有可能没有在就绪表中，因为它有可能在等待事件的发生或延时的期满。在这种情况下，要被挂起的任务在 OSRdyTbl[]中对应的位已被清除了（即为0）。再次清除该位，要比先检验该位是否被清除了再在它没被清除时清除它快得多，所以无须检验该位而直接清除它。现在，OSTaskSuspend()就可以在任务的 OS_TCB 中设置 OS_STAT_SUSPEND 标志了，以表明任务正在被挂起。最后，OSTaskSuspend()只有在被挂起的任务是调用本函数的任务本身的情况下才调用任务调度程序。

6. 恢复任务

当任务公共函数 OSTaskSuspend()挂起时，只有通过调用 OSTaskResume()才能恢复。函数 OSTaskResume()的源程序如下：

```
INT8U  OSTaskResume (INT8U prio)
{
    OS_TCB    *ptcb;
#if OS_CRITICAL_METHOD == 3                           /*存储状态寄存器*/
    OS_CPU_SR  cpu_sr = 0;
#endif

#if OS_ARG_CHK_EN > 0
    if (prio >= OS_LOWEST_PRIO) {                      /*任务优先级有效*/
        return (OS_PRIO_INVALID);
    }
#endif
    OS_ENTER_CRITICAL();
    ptcb = OSTCBPrioTbl[prio];
    if (ptcb == (OS_TCB *)0) {                         /*挂起的任务必须存在*/
        OS_EXIT_CRITICAL();
        return (OS_TASK_RESUME_PRIO);
    }
    if (ptcb == (OS_TCB *)1) {                         /*任务是否是互斥体*/
        OS_EXIT_CRITICAL();
        return (OS_TASK_NOT_EXIST);
    }
if ((ptcb->OSTCBStat & OS_STAT_SUSPEND) != OS_STAT_RDY){ /*任务必须是被挂起状态*/
        ptcb->OSTCBStat &= ~OS_STAT_SUSPEND;           /*取消挂起*/
        if (ptcb->OSTCBStat == OS_STAT_RDY) {          /*看是否进入就绪状态*/
            if (ptcb->OSTCBDly == 0) {
              OSRdyGrp   |= ptcb->OSTCBBitY;           /*就绪态任务进行执行, 任务被
恢复 */
                OSRdyTbl[ptcb->OSTCBY] |= ptcb->OSTCBBitX;
                OS_EXIT_CRITICAL();
                OS_Sched();
            } else {
                OS_EXIT_CRITICAL();
            }
        } else {                                       /*事件在挂起状态*/
            OS_EXIT_CRITICAL();
        }
        return (OS_NO_ERR);
    }
    OS_EXIT_CRITICAL();
    return (OS_TASK_NOT_SUSPENDED);
}
```

因为 OSTaskSuspend()不能挂起空闲任务，所以必须要确认用户的应用程序不是在恢复空闲任务。注意，这个测试也可以确保用户不是在恢复优先级为 **OS_PRIO_SELF** 的任务

（OS_PRIO_SELF 被定义为 0xFF，它总是比 OS_LOWEST_PRIO 大）。

要恢复的任务必须是存在的，因为用户需要操作它的任务控制块 OS_TCB，并且该任务必须是被挂起的。OSTaskResume()是通过清除 OSTCBStat 域中的 OS_STAT_SUSPEND 位来取消挂起的。要使任务处于就绪状态，OS_TCBDly 域必须为 0，这是因为在 OSTCBStat 中没有任何标志表明任务正在等待延时的期满。只有当以上两个条件都满足时，任务才处于就绪状态。最后，任务调度程序会检查被恢复的任务拥有的优先级是否比调用本函数的任务的优先级高。

7. 删除任务

当用户认为某任务没有运行的必要时，可以使用 OSTaskDel()函数删除任务。所谓删除任务就是说任务将返回并处于休眠状态，并不是说任务的代码被删除了，只是任务的代码不再被调用。

μC/OS-Ⅱ中删除任务意味着它的任务控制块从 OSTCBList 链表中移到 OSTCBFreeList，这样时钟节拍函数中就不会再处理它了，调度把它置入就绪表的可能性也就没了。如果该任务已经处于就绪表中，那么它将被移出，这样调度器函数就不会处理它，也不再被操作系统调度；如果任务处于邮箱、消息队列、信号量等代表中，那么一旦条件满足（如邮箱接收到一条消息或者信号量被增 1），它就有可能被置入就绪表，为此也要把它移出等待表。这些都完成了，任务就不会有机会占用 CPU 了，但是它的代码并不会被删除。其实任务删除函数做的就是让任务失去调度的可能性，它占用的资源并没有释放，为此系统提供了请求删除任务函数，它在可能被删除的任务中被调用，用来释放占用的资源。该任务可能占用哪些资源可以从任务代码中看出，所以知道怎么去释放。

调用 OSTaskDel()可以使任务不再被操作系统调度，函数清单如下：

```
INT8U  OSTaskDel (INT8U prio)
{
#if OS_EVENT_EN
    OS_EVENT    *pevent;
#endif
#if (OS_VERSION >= 251) && (OS_FLAG_EN > 0) && (OS_MAX_FLAGS > 0)
    OS_FLAG_NODE *pnode;
#endif
    OS_TCB      *ptcb;
    INT8U        y;
#if OS_CRITICAL_METHOD == 3
    OS_CPU_SR    cpu_sr = 0;
#endif

    if (OSIntNesting > 0) {                  //是否从 ISR 中删除任务
        return (OS_TASK_DEL_ISR);
    }
    if (prio == OS_TASK_IDLE_PRIO) {         /*不允许删除闲置任务*/
        return (OS_TASK_DEL_IDLE);
    }
#if OS_ARG_CHK_EN > 0
```

```
      if (prio >= OS_LOWEST_PRIO) {                    /*任务优先级是否有效*/
            if (prio != OS_PRIO_SELF) {
                  return (OS_PRIO_INVALID);
            }
      }
#endif
    OS_ENTER_CRITICAL();
    if (prio == OS_PRIO_SELF) {                         /*是否删除自身*/
         prio = OSTCBCur->OSTCBPrio;                     /*设置优先级,设置当前任务*/
    }
    ptcb = OSTCBPrioTbl[prio];
    if (ptcb == (OS_TCB *)0) {                           /*被删除的任务必须存在*/
      OS_EXIT_CRITICAL();
      return (OS_TASK_NOT_EXIST);
    }
    if (ptcb == (OS_TCB *)1) {                           /*该任务不是互斥体*/
         OS_EXIT_CRITICAL();
         return (OS_TASK_DEL_ERR);
    }
    y           = ptcb->OSTCBY;
    OSRdyTbl[y] &= ~ptcb->OSTCBBitX;
    if (OSRdyTbl[y] == 0) {                              /*任务不在就绪态*/
         OSRdyGrp &= ~ptcb->OSTCBBitY;
#if OS_EVENT_EN
    pevent = ptcb->OSTCBEventPtr;
    if (pevent != (OS_EVENT *)0) {                       /*如果任务是等待事件*/
      pevent->OSEventTbl[y] &= ~ptcb->OSTCBBitX;
      if (pevent->OSEventTbl[y] == 0) {                  /*删除任务*/
         pevent->OSEventGrp &= ~ptcb->OSTCBBitY;         /*事件控制块*/
      }
    }
#endif
#if (OS_VERSION >= 251) && (OS_FLAG_EN > 0) && (OS_MAX_FLAGS > 0)
    pnode = ptcb->OSTCBFlagNode;
    if (pnode != (OS_FLAG_NODE *)0) {                    /*任务处于事件等待状态*/
      OS_FlagUnlink(pnode);                              /*从等待队列中删除*/
    }
#endif
    ptcb->OSTCBDly   = 0;                                /*防止 OSTimeTick()更新*/
    ptcb->OSTCBStat  = OS_STAT_RDY;                      /*防止任务被收回*/
    ptcb->OSTCBPendTO = OS_FALSE;
    if (OSLockNesting < 255u) {                          /*确保做的不是上下文切换*/
      OSLockNesting++;
    }
    OS_EXIT_CRITICAL();                                  /*使能 INT,忽略下一条指令*/
    OS_Dummy();                                          /*... 允许虚拟中断*/
    OS_ENTER_CRITICAL();                                 /*...禁止 HERE! */
    if (OSLockNesting > 0) {                             /*删除上下文锁*/
      OSLockNesting--;
```

```
    }
    OSTaskDelHook(ptcb);                           /*调用用户定义的钩*/
    OSTaskCtr--;                                   /*减少了一个任务管理*/
    OSTCBPrioTbl[prio] = (OS_TCB *)0;              /*清除旧的优先项*/
    if (ptcb->OSTCBPrev == (OS_TCB *)0) {          /*从 TCB 连锁移除*/
        ptcb->OSTCBNext->OSTCBPrev = (OS_TCB *)0;
        OSTCBList                  = ptcb->OSTCBNext;
    } else {
        ptcb->OSTCBPrev->OSTCBNext = ptcb->OSTCBNext;
        ptcb->OSTCBNext->OSTCBPrev = ptcb->OSTCBPrev;
    }
    ptcb->OSTCBNext  = OSTCBFreeList;              /*将 TCB 返回免费 TCB 列表*/
    OSTCBFreeList    = ptcb;
#if OS_TASK_NAME_SIZE > 1
    ptcb->OSTCBTaskName[0] = '?';                  /*未知名*/
    ptcb->OSTCBTaskName[1] = OS_ASCII_NUL;
#endif
    OS_EXIT_CRITICAL();
    OS_Sched();                                    /*寻找新的最高优先级任务*/
    return (OS_NO_ERR);
}
```

OSTaskDel()首先应确保用户所要删除的任务并非是空闲任务，因为删除空闲任务是不允许的。不过，用户可以删除 statistic 任务。接着，OSTaskDel()还应确保用户不是在 ISR 例程中去试图删除一个任务，因为这也是不被允许的。调用此函数的任务可以通过指定 OS_PRIO_SELF 参数来完成。最后，OSTaskDel()应保证被删除的任务是确实存在的。

8. 请求删除任务

有些情况下，如果任务 A 拥有内存缓冲区或信号量之类的资源，而任务 B 想删除该任务，这些资源就有可能由于没有被释放而丢失。这种情况下，用户可以想办法让拥有这些资源的任务在使用完资源后，先释放资源，再删除自己。用户可以通过 OSTaskDelReq()函数来完成该功能。

发出删除任务请求的任务（任务 B）和要删除的任务（任务 A）都需要调用 OSTaskDelReq()函数。下面的代码显示了任务 B 如何删除任务 A。

```
void RequestorTask (void *pdata){
    INT8U err;
    pdata = pdata;
    for (;;) {
    /*应用程序代码*/
    if (TaskToBeDeleted()) {                  //需要被删除
        while (OSTaskDelReq(TASK_TO_DEL_PRIO) != OS_TASK_NOT_EXIST) {
        OSTimeDly(1);
        }
    /*应用程序代码*/
    }
}
```

首先任务 B 需要决定在怎样的情况下请求删除任务。也就是说，用户的应用程序需要决定在什么样的情况下删除任务。如果任务需要被删除,可以通过传递被删除任务的优先级来调用 OSTaskDelReq()。如果要被删除的任务不存在(即任务已被删除或是还没被建立),OSTaskDelReq()返回 OS_TASK_NOT_EXIST。如果 OSTaskDelReq()的返回值为 OS_NO_ERR,则表明请求已被接受但任务还没被删除。用户可能希望任务 B 等到任务 A 删除了自己以后才继续进行下面的工作,用户可以通过让任务 B 延时一定时间来达到这个目的。如果需要,用户可以延时得更长一些。当任务 A 完全删除自己后,返回值为 OS_TASK_NOT_EXIST,此时可以结束循环。

需要删除自己的任务 A 的代码如下:

```
void TaskToBeDeleted (void *pdata)
{
    INT8U err;

    pdata = pdata;
    for (;;) {
    /*应用程序代码*/
    If (OSTaskDelReq(OS_PRIO_SELF) == OS_TASK_DEL_REQ) {
        释放所有占用的资源;
        释放所有动态内存;
        OSTaskDel(OS_PRIO_SELF);
    } else {
        /*应用程序代码*/
    }
    }
}
```

在 OS_TAB 中存有一个标志,任务通过查询这个标志的值来确认自己是否需要被删除。这个标志的值是通过调用 OSTaskDelReq(OS_PRIO_SELF)而得到的。当 OSTaskDelReq()返回给调用者 OS_TASK_DEL_REQ 时,则表明已经有另外的任务请求该任务被删除了。在这种情况下,被删除的任务会释放它所拥有的所用资源,并且调用 OSTaskDel(OS_PRIO_SELF)来删除自己。前面曾提到过,任务的代码没有被真正地删除,而只是μC/OS-II 不再理会该任务代码了,换句话说,就是任务的代码不会再运行了。但是,用户可以通过调用 OSTaskCreate()或 OSTaskCreateExt()函数重新建立该任务。

OSTaskDelReq()函数代码如下:

```
INT8U  OSTaskDelReq (INT8U prio)
{
    INT8U       stat;
    OS_TCB     *ptcb;
#if OS_CRITICAL_METHOD == 3                    /*为 CPU 状态寄存器分配存储*/
    OS_CPU_SR  cpu_sr = 0;
#endif

    if (prio == OS_TASK_IDLE_PRIO) {           /*不允许删除空闲任务*/
        return (OS_TASK_DEL_IDLE);
    }
```

```
#if OS_ARG_CHK_EN > 0
    if (prio >= OS_LOWEST_PRIO) {                /*任务优先级有效?*/
        if (prio != OS_PRIO_SELF) {
            return (OS_PRIO_INVALID);
        }
    }
#endif
    if (prio == OS_PRIO_SELF) {                  /*一个任务是要求...*/
        OS_ENTER_CRITICAL();                     /*...这个任务删除自身*/
        stat = OSTCBCur->OSTCBDelReq;            /*请求的状态返回给调用者*/
        OS_EXIT_CRITICAL();
        return (stat);
    }
    OS_ENTER_CRITICAL();
    ptcb = OSTCBPrioTbl[prio];
    if (ptcb == (OS_TCB *)0) {                   /*删除的任务必须存在*/
        OS_EXIT_CRITICAL();
        return (OS_TASK_NOT_EXIST);              /*任务必须已经被删除*/
    }
    if (ptcb == (OS_TCB *)1) {                   /*不得被分配到一个互斥体*/
        OS_EXIT_CRITICAL();
        return (OS_TASK_DEL_ERR);
    }
    ptcb->OSTCBDelReq = OS_TASK_DEL_REQ;         /*设置标志，表示任务是 DEL*/
    OS_EXIT_CRITICAL();
    return (OS_NO_ERR);
}
```

通常 OSTaskDelReq()需要检查临界条件。首先，如果正在删除的任务是空闲任务，OSTaskDelReq()会报错并返回。接着，它要保证调用者请求删除的任务的优先级是有效的。如果调用者就是被删除任务本身，存储在 OS_TCB 中的标志将会作为返回值。如果用户用优先级而不是 OS_PRIO_SELF 指定任务，并且任务是存在的，OSTaskDelReq()就会设置任务的内部标志。如果任务不存在，OSTaskDelReq()则会返回 OS_TASK_NOT_EXIST，表明任务可能已经删除自己了。

8.2.3　μC/OS-Ⅱ 的时间管理

实时操作系统都会要求用户提供定时中断来实现延时与超时的控制等功能。这个定时中断称为时钟节拍。时钟节拍的实际频率是由用户的应用程序决定的。时钟节拍的频率越高，系统的负荷就越重。

1. 任务延时

μC/OS-Ⅱ中提供了任务延时函数 OSTimeDly()，该函数的作用是将申请该函数的任务挂起一段时间，这段时间的长短是用时钟节拍数目来确定的。调用该函数会使μC/OS-Ⅱ进行一次任务调度，并且执行下一个优先级最高的就绪态任务。任务调用 OSTimeDly()后，一旦规定的时间期满或者有其他的任务通过调用 OSTimeDlyResume()取消了延时，它就会马上进入就绪状态。注意，只有当该任务在所有就绪任务中具有最高的优先级时，它才会立即运行。

OSTimeDly()函数代码如下：

```
void  OSTimeDly (INT16U ticks)
{
    INT8U      y;
#if OS_CRITICAL_METHOD == 3              /*为 CPU 状态寄存器分配存储*/
    OS_CPU_SR  cpu_sr = 0;
#endif

    if (ticks > 0) {                     /*0 没有被删除的任务*/
        OS_ENTER_CRITICAL();
        y=OSTCBCur->OSTCBY;              /*删除当前任务*/
        OSRdyTbl[y] &= ~OSTCBCur->OSTCBBitX;
        if (OSRdyTbl[y] == 0) {
            OSRdyGrp &= ~OSTCBCur->OSTCBBitY;
        }
        OSTCBCur->OSTCBDly = ticks;      /*将滴答装载到任务控制块/
        OS_EXIT_CRITICAL();
        OS_Sched();                      /*查找下一个任务并执行*/
    }
}
```

用户的应用程序是通过提供延时的时钟节拍数（1～65 535）来调用该函数的。如果用户指定 0 值，则表明用户不想延时任务，函数会立即返回到调用者。非 0 值会使得任务延时函数 OSTimeDly()将当前任务从就绪表中移除。接着，这个延时节拍数会被保存在当前任务的 OS_TCB 中，并且通过 OSTimeTick()每隔一个时钟节拍就减少一个延时节拍数。最后，既然任务已经不再处于就绪状态，任务调度程序会执行下一个优先级最高的就绪任务。

用户使用 OSTimeDly()函数进行延时时，必须清楚地认识μC/OS-Ⅱ的延时过程。实际上，任务可以在一个时钟节拍的间隔内挂起，但只能在一个时钟节拍结束后恢复。举例来说，如果用户只想延时一个时钟节拍，而实际上是在 0 到第一个时钟节拍内挂起，在第一个时钟节拍结束后恢复，即任务并没有挂起一个完整的时钟节拍。即使用户处理器的负荷不是很重，这种情况依然存在。图 8-2 以时钟节拍 10ms 为例，详细说明了任务延时挂起和恢复的整个过程。

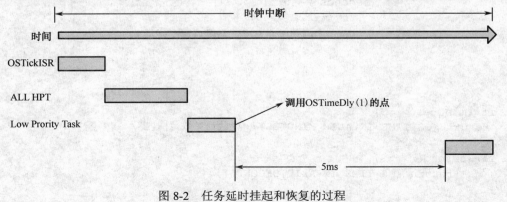

图 8-2　任务延时挂起和恢复的过程

物联网应用开发详解——基于ARM Cortex–M3处理器的开发设计

图 8-2 中，系统每隔 10ms 发生一次时钟节拍中断。假如用户没有执行其他的中断并且此时的中断是开着的，时钟节拍中断服务就会发生。也许用户有好几个高优先级的任务（HPT）在等待延时期满，它们会接着执行。接下来，图 8-2 所示的低优先级任务（LPT）会得到执行的机会，该任务在执行完后马上调用 OSTimeDly(1)。μC/OS-Ⅱ会使该任务处于休眠状态直至下一个节拍的到来。当下一个节拍到来后，时钟节拍中断服务子程序会执行，但是这一次由于没有高优先级的任务被执行，μC/OS-Ⅱ会立即恢复申请延时一个时钟节拍的任务。正如用户所看到的，该任务实际的延时小于一个节拍。在负荷很重的系统中，任务甚至有可能会在时钟中断即将发生时调用 OSTimeDly(1)，在这种情况下，任务几乎就没有得到任何延时，因为任务马上又被重新调度了。如果用户的应用程序至少得延时一个节拍，必须要调用 OSTimeDly(2)，指定延时两个节拍。

2．时/分/秒延时函数

使用 OSTimeDly() 函数进行延时时，用户必须知道延时对应的时钟节拍数。μC/OS-Ⅱ提供了全局变量 OS_TICKS_PER_SEC（参见μC/OS-Ⅱ源码文件 OS_CFG .h），用户可通过修改该全局变量的值将时间转换成时钟段。为了方便用户使用，μC/OS-Ⅱ还增加了 OSTimeDlyHMSM() 函数，用户可使用该函数以按时（h）、分（min）、秒（s）和毫秒（ms）的方式来定义时间。

与 OSTimeDly() 一样，调用 OSTimeDlyHMSM() 函数也会使μC/OS-Ⅱ进行一次任务调度，并且执行下一个优先级最高的就绪态任务。任务调用 OSTimeDlyHMSM() 后，一旦规定的时间期满或者有其他的任务通过调用 OSTimeDlyResume() 取消了延时，该任务就会马上处于就绪态。同样，只有当该任务在所有就绪态任务中具有最高的优先级时，它才会立即运行。

下面的程序列出了 OSTimeDlyHMSM() 函数的实现方法。

```
INT8U  OSTimeDlyHMSM (INT8U hours, INT8U minutes, INT8U seconds, INT16U milli)
{
    INT32U ticks;
    INT16U loops;

#if OS_ARG_CHK_EN > 0
    if (hours == 0) {
        if (minutes == 0) {
            if (seconds == 0) {
                if (milli == 0) {
                    return (OS_TIME_ZERO_DLY);
                }
            }
        }
    }
    if (minutes > 59) {
     return (OS_TIME_INVALID_MINUTES); /*验证参数范围内*/
    }
    if (seconds > 59) {
        return (OS_TIME_INVALID_SECONDS);
    }
    if (milli > 999) {
```

216

```
            return (OS_TIME_INVALID_MILLI);
        }
    #endif
        /*计算总的所需的时钟周期数* /
        / *（四舍五入到最接近的滴答）* /
    ticks = ((INT32U)hours * 3600L + (INT32U)minutes * 60L + (INT32U)seconds)
* OS_TICKS_PER_SEC+ OS_TICKS_PER_SEC * ((INT32U)milli + 500L / OS_TICKS_PER_SEC)
/ 1000L;
    loops = (INT16U)(ticks / 65536L); /*计算积分 65536 滴答延迟*/
    ticks = ticks % 65536L;              /*获取分数的刻度*/
    OSTimeDly((INT16U)ticks);
    while (loops > 0) {
        OSTimeDly((INT16U)32768u);
        OSTimeDly((INT16U)32768u);
        loops--;
    }
    return (OS_NO_ERR);
}
```

从该函数可以看出，应用程序是通过用时、分、秒和毫秒指定延时来调用该函数的。在实际应用中，用户应避免使任务延时过长的时间，因为经常需要从任务中获得一些反馈行为（如减少计数器，清除 LED 等）。但是，如果用户确实需要延时较长时间的话，μC/OS-Ⅱ可以将任务延时长达 256h（接近 11 天）。

OSTimeDlyHMSM()一开始先要检验用户是否为参数定义了有效的值。与 OSTimeDly()一样，即使用户没有定义延时，OSTimeDlyHMSM()也是存在的。因为μC/OS-Ⅱ只知道节拍，所以节拍总数是从指定的时间中计算出来的。同时该方法也提供了一个由时钟节拍转换为时/分/秒标准时间的技术公式，如果需要，用户可根据此公式，计算自己需要的时间。函数中，OS_TICKS_PER_SEC 宏决定了最接近需要延迟的时间的时钟节拍总数。500/OS_TICKS_PER_SECOND 的值基本上与 0.5 个节拍对应的毫秒数相同。例如，若将时钟频率（OS_TICKS_PER_SEC）设置成 100Hz（10ms），4ms 的延时不会产生任何延时，而 5ms 的延时就等于延时 10ms。

μC/OS-Ⅱ支持的延时最长为 65 535 个节拍。要想支持更长时间的延时，例如，若 OS_TICKS_PER_SEC 的值为 100，用户想延时 15min，则 OSTimeDlyHMSM()会延时 15×60×100= 90 000 个时钟。这个延时会被分割成两次 32 768 个节拍的延时（因为用户只能延时 65 535 个节拍，而不是 65 536 个节拍）和一次 24 464 个节拍的延时。在这种情况下，OSTimeDlyHMSM()首先考虑剩下的节拍，然后是超过 65 535 的节拍数（即两个 32 768 个节拍延时）。

由于 OSTimeDlyHMSM()的具体实现方法，用户不能提前结束延时超过 65 535 个节拍的任务。换句话说，如果时钟节拍的频率是 100Hz（每个节拍 10ms），用户不能让调用 OSTimeDlyHMSM()更长延迟时间的任务结束延时（65 535 × 10ms = 655 350ms）。

3．恢复延时任务

μC/OS-Ⅱ允许用户结束正处于延时期的任务。延时的任务可以不等待延时期满，而通过其他任务取消延时来使自己处于就绪态，这可以通过调用 OSTimeDlyResume()和指定要恢复的任务的优先级来完成。实际上，OSTimeDlyResume()也可以唤醒正在等待事件的任务。在这种情况下，等待事件发生的任务会考虑是否终止等待事件。

OSTimeDlyResume()的代码如下：

```
INT8U  OSTimeDlyResume (INT8U prio)
{
    OS_TCB    *ptcb;
#if OS_CRITICAL_METHOD == 3                        /*存储 CPU 状态寄存器*/
    OS_CPU_SR  cpu_sr = 0;
#endif

    if (prio >= OS_LOWEST_PRIO) {
        return (OS_PRIO_INVALID);
    }
    OS_ENTER_CRITICAL();
    ptcb = OSTCBPrioTbl[prio];                      /*确保任务存在*/
    if (ptcb == (OS_TCB *)0) {
        OS_EXIT_CRITICAL();
        return (OS_TASK_NOT_EXIST);                 /*任务不存在*/
    }
    if (ptcb == (OS_TCB *)1) {
        OS_EXIT_CRITICAL();
        return (OS_TASK_NOT_EXIST);                 /*任务不存在*/
    }
    if (ptcb->OSTCBDly == 0) {                       /*如果任务被延迟*/
        OS_EXIT_CRITICAL();
        return (OS_TIME_NOT_DLY);                    /*表示任务不推迟*/
    }

    ptcb->OSTCBDly = 0;                              /*清除延迟时间*/
    if ((ptcb->OSTCBStat & OS_STAT_PEND_ANY) != OS_STAT_RDY) {
        ptcb->OSTCBStat   &= ~OS_STAT_PEND_ANY;     /*清除状态标志*/
        ptcb->OSTCBPendTO  = OS_TRUE;                /*挂起超时*/
    } else {
        ptcb->OSTCBPendTO  = OS_FALSE;
    }
    if ((ptcb->OSTCBStat & OS_STAT_SUSPEND) == OS_STAT_RDY) {  /*任务是否被暂停*/
        OSRdyGrp |= ptcb->OSTCBBitY;
        OSRdyTbl[ptcb->OSTCBY] |= ptcb->OSTCBBitX;
        OS_EXIT_CRITICAL();
        OS_Sched();                                  /*判断是否是最高优先级*/
    } else {
        OS_EXIT_CRITICAL();                          /*任务可能被挂起*/
    }
    return (OS_NO_ERR);
}
```

程序首先要确保指定的任务优先级有效。接着，OSTimeDlyResume()要确认要结束延时的任务是确实存在的，如果任务存在，OSTimeDlyResume()会检验任务是否在等待延时期满，只要 OS_TCB 域中的 OSTCBDly 包含非 0 值，就表明任务正在等待延时期满（ptcb->OSTCBDly == 0），然后延时就可以通过强制命令 OSTCBDly 为 0 来取消。延时的任务有可能已被挂起了，这种情况下，任务只有在没有被挂起的情况下才能处于就绪状态。当上面的条件都满足后，任务就会被放在就绪表中。这时，OSTimeDlyResume()会调用任务调度程序来看被恢复的任务是否拥有比当前任务更高的优先级，从而导致任务的切换。

注意，用户任务可能是由于等待信号量、邮箱或消息队列挂起的，可以简单地通过控制信号量、邮箱或消息队列来恢复这样的任务。这种情况存在的唯一问题是它要求用户分配事件控制块，因此用户的应用程序会多占用一些 RAM。

4. 系统时间

无论时钟节拍何时发生，μC/OS-II 都会将一个 32 位的计数器加 1。这个计数器在用户调用 OSStart()初始化多任务和 4 294 967 295 个时钟节拍执行完一遍时从 0 开始计数。在时钟节拍的频率等于 100Hz 时，这个 32 位的计数器每隔 497 天就重新开始计数。用户可以通过调用 OSTimeGet()来获得该计数器的当前值，也可以通过调用 OSTimeSet()来改变该计数器的值。

函数 OSTimeGet()和 OSTimeSet()的实现方法如下：

```
INT32U  OSTimeGet (void)
{
    INT32U     ticks;
#if OS_CRITICAL_METHOD == 3        /*存储 CPU 状态寄存器*/
    OS_CPU_SR  cpu_sr = 0;
#endif

    OS_ENTER_CRITICAL();
    ticks = OSTime;
    OS_EXIT_CRITICAL();
    return (ticks);
}

void  OSTimeSet (INT32U ticks)
{
#if OS_CRITICAL_METHOD == 3        /*存储 CPU 状态寄存器*/
    OS_CPU_SR  cpu_sr = 0;
#endif

    OS_ENTER_CRITICAL();
    OSTime = ticks;
    OS_EXIT_CRITICAL();
}
```

注意，在访问 OSTime 时中断是关掉的。这是因为考虑到兼容 8 位处理器，在大多数 8 位处理器上增加和复制一个 32 位的数都需要数条指令，这些指令一般都需要一次执行完毕，而不能被中断等因素打断。

8.2.4 任务之间通信与同步

这里将介绍在μC/OS-Ⅱ中实现的 3 种用于数据共享和任务通信的方法：信号量、邮箱和消息队列。

图 8-3 给出了任务和中断服务子程序之间是如何进行通信的。

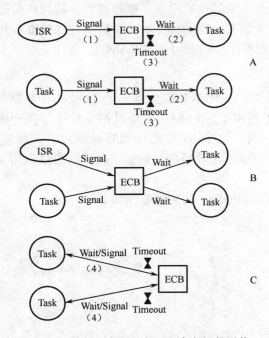

图 8-3 任务和中断服务子程序之间的通信

一个任务或者中断服务子程序可以通过事件控制块 ECB（Event Control Blocks）来向另外的任务发信号（1）。这里，所有的信号都被看成是事件（Event）。一个任务还可以等待另一个任务或中断服务子程序给它发送信号（2）。这里需要注意的是，只有任务可以等待事件发生，中断服务子程序是不能这样做的。对于处于等待状态的任务，还可以给它指定一个最长等待时间，以此来防止因为等待的事件没有发生而无限期地等下去。

多个任务可以同时等待同一个事件的发生。在这种情况下，当该事件发生后，所有等待该事件的任务中，优先级最高的任务得到了该事件并进入就绪状态，准备执行。上面讲到的事件，可以是信号量、邮箱或者消息队列等。当事件控制块是一个信号量时，任务可以等待它，也可以给它发送消息。

1. 事件控制块 ECB

μC/OS-Ⅱ中通过 OS_EVENT 数据结构来维护一个事件控制块的所有信息，该数据结构在μC/OS-Ⅱ源文件μCOS_II.H 中定义。该结构中除包含了事件本身的定义外，如用于信号量的计数器，用于指向邮箱的指针，以及指向消息队列的指针数组等，还定义了等待该事件的所有任务的列表。该数据结构定义如下：

```
typedef struct os_event {
    INT8U OSEventType;              /*事件控制块的类型*/
    void    *OSEventPtr;            /*消息或队列结构指针*/
    INT16U    OSEventCnt;           /*定义：信号计数（如果不使用其他的事件类型)*/
#if OS_LOWEST_PRIO <= 63
    INT8U    OSEventGrp;            /*定义：队列对应的任务在等待事件的发生*/
    /*等待事件发生的任务列表*/
    INT8U  OSEventTbl[OS_EVENT_TBL_SIZE];
#else
    INT16U    OSEventGrp;           /*定义：队列对应的任务在等待事件的发生*/
    /*等待事件发生的任务列表*/
    INT16U    OSEventTbl[OS_EVENT_TBL_SIZE];
#endif
#if OS_EVENT_NAME_SIZE > 1
    INT8U    OSEventName[OS_EVENT_NAME_SIZE];
#endif
} OS_EVENT;
```

其中，指针 OSEventPrt 只有在所定义的事件是邮箱或消息队列时才使用。当所定义的事件是邮箱时，该指针指向一个消息，而当所定义的事件是消息时，它指向一个数据结构。OSEventTbl[]和 OSEventGrp 包含等待事件的任务；OSEventCnt 用做事件信号量的计数器；OSEventType 定义了事件的具体类型，它可以是信号量（OS_EVENT_SEM）、邮箱（OS_EVENT_TYPE_MBOX）或消息队列（OS_EVENT_TPYE_Q）中的一种。用户要根据该域的具体值来调用相应的系统函数，以保证对其进行的操作的正确性。

每个等待事件发生的任务都被加入到该事件控制块中的等待任务列表中，该列表包括 OSEventGrp 和 OSEventTbl[]两个域。在这里，所有的任务优先级被分为 8 组（每组 8 个优先级），分别对应 OSEventGrp 中的 8 位。当某组中有任务处于等待该事件的状态时，OSEventGrp 中对应的位就被置位。相应地，该任务在 OSEventTbl[]中的对应位也被置位。OSEventTbl[]数组的大小由系统中任务的最低优先级决定，这个值由μC/OS-Ⅱ源码的μCOS_Ⅱ.H 文件中的 OS_LOWEST_PRIO 常数定义。这样，在任务优先级比较少的情况下，减少μC/OS-II 对系统 RAM 的占用量。

当一个事件发生后，该事件的等待事件队列中优先级最高的任务，也即在 OSEventTbl[]中所有被置 1 的位中，优先级最高的任务得到该事件。图 8-4 给出了 OSEventGrp 和 OSEventTbl[]之间的对应关系。

有了图 8-4 所示的优先级和 OSEventGrp、OSEventTbl[]间的对应关系，就可以使用下面的方法将一个任务放到时间的等待任务列表中，程序如下：

```
pevent->OSEventGrp              |= OSMapTbl[prio >> 3];
pevent->OSEventTbl[prio >> 3] |= OSMapTbl[prio & 0x07];
```

其中，prio 是任务优先级，pevent 是指向事件控制块的指针。从程序代码可以看出，插入任何一个任务到等待任务列表中去所花的时间是相同的，和表中现有多少个任务无关。因为任务优先级的最低 3 位决定了该任务在相应的 OSEventTbl[]中的位置，紧接着的 3 位则决定了该任务优先级在 OSEventTbl[]中的字节索引。该算法中用到的查找表 OSMapTbl[]（定义在 OS_CORE.C 中）一般在 ROM 中实现。

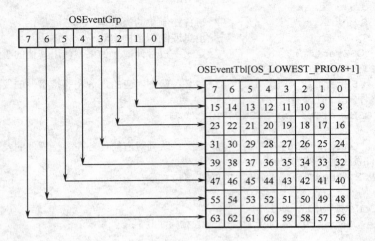

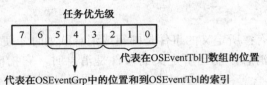

图 8-4　OSEventGrp 和 OSEventTbl[]的对应关系

从等待任务队列表中删除一个任务的算法和插入任务正好相反，方法如下：

```
if ((pevent->OSEventTbl[prio >> 3] &= ~OSMapTbl[prio & 0x07]) == 0) {
pevent->OSEventGrp &= ~OSMapTbl[prio >> 3];
}
```

该代码清除了任务在 OSEventTbl[]中的相应位，并且如果其所在的组中不再有处于等待该事件状态的任务时（即 OSEventTbl[prio>>3]为 0），将 OSEventGrp 中的相应位也清除了。和上面的由任务优先级确定该任务在等待表中的位置的算法类似，从等待任务列表中查找处于等待状态的最高优先级任务的算法，也不是从 OSEventTbl[0]开始逐个查询，而是查找另一个表 OSUnMapTbl[256]（参见μC/OS-Ⅱ源码文件 OS_CORE.C）。这里，用于索引的 8 位分别代表对应的 8 组中有任务处于等待状态，其中的最低位具有最高的优先级。用这个值索引，首先得到最高优先级任务所在的组的位置（0~7 之间的一个数）。然后利用 OSEventTbl[]中对应字节再在 OSUnMapTbl[]中查找，就可以得到最高优先级任务在组中的位置（也是 0~7 之间的一个数）。这样，最终就可以得到处于等待该事件状态的最高优先级任务了。该算法的实现程序如下：

```
y    = OSUnMapTbl[pevent->OSEventGrp];
x    = OSUnMapTbl[pevent->OSEventTbl[y]];
  prio = (y << 3) + x;
```

举例来说，如果 OSEventGrp 的值是 01101000（二进制），而对应的 OSUnMapTbl[.OSEventGrp]值为 3，说明最高优先级任务所在的组是 3。类似地，如果 OSEventTbl[3]的值是 11100100（二进制），OSUnMapTbl[.OSEventTbl[3]]的值为 2，则处于等待状态的任务的

最高优先级是 $3 \times 8 + 2 = 26$。

在 μC/OS-Ⅱ中，事件控制块的总数由用户所需要的信号量、邮箱和消息队列的总数决定。该值由 OS_CFG.H 中的#define OS_MAX_EVENTS 定义。在调用 OSInit()时，所有事件控制块被链接成一个单向链表——空闲事件控制块链表。每当建立一个信号量、邮箱或者消息队列时，就从该链表中取出一个空闲事件控制块，并对它进行初始化。因为信号量、邮箱和消息队列一旦建立就不能删除，所以事件控制块也不能放回到空闲事件控制块链表中。

在 μC/OS-Ⅱ中，对事件控制块进行的操作如下。

- ❑ 初始化一个事件控制块：OSEventWaitListInit()；
- ❑ 使一个任务进入就绪状态：OSEventTaskRdy()；
- ❑ 使一个任务进入等待某事件发生状态：OSEventTaskWait()；
- ❑ 由于等待超时而将任务设为就绪态：OSEventTO()。

2．初始化任务控制块

当建立一个信号量、邮箱或者消息队列时，相应地建立函数 OSSemInit()、OSMboxCreate()或者 OSQCreate()，通过调用 OSEventWaitListInit()对事件控制块中的等待任务列表进行初始化。该函数初始化一个空的等待任务列表，其中没有任何任务。该函数的调用参数只有一个，就是指向需要初始化的事件控制块的指针 pevent。该函数原型如下：

```
void OS_EventTO (OS_EVENT *pevent)
{
    INT8U  y;
    y= OSTCBCur->OSTCBY;
    pevent->OSEventTbl[y] &= ～OSTCBCur->OSTCBBitX;   /*从等待队列中删除任务*/
    if (pevent->OSEventTbl[y] == 0x00) {
        pevent->OSEventGrp &= ～OSTCBCur->OSTCBBitY;
    }
    OSTCBCur->OSTCBPendTO = OS_FALSE;                 /*清除超时挂起任务*/
    OSTCBCur->OSTCBStat = OS_STAT_RDY;                /*将状态设置为准备*/
    OSTCBCur->OSTCBEventPtr =(OS_EVENT *)0;           /*不再等待事件*/
}
```

该函数是操作系统内部函数，用户应用程序避免调用此函数。

3．使任务进入就绪态

当发生了某个事件，该事件等待任务列表中的最高优先级任务（Highest Priority Task，HPT）要置于就绪态时，该事件对应的 OSSemPost()、OSMboxPost()、OSQPost()和 OSQPostFront()函数调用 OSEventTaskRdy()实现该操作。也就是说，该函数从等待任务队列中删除 HPT 任务，并把该任务置于就绪态。OSEventTaskRdy()函数原型如下：

```
INT8U  OS_EventTaskRdy (OS_EVENT *pevent, void *msg, INT8U msk)
{
  …
#if OS_LOWEST_PRIO <= 63
    y= OSUnMapTbl[pevent->OSEventGrp];               /*查找 HPT 等待消息*/
    bity = (INT8U)(1 << y);
```

```
        x= OSUnMapTbl[pevent->OSEventTbl[y]];
        bitx = (INT8U)(1 << x);
        prio = (INT8U)((y << 3) + x);                   /*获取消息，查找优先级任务*/
#else
    if ((pevent->OSEventGrp & 0xFF) != 0) {             /*查找 HPT 等待消息*/
        y = OSUnMapTbl[pevent->OSEventGrp & 0xFF];
    } else {
        y = OSUnMapTbl[(pevent->OSEventGrp >> 8) & 0xFF] + 8;
    }
    bity = (INT16U)(1 << y);
    ptbl = &pevent->OSEventTbl[y];
    if ((*ptbl & 0xFF) != 0) {
        x = OSUnMapTbl[*ptbl & 0xFF];
    } else {
        x = OSUnMapTbl[(*ptbl >> 8) & 0xFF] + 8;
    }
    bitx = (INT16U)(1 << x);
    prio = (INT8U)((y << 4) + x);                       /*获取消息，查找优先级任务*/
#endif

    pevent->OSEventTbl[y] &= ~bitx;                     /*从等待队列中删除任务*/
    if (pevent->OSEventTbl[y] == 0) {
        pevent->OSEventGrp &= ~bity;                    /*挂起的任务只有一个,则清除事件组*/
    }
    ptcb              = OSTCBPrioTbl[prio];             /*指向此任务的 OS_TCB*/
    ptcb->OSTCBDly        = 0;
    ptcb->OSTCBEventPtr = (OS_EVENT *)0;                /*该任务不链接 ECB */
#if ((OS_Q_EN > 0) && (OS_MAX_QS > 0)) || (OS_MBOX_EN > 0)
    ptcb->OSTCBMsg = msg;                               /*直接发送消息给等待任务*/
#else
    msg= msg;                                           /*如果不使用，防止编译器警告*/
#endif
    ptcb->OSTCBPendTO= OS_FALSE;                        /*超时取消 */
    ptcb->OSTCBStat    &= ~msk;                         /*清除事件类型的关联位*/
    if (ptcb->OSTCBStat == OS_STAT_RDY) {               /*判断任务是否就绪 */
    OSRdyGrp|= bity;                                    /*将任务放入就绪队列准备运行*/
    OSRdyTbl[y] |= bitx;
    }
    return (prio);
}
```

函数操作步骤如下。

（1）通过 OSEventTbl[]和 OSEventGrp 找到 HPT。该函数首先计算 HPT 任务在 OSEventTbl[] 中的字节索引，其结果是一个从 0 到 OS_LOWEST_PRIO/8 + 1 的数，并利用该索引得到该优先级任务在 OSEventGrp 中的位屏蔽码。然后，OSEventTaskRdy()函数判断 HPT 任务在 OSEventTbl[]中相应位的位置，其结果是一个从 0 到 OS_LOWEST_PRIO/8+1 的数，以及相应的位屏蔽码。根据以上结果，OSEventTaskRdy()函数计算出 HPT 任务的优先级，然后就可以从等待任务列表中删除该任务了。

（2）通过 HPT 找到 OSTCB 的指针，并将其指向 NULL。任务的任务控制块中包含有需要改变的信息。知道了 HPT 任务的优先级，就可以得到指向该任务的任务控制块的指针。因为最高优先级任务运行条件已经得到满足，必须停止 OSTimeTick()函数对 OSTCBDly 域的递减操作，所以 OSEventTaskRdy()直接将该域清零。因为该任务不再等待该事件的发生，所以 OSEventTaskRdy() 函数将其任务控制块中指向事件控制块的指针指向 NULL。如果 OSEventTaskRdy()是由 OSMboxPost()或者 OSQPost()调用的，该函数还要将相应的消息传递给 HPT，放在它的任务控制块中。另外，当 OSEventTaskRdy()被调用时，位屏蔽码 msk 作为参数传递给它。该参数是用于对任务控制块中的位清零的位屏蔽码，和所发生事件的类型相对应。最后，根据 OSTCBStat 判断该任务是否已处于就绪状态，如果是，则将 HPT 插入到μC/OS-II 的就绪任务列表中。注意，HPT 任务得到该事件后不一定进入就绪状态，也许该任务已经由于其他原因挂起了。

OSEventTaskRdy()函数必须在中断禁止的情况下使用。

4. 使任务进入等待某事件发生状态

当某个任务要等待一个事件的发生时，相应事件的 OSSemPend()、OSMboxPend()或者 OSQPend()函数会调用函数 OSEventTaskWait()将当前任务从就绪任务表中删除，并放到相应事件的事件控制块的等待任务表中。函数原型如下：

```
void OS_EventTaskWait (OS_EVENT *pevent)
{
    INT8U  y;
    OSTCBCur->OSTCBEventPtr = pevent;         /*事件控制块 TCB 中存储指针*/
    y = OSTCBCur->OSTCBY;                      /*任务退出就绪状态*/
    OSRdyTbl[y] &= ~OSTCBCur->OSTCBBitX;
    if (OSRdyTbl[y] == 0) {
        /*只含有一个挂起事件，则清除组*/
        OSRdyGrp &= ~OSTCBCur->OSTCBBitY;
    }
    /*将任务放在等待名单*/
    pevent->OSEventTbl[OSTCBCur->OSTCBY] |= OSTCBCur->OSTCBBitX;
    pevent->OSEventGrp |= OSTCBCur->OSTCBBitY;
}
```

在该函数中，首先将指向事件控制块的指针放到任务的任务控制块中，接着将任务从就绪任务表中删除，并把该任务放到事件控制块的等待任务表中。

5. 由于等待超时而将任务置为就绪态

当在预先指定的时间内任务等待的事件没有发生时，OSTimeTick()函数会因为等待超时而将任务的状态置为就绪。在这种情况下，事件的 OSSemPend()、OSMboxPend()或者 OSQPend()函数会调用 OSEventTO()来完成这项工作。该函数负责从事件控制块中的等待任务列表里将任务删除，并把它置成就绪状态，最后从任务控制块中将指向事件控制块的指针删除。其函数原型如下：

```
void OS_EventTO (OS_EVENT *pevent)
{
```

```
INT8U y;
y= OSTCBCur->OSTCBY;
pevent->OSEventTbl[y] &= ~OSTCBCur->OSTCBBitX;    /*从等待队列中删除任务*/
if (pevent->OSEventTbl[y] == 0x00) {
    pevent->OSEventGrp &= ~OSTCBCur->OSTCBBitY;
}
OSTCBCur->OSTCBPendTO = OS_FALSE;                 /*清除超时挂起位*/
OSTCBCur->OSTCBStat = OS_STAT_RDY;                /*设置为就绪态*/
OSTCBCur->OSTCBEventPtr = (OS_EVENT *)0;          /*不再等待任务事件*/
}
```

注意，OSEventTO()函数只有在中断关闭的状态下才能调用。

6. 信号量

μC/OS-Ⅱ中的信号量由两部分组成：一个是信号量的计数值，它是一个16位的无符号整数（0～65 535）；另一个是由等待该信号量的任务组成的等待任务表。用户要在OS_CFG.H中将OS_SEM_EN开关量常数置成1，这样μC/OS-Ⅱ才能支持信号量。

在使用一个信号量之前，首先要建立该信号量，即调用OSSemCreate()函数，对信号量的初始计数值赋值，该初始值为0～65 535。如果信号量是用来表示一个或者多个事件的发生，那么该信号量的初始值应设为0；如果信号量是用于对共享资源的访问，那么该信号量的初始值应设为1（如把它当做二值信号量使用）；如果该信号量是用来表示允许任务访问 n 个相同的资源，那么该初始值显然应该是 n，并把该信号量作为一个可计数的信号量使用。

图8-5给出了任务、中断服务子程序和信号量之间的关系。

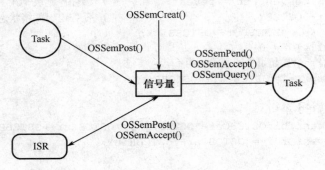

图8-5　任务、中断服务子程序和信号量之间的关系

μC/OS-Ⅱ提供了5个对信号量进行操作的函数。

（1）信号量创建函数OSSemCreate()。

（2）等待一个信号量函数OSSemPend()。

（3）发送一个信号量函数OSSemPost()。

（4）无等待地请求一个信号量函数OSSemAccept()。

（5）查询信号量状态函数OSSemQuery()。

从图8-5中可以看出，OSSemPost()函数可以由任务或者中断服务子程序调用，而OSSemPend()和OSSemQuery()函数只能由任务程序调用。

7. 邮箱

邮箱是µC/OS-Ⅱ中另一种通信机制，它可以使一个任务或者中断服务子程序向另一个任务发送一个指针型的变量。该指针指向一个包含了特定"消息"的数据结构。为了在µC/OS-Ⅱ中使用邮箱，必须将 OS_CFG.H 中的 OS_MBOX_EN 常数置为 1。

使用邮箱之前，必须先建立该邮箱。该操作可以通过调用 OSMboxCreate()函数来完成，并且要指定指针的初始值。一般情况下，这个初始值是 NULL，但也可以初始化一个邮箱，使其在最开始就包含一条消息。如果使用邮箱的目的是用来通知任务某一个事件已经发生（发送一条消息），那么就要初始化该邮箱为 NULL，因为在开始时，事件还没有发生。如果用户用邮箱来共享某些资源，那么就要初始化该邮箱为一个非 NULL 的指针。在这种情况下，邮箱被当成一个二值信号量使用。

图 8-6 给出了任务、中断服务子程序和邮箱之间的关系。

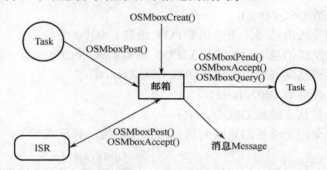

图 8-6 任务、中断服务子程序和邮箱之间的关系

µC/OS-Ⅱ提供了 5 个对邮箱进行操作的函数。

（1）邮箱创建函数 OSMboxCreate()。

（2）等待邮箱中消息函数 OSMboxPend()。

（3）发送消息到邮箱函数 OSMboxPost()。

（4）无等待地从邮箱中请求消息函数 OSMboxAccept()。

（5）查询邮箱状态函数 OSMboxQuery()。

8. 消息队列

消息队列是µC/OS-Ⅱ中另一种通信机制，它可以使一个任务或者中断服务子程序向另一个任务发送以指针方式定义的变量。为了使用µC/OS-Ⅱ的消息队列功能，需要在 OS_CFG.H 文件中将 OS_Q_EN 常数设置为 1，并且通过常数 OS_MAX_QS 来决定µC/OS-Ⅱ支持的最多消息队列数。

图 8-7 给出了任务、中断服务子程序和消息队列之间的关系。

从图 8-7 中可以看出，消息队列很像多个邮箱。操作时，可以将消息队列看做多个邮箱组成的数据，只是它们共用一个等待任务列表。每个指针所指向的数据结构是由具体的应用程序决定的。

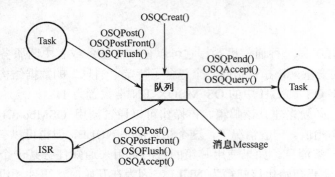

图 8-7 任务、中断服务子程序和消息队列之间的关系

µC/OS-Ⅱ提供了以下 7 个对消息队列进行操作的函数。

（1）建立消息队列函数 OSQCreate()。

（2）等待消息函数 OSQPend()。

（3）向消息队列发送消息（先进先出 FIFO）函数 OSQPost()。

（4）向消息队列发送消息（后进先出 LIFO）函数 OSQPostFront()。

（5）无等待地从消息队列中取得消息函数 OSQAccept()。

（6）清空消息队列函数 OSQFlush()。

（7）查询消息队列状态函数 OSQQuery()。

队列控制块是一个用于维护消息队列信息的数据结构，其定义如下：

```
typedef struct os_q {                        /*队列控制块*/
    struct os_q   *OSQPtr;                   /*链接到下一个队列控制块的空闲块列表*/
    void          **OSQStart;                /*队列数据指针开始*/
    void          **OSQEnd;                  /*队列数据指针结束*/
    void          **OSQIn;                   /*指向下一个消息将被插入队列的指针*/
    void          **OSQOut;                  /*指向消息队列中下一个取出消息的位置的指针*/
    INT16U        OSQSize;                    /*队列大小（最大条目数）*/
    INT16U        OSQEntries;                 /*当前队列中的条目数*/
} OS_Q;
```

❑ OSQPtr：是指在空闲队列控制块中链接所有的队列控制块。一旦建立了消息队列，该域就不再有用了；

❑ OSQStart：是指向消息队列的指针数组的起始地址的指针。用户应用程序在使用消息队列之前必须先定义该数组；

❑ OSQEnd：是指向消息队列结束单元的下一个地址的指针。该指针使得消息队列构成一个循环的缓冲区；

❑ OSQIn：是指向消息队列中插入下一条消息的位置的指针。当 OSQIn 和 OSQEnd 相等时，OSQIn 被调整指向消息队列的起始单元；

❑ OSQOut：是指向消息队列中下一个取出消息的位置的指针。当 OSQOut 和 OSQEnd 相等时，OSQOut 被调整指向消息队列的起始单元；

❑ OSQSize：是消息队列中总的单元数。该值是在建立消息队列时由用户应用程序决定的。在µC/OS-Ⅱ中，该值最大可以是 65 535；

❑ **OSQEntries**：是消息队列中当前的消息数量。当消息队列为空时，该值为 0。当消息队列满了以后，该值和 **OSQSize** 值一样。在消息队列刚刚建立时，该值为 0。

8.2.5　内存管理

在μC/OS-Ⅱ中，操作系统把连续的大块内存按分区来管理。每个分区中包含有整数个大小相同的内存块。这样，μC/OS-Ⅱ在使用内存时可以分配和释放固定大小的内存块，使得系统在进行内存操作时，函数的执行时间固定。

1．内存控制块

为了便于内存的管理，在μC/OS-Ⅱ中使用内存控制块（Memory Control Blocks）的数据结构来跟踪每一个内存分区，系统中的每个内存分区都有自己的内存控制块。内存控制块结构定义如下：

```
typedef struct os_mem {               /*内存控制块*/
    void   *OSMemAddr;                /*指向内存分区起始地址的指针*/
    void   *OSMemFreeList;            /*指向下一个空闲内存控制块*/
    INT32U  OSMemBlkSize;             /*内存分区中内存块的大小*/
    INT32U  OSMemNBlks;               /*内存分区中总的内存块数量*/
    INT32U  OSMemNFree;               /*内存分区中当前可以使用的空闲内存块数量*/
#if OS_MEM_NAME_SIZE > 1
    INT8U   OSMemName[OS_MEM_NAME_SIZE]; /*内存分区名称*/
#endif
} OS_MEM;
```

❑ **OSMemAddr**：指向内存分区起始地址的指针。它在建立内存分区时被初始化，在此之后就不能更改了；

❑ **OSMemFreeList**：指向下一个空闲内存控制块或者下一个空闲的内存块的指针，具体含义要根据该内存分区是否已经建立来决定；

❑ **OSMemBlkSize**：内存分区中内存块的大小，是用户建立该内存分区时指定的；

❑ **OSMemNBlks**：内存分区中总的内存块数量，也是用户建立该内存分区时指定的；

❑ **OSMemNFree**：内存分区中当前可以使用的空闲内存块数量。

2．建立内存分区

在使用一个内存分区之前，必须先建立该内存分区。这个操作可以通过调用 OSMemCreate() 函数来完成。下面的函数调用建立了一个含有 100 个内存块，每个内存块有 32 个字节的内存分区。

```
OSMemCreate(CommTxPart, 100, 32, &err);
```

OSMemCreate()函数程序清单如下：

```
OS_MEM  *OSMemCreate (void *addr, INT32U nblks, INT32U blksize, INT8U *err)
{
    OS_MEM   *pmem;
    INT8U    *pblk;
    void     **plink;
    INT32U    i;
```

```c
#if OS_CRITICAL_METHOD == 3                         /*为 CPU 状态寄存器分配存储*/
    OS_CPU_SR  cpu_sr = 0;
#endif
#if OS_ARG_CHK_EN > 0
    if (err == (INT8U *)0) {                        /*验证错误*/
        return ((OS_MEM *)0);
    }
    if (addr == (void *)0) {                        /*内存部分必须是一个有效的地址.*/
        *err = OS_MEM_INVALID_ADDR;
        return ((OS_MEM *)0);
    }
    if (((INT32U)addr & (sizeof(void *) - 1)) != 0){   /*指针的大小必须一致*/
        *err = OS_MEM_INVALID_ADDR;
        return ((OS_MEM *)0);
    }
    if (nblks < 2) {                                /*每个分区必须至少有 2 块*/
        *err = OS_MEM_INVALID_BLKS;
        return ((OS_MEM *)0);
    }
    if (blksize < sizeof(void *)) {                 /*必须包含至少一个指针的空间*/
        *err = OS_MEM_INVALID_SIZE;
        return ((OS_MEM *)0);
    }
    if ((blksize % sizeof(void *)) != 0) {
        *err = OS_MEM_INVALID_SIZE;
        return ((OS_MEM *)0);
    }
#endif
    OS_ENTER_CRITICAL();
    pmem = OSMemFreeList;                            /*下一个空闲内存分区*/
    if (OSMemFreeList != (OS_MEM *)0) {             /*空闲区是否为空*/
        OSMemFreeList = (OS_MEM *)OSMemFreeList->OSMemFreeList;
    }
    OS_EXIT_CRITICAL();
    if (pmem == (OS_MEM *)0) {                       /*是否有内存分区*/
        *err = OS_MEM_INVALID_PART;
        return ((OS_MEM *)0);
    }
    plink = (void **)addr;                           /*创建空闲内存块链表*/
    pblk = (INT8U *)((INT32U)addr + blksize);
    for (i = 0; i < (nblks - 1); i++) {
        *plink = (void *)pblk;                       /*在当前块保存下一个块的指针*/
        plink = (void **)pblk;                       /*下一个块的位置*/
        /*Point to the FOLLOWING block*/
        pblk = (INT8U *)((INT32U)pblk + blksize);
    }
    *plink             = (void *)0;                  /*最新的内存块指向 NULL */
    pmem->OSMemAddr    = addr;                       /*存储内存分区的起始地址*/
    pmem->OSMemFreeList = addr;                      /*初始化空闲块的指针*/
    pmem->OSMemNFree   = nblks;                      /* MCB 存储空闲块数量*/
```

```
    pmem->OSMemNBlks    = nblks;
    pmem->OSMemBlkSize  = blksize;                /*每个存储块的存储块大小*/
    *err OS_NO_ERR;
    return (pmem);
}
```

该函数共有 4 个参数：内存分区的起始地址、分区内的内存块总块数、每个内存块的字节数和一个指向错误信息代码的指针。如果 OSMemCreate()操作失败，它将返回一个 NULL指针；否则，它将返回一个指向内存控制块的指针。对内存管理的其他操作，像 OSMemGet()、OSMemPut()、OSMemQuery()函数等，都要通过该指针进行。每个内存分区必须含有至少两个内存块，每个内存块至少为一个指针的大小，因为同一分区中的所有空闲内存块是由指针串联起来的。接着，OSMemCreate()从系统中的空闲内存控制块中取得一个内存控制块，该内存控制块包含相应内存分区的运行信息。OSMemCreate()必须在有空闲内存控制块可用的情况下才能建立一个内存分区。在上述条件均得到满足时，所要建立的内存分区内的所有内存块被链接成一个单向的链表。然后，在对应的内存控制块中填写相应的信息。完成上述各动作后，OSMemCreate()返回指向该内存块的指针。该指针在以后对内存块的操作中使用。

3. 分配内存块

应用程序可以调用 OSMemGet()函数从已经建立的内存分区中申请一个内存块。该函数的唯一参数是指向特定内存分区的指针，该指针在建立内存分区时由 OSMemCreate()函数返回。显然，应用程序必须知道内存块的大小，并且在使用时不能超过该容量。例如，如果一个内存分区内的内存块为 32 字节，那么，应用程序最多只能使用该内存块中的 32 字节。当应用程序不再使用这个内存块后，必须及时把它释放，重新放入相应的内存分区中。

OSMemGet()函数的源代码如下：

```
void  *OSMemGet (OS_MEM *pmem, INT8U *err)
{
    void       *pblk;
#if OS_CRITICAL_METHOD == 3                       /*为 CPU 状态寄存器分配存储*/
    OS_CPU_SR  cpu_sr = 0;
#endif
#if OS_ARG_CHK_EN > 0
    if (err == (INT8U *)0) {                      /*验证是否有误*/
        return ((void *)0);
    }
    if (pmem == (OS_MEM *)0) {                     /*必须指向一个有效的内存分区*/
        *err = OS_MEM_INVALID_PMEM;
        return ((void *)0);
    }
#endif
    OS_ENTER_CRITICAL();
    if (pmem->OSMemNFree > 0) {                    /*是否有任何空闲内存块*/
        pblk = pmem->OSMemFreeList;                /*指向下一个空闲内存块*/
        pmem->OSMemFreeList = *(void **)pblk;      /*调整指针，新的空闲列表*/
        pmem->OSMemNFree--;                        /*减少一个内存块在这个分区*/
        OS_EXIT_CRITICAL();
```

```
        *err = OS_NO_ERR;                        /*没有错误*/
        return (pblk);                           /*内存块访问*/
    }
    OS_EXIT_CRITICAL();
    *err = OS_MEM_NO_FREE_BLKS;                   /*没有空的内存分区,通知调用函数*/
    return ((void *)0);                           /*返回 NULL 指针*/
}
```

　　函数参数中的指针 pmem 指向用户希望从其中分配内存块的内存分区。OSMemGet()首先检查内存分区中是否有空闲的内存块。如果有，从空闲内存块链表中删除第一个内存块，并对空闲内存块链表做相应的修改，包括将链表头指针后移一个元素和空闲内存块数减 1。最后，返回指向被分配内存的指针。

　　用户可以在中断服务子程序中调用 OSMemGet()，因为在暂时没有内存块可用的情况下，OSMemGet()不会等待，而是马上返回 NULL 指针。

　　4．释放内存块

　　当用户应用程序不再使用一个内存块时，必须及时把它释放并放回到相应的内存分区中，这个操作由 OSMemPut()函数完成。值得注意的是，OSMemPut()并不知道这个内存块是属于哪个内存分区的。例如，用户任务从一个包含 32 字节内存块的分区中分配了一个内存块，用完后，把它返还给了一个包含 120 字节内存块的内存分区。当用户应用程序下一次申请 120 字节分区中的一个内存块时，它会只得到 32 字节的可用空间，剩余 88 字节属于其他的任务，这就有可能使系统崩溃。

　　OSMemPut()函数的源代码如下：

```
INT8U  OSMemPut (OS_MEM *pmem, void *pblk)
{
#if OS_CRITICAL_METHOD == 3                  /*为 CPU 状态寄存器分配存储*/
    OS_CPU_SR  cpu_sr = 0;
#endif
#if OS_ARG_CHK_EN > 0
    if (pmem == (OS_MEM *)0) {               /*必须指向一个有效的内存分区*/
        return (OS_MEM_INVALID_PMEM);
    }
    if (pblk == (void *)0) {                 /*必须释放一个有效的块*/
        return (OS_MEM_INVALID_PBLK);
    }
#endif
    OS_ENTER_CRITICAL();
    /*Make sure all blocks not already returned*/
    if (pmem->OSMemNFree >= pmem->OSMemNBlks) {
        OS_EXIT_CRITICAL();
        return (OS_MEM_FULL);
    }
    /*Insert released block into free block list*/
    *(void **)pblk = pmem->OSMemFreeList;
    pmem->OSMemFreeList = pblk;
    pmem->OSMemNFree++;                       /*更多的内存块在这个分区*/
```

```
        OS_EXIT_CRITICAL();
        return (OS_NO_ERR);                       /*通知主叫内存块被释放*/
}
```

　　函数的第一个参数 pmem 是指向内存控制块的指针，也即内存块属于的内存分区。OSMemPut()首先检查内存分区是否已满，如果已满，说明系统在分配和释放内存时出现了错误。如果未满，要释放的内存块被插入到该分区的空闲内存块链表中。最后，将分区中空闲内存块总数加1。

　　5. 等待内存块

　　有时，在内存分区暂时没有可用的空闲内存块的情况下，让一个申请内存块的任务等待也是有用的。但是，µC/OS-Ⅱ本身在内存管理上并不支持这项功能。如果确实需要，则可以通过为特定内存分区增加信号量的方法实现这种功能。应用程序为了申请分配内存块，首先要得到一个相应的信号量，然后才能调用 OSMemGet()函数。整个过程的代码如下：

```
OS_EVENT  *SemaphorePtr;
OS_MEM    *PartitionPtr;
INT8U      Partition[100][32];
OS_STK     TaskStk[1000];
void main (void)
INT8U err;
OSInit();
…
SemaphorePtr = OSSemCreate(100);
PartitionPtr = OSMemCreate(Partition, 100, 32, &err);
…
OSTaskCreate(Task, (void *)0, &TaskStk[999], &err);
…
OSStart();
}


void Task (void *pdata)
{
INT8U  err;
INT8U *pblock;
…
for (;;) {
OSSemPend(SemaphorePtr, 0, &err);
pblock = OSMemGet(PartitionPtr, &err);
…
OSMemPut(PartitionPtr, pblock);
OSSemPost(SemaphorePtr);
}
}
```

　　程序代码首先定义了程序中使用到的各个变量。该例中，直接使用数字定义了各个变量的大小，实际应用中，建议将这些数字定义成常数。在系统复位时，µC/OS-Ⅱ调用 OSInit()进行系统初始化，然后用内存分区中总的内存块数来初始化一个信号量，紧接着建立内存分区和相应的要访问该分区的任务。至此，对如何增加其他的任务也已经很清楚了。显然，如果系统中只有一个任务使用动态内存块，就没有必要使用信号量了。这种情况不需要保证内存资源的互斥。事实上，除非要实现多任务共享内存，否则连内存分区都不需要。多任务执行从 OSStart()开始。当一个任务运行时，只有在信号量有效时，才有可能得到内存块。一旦信号量有效了，就可以申请内存块并使用它，而没有必要对 OSSemPend()返回的错误代码进行检查。因为在这里，只有当一个内存块被其他任务释放并放回到内存分区后，μC/OS-II 才会返回到该任务去执行。同理，对 OSMemGet()返回的错误代码也无须做进一步的检查（一个任务能得以继续执行，则内存分区中至少有一个内存块是可用的）。当一个任务不再使用某内存块时，只需简单地将它释放并返还到内存分区，并发送该信号量。

8.3　μC/OS-II 应用程序开发

　　μC/OS-II 是专门为嵌入式设备设计的硬实时操作系统内核，自 1992 年发布以来，在世界各地获得了广泛的应用。鉴于μC/OS-II 可免费获得代码（登录 www.micrium.com 下载源码），对于嵌入式开发而言，μC/OS-II 无疑是最经济的选择。应用μC/OS-II 的目的是要在其之上开发应用程序。下面简单介绍基于μC/OS-II 应用程序的基本结构及与应用程序开发相关的知识，本书后续章节会对应用程序开发做更详细的讲解。

8.3.1　μC/OS-II 的变量类型

　　由于 C 语言变量类型的长度与编译器类型相关，为了便于在各个平台间移植，在μC/OS-II 中没有使用标准 C 语言的数据类型，而是定义了自己的数据类型。具体的变量类型如表 8-1 所示。这些变量的定义可参见μC/OS-II 源码的 OS_CPU.H 文件。这种方式的类型定义，很大程度上方便了系统在不同编译器间的移植。

表 8-1　μC/OS-II 使用的变量类型

标　识　符	类　　型	宽　　度
BOOLEAN	布尔型	8
INT8U	8 位无符号整型	8
INT8S	8 位有符号整型	8
INT16U	16 位无符号整型	16
INT16S	16 位有符号整型	16
INT32U	32 位无符号整型	32
INT32S	32 位有符号整型	32
FP32	单精度浮点数	32
FP64	双精度浮点数	64

8.3.2　应用程序的基本结构

　　每个μC/OS-II 应用至少要求有一个任务。除了负责初始化的任务外，其余任务必须被写成无限循环的形式。以下代码是μC/OS-Ⅱ推荐的结构。

```
Void task(void * pdata)
{
  INT8U err;
  InitTimer();
  While(1)
   {
      …                           //应用程序代码
      OSTimeDly(1) ;              //可选
   }
}
```

　　系统运行时，μC/OS-Ⅱ会为每一个任务保留一个堆栈空间。系统在任务切换时要恢复上下文并执行一条返回指令，如果允许任务执行完并返回，那么很可能会破坏系统的堆栈空间，从而给应用程序的执行带来不确定性。换句话说，程序"跑飞"了。所以，每一个任务必须被写成无限循环的形式，但任务的无限循环并不意味着任务永远占有 CPU 的使用权，任务可以通过 ISR 或调用操作系统 API（如任务挂起 API），使任务放弃对 CPU 的使用权。

　　在上面的任务结构示例代码中，值得一提的是 InitTimer()函数。这个函数应由系统提供，开发者需要在优先级最高的任务内调用它，且不能在 for 循环内调用，而且该函数和所使用的 CPU 相关，每种系统都有自己的 Timer 初始化程序。

　　在μC/OS-Ⅱ的帮助手册中，强调绝不能在 OSInit()或 OSStart()内调用 Timer 初始化函数 InitTimer()，那样会破坏系统的可移植性，同时也会带来性能上的损失。所以，一个折中的办法就是如上所述，在优先级最高的任务内调用，这样可保证当 OSStart()调用系统内部函数 OSStartHighRdy()开始多任务后，首先执行的是 Timer 初始化程序；或专门执行一个优先级最高的任务，只做一件事情，那就是执行 Timer 初始化，之后通过调用 OSTaskSuppend()将自己挂起，永远不再执行，不过这样会浪费一个 TCB 空间。对于那些 RAM 内存空间有限的系统来说，应该尽量不用。

　　μC/OS-Ⅱ是多任务内核，函数可能会被多个任务调用，因此还需考虑函数的可重入性。由于每个任务有各自的堆栈，而任务的局部变量是放在当前的任务堆栈中的，所以要保证函数代码的可重入性，只要不使用全局变量即可。

　　利用μC/OS-Ⅱ的消息队列可实现消息驱动程序。在编写任务代码时，先完成任务初始化，然后在消息循环过程中的某个消息上等待，当其他任务或者中断服务程序返回消息后，再根据消息的内容调用相应的函数模块，函数调用后，重新回到消息循环，继续等待消息。

8.3.3　μC/OS-Ⅱ API 介绍

　　任何一个操作系统都会提供大量的 API 供开发者使用，μC/OS-Ⅱ也是如此。由于μC/OS-Ⅱ面向的是实时嵌入式系统开发，并不要求大而全，所以内核提供的 API 也就大多与多任务相关。下面介绍几个比较重要的 API 函数。

1. OSTaskCreate()函数

该函数应至少在 main()函数内调用一次，在 OSInit()函数调用之后调用，它的作用就是创建一个任务。该函数有 4 个参数，分别是任务的入口函数、任务的参数、任务堆栈的首地址和任务的优先级。调用该函数，系统会首先从 TCB 空闲队列内申请一个空的 TCB 指针，然后根据用户给出的参数初始化任务堆栈，并在内部的任务就绪表内标记该任务为就绪状态，最后返回，这样一个任务就创建成功了。

2．OSTaskSuspend()函数

该函数可将指定的任务挂起。如果挂起的是当前任务，那么还会引发系统执行任务切换先导函数 OSShed()来进行一次任务切换。这个函数只是一个指定任务优先级的参数。事实上在系统内部，优先级除了表示一个任务执行的先后次序外，还起着区分每一个任务的作用。换句话说，优先级也就是任务的 ID，所以μC/OS-Ⅱ不允许出现相同优先级的任务。

3．OSTaskResume()函数

该函数和 OSTaskSuspend()函数正好相反，它用于将指定的已经挂起的函数恢复为就绪状态。如果恢复任务的优先级高于当前任务，那么还将引发一次任务切换。其参数类似于 OSTaskSuspend()函数，用来指定任务的优先级。需要特别说明的是，该函数并不要求和 OSTaskSuspend()函数成对出现。

4．OS_ENTER_CRITICAL()宏

由 OS_CPU.H 文件可知，OS_ENTER_CRITICAL()和下面要谈到的 OS_EXIT_CRITICAL()都是宏，它们都与特定的 CPU 相关，一般都被替换为一条或者几条嵌入式汇编代码。由于系统希望向上层开发者隐藏内部实现，故一般都宣称执行此条指令后系统进入临界区。其实，该指令只是进行了关中断操作而已。这样，只要任务不主动放弃 CPU 使用权，别的任务就没有占用CPU 的机会了，相对这个任务而言，它就是独占了，所以说进入临界区了。这个宏应尽量少用，因为它会破坏系统的一些服务，尤其是时间服务，并使系统对外界响应的性能降低。

5．IT_CRITICAL()宏

该宏与上面 OS_ENTER_CRITICAL()宏配套使用，在退出临界区时使用，其实它就是重新开中断。需要注意的是，它必须和 OS_ENTER_CRITICAL()宏成对出现，否则会带来意想不到的后果，最坏情况下，系统会崩溃。

6．OSTimeDly()函数

该函数实现的功能是先挂起当前任务，然后进行任务切换，在指定的时间到了之后，将当前任务恢复为就绪状态，但并不一定运行；如果恢复后是优先级最高的就绪任务，那么运行之。简而言之，就是可使任务延时一定时间后再次执行它；或者说，暂时放弃 CPU 的使用权。一个任务可以不显示地调用这些可导致放弃 CPU 使用权的 API，但那样多任务性能会大大降低，因为此时仅仅依靠时钟机制在进行任务切换。一个好的任务应在完成一些操作后主动放弃 CPU 的使用权。

8.3.4　μC/OS-Ⅱ多任务实现机制

μC/OS-Ⅱ是一种基于优先级的可剥夺型多任务内核，了解它的多任务机制原理，有助于写出更加强壮的代码。其实在单 CPU 情况下，是不存在真正多任务机制的，存在的只是不同

的任务轮流使用 CPU，所以本质上还是单任务。但由于 CPU 执行速度非常快，加上任务切换十分频繁，所以感觉好像有很多任务同时在运行，这就是所谓的多任务机制。

由上述内容不难发现，要实现多任务机制，目标 CPU 必须具有一种在运行期间更改 PC 的途径，否则无法做到切换。遗憾的是，目前还没有哪个 CPU 支持直接设置 PC 指针的汇编指令。一般 CPU 都允许通过类似 JMP 和 CALL 这样的指令来间接修改 PC，主要是软中断。在一些 CPU 上，并不存在软中断这个概念，需要使用 PUSH 指令加上一条 CALL 指令来模拟一次软中断发生。

在μC/OS-Ⅱ中，每个任务都有一个任务控制块（TCB），它是一个复杂的数据结构。在任务控制块偏移为 0 的地方，存储着一个指针，记录了所属任务的专用堆栈地址。事实上，在μC/OS-Ⅱ中，每个任务都有自己的专用堆栈，彼此之间不能侵犯，这点要求开发者在程序中保证。一般的做法是，把它们声明成静态数组并且声明成 OS_STK 类型。当任务有了自己的堆栈时，就可将每一个任务堆栈记录到前面提到的任务控制块偏移为 0 的地方，以后每当发生任务切换时，系统必然会先进入一个中断，这一般是通过软中断或者时钟中断实现的。然后会把当前任务的堆栈地址保存起来，接着恢复要切换的任务的堆栈地址。由于那个任务的堆栈里也一定存放的是地址（每当发生任务切换时，系统必然会进入一个中断，而一旦中断，CPU 就会把地址压入栈中），这样就达到了修改 PC 为下一个任务的地址的目的。开发者可利用μC/OS-Ⅱ的多任务实现机制，写出更健壮、更有效率的代码来。

8.4 μC/OS-Ⅱ 在 SAM3S4B 开发板上的移植及程序解析

8.4.1 移植条件

移植μC/OS-Ⅱ到处理器上必须满足以下条件。

（1）处理器的 C 编译器能产生可重入代码。μC/OS-Ⅱ是多任务内核，函数可能会被多个任务调用，代码的重入性是保证完成多任务的基础。可重入代码指的是可被多个任务同时调用而不会破坏数据的一段代码，或者说代码具有在执行过程中打断后再次被调用的能力。

此外，除了在 C 程序中使用局部变量外，还需要 C 编译器的支持。使用 IAR 开发集成环境，可生成可重入的代码。

（2）用 C 语言可打开和关闭中断。ARM 处理器核包含一个 CPSR 寄存器，该寄存器包括一个全局的中断禁止位，控制它便可打开和关闭中断。

（3）处理器支持中断并且能产生定时中断。μC/OS-Ⅱ通过处理器产生的定时器中断来实现多任务之间的调度。

（4）处理器支持能够容纳一定量数据的硬件堆栈。对于一些只有 10 根地址线的 8 位控制器，芯片最多可访问 1KB 存储单元，在这样的条件下，移植是比较困难的。

（5）处理器有将堆栈指针和其他 CPU 寄存器读出和存储到堆栈（或内存）的指令。μC/OS-Ⅱ进行任务调度时，会把当前任务的 CPU 寄存器存放到此任务的堆栈中，然后再从另一个任务的堆栈中恢复原来的工作寄存器，继续运行另一个任务。所以，寄存器的入栈和出栈是μC/OS-Ⅱ多任务调度的基础。

8.4.2 移植步骤

所谓移植，就是使一个实时操作系统能够在某个微处理器平台上或微控制器上运行。由μC/OS-Ⅱ的文件系统可知，在移植过程中，用户所需要关注的就是与处理器相关的代码。这部分包括一个头文件 OS_CPU.H、一个汇编文件 OS_CPU_A.ASM 和一个 C 代码文件OS_CPU_C.C。

1. 头文件 OS_CPU.H

（1）定义与编译器相关的数据类型。为了保证可移植性，程序中没有直接使用 C 语言中的 short、int 和 long 等数据类型的定义，因为它们与处理器类型有关，隐含着不可移植性。程序中自己定义了一套数据类型，如 INT16U 表示 16 位无符号整型。对于 ARM 这样的 32 位内核，INT16U 是 unsigned short 型；如果是 16 位的处理器，则是 unsighed int 型。

在 SAM3S4B 处理器上实现的数据类型定义代码如下：

```
typedef unsigned char     BOOLEAN;
typedef unsigned char     INT8U;        /*无符号 8 位数 */
typedef signed   char     INT8S;        /*有符号 8 位数*/
typedef unsigned short    INT16U;       /*无符号 16 位数*/
typedef signed   short    INT16S;       /*有符号 16 位数*/
typedef unsigned int      INT32U;       /*无符号 32 位数*/
typedef signed   int      INT32S;       /*有符号 32 位数*/
typedef float             FP32;         /*单精度浮点*/
typedef double            FP64;         /*双精度浮点*/
typedef unsigned int      OS_STK;       /*每个堆栈是 32 位宽*/
typedef unsigned int      OS_CPU_SR;    /*CPU 状态寄存器为 32 位宽 */
```

（2）定义允许和禁止中断宏。与所有实时内核一样，μC/OS-Ⅱ需要先禁止中断，再访问代码的临界区，并且在访问完毕后，重新允许中断，这就使得μC/OS-Ⅱ能够保护临界段代码免受多任务或中断服务历程 ISR 的破坏。中断禁止时间是商业实时内核公司提供的重要指标之一，因为它将影响到用户的系统对实时事件的响应能力。虽然μC/OS-Ⅱ尽量使中断禁止时间达到最短，但是μC/OS-Ⅱ的中断禁止时间还主要依赖于处理器结构和编译器产生的代码的质量。通常每个处理器都会提供一定的指令来禁止/允许中断，因此用户的 C 编译器必须由一定的机制来直接从 C 中执行这些操作。

μC/OS-Ⅱ定义了两个宏来禁止和允许中断：OS_ENTER_CRITICAL()和 OS_EXIT_CRITIVAL()。

在 SAM3S4B 处理器上实现的代码如下：

```
#define  OS_CRITICAL_METHOD  3
#if OS_CRITICAL_METHOD == 3
#define  OS_ENTER_CRITICAL()  {cpu_sr = OS_CPU_SR_Save();}
#define  OS_EXIT_CRITICAL()   {OS_CPU_SR_Restore(cpu_sr);}
#endif
```

其中，OS_CPU_SR_Save()和 OS_CPU_SR_Restore()用汇编语言定义，代码如下：

```
OS_CPU_SR_Save
    MRS    R0, PRIMASK    ; 设置优先级中断屏蔽(except faults)
    CPSID  I
    BX     LR
OS_CPU_SR_Restore
    MSR    PRIMASK, R0
    BX     LR
```

（3）定义栈的增长方向。μC/OS-Ⅱ使用结构常量 OS_STK_GROWTH 来指定堆栈的增长方式。置 OS_STK_GROWTH 为 0，表示堆栈从下往上增长；置 OS_STK_GROWTH 为 1，表示堆栈从上往下增长。

虽然 ARM 处理器核对两种方式均支持，但 GCC 的 C 语言编译器仅支持一种方式，即从上往下增长，并且是满递减堆栈，所以 OS_STK_GROWTH 的值为 1，它在 OS_CPU.H 中定义。用户规划好栈的增长方向后，便定义了符合 OS_STK_GROWTH 的值。

SAM3S4B 处理器上实现定义堆栈增长方向的代码如下：

```
#define  OS_STK_GROWTH 1u /*堆栈从高增长到低内存 ARM */
```

（4）定义 OS_TASK_SW()宏。OS_TASK_SW()宏是μC/OS-Ⅱ从低优先级任务切换到高优先级任务时被调用的。可采用下面两种方式定义：如果处理器支持软中断，则可使用软中断将中断向量指向 OSCtxSw()函数，或者直接调用 OSCtxSw()函数。

μC/OS-Ⅱ在 SAM3S4B 处理器上实现 OSCtxSw()函数的代码如下：

```
OSIntCtxSw
    LDR    R0, =NVIC_INT_CTRL ; Trigger the PendSV exception (causes context
switch)
    LDR    R1, =NVIC_PENDSVSET
    STR    R1, [R0]
    BX     LR
```

该段代码由汇编语言实现。

2. 移植汇编语言编写的 4 个与处理器相关的函数 OS_CPU_A.ASM

（1）OSStartHighRdy()：运行优先级最高的就绪任务。OSStartHighRdy()函数是在 OSStart()多任务启动之后，负责从最高优先级任务的 TCB 控制块中获得该任务的堆栈指针 SP，并通过 SP 依次将 CPU 现场恢复。这时系统就将控制权交给用户创建的任务进程，直到该任务被阻塞或者被其他更高优先级的任务抢占 CPU。该函数仅在多任务启动时被执行一次，用来启动最高优先级的任务执行。移植该函数的原因是，它涉及将处理器寄存器保存到堆栈的操作。

μC/OS-Ⅱ在 SAM3S4B 处理器上实现 OSStartHighRdy 的代码如下：

```
OSStartHighRdy
    LDR    R0, =NVIC_SYSPRI14 ; 优先级设置
    LDR    R1, =NVIC_PENDSV_PRI
    STRB   R1, [R0]
    MOVS   R0, #0    ; 设置 PSP 为 0,为上下文切换用
    MSR    PSP, R0
    LDR    R0, =OS_CPU_ExceptStkBase    ;初始化 OS_CPU_ExceptStkBase
```

```
    LDR     R1, [R0]
    MSR     MSP, R1
    LDR     R0, =OSRunning ;
    MOVS    R1, #1
    STRB    R1, [R0]
    ;切换到最高优先级的任务
    LDR     R0, =NVIC_INT_CTRL    ; 触发的 PendSV 异常（原因上下文开关）
    LDR     R1, =NVIC_PENDSVSET
    STR     R1, [R0]
    CPSIE   I       ; 在处理器级别启用中断
 OSStartHang
    B       OSStartHang              ;
```

（2）OSCtxSw()：任务优先级切换函数。该函数由 OS_TASK_SW()宏调用，OS_TASK_SW()由 OSSched()函数调用，OSSched()函数负责任务之间的调度。OSCtxSw()函数的工作是，先将当前任务的 CPU 现场保存到该任务的堆栈中，然后获得最高优先级任务的堆栈指针，并从该堆栈中恢复此任务的 CPU 现场，使之继续执行，该函数就完成了一次任务切换。

（3）OSIntCtxSw()：中断级的任务切换函数。该函数由 OSIntExit()调用。由于中断可能会使更高优先级的任务进入就绪态，因此为了让更高优先级的任务能立即运行，在中断服务子程序的最后，OSIntExit()函数会调用 OSIntCtxSw()作任务切换。这样做的目的主要是能够尽快地让高优先级的任务得到响应，保证系统的实时性能。OSIntCtxSw()与 OSCtxSw()都是用于任务切换的函数，其区别在于，在 OSIntCtxSw()中无须再保存 CPU 寄存器，因为在调用 OSIntCtxSw()之前已发生了中断，OSIntCtxSw()已将默认的 CPU 寄存器保存到了被中断的任务堆栈中。

（4）OSTickISR()：时钟节拍中断服务函数。时钟节拍是特定的周期性中断，是由硬件定时器产生的。时钟的节拍式中断使得内核可将任务延时若干个整数时钟节拍，以及当任务等待事件发生时，提供等待超时的依据。时钟节拍频率越高，系统的额外开销越大。中断间的时间间隔取决于不同的应用。

OSTickISR()首先将 CPU 寄存器的值保存在被中断任务的堆栈中，之后调用 OSIntEnter()；随后 OSTickISR()调用 OSTimeTick，检查所有处于延时等待状态的任务，判断是否有延时结束就绪的任务；最后 OSTickISR()调用 OSIntExit()。如果在中断中（或其他嵌套的中断）有更高优先级的任务就绪，并且当前中断为中断嵌套的最后一层，那么 OSIntExit()将进行任务调度。

3．移植 C 语言编写的 6 个与操作系统相关的函数 OS_CPU_C.C

OS_CPU_C.C 文件中包含 6 个和 CPU 相关的函数，这 6 个函数为 OSTaskStkInit()、OSTaskCreateHook()、OSTaskDelHook()、OSTaskSwHook()、OSTaskStartHook()及 OSTimeTickHook()。

这些函数中，唯一必须移植的是任务堆栈初始化函数 OSTaskStkInit()。这个函数在任务创建时被调用，负责初始化任务的堆栈结构并返回新堆栈的指针 stk。堆栈初始化工作结束后，返回新的堆栈栈顶指针。

μC/OS-Ⅱ在 SAM3S4B 处理器上实现 OSTaskStkInit 的代码如下：

```
 OS_STK *OSTaskStkInit (void (*task)(void *p_arg), void *p_arg, OS_STK *ptos,
INT16U opt)
```

```
{
    OS_STK  *stk;
    (void)opt;                                      /*选择不使用，防止警告*/
    stk      = ptos;                                /*加载堆栈指针*/
    /* 自动保存在异常寄存器堆叠   */
    *(stk)    = (INT32U)0x01000000uL;               /*xPSR*/
    *(--stk)  = (INT32U)task;                        /*入口指针*/
    *(--stk)  = (INT32U)OS_TaskReturn;               /*R14  (LR) */
    *(--stk)  = (INT32U)0x12121212uL;                /*R12 */
    *(--stk)  = (INT32U)0x03030303uL;                /*R3*/
    *(--stk)  = (INT32U)0x02020202uL;                /*R2*/
    *(--stk)  = (INT32U)0x01010101uL;                /*R1*/
    *(--stk)  = (INT32U)p_arg;                        /*R0*/
    /*剩余的寄存器保存在进程堆栈         */
    *(--stk)  = (INT32U)0x11111111uL;                /*R11*/
    *(--stk)  = (INT32U)0x10101010uL;                /*R10*/
    *(--stk)  = (INT32U)0x09090909uL;                /*R9*/
    *(--stk)  = (INT32U)0x08080808uL;                /*R8*/
    *(--stk)  = (INT32U)0x07070707uL;                /*R7*/
    *(--stk)  = (INT32U)0x06060606uL;                /*R6*/
    *(--stk)  = (INT32U)0x04040404uL;                /*R4*/
    return (stk);
}
```

其他 5 个均为 Hook 函数，又被称为钩子函数，主要用来控制μC/OS-II功能，必须被声明，但并不一定要包含任何代码。

（1）OSTaskCreateHook()。当用 OSTaskCreate()或 OSTaskCreateExt()建立任务时，就会调用 OSTaskCreateHook()。μC/OS-II 设置完自己的内部结构后，会在调用任务调度程序之前调用 OSTaskCreateHook()。该函数被调用时中断是禁止的，因此应尽量减少该函数中的代码，以缩短中断的响应时间。

（2）OSTaskDelHook()。当任务被删除时，就会调用 OSTaskDelHook()。函数在把任务从μC/OS-II 的内部任务链表中解开之前被调用。当 OSTaskDelHook()被调用时，会收到指向正被删除任务的 OS_TCB 的指针，这样它就可以访问所有的结构成员了。OSTaskDelHook()可用来检验 TCB 扩展是否被建立了（一个非空指针），并进行一些清除操作。此函数不返回任何值。

（3）OSTaskSwHook()。当发生任务切换时，调用 OSTaskSwHook()。不管任务切换是通过 OSCtxSw()还是通过 OSIntCtxSw()来执行的，都会调用此函数。OSTaskSwHook()可直接访问 OSTCBCur 和 OSTCBHighRdy，因为它们都是全局变量。OSTCBur 指向被切换出去的任务的 OS_TCB，而 OSTCBHighRdy 指向新任务的 OS_TCB。

因为代码的多少会影响到中断的响应时间，所以应尽量使代码简化。此函数没有任何参数，也不返回任何值。

（4）OSTaskStatHook()。OSTaskStatHook()每秒会被 OSTaskStart()调用一次。可用 OSTaskStatHook()来扩展统计功能。例如，可保持并显示每个任务的执行时间、每个任务所占用的 CPU 份额及每个任务执行的频率等。此函数没有任何参数，也不返回任何值。

（5）OSTimeTickHook()。此函数在每个时钟节拍都会被 OSTimeTick()调用。实际上，OSTimeTickHook()是在节拍被μC/OS-Ⅱ处理，并在通知用户的移植实例或应用程序之前被调用的。OSTimeTickHook()没有任何参数，也不返回任何值。

8.4.3 实例程序分析

本书在第 15 章物联网智能家居综合案例中使用μC/OS-Ⅱ操作系统来实现各任务间的调度，在此以简单的信号任务来分析μC/OS-Ⅱ的实现。

在接下来的例程中创建 3 个任务予以演示，分别是 Start、BUTTON 和 LED。Start 是启动任务，任务执行一次，并将 Start 自身删除。BUTTON 任务用于采集按键 2 的信号，采集后将BUTTON 任务挂起，并向 LED 任务发送信号，LED 执行完了，再向 BUTTON 发送信号，并将自身挂起。

第一步安排任务优先级：

```
#define Task_Start_PRIO          2
#define Task_BUTTON_PRIO         7
#define Task_LEDRIO              11
```

定义信号量：

```
OS_EVENT  *Button_Sem;                       //事件定义
OS_EVENT  *LED_Sem;                          //事件定义
#define Task_LED_SS           256            //任务堆栈深度
#define Task_Start_SS          64            //任务堆栈深度
#define Task_BUTTON_SS        256            //任务堆栈深度
OS_STK  Task_Start_STK[Task_Start_SS];      //Start 任务堆栈
OS_STK  Task_BUTTON_STK[Task_BUTTON_SS];    //BUTTON 任务堆栈
OS_STK  Task_LED_STK[Task_LED_SS];          //LED 任务堆栈
uint8_t err;                                 //保存错误信息
```

主程序：主要是系统时钟的初始化，关闭看门狗，引脚配置，任务初始化和调用。

```
int main(void)
{
      sysclk_init();                       //系统时钟初始化
      WDT->WDT_MR = WDT_MR_WDDIS;
      config_usepin();                     //pin 配置
      printf("START SYSTEM");
      Task_init();                         //任务初始化
}
```

任务初始化及创建信号量程序：

```
void Task_init(void)
{
  OSInit();
  Button_Sem=OSSemCreate(0);
  LED_Sem=OSSemCreate(0);
  Task_Create();
```

```
  OSStart();
}
```

任务创建，有µC/OS 初始化任务、BUTTON 任务和 LED 任务程序。

```
void Task_Create()
{
  OSTaskCreateExt(Task_Start,           //初始化任务
              (void *)0,
       &Task_Start_STK[Task_Start_SS-1],
       Task_Start_PRIO,
       Task_Start_PRIO,                 //优先级最高，执行初始化函数
       &Task_Start_STK[0],
       Task_Start_SS,
       (void *)0,
       OS_TASK_OPT_STK_CHK + OS_TASK_OPT_STK_CLR);
  OSTaskCreateExt(Task_BUTTON,          // BUTTON 任务
              (void *)0,
       &Task_BUTTON_STK[Task_BUTTON_SS-1],
       Task_BUTTON_PRIO,
       Task_BUTTON_PRIO,
       &Task_BUTTON_STK[0],
       Task_BUTTON_SS,
       (void *)0,
       OS_TASK_OPT_STK_CHK + OS_TASK_OPT_STK_CLR);
  OSTaskCreateExt(Task_LED,             // LED 任务程序
              (void *)0,
       &Task_LED_STK[Task_LED_SS-1],
       Task_LEDRIO,
       Task_LEDRIO,
       &Task_LED_STK[0],
       Task_LED_SS,
       (void *)0,
       OS_TASK_OPT_STK_CHK + OS_TASK_OPT_STK_CLR);
}
```

各任务的具体执行内容，初始化任务，完成时钟节拍频率设定，并删除任务自身，让初始化任务进入睡眠模式。

```
void Task_Start(void *ppdata)          //用于初始化µC/OS 系统
{
  ppdata = ppdata;
  INT32U   clk;
  clk = sysclk_get_cpu_hz();
  OS_CPU_SysTickInit(clk * 10);        //10ms 产生一个节拍
  OSStatInit();                        //µC/OS-II 统计任务初始化
  OSTaskDel(OS_PRIO_SELF);             //初始化以上内容后删除本任务，以减少任务调度时间
}
```

LED 任务，LED 任务创建后将自身挂起，在接收信号后，闪亮 LED 3 次，完了给 BUTTON 任务发送信号量。

```
void Task_LED(void *ppdata)
{
  INT32U count;
  ppdata = ppdata;
  while(1)
  {
    OSSemPend(LED_Sem, 0, &err);              //挂起 LED 自身
    for(count=0;count<3;count++)
    { led_dis();}
    OSSemPost(Button_Sem);                     //发送信号量
  }
}
```

BUTTOM 任务，当按下按键 2 时，向 LED 任务发送信号量，让被挂起的 LED 进入就绪状态，然后挂起 BUTTON 任务。

```
void Task_BUTTON(void *ppdata)
{
  ppdata = ppdata;
  while(1)
  {
    if (pio_get(PIOA, PIO_TYPE_PIO_INPUT, PIO_PA0) == 0)
          {
            mdelay(50);
            if (pio_get(PIOA, PIO_TYPE_PIO_INPUT, PIO_PA0) == 0)
            { printf("PUSH BUTTON 2!\r");
             OSSemPost(LED_Sem);                //点亮 LED
            gpio_set_pin_low(LED1_GPIO);
            OSSemPend(Button_Sem, 0, &err);    //此函数阻塞等待信号量
            }
          }
  }
}
```

8.5　本章习题

1. 实时操作系统都有哪些？
2. 详细讲述μC/OS-II 的任务管理机制。
3. 动手实现μC/OS-II 操作系统移植的实例。

第 9 章　RFID 实践

在前面的章节中，已经对 RFID 技术有了一个大致的了解，在这里就不再赘述。下面就 mainbroad 开发板上的 RFID 技术进行细致的讲解，并通过实践完成对 RFID 的操作。在开发过程中，用户不必关心射频基站复杂的控制方法，只需简单地通过选定的 SPI 接口发送命令就可以对卡片进行操作。

Mainbroad 平台上使用的 RFID 射频模块是 CY-14443A。CY-14443A 系列射频读写模块采用基于 ISO14443 标准的非接触卡读卡机专用芯片，采用 0.6μm CMOS EEPROM 工艺，支持 ISO14443 typeA 协议，支持 MIFARE 标准的加密算法。

9.1　非接触式逻辑加密卡芯片 MF1 IC S50

以该芯片为核心的 1KB 非接触式逻辑加密卡是全球最早商业化应用的标准非接触 IC 卡产品，也称 Mifare1 卡或 M1 卡。

9.1.1　系统结构及工作流程

Mifare 1 系统由读写器、控制器和非接触 IC 卡（CICC）3 部分组成，在 13.56MHz 工作频率下，以半双工方式实现读写器与 CICC 之间的双向数据传输。

其中，CICC 包含天线和专用芯片两个部分。专用芯片（Application Specific Integrated Circuit，ASIC）即 MF1 IC S50，由射频接口、存取控制和 EEPROM 三个环节组成。数据保存在 EEPROM 中，存取控制模块负责控制对 EEPROM 的读/写，包括密码验证、读/写权限控制及加减运算和数据加密等。

9.1.2　主要特性

（1）符合 ISO/IEC14443 Type A 标准的射频接口。

（2）工作频率为 13.56MHz。

（3）数据传输速率为 106kbps。

（4）半双工通信。

（5）16 位 CRC 校验、奇偶校验和位编码校验。

（6）数据流加密传输。

（7）3 次相互认证的双向验证机制。

（8）世界唯一的 32 位（4 字节）序列号。

（9）反碰撞（重叠和冲突）功能。

（10）一次典型完整处理时间小于 0.1s。

（11）片内 1KB×8bit EEPROM 可划分为 16 个扇区，每区 4 块，每块 16 字节，各扇区均可取多种形式的安全保护。

（12）允许擦写次数 10 万次。

（13）典型处理时间。

识别一张卡：3ms（包括复位应答和防冲突）

读一个块：2.5ms（不包括认证过程）　　　　4.5ms（包括认证过程）

写一个块＋读控制：12ms（不包括认证过程）　　　　14ms（包括认证过程）

9.1.3　EEPROM 存储结构

MFC1 IC S50 的 8Kbit EEPROM 存储空间可分为如图 9-1 所示的 16 个扇区，每区 4 块，每块 16 字节。

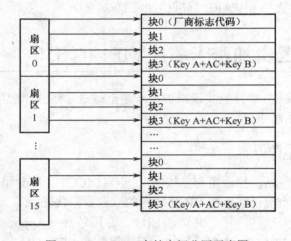

图 9-1　EEPROM 存储空间分区示意图

0 区的块 0 固化存放不可改变的厂商代码；其第 0～3 字节为序列号（Serial Number，SN）；第 4 字节为序列号校验字节（Check Byte，CB，为前 4 字节的按位异或值）；第 5 字节为卡片容量；第 6、7 字节为卡片类型（Tag Type，用于区分卡片的类型，对 Mifare1 为 0004）。它们都将在卡片与读写器通信的初始化阶段供后者读取。

每个扇区的块 0、块 1、块 2 为数据块，可用于存储数据。

数据块可作两种应用，一是用做一般的数据保存，可以进行读、写操作；二是用做数据值，可以进行初始化值、加值、减值、读值操作。

块 3 结构包括密码 A、存取控制和密码 B，见表 9-1。

表 9-1　S50 块 3 密码块结构

A0 A1 A2 A3 A4 A5	FF 07 80 69 B0	B0 B1 B2 B3 B4 B5
密码 A（6Byte）	存取控制（4Byte）	密码 B（6Byte）

每个扇区的密码和存取控制都是独立的，可以根据实际需要设定各自的密码及存取控制。

存取控制为 4 个字节，共 32 位，扇区中的每个块（包括数据块和控制块）的存取条件是由密码和存取控制共同决定的，在存取控制中每个块都有相应的三个控制位，定义如下：

块 0：C10 C20 C30

块 1：C11 C21 C31

块 2：C12 C22 C32

块 3：C13 C23 C33

存取控制（4 字节，其中字节 9 为备用字节）结构见表 9-2。

表 9-2 S50 存取控制结构

bit	7	6	5	4	3	2	1	0
字节 6	C23_b	C22_b	C21_b	C20_b	C13_b	C12_b	C11_b	C10_b
字节 7	C13	C12	C11	C10	C33_b	C32_b	C31_b	C30_b
字节 8	C33	C32	C31	C30	C23	C22	C21	C20
字节 9	保留	保留	保留	保留	保留	保留	保留	保留

注：*_b 是对*的取反。

在表 9-2 中，三个控制位以正和反两种形式存在于存取控制字节中，决定了该块的访问权限（进行减值操作必须验证 Key A，进行加值操作必须验证 Key B），三个控制位在存取控制字节中的位置是固定的，如对块 0 的控制，由每个控制字的 bit0 和 bit4 决定；对块 1 的控制，由每个控制字的 bit1 和 bit5 决定；对块 2 的控制，由每个字的 bit2 和 bit6 决定；对块 3 的控制，由每个字的 bit3 和 bit6 决定。

数据块（块 0、块 1、块 2）的存取控制见表 9-3。

表 9-3 S50 数据块的存取控制

控制位（X=0,1,2）			访问条件（对块 0、块 1、块 2）			
C1X	C2X	C3X	读	写	增加	减，传输，还原
0	0	0	KeyA|B	KeyA|B	KeyA|B	KeyA|B
0	1	0	KeyA|B	Never	Never	Never
1	0	0	KeyA|B	KeyB	Never	Never
1	1	0	KeyA|B	KeyB	KeyB	KeyA|B
0	0	1	KeyA|B	Never	Never	KeyA|B
0	1	1	KeyB	KeyB	Never	Never
1	0	1	KeyB	Never	Never	Never
1	1	1	Never	Never	Never	Never

注：KeyA\|B 表示密码 A 或密码 B，Never 表示任何条件下不能实现。

例如，当块 0 的存取控制位 C10 C20 C30=100 时，验证密码 A 或密码 B 正确后可读；验证密码 B 正确后可写；不能进行加值、减值操作。控制块（块 3）的存取控制与数据块（块 0、块 1、块 2）不同，见表 9-4。

表 9-4 控制块（块 3）的存取控制

控 制 位			密 码 A		存 取 控 制		密 码 B	
C13	C23	C33	读	写	读	写	读	写
0	0	0	Never	KeyA	KeyA	Never	KeyA	KeyA
0	1	0	Never	Never	KeyA	Never	KeyA	Never
1	0	0	Never	KeyB	KeyA|B	Never	Never	KeyB
1	1	0	Never	Never	KeyA|B	Never	Never	Never
0	0	1	Never	KeyA	KeyA	KeyA	KeyA	KeyA
0	1	1	Never	KeyB	KeyA|B	KeyB	Never	KeyB
1	0	1	Never	Never	KeyA|B	KeyB	Never	Never
1	1	1	Never	Never	KeyA|B	Never	Never	Never

例如，当块 3 的存取控制位 C13 C23 C33=001 时，表示：

（1）密码 A：不可读，验证 KeyA 正确后，可写（更改）。

（2）存取控制：验证 KeyA 正确后，可读、可写。

（3）密码 B：验证 KeyA 正确后，可读、可写。

9.1.4 射频卡工作原理

卡片的电气部分只由一个天线和 ASIC（集成电路）组成，ASIC 由一个高速的 RF 接口、一个控制单元和一个 8Kbit EEPROM 组成。

工作原理：读写器向 M1 卡发一组固定频率的电磁波，卡片内有一个 LC 串联谐振电路，其频率与读写器发射的频率相同，在电磁波的激励下，LC 谐振电路产生共振，从而使电容内有了电荷，在这个电容的另一端，接有一个单向导通的电子泵，将电容内的电荷送到另一个电容内储存，当所积累的电荷达到 2V 时，此电容可作为电源为其他电路提供工作电压，将卡内数据发射出去或接收读写器的数据。

MF1 射频卡与读写器的通信如图 9-2 所示。

（1）复位应答（Answer to Request）。S50 射频卡的通信协议和通信波特率是定义好的，通过这两项内容，读写器和 S50 卡互相验证。当某张卡片进入读写器的操作范围时，读写器以特定的协议与它通信，从而确定该卡是否为 S50 射频卡，即验证卡片的卡型（Tag Type）。

（2）防冲突闭合机制（Anticollision Loop）。当有多张 S50 卡在读写器的操作范围内时，防冲突闭合电路首先从众多卡片中选择其中的一张作为下步处理的对象，而未选中的卡片则处于空闲模式以等待下一次被选择，该过程返回一个被选中的卡的序列号（Serial No）。

（3）选择卡片（Select Tag）。选择被选中卡的序列号，并同时返回卡的容量代码（Tag Size）。

（4）三次互相确认（3 Pass Authentication）。选定要处理的卡片之后，读写器确定要访问的扇区号，并对该扇区密码进行密码校验，在三次互相认证之后就可以通过加密流进行任何通信了。注意，在选择下一个扇区时，必须进行新扇区的密码校验。通过加密流进行通信如图 9-3 所示。

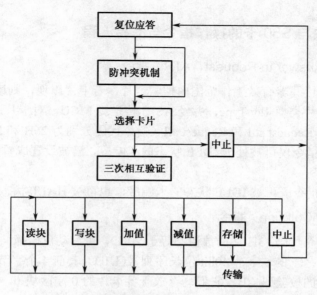

图 9-2　MF1 射频卡与读写器的通信

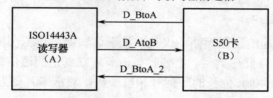

图 9-3　通过加密流进行通信

数据验证过程如下。

步骤一：S50 卡发出一个随机数 D_BtoA 给读写器。

步骤二：读写器返回 D_AtoB 给 S50 卡。

步骤三：S50 卡收到 D_AtoB 后，译码并验证符号 D_AtoB 中所含的随机数 D_BtoA 是否与步骤一发送给读写器的一致。

步骤四：S50 卡再发读写器一个值 D_BtoA_2。

步骤五：读写器收到 D_BtoA_2 后，译码并验证 D_BtoA_2 的正确性，同时还验证 D_BtoA_2 中所含的随机数 D_BtoA_2 是否和 S50 卡发出的一致。

（5）读/写。

确认之后就可以执行下列操作了。

读（Read）：读一个块。

写（Write）：写一个块。

减（Decrement）：块中的内容作减法之后，结果存在数据寄存器中。

加（Increment）：块中的内容作加法之后，结果存在数据寄存器中。

传输（Transfer）：将数据寄存器中的内容写入块中。

存储（Restore）：将块中的内容读到数据寄存器中。

暂停（Halt）：将卡置于暂停工作状态。

9.1.5　读写卡模块与 S50 卡的操作指令与交易流程

1．请求应答（Answer to Request，ATR）指令

该类指令用于在读写器有效工作范围内搜索卡片，若卡片出现，则读取位于卡片 0 扇区块 0 的 2 字节长度卡片类型 Tag Type，并经 ASIC 传送到 MCU，对卡片进行类型识别。

请求应答指令有 Request std 和 Request all（指令代码分别为 26H 和 52H）两个，其中：

（1）Request std 指令仅可被处于 IDLE 状态的卡响应，已被设置成暂停模式 HALT 状态的卡，不响应该指令。

（2）Request all 指令既可被 IDLE 状态的卡响应，也可被 HALT 状态的卡响应。

2．反碰撞（AntiCollision）指令

发送该指令（指令代码 93H 后的数值不等于 70H），可启动反碰撞循环，获取读写器有效工作范围内多张卡片之一的 5 字节 40bit 位长序列号（UID），其前 4 个字节为真正序列号（SN），最后 1 个字节为 SN 的校验码 CB，它们均存放于各卡片的 0 扇区块 0。读写器应对获取的信息进行累加和校验，以判定所接收序列号正确与否。

3．选择（Select）指令

AutiCollision 指令引起的反碰撞循环仅获取处于读写器工作范围内的某一卡片的序列号，只有经 Select 指令再次回发此序列号，才可能与该卡建立真正的通信联系。即在指令代码 93H 后紧跟发送 70H，然后为 40bit 位长的序列号和校验码，对应卡片则发送置于其 0 扇区块 0 的 1 字节卡片容量信息作为应答。

4．认证（Authentication）指令

用于进行卡机双向鉴别，防止对卡片相关区域的非法访问，即通过用置于读写器 ASIC 中的密码与卡片相关区域的安全保护密码的认证比对，确定访问的合法性。

需要注意的是，该指令有 60H 和 61H 两种代码形式，当选用 60H 代码时，只能选择 Key A；当选用 61H 代码时，则只能采用 Key B。

5．读指令

在正确通过认证操作后，即可利用读指令（30H）对卡片相应扇区的相应数据块进行全数据块（16 字节）读取。即便只需数据的一部分，也必须读取整个数据块的 16 字节然后进行选择。

6．写指令

利用写指令（A0H）对卡片进行全数据块（16 字节）写操作。即便仅需改写个别字节甚至位信息，也必须读取整个数据块并相应改写后，再全数据写入。

7．增值/减值/重储指令

此 3 条指令可用于数据分组操作，以实现电子钱包功能，其中：

（1）Increment 指令（C1H）用于增加卡中某数值分组内容，并将结果存入数据（DATA）寄存器。

（2）Decrement 指令（C0H）用于减少卡中某数值分组内容，并将结果存入 DATA 寄存器。

（3）Restore 指令（C2H）将卡片的 EEPROM 中某数值分组内容传送至 DATA 寄存器。

当增/减值操作导致数据溢出，即大于最大正数或小于最小负数时，卡片将停止操作并返回 NACK 代码。

8．传送指令

前 3 条指令的操作结果均置于 DATA 寄存器，并未真正传送到 EEPROM，在上述指令后，必须用 Transfer 指令（B0H）将操作结果最终传送到 EEPROM 中。

9．停止（HALT）指令

该指令（50H）使卡片进入停止（机）模式（Halt Mode），退出使用，直至再次上电复位。

9.2 CY-14443A 低功耗读写芯片

CY-14443A 系列支持 Mifare One S50、S70、Ultra Light & Mifare Pro、FM11RF08 等兼容卡片。可以设定自动寻卡，默认情况下为自动寻卡。

CY-14443A 系列是低功耗宽电压功能模块，工作电压为 3～5.5V，最低功耗仅需 3uw，采用一体化模块可以大大减少 PCB 面积，增强应用性能，可以胜任各种应用场合。

（1）CY-14443A 系列全部有板载内置天线，可以再接外接天线。

内置天线的优点是：提高集成度，尺寸虽小但是可以读取达到 6cm 以内的卡，基本无须再外接大天线就可以满足大部分的设计需要，并且不需要更换电路就可以再连接外部天线，提高了系统的可重用性，大大降低了成本，此外，内置天线的读头可以作为有源天线使用。

（2）增加了 4Kbit EEPROM，EEPROM 字节地址从 0x00 到 0x1FF。

（3）可以读取 PCD 的 PN 和 SN。

（4）特点。

❑ SPI 高速串行接口；
❑ 能自动感应到靠近天线区的卡片，并产生中断信号；
❑ 采用高集成 ISO14443A 读卡芯片，支持 Mifare 标准的加密算法；
❑ 具有 TTL/CMOS 两种电压工作模式，工作电压为 3～5.5V；
❑ 采用工业级高性能处理器，内置硬看门狗，具备高可靠性；
❑ 抗干扰处理，EMC 性能优良；
❑ 把复杂的底层读写卡操作简化为简单的几个命令。

（5）CY-14443A 的 SPI 通信方式接线如图 9-4 所示。

开机默认为自动寻卡方式，当卡片进入到天线区后在 SIG 引脚上出现低电平，复位电路可以接阻容复位或直接用控制器控制，低电平有效，如果悬空则默认为上电自动复位。

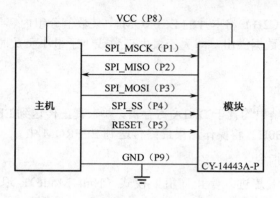

图 9-4　CY-14443A 的 SPI 通信方式接线

9.3　协议说明

通信速率不大于 3Mbps，MSB 在前，上升沿采样。

模块工作在半双工方式，即模块接收指令后才会做出应答，由于 SPI 接口发送数据的同时接收上一时钟周期的从机响应数据，因此在命令发送结束后，需要稍做延时，等待模块处理命令并做出响应，命令发送阶段，都会来上一次发送的命令和数据内容，可以用来作为校验，读响应时可以发送 0 数据给模块。

命令格式为：前导头+通信长度+命令字+数据域+校验码。

前导头：0xAA0xBB 两个字节，若数据域中也包含 0xAA，那么紧随其后为数据 0，但是长度字不增加。

通信长度：指明去掉前导头之外的通信帧所有字节数（含通信长度字节本身）。

命令字：各种用户可用命令。

校验码：去掉前导头和校验码字节之外，所有通信帧所含字节的异或值。

CPU 发送命令帧之后，需要等待读取返回值，返回值的格式如下。

正确：前导头+通信长度+上次所发送的命令字+数据域+校验码。

错误：前导头+通信长度+上次所发送的命令字的取反+校验码。

9.4　RFID 读取序列号

S50 卡片容量为 8Kbit EEPROM，卡片分为 16 个扇区，每个扇区由 4 块（块 0、块 1、块 2、块 3）组成，以块为存取单位，每个扇区有独立的一组密码及访问控制，每张卡有唯一序列号，为 32 位。要想让卡片从就绪状态（READY）进入到激活状态（ACTIVE），必须对卡片进行 Mifare Select 操作，这里就要求主控设备知道所要访问的卡片序列号。第 0 扇区的块 0（即绝对地址 0 块），它用于存放厂商代码和卡的序列号，已经固化不可修改。可以通过指令读取序列号，但是不能通过指令对这部分的内容进行修改。

当有卡片到来后，所要进行的操作通过函数 RFID_Operate((uint8_t *)RFID_READ_CARD_20, rbuf)执行，传入的第一个参数表明了要对卡片进行的操作，此处设置为读卡的序列号的操作，rbuf 用于接收返回的数据。具体代码如下：

```c
uint8_t RFID_Operate(uint8_t *tbuf, uint8_t *rbuf)
{
  uint8_t chksum = 0;
  uint32_t    i=0, j=0, rnumb;
  chksum = RFID_CheckSum(tbuf);
  printf("%d\r\n",chksum);

  SPI_PutGet(1, 0xaa);              //通信前导头
  SPI_PutGet(1, 0xbb);              //通信前导头
  for(j=0; j<tbuf[0] ; j++)
  {
    SPI_PutGet(1, tbuf[j]);         //发送通信长度、命令字、数据域
  }
  SPI_PutGet(1, chksum);            //发送校验码
  delay_ms(20);
  SPI_PutGet(1, 0);
  SPI_PutGet(1, 0);
  SPI_PutGet(1, 0);
  switch(tbuf[1])
  {
    case 0x01:
      rnumb = 8 + 2 + 1;            //读卡头返回 8 字节
      break;
    case 0x19:
      rnumb = 2 + 2 + 1;            //读卡类型
      break;
    case 0x20:                      //程序中定义是 0x20；读取的数据是 7 位
      rnumb = 4 + 2 + 1;
      break;
    case 0x21:
      rnumb = 16 + 2 + 1;           //读数据操作，返回值是 16 字节
      break;
    case 0x22:
      rnumb = 2 + 1;                //写数据操作，返回数是空
      break;
    default:
      rnumb = 4 + 2 + 1;
      break;
  }
  for(j=0, i=0; j<rnumb; j++, i++)
  {
    rbuf[i] = SPI_PutGet(1, 0);
    printf("%02x:\r\n",rbuf[i]);
  }
  return i;
}
```

```
//读取 S50 卡的序号，查看 CY-14443，指令表，0x02 是模块序列号，0x20 读卡，返回卡序列号
const uint8_t RFID_READ_CARD_20[2] = {0x02, 0x20};
RFID_Operate((uint8_t *)RFID_READ_DATA_BLOCK_21, rbuf)
```

9.5 RFID 读取数据

在 mainboard 板上使用的 CY-14443 模块，在 CY-14443 中给出了操作的指令集，对 S50 卡的操作都是被打包成 S50 命令格式进行传输的，命令格式见表 9-5，这样做简化了操作。

表 9-5 命令格式

序 号	1	2	4	5	6
帧格式	命令头	长度字	命令字	数据域	校验字

说明：

（1）命令头。固定为 AABB，若后续数据中包含 AA，则随后补充一字节 00。

（2）长度字。指明去掉命令头之外的通信帧所有字节数。

（3）命令字。本条命令的含义。

（4）数据域。此项可以为空。

（5）校验字。通信数据域的所有字节的和。

通过以上操作便完成了对 RFID 序列号的读写，数据存储在数组 rbuf 中。

通过查看 CY-14443 的指令集，查看出 0x02 是模块序列号指令，0x20 是读卡指令。第二个字节以后的内容表示：密钥标志+字节块号+6 字节的密钥。

```
const uint8_t RFID_READ_DATA_BLOCK_21[10]=
{0x0a,0x21,0x00,0x01,0xff,0xff,0xff,0xff,0xff,0xff};
```

从 S50 卡 0 扇区块 1 的 16 个字节读取数据：

```
RFID_Operate((uint8_t *)RFID_READ_DATA_BLOCK_21, rbuf)
```

9.6 RFID 写入数据

发送：1 字节密钥标志+1 字节块号＋6 字节密钥＋16 字节数据。

```
const uint8_t RFID_WRITE_DATA_BLOCK_22[26] =
{0x1a,0x22,0x00,0x01,0xff,0xff,0xff,0xff,0xff,0xff,
0x00, 0x01, 0x02, 0x03, 0x04, 0x05, 0x06, 0x07,0x09, 0x0a, 0x0b, 0x0c, 0x0d, 0x0e,
0x0f, 0x10};
```

写数据到 S50 卡 0 扇区块 1 的 16 个字节：

```
RFID_Operate((uint8_t *) RFID_WRITE_DATA_BLOCK_22, rbuf)
```

9.7 RFID 加密介绍

在介绍关于 RFID 的加密机制前，首先了解密钥机制是怎样一个形式。

1. 密钥

密钥分为两种：对称密钥与非对称密钥。

（1）对称密钥加密，又称私钥加密或会话密钥加密算法，即信息的发送方和接收方用同一个密钥去加密和解密数据。它的最大优势是加/解密速度快，适合对大数据量进行加密，但密钥管理困难。

（2）非对称密钥加密系统，又称公钥密钥加密。它需要使用不同的密钥来分别完成加密和解密操作，一个公开发布，即公开密钥；另一个由用户自己秘密保存，即私用密钥。信息发送者用公开密钥去加密，而信息接收者则用私用密钥去解密。公钥机制灵活，但加密和解密速度却比对称密钥加密慢得多。

在实际应用中，人们通常将两者结合在一起使用，如对称密钥加密系统用于存储大量数据信息，而公开密钥加密系统则用于加密密钥。

对于普通的对称密码学，加密运算与解密运算使用同样的密钥。通常，使用的对称加密算法比较简便高效，密钥简短，破译极其困难，由于系统的保密性主要取决于密钥的安全性，所以在公开的计算机网络上安全地传送和保管密钥是一个严峻的问题。正是由于对称密码学中双方都使用相同的密钥，因此无法实现数据签名和不可否认性等功能。

20 世纪 70 年代以来，一些学者提出了公开密钥体制，即运用单向函数的数学原理，以实现加、解密密钥的分离。加密密钥是公开的，解密密钥是保密的。这种新的密码体制，引起了密码学界的广泛注意和探讨。不像普通的对称密码学中采用相同的密钥加密、解密数据，非对称密钥加密技术采用一对匹配的密钥进行加密、解密，具有两个密钥，一个是公钥，另一个是私钥，它们具有这种性质：每个密钥执行一种对数据的单向处理，每个密钥的功能恰恰与另一个密钥相反，一个密钥用于加密时，则另一个密钥用于解密。用公钥加密的文件只能用私钥解密，而私钥加密的文件只能用公钥解密。公共密钥是由其主人加以公开的，而私人密钥必须保密存放。为发送一份保密报文，发送者必须使用接收者的公共密钥对数据进行加密，一旦加密，只有接收方用其私人密钥才能加以解密。反之，用户也能用自己私人密钥对数据加以处理。换句话说，密钥对的工作是可以任选方向。这提供了"数字签名"的基础，如果一个用户用自己的私人密钥对数据进行了处理，别人可以用他提供的公共密钥对数据加以处理。由于仅仅拥有者本人知道私人密钥，这种被处理过的报文就形成了一种电子签名——一种别人无法产生的文件。数字证书中包含了公共密钥信息，从而确认了拥有密钥对的用户的身份。

简单的公共密钥例子可以用素数表示，将素数相乘的算法作为公钥，将所得的乘积分解成原来的素数的算法就是私钥，加密就是将想要传递的信息在编码时加入素数，编码之后传送给收信人，任何人收到此信息后，若没有此收信人所拥有的私钥，则解密的过程中（实为寻找素数的过程）将会因为找素数的过程（分解质因数）过久而无法解读信息。

9.8 RFID 例程

在 mainboard 板上 CY-14443 模块接线如图 9-5 所示。

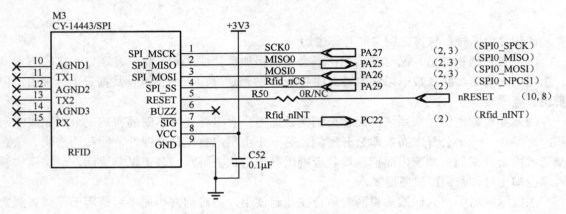

图 9-5   CY-14443 模块接线

从图 9-5 中可以看出，CY-14443 与 SAM3X8E 的通信采用 SPI 模式，在刷卡时会产生中断，Rfid_nINT 输出低电平。SAM3X8E 作为主端采用 SPI 总线的格式与 CY-14443 按照 CY-14443 的指令集进行读写操作。

SPI 总线配置代码如下：

```
void spi_master_initialize_rfid(void)
{
        Spi* p_spi = SPI_MASTER_BASE;
        p_spi->SPI_CR = SPI_CR_SPIDIS;
        p_spi->SPI_CR = SPI_CR_SWRST;
        p_spi->SPI_CR = SPI_CR_LASTXFER;

        p_spi->SPI_MR |= SPI_MR_MSTR;
        p_spi->SPI_MR |= SPI_MR_MODFDIS;
        p_spi->SPI_MR &= (~SPI_MR_PCS_Msk);
        p_spi->SPI_MR |= SPI_MR_PCS(1);

        p_spi->SPI_CSR[0] &=(~SPI_CSR_CPOL);
        p_spi->SPI_CSR[0] |= SPI_CSR_NCPHA;
        p_spi->SPI_CSR[1] &=(~SPI_CSR_CPOL);
        p_spi->SPI_CSR[1] |= SPI_CSR_NCPHA;

        p_spi->SPI_CSR[1] &= (~SPI_CSR_BITS_Msk);
        p_spi->SPI_CSR[1] |= SPI_CSR_BITS_8_BIT ;

        p_spi->SPI_CSR[1] &= (~SPI_CSR_SCBR_Msk);
        p_spi->SPI_CSR[1] |= SPI_CSR_SCBR(sysclk_get_cpu_hz() / 2000000);//4
p_spi->SPI_CSR[1] &= ~(SPI_CSR_DLYBS_Msk | SPI_CSR_DLYBCT_Msk);
```

```
p_spi->SPI_CSR[1]|=SPI_CSR_DLYBS(SPI_DLYBS_)|SPI_CSR_DLYBCT(SPI_DLYBCT_);
        delay_ms(50);
        p_spi->SPI_CR = SPI_CR_SPIEN;
}
```

RFID 数据校验部分，数据校验后的值作为一个整体进行传输。

```
uint8_t RFID_CheckSum(uint8_t *databuf)
{
  uint8_t numb, chksum;
  uint32_t    i;
  numb = databuf[0]-1;
  chksum = databuf[0];
  for(i=0; i< numb; i++)
  {
    chksum ^= databuf[i + 1];
  }
  return chksum;
}
```

中断程序：PC22 采集中断信号，当有 RFID 卡进入该区时，就会触发中断。

```
void RFID_Handler(uint32_t a,uint32_t b)
{

  NVIC_DisableIRQ(PIOC_IRQn);
  a = a;
  b = b;
  if (SPI_INR_RFID_ID == a && SPI_INR_RFID_MASK == b)
      {
          rfid_pending++;
      }
}
```

主程序：完成时钟配置，关闭看门狗，RFID 部分初始化，串口配置，检测中断中的标志 **rfid_pending** 是否大于 0（PC22 采集到中断时，**rfid_pendin** 值为 1）。如果有刷卡操作，则读取 S50 卡的系列号，向扇区 0 块 1 的 16 个字节写入数据，并将数据读出和打印。

```
int main(void)
{
      sysclk_init();                          //系统初始化
      WDT->WDT_MR = WDT_MR_WDDIS;              //关闭看门狗
      rfid_init();                            //初始化 rfid 模块
      /*初始化串口*/
      configure_console();
      /* 配置 RFID，为中断触发模式 */
      configspirfid();
      while(1)
       {
       if(rfid_pending>0)
         {
```

```
        printf("interrupt!\r");
        configspirfid();
        rfid_pending=0;
        RFID_Op_Card(rbuf,RFID_READ_CARD_20);              //读卡序列号
        RFID_Op_Card(rbuf,RFID_WRITE_DATA_BLOCK_22);       //写卡数据
        RFID_Op_Card(rbuf,RFID_READ_DATA_BLOCK_21);        //读卡数据
        NVIC_EnableIRQ(PIOC_IRQn);
      }
    }
}
```

读写操作函数：

```
void RFID_Op_Card(uint8_t rbuf[],uint8_t commd[])
{
 uint8_t  chksum;
 uint32_t    i;
    delay_ms(10);
    RFID_Operate(commd, rbuf);        //具体操作
    printf("read over\r\n");
    for(i=0; i<sizeof(rbuf); i++)
    {
        printf("%02X ", rbuf[i]);
    }
    chksum = RFID_CheckSum(rbuf);    //校验如果正常，则显示 S50 卡正常操作
    if(chksum == rbuf[rbuf[0]])
    {
        printf("\r\nOk ");
    }
    else
    {
    printf("\r\nNo Card ");
    }

}
```

9.9 本章习题

1. 简述 RFID 射频模块的操作原理。
2. 操作 mainboard 板上 RFID 模块，进行对 S50 卡的操作。
3. 了解 RFID 涉及的加密算法。

第 10 章　红外无线通信技术与实践

10.1　红外通信原理

10.1.1　红外通信定义

红外通信利用 950nm 近红外波段（近红外（NIR，波长 0.78～3μm）、中红外（MIR，波长 3～50μm）和远红外（FIR，波长 50～1000μm））的红外线作为传递信息的媒体，发送端将基带二进制信号调制为一系列的脉冲串信号，通过红外发射管发射红外信号，接收端将接收到的光脉冲信号转换成电信号，再经过放大、滤波等处理后送给解调电路进行解调，还原为二进制数字信号后输出。按脉冲宽度来实现信号调制的称为脉宽调制（PWM），按脉冲串之间的时间间隔来实现信号调制的称为脉时调制（PPM）。

简而言之，红外通信的实质符合数字通信的特性，通过对二进制数字信号进行调制与解调，实现利用红外信道进行数据传输。红外通信接口就是针对红外信道的调制解调器。

10.1.2　红外通信的特点

红外通信技术是目前在世界范围内被广泛使用的一种无线连接技术，被众多的硬件和软件平台所支持。

（1）通过数据电脉冲和红外光脉冲之间的相互转换实现无线的数据收发。

（2）主要用来取代点对点的线缆连接。

（3）新的通信标准兼容早期的通信标准。

（4）小角度（30°锥角以内），短距离，点对点直线数据传输，保密性强。

（5）传输速率较高，目前 4Mbps 速率的 FIR 技术已被广泛使用，16Mbps 速率的 VFIR 技术已经发布。

10.1.3　红外遥控器

根据电器品种和用户使用特点的不同，生产厂家对红外遥控器进行了严格的规范编码，这些编码各不相同，从而形成不同的编码方式，统一称为红外遥控器编码传输协议。到目前为止，红外遥控协议已多达十种，分别是 RC5、SIRCS、Sony、RECS80、Denon、NEC、Motorola、Japanese、Samsung 和 Daewoo。我国家用电器的红外遥控器的生产厂家，其编码方式多数是按上述协议进行编码的，其中用得较多的是 NEC 协议。

红外遥控器是一种利用红外光来控制遥控设备的一种遥控电子装置，由发射部分和接收部分组成，发射部分的主要元件为红外发光二极管，它实际上是一只特殊的发光二极管，由于其内部材料不同于普通发光二极管，因而在其两端施加一定电压时，它便发出红外线而不是可见光。

10.1.4 红外遥控通信过程

红外遥控通信的过程是：红外信号调制→发送→接收→解调→控制设备。

调制是使需要的信号区别于噪声。通过调制可以使红外光以特定的频率闪烁。红外接收器会适配这个频率，其他的噪声信号都将被忽略。

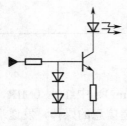

图 10-1 常规红外发射管的接线

常规红外发射管的接线如图 10-1 所示，在实际应用中有很多红外发射芯片，但都需要将信号增强，然后发送。图 10-1 中，两个二极管串联和三极管的基极并联可以使三极管的基极电压在 1.2V 左右，因而三极管基极到射极的电压在 0.6V 左右，使得发射极电压始终保持在 0.6V 左右，所以恒定的放大倍数通过恒定的限流电阻最终仍得到一个较为恒定的大射极电流。

红外信号的接收与解调如图 10-2 所示。红外信号由接收器的检波二极管接收，信号通过放大和限幅两个环节处理。限幅模块如同一个 AGC（自动增益控制电路），使信号有稳定的脉冲电平，因而可以忽略由于遥控距离不同接收信号强弱引起的问题。

在图 10-2 中，只有 AC（交流）信号可以通过带通滤波器。带通滤波器用于调谐发射极调制发射频率。在一般的消费类电子产品中，这个频率的范围为 30～60kHz。

接下来的模块是检波、积分和比较模块。这 3 个模块用于检出调整频率，若有调制频率信号，则比较器输出低电平。

所有这些功能模块都集成到单一的电子器件（红外接收头）上。市场上有很多现成的产品，大多数产品都针对特定的频率有多种型号。

注意，接收头的增益都设置得很大，因而接收系统很容易振荡。一个大于 22μF 电容接到接收头的电源端有着有效的退耦作用。很多数据表建议采用串联一个 330Ω再接退耦电容的 RC 滤波方法。

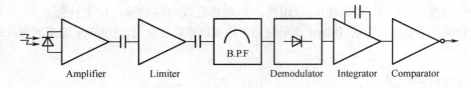

图 10-2 红外信号的接收与解调

10.1.5 IrDA 标准

红外遥控器使用简易的红外指令控制，当涉及大量数据的交互时，就需要规范的协议标准了。

红外标准的制定源于各种便携式设备的互联需要。红外数据协会 IrDA（Infrared Data Association）于 1993 年成立，是一个独立的组织，它的章程是建立通用的、低功率电源的、半双工红外串行数据互联标准，支持近距离、点到点、设备适应性广的用户模式。该标准的建立是实现各种设备之间较容易地进行低成本红外通信的关键。

IrDA 定义了一套规范，或者称为协议，每一层建立在它的下一层之上，使建立和保持无差错数据传输成为可能。IrDA 标准包括 3 个强制性规范：物理层 IrPHY（The Physical Layer）；连接建立协议层 IrLAP（Link Access Protocol）；连接管理协议层 IrLMP（Link Management Protocol）。每一层的功能是为上一层提供特定的服务。其中，物理层的硬件实现是整个规范的焦点，处于底层，其他两层属于软件协议的范围，负责对它下一层进行设置和管理。

红外数据连接物理层规范 110 定义了数据传输率最高到 11512kbps 的红外通信；规范 111 将数据传输率提高到 4Mbps，并保持了对版本 110 产品的兼容；规范 112 定义了最高速率为 11512kbps 的低功耗选择；规范 113 将这种低功耗选择功能推广到 1.1152Mbps 和 4Mbps。

如图 10-3 和图 10-4 所示分别为 IrDA 关于标准红外通信系统和协议的示意图。

主机控制
主机界面
协议处理装置
红外收发装置
TX
TX
编码
TXIR
TXD
通用异步收发装置
协议处理
RX
RX
解码
RXIR
RXD
RTS
CTS
DSR
DTR
CD
RI
通用异步收发控制

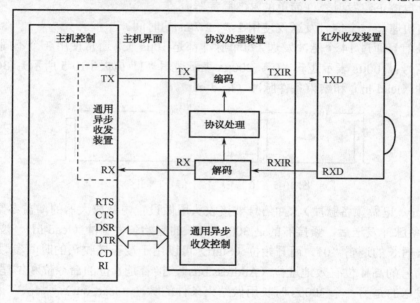

图 10-3　标准红外通信系统示意图

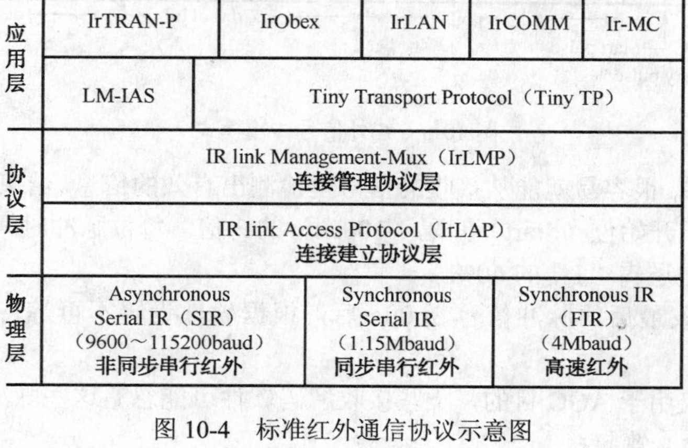

应用层
IrTRAN-P
IrObex
IrLAN
IrCOMM
Ir-MC
LM-IAS
Tiny Transport Protocol（Tiny TP）
协议层
IR link Management-Mux（IrLMP）
连接管理协议层
IR link Access Protocol（IrLAP）
连接建立协议层
物理层
Asynchronous Serial IR（SIR）（9600～115200baud）
非同步串行红外
Synchronous Serial IR（1.15Mbaud）
同步串行红外
Synchronous IR（FIR）（4Mbaud）
高速红外

图 10-4　标准红外通信协议示意图

10.1.6 红外遥控协议举例

ITT 红外协议是很早出现的协议，它不使用调制信号直接发送是区别于其他协议的重要特征。每个信号都是由 14 个 10μs 时间间隔的脉冲信号组成的，解码则是根据脉冲的间隔进行。它具有以下特征。

- ❑ 每个信号仅有 14 个很短的脉冲；
- ❑ 脉冲间隔解码技术；
- ❑ 长电池寿命；
- ❑ 4 位地址码，6 位命令码；
- ❑ 定时自校正，发射容许简单的 RC 振荡器；
- ❑ 通信快速，一个信号发送仅使用 1.7～2.7ms 的时间。

一个红外信号通过 14 个脉冲发送，每个脉冲都是 10μs 长。通常使用 3 个不同的时间间隔去区分一个信号：100μs 表示逻辑 "0"；200μs 表示逻辑 "1"（如图 10-5 所示）；300μs 则表示起始条件脉冲（lead-in）和结束条件脉冲（lead-out）。

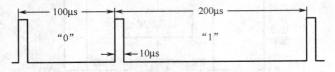

图 10-5 "0" 与 "1" 信号时间区别

Preliminary（记做预备脉冲）脉冲信号被接收头用做设置内部放大器的增益参数（如图 10-6 所示）。当预备脉冲发送后，紧接着是 300μs 时长的起始条件脉冲（lead-in），被发送的第一位总是 100μs 时长的逻辑 "0"，而开始位（Start）可以用于校正接收头的时间参数。开始位发送完毕便是信号的高 4 位有效地址位（Address bits），接着是 6 位的命令位和结尾位（Control bits），最后发送的是另一个 300μs 时长用做结束条件的脉冲（lead-out）。

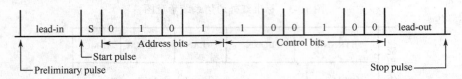

图 10-6 红外信号传输模式

解码软件很简单，很容易就能从接收的信号里检测出有效的信息。结束条件脉冲（lead-out）的时间间隔应该大于开始位（Start）间隔（100μs）的 3 倍。每位脉冲时间不能超出逻辑 "0" 时间的 20%，或者是逻辑 "1" 的 40%。

接收部分在接收最后的脉冲信号 360μs 后，根据软件设置不再等待信号（即进入待机状态）。

预备脉冲信号仅用于 AGC 目的，一些接收解码软件可能忽略这些脉冲信号，这时解码需要从开始脉冲（Start）算起。

一个控制信息被分为两组，分别是 4 位地址位和 6 位命令位，地址范围为 1～16（2^4），而命令范围为 1～64（2^6）。地址位和命令位发送时，习惯上是从 0 的下标开始（0～15 和 0～63）。

地址总是成双数使用的，如数值从 1 到 8（实际上是 0 到 7）。

较低地址值在第一次按键时发送，直到按键松开，后续信号的地址值都是开始地址值的反相值。这样接收部分便会合理地处理重复的地址码。当一直按下按键时，信号将每 130ms 重复发送一次。

10.2　红外学习基本原理

10.2.1　红外学习的定义

红外学习是指学习设备可以捕获空间中传输的红外遥控信号，并将该信号存储在设备自身内，通过控制指令又可将捕获的红外信号以原有模式发送出去，达到控制对应指定设备的目的。

10.2.2　红外学习的应用特点

红外遥控器的特点是使用方便、功耗低、抗干扰能力强，已经在市场上得到广泛的应用。红外学习型设备可以学习红外遥控器的红外信号，同时可以实现多种信号之间的转换控制。在图 10-7 中给出了红外学习的应用模式。

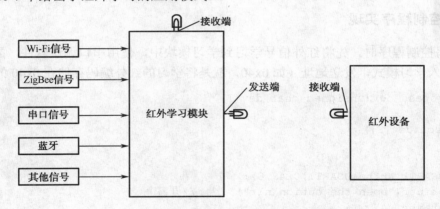

图 10-7　红外学习的应用模式

其典型应用包括：宾馆空调节能集中控制；学校教室电视和投影机；机房、基站、会议室空调远程管理；家庭家电遥控器控制；智能家居远程控制；公共场所空调远程管理等。

10.3　红外学习模块控制硬件电路及程序

10.3.1　控制模块特性

红外载波频率：15～80kHz。

红外遥控角度：<±15°（视环境、距离、学习情况和遥控器灵敏度而定）。

物联网应用开发详解——基于ARM Cortex-M3处理器的开发设计

红外遥控正对距离：1.5～10m（视环境、角度、学习情况和遥控器灵敏度而定）。

以红外码为单位组织可以支持 108 个单码按键和 36 个双码按键。

标准 UART 接口，TTL 电平。

10.3.2　硬件电路

在 FSIOT_A 红外学习板中，M2 是红外学习模块，SAM3S4B 通过串口与红外模块进行通信，通过固定的指令集，先发送学习指令，然后再发送控制指令。其硬件电路如图 10-8 所示。在操作学习模块时，可以直接按串口的方式进行操作。

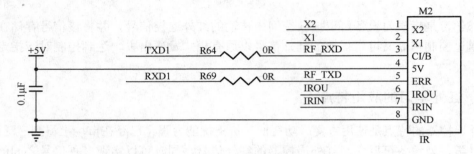

图 10-8　红外学习模块硬件电路

10.3.3　控制程序实现

在编写控制程序时，先将红外信号学习到学习模块中，使用串口调试软件，配置串口，发送 F0 进入学习模式，发送地址（如 0x40，就是将学习的红外编码存储在 0x40 的位置）。

```
void process_dev(unsigned char dev[])
{
    switch(dev[2])
    {
    case 0:
        USART1_Write(USART1,0x49,0);
        printf("open the cution\n\r");      //开窗帘
        break;
    case 1:
        USART1_Write(USART1,0x48,0);
        printf("close the coution\n\r");    //关窗帘
        break;
    case 6:
        printf("open the led\n\r");         //开灯
        USART1_Write(USART1,0x40,0);
        break;
    case 7:
        printf("close the led\n\r");        //关灯
        USART1_Write(USART1,0x41,0);
        break;
    case 12:
```

```
       printf("open the tv\n\r");              //开电视
       USART1_Write(USART1,0x42,0);
       break;
    case 13:
       printf("close the tv\n\r");             //关电视
       USART1_Write(USART1,0x43,0);
       break;
    case 8:
       printf("open the fan1\n\r");            //一级风
       USART1_Write(USART1,0x46,0);
       break;
    case 11:
       printf("close the fan\n\r");            //关风扇
       USART1_Write(USART1,0x47,0);
       break;
    }
```

以上程序的主要功能实现了，通过串口 USART1 给红外学习模块发送控制指令：开窗帘、关窗帘、开灯、关灯、开电视、关电视、一级风、关风扇，这些编码是直接学习红外遥控器后获得的。

10.4　本章习题

1. 红外通信的基本原理及通信特点。
2. 红外学习的应用。
3. 红外学习例程操作。

第 11 章　ZigBee 无线通信技术与实践

11.1　ZigBee 简介

11.1.1　ZigBee 联盟

ZigBee 联盟是一个高速成长的非营利性组织，其成员包括国际著名半导体生产商、技术提供者、技术集成商及最终使用者。联盟制定了基于 IEEE802.15.4（其底层采用 IEEE802.15.4 标准规范的 MAC 与 PHY 层），具有高可靠性、高性价比、低功耗的网络应用规格。

ZigBee 是全球无线语言，能够将截然不同的设备连接起来并一起运作，提高日常生活质量。该联盟致力于在全球各地推广 ZigBee，使其能成为应用于家用电器、能源、住宅、商业和工业领域的领先的无线网络连接、传感和控制标准。

11.1.2　ZigBee 与 IEEE802.15.4

IEEE 802.15.4 网络协议栈基于开放系统互联模型（OSI），每一层都实现一部分通信功能，并向高层提供服务。

IEEE 802.15.4 标准只定义了 PHY 层和数据链路层的 MAC 子层。PHY 层由射频收发器及底层的控制模块构成。MAC 子层为高层访问物理信道提供点到点通信的服务接口。

IEEE 802.15.4 物理层定义了物理无线信道和 MAC 子层之间的接口，提供物理层数据服务和物理层管理服务。物理层数据服务从无线物理信道上收发数据，物理层管理服务维护一个由物理层相关数据组成的数据库。

物理层数据服务包括以下 5 方面的功能。

- ❑　激活和休眠射频收发器；
- ❑　信道能量检测（Energy Detect）；
- ❑　检测接收数据包的链路质量指示（Link Quality Indication，LQI）；
- ❑　空闲信道评估（Clear Channel Assessment，CCA）；
- ❑　收发数据。

信道能量检测为网络层提供信道选择依据。它主要检测目标信道中接收信号的功率强度，由于这个检测本身不进行解码操作，所以检测结果是有效信号功率和噪声信号功率之和。

链路质量指示为网络层或应用层提供接收数据帧时无线信号的强度和质量信息，与信道能量检测不同的是，它要对信号进行解码，生成的是一个信噪比指标。这个信噪比指标和物理层数据单元一道提交给上层处理。

空闲信道评估判断信道是否空闲。IEEE 802.15.4 定义了 3 种空闲信道评估模式：第一种为简单判断信道的信号能量，当信号能量低于某一门限值时就认为信道空闲；第二种是通过无线信号的特征判断，这个特征主要包括两方面，即扩频信号特征和载波频率特征；第三种模式是前两种模式的综合，同时检测信号强度和信号特征，给出信道空闲判断。

IEEE 802.15.4MAC 层帧结构的设计是以用最低复杂度实现在多噪声无线信道环境下的可靠数据传输为目标的。每个 MAC 子层的帧都包含帧头、负载和帧尾 3 部分。帧头部分由帧控制信息、帧序列号和地址信息组成。MAC 子层的负载部分长度可变，负载的具体内容由帧类型决定。帧尾部分是帧头和负载数据的 16 位 CRC 校验序列。

在 MAC 子层中设备地址有两种格式：16 位（2 字节）的短地址和 64 位（8 字节）的扩展地址。16 位短地址是设备与局域网协调器关联时，由协调器分配的局域网内局部地址；64 位扩展地址则是全球唯一地址，在设备进入网络之前就分配好了。16 位短地址只能保证在个域网内部是唯一的，所以在使用 16 位短地址通信时需要结合 16 位的局域网网络标识符才有意义。两种地址类型地址信息的长度是不同的，所以 MAC 帧头的长度也是可变的。一个数据帧使用哪种地址类型由帧控制字段标识。

IEEE 802.15.4 协议共定义了 4 种类型的帧：信标帧、数据帧、确认帧和 MAC 命令帧。

1．信标帧

信标帧的负载数据单元可分为 4 部分：超帧描述字段、GTS 分配字段、待转发数据目标地址字段和信标帧负载数据。

（1）信标帧中超帧描述字段规定了该超帧的持续时间、活跃期持续时间及竞争接入期持续时间等信息。

（2）GTS 分配字段将非竞争接入期划分为若干个 GTS，并把每个 GTS 具体分配给相应的设备。

（3）转发数据目标地址列出了与各域网协调器保存的数据相对应的设备地址。一个设备如果发现自己的地址出现在待转发数据目标地址字段中，则表明协调器存有属于该设备的数据，所以它就会向协调器发出请求传送数据的 MAC 命令帧。

（4）信标帧负载数据为上层协议提供数据传输接口。例如，在使用安全机制时，这个负载域将根据被通信设备设定的安全通信协议填入相应的信息。在不使用超帧结构的网络里，协调器在其他设备的请求下也会发送信标帧。此时信标帧的功能是辅助协调器向设备传输数据，整个帧只有待转发数据目标地址字段有意义。

2．数据帧

数据帧用来将上层数据传到 MAC 子层，它的负载字段包含上层需要传送的数据。数据负载传送至 MAC 子层时，被称为 MAC 服务数据单元。它的首尾被分别附加头信息和尾信息后，就构成了 MAC 帧。

MAC 帧传送至物理层后，就成为了物理帧的负载。该负载在物理层被"包装"，其首部增加了同步信息和帧长度字段。同步信息包括用于同步的前导码等。帧长度字段使用一字节的低 7 位标识 MAC 帧的长度，所以 MAC 帧的长度不会超过 127B。

3．确认帧

如果设备收到目的地址为其自身的数据帧或 MAC 命令帧，并且帧的控制信息字段的确认请求位被置 1，则设备需要回应一个确认帧。确认帧的序列号应该与被确认帧的序列号相同，负载长度为零。确认帧紧接着被确认帧发送，不需要使用 CSMA-CA 机制竞争信道。

4．MAC 命令帧

MAC 命令帧用于组建个域网、传输同步数据等。目前，定义好的命令帧主要具有 3 方面的功能：把设备关联到个域网、与协调器交换数据、分配 GTS。命令帧在格式上和其他类型的帧没有太大的区别，只是帧控制字段的帧类型位有所不同。

ZigBee 建立在 IEEE 802.15.4 标准之上，它确定了可以在不同制造商之间共享的应用纲要。IEEE802.15.4 是 IEEE 确定的低速率无线个域网标准。这个标准定义了"物理层"（Physical Layer，PHY）和"媒体接入控制层"（Medium Access Control Layer，MAC）。物理层规范确定了在 2.4GHz 以 250kbps 的基准传输率工作的低功耗展频无线电。媒体接入控制层规范定义了在同一区域工作的多个 802.15.4 无线电信号如何共享空中通道。

ZigBee 与 IEEE 802.15.4 的架构关系如图 11-1 所示。

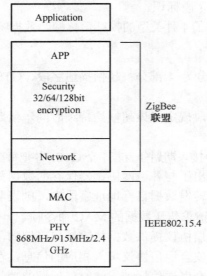

图 11-1　ZigBee 与 IEEE802.15.4 的架构关系

11.1.3　ZigBee 设备

ZigBee 的设备类型有协调器（Coordinator）、路由器（Router）和终端设备（End Device）。

1．协调器

协调器是一个 ZigBee 网络的第一个开始的设备，或是一个 ZigBee 网络的启动或建立网络的设备。

协调器结点选择一个信道和网络标识符（PAN ID），然后开始组建一个网络。协调器设备在网络中还有其他作用，如建立安全机制、网络中的绑定和建立等。

2．路由器

路由器的主要功能包括以下几项。

❑ 作为普通设备使用；

❑ 作为网络中的转接结点，用于多级跳通信；

❑ 辅助其他结点完成通信。

3. 终端设备

一个 ZigBee 网络的最终端，完成用户功能，如信息的收集等。

11.1.4 ZigBee 网络拓扑

网络中只支持两种物理设备：全功能设备（Full Function Device，FFD）和精简功能设备（Reduced Function Device，RFD）。其中，FFD 设备可提供全部的 MAC 服务，可充当任何 ZigBee 结点，不仅可以发送和接收数据，还具备路由功能，因此可以接收子结点；而精简功能设备只提供部分的 MAC 服务，只能充当终端结点，不能充当协调器和路由结点，它只负责将采集的数据信息发送给协调器和路由结点，并不具备路由功能，因此不能接收子结点，并且 RFD 之间的通信必须通过 FFD 才能完成。另外，RFD 仅需要使用较小的存储空间，这样就可以非常容易地组建一个低成本和低功耗的无线通信网络。ZigBee 标准在此基础上定义了 3 种结点：ZigBee 协调点、路由结点和终端结点。ZigBee 协议标准中定义了 3 种网络拓扑形式，分别为星形拓扑、树形拓扑和网状拓扑，如图 11-2 所示。

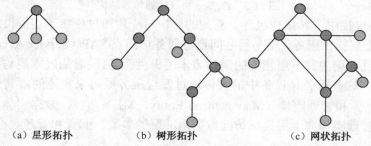

（a）星形拓扑　　　（b）树形拓扑　　　（c）网状拓扑

图 11-2　ZigBee 协议标准定义的 3 种网络拓扑形式

星形网络在 3 种拓扑结构中最为简单，因为星形网络没有用 ZigBee 协议栈，只用 IEEE 802.15.4 的层就可以实现。网络由一个协调器和一系列的 FFD/RFD 构成，结点之间的数据传输都要通过协调器转发。结点之间的数据路由只有唯一的一个路径，一旦发生链路中断，那么中断的结点之间的数据通信也将中断，此外协调器很可能成为整个网络的瓶颈。

在树形网络中，FFD 结点都可以包含自己的子结点，而 RFD 只能作为 FFD 的子结点，在树形拓扑结构中，每一个结点都只能和父结点及子结点通信，也就是说，当从一个结点向另一个结点发送数据时，信息将沿着树的路径向上传递到最近的协调器结点，然后再向下传递到目标结点。这种拓扑方式的缺点是信息只有唯一的路由通道，信息的路由过程完成由网络层处理，对于应用层是完全透明的。

网状网络除允许父结点和子结点之间的通信外，还允许通信范围之内具有路由能力的非父子关系的邻居结点之间进行通信，它是在树形网络的基础上实现的，与树形网络不同的是，网状网络是一种特殊的、按接力方式传输的点对点的网络结构，其路由可自动建立和维护，并且具有强大的自组织、自愈功能，网络可以通过"多级跳"的方式来通信，可以组成极为复杂的网络，具有很大的路由深度和网络结点规模。该拓扑结构的优点是减少了消息延时，增强了可靠性，缺点是需要更多的存储空间成本。

11.1.5 ZigBee 协议栈

在网络中，为了完成通信，必须使用多层上的多种协议。这些协议按照层次顺序组合在一起，构成了协议栈（Protocol Stack）。

ZigBee 协议栈标准采用的是 OSI 的分层结构，其中物理层（PHY）、媒体接入控制层（MAC）和链路层（LLC）由 IEEE 802.15.4 工作小组制定，而网络层和应用层则由 ZigBee 联盟制定。ZigBee 协议栈的体系结构如图 11-3 所示。

图 11-3　ZigBee 协议栈的体系结构

在 ZigBee 协议栈中，其结构包含一系列的层，每一层通过使用下层提供的服务完成自己的功能，同时向上层提供服务。层与层之间通过服务访问点 SAP（Service Access Point）连接，每一层都可以通过本层与其下层相连的调用为本层提供服务，同时通过本层与上层相连的 SAP 为上层提供服务。这些服务是设备中的实体通过发送服务原语来实现的，其中实体包括数据实体（Data Entity）和管理实体（Management Entity，ME）两种。数据实体向上层提供常规的数据服务，而管理实体向上层提供访问数据内部层的参数、配置和管理数据等机制。

11.1.6 ZigBee 服务原语

所谓服务原语，是代表响应服务的符号和参数的一种格式化、规范化的表示，它与服务的具体实现方式无关。原语的书写形式包含服务的实体、原语的功能及原语的类型等，如扫描原语 MLME-SCAN.request、关联确认原语 MLME-ASSOCIATE.confirm 等。另外，原语都是发送给服务实体相邻层的，层与层之间的通信原语可以分为 4 种，如图 11-4 所示。

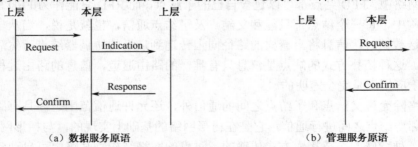

（a）数据服务原语　　　　　　　　　　（b）管理服务原语

图 11-4　层与层之间的通信原语

其中，Request 为请求原语，用于上层向本层请求指定的服务；Indication 为指示原语，本层发给上层用来指示本层的某一内部事件；Response 为响应原语，上层用于响应本层发出的指示原语；Confirm 为确认原语，本层用于响应上层发出的请求原语。

11.2 ZigBee 规范

11.2.1 应用层

下面来看看典型无线传感器网络 ZigBee 的技术应用。IEEE 802.15.4 和 ZigBee 从开始就被设计用来构建包括恒温装置、安全装置和煤气读数表等设备的无线网络,这是由其主要技术优势决定的。

（1）数据传输速率低。只有 10～250kbps,专注于低传输应用。

（2）功耗低。在低耗电待机模式下,两节 5 号干电池可使用 6 个月到 2 年,免去了充电或频繁更换电池的麻烦,这也是 ZigBee 的支持者一直引以为豪的优势。

（3）成本低。ZigBee 数据传输速率低,所以大大降低了成本,且免收专利费。

（4）网络容量大。每个 ZigBee 路由器最多可支持 255 个设备。

（5）时延短。通常时延都在 15～30ms。

（6）安全。ZigBee 提供了数据完整性检查和鉴权功能,采用 AES-128 加密算法。

（7）有效范围小。有效覆盖范围为 10～75m,具体依据实际发射功率的大小和各种不同的应用模式而定,基本上能够覆盖普通家庭或办公室环境。

（8）工作频段灵活。使用频段 2.4GHz、868MHz（欧洲）及 915MHz（美国）均为免执照频段。

在此将 ZigBee 与蓝牙进行比较,蓝牙技术基本上只是设计作为有线的替代品,通常是手机和附近的耳机或 PDA 联网用的。它可以在不充电的情况下工作几周,但无法工作几个月,更不用说几年了。

一般情况下,蓝牙设备可以用来有效处理 8 个设备（1 个主设备和 7 个从设备）,如果更多的话,通信速率会显著下降。而 802.11（也被称做 Wi-Fi）也有类似的问题,虽然它是将笔记本和台式计算机接入有线网络的很好的解决方案,但它的功耗也非常高。

ZigBee 的出发点是希望能发展一种易布建的低成本无线网络,同时其低功耗性将使产品的电池维持 6 个月到数年,在产品发展初期,将以工业或企业市场的感应式网络为主,提供感应辨识、灯光与安全控制等功能,再逐渐将目前市场拓展至家庭应用。

通常符合以下条件之一的应用,就可以考虑采用 ZigBee 技术。

（1）设备成本很低,传输的数据量很小。

（2）设备体积很小,不便放置较大的充电电池或电源模块。

（3）没有充足的电力支持,只能使用一次性电池。

（4）频繁地更换电池或者反复地充电无法做到或者很难做到。

（5）需要较大范围的通信覆盖,网络中的设备非常多,但仅仅用于检测或控制。

根据 ZigBee 的特点,一般家庭可将 ZigBee 应用于以下装置。

（1）家庭自动控制,楼宇自动化。

（2）健康医疗。

（3）工业控制。

（4）无线传感器。

（5）智慧型标签。

随着 ZigBee 规范的进一步完善，许多公司都在着手开发基于 ZigBee 的产品。下面来看两个典型的应用领域。

1．数字家庭领域

数字家庭领域可以应用于家庭的照明、温度、安全、控制等，ZigBee 模块可安装在电视、灯泡、遥控器、儿童玩具、游戏机、门禁系统、空调系统和其他家庭产品中，通过装置 ZigBee 模块，则人们开灯就不需要走到墙壁开关处，直接通过遥控便可实现；当打开电视机时，灯光会自动减弱；当电话铃响起时或拿起话机准备打电话时，电视机会自动静音。通过 ZigBee 终端设备可以收集家庭各种信息传送到中央控制设备，或通过遥控达到远程控制的目的，实现家居生活自动化、网络化与智能化，韩国第三大移动手持设备制造商 Curitel Communications 公司已经开始研制世界上第一款 ZigBee 手机，该手机可通过无线的方式将家中或办公室内的个人电脑、家用设备和电动开关连接起来，这种手机融入了 ZigBee 技术，能够使手机用户在远距离内操作电动开关和控制其他电子设备。

2．工业领域

通过 ZigBee 网络自动收集各种信息，并将信息回馈到系统进行数据处理与分析，以用于对工厂整体信息的掌握，如火警的感测和通知、照明系统的感测、生产机台的流程控制等，都可由 ZigBee 网络提供相关信息，以达到对工业与环境控制的目的。韩国的 NURI Telecom 在基于 Atmel 和 Ember 的平台上成功研发出基于 ZigBee 技术的自动抄表系统。该系统无须手动读取电表、天然气表及水表，从而可为公用事业节省数百万美元，此项技术正在进行前期测试。

典型无线传感器网络 ZigBee 栈体系包含一系列的层元件，包括 IEEE 802.15.4.2003 标准 MAC 层和 PHY 层，当然也包括 ZigBee 的 NWK 层。每个层的元件提供相应的服务功能。

本节描述了 ZigBee 栈的主要讲解应用层 APL（Application Layer Specification）。

APS 提供了这样的接口：在 NWK 层和 APL 层之间，从 ZDO 到供应商的应用对象的通用服务集。该服务由两个实体实现：APS 数据实体（APSDE）和 APS 管理实体（APSME）。

❑ APSDE 通过 APSDE 服务接入点（APSDE-SAP）；

❑ APSME 通过 APSME 服务接入点（APSME-SAP）。

APSDE 提供了在同一个网络中的两个或者更多的应用实体之间的数据通信。

APSME 提供多种服务给应用对象，这些服务包含安全服务和绑定设备，并维护管理对象的数据库，也就是常说的 AIB。

典型无线传感器网络 ZigBee 中的应用框架是为驻扎在 ZigBee 设备中的应用对象提供活动的环境的。它最多可定义 240 个相对独立的应用程序对象，对象的端点编号从 1 到 240。还有两个附加的终端结点为 APSDE-SAP 使用：端点号 0 固定用于 ZDO 数据接口；另外一个端点 255 固定用于所有应用对象广播数据的数据接口功能。端点 241～254 保留（为了扩展使用）。

应用模式（也称剖面，Profiles）是一组统一的消息，消息格式和处理方法允许开发者建立一个可以共同使用的、分布式应用程序，这些应用是使用驻扎在独立设备中的应用实体。

这些 Profiles 允许应用程序发送命令、请求数据、处理命令和请求。串（也称簇，Cluster）标识符可用来区分不同的串，串标识符联系着数据从设备流出和向设备流入。在特殊的应用模式范围内，串标识符是唯一的。

ZigBee 设备对象（ZDO）描述了一个基本的功能函数，这个功能在应用对象、设备模式和 APS 之间提供了一个接口，ZDO 位于应用框架和应用支持子层之间，它满足所有在 ZigBee 协议栈中应用操作的一般需要。ZDO 还有以下作用。

❑ 初始化应用支持子层（APS）、网络层（NWK）、安全服务规范（SSS）；

❑ 从终端应用中集合配置信息来确定和执行发现、安全管理、网络管理及绑定管理。

ZDO 描述了应用框架层的应用对象的公用接口以控制设备和应用对象的网络功能。在终端结点 0，ZDO 提供了与协议栈中低一层相接的接口，如果是数据，则通过 APSDE-SAP；如果是控制信息，则通过 APSME-SAP。在 ZigBee 协议栈的应用框架中，ZDO 公用接口提供设备、发现、绑定，以及安全功能的地址管理。

设备发现是指 ZigBee 设备发现其他设备的过程。下面介绍两种形式的设备发现请求：IEEE 地址请求和网络地址请求。IEEE 地址请求是单播到一个特殊的设备且假定网络地址已经知道；网络地址请求是广播且携带一个已知的 IEEE 地址作为负载。

服务发现是指一个已给设备被其他设备发现的能力的过程。服务发现通过在一个已给设备的每一个端点发送询问或通过使用一个匹配服务性质（广播或单播）。服务发现方便定义和使用各种描述来概述一个设备的能力。

服务发现信息在网络中也许被隐藏，在发现操作发生之前，设备提供的特殊服务可能不能完成。

11.2.2 网络层

典型无线传感器网络 ZigBee 堆栈是在 IEEE 802.15.4 标准基础上建立的，而 IEEE 802.15.4 仅定义了协议的 PHY 层和 MAC 层。ZigBee 设备包括 IEEE 802.15.4 的 PHY 层和 MAC 层，以及 ZigBee 堆栈层：网络层（NWK）、应用层和安全服务管理。

每个 ZigBee 设备都与一个特定模板有关，公共模板或私有模板。这些模板定义了设备的应用环境、设备类型，以及用于设备间通信的串。公共模板可以确保不同供应商的设备在相同的应用区域中具有互操作性。

设备是由模板定义的，并以应用对象（Application Objects）的形式实现。每个应用对象通过一个断点连接到 ZigBee 堆栈的余下部分，它们都是器件中可寻址的组件。

从应用角度看，通信的本质就是端点到端点的连接（如一个带开关组件的设备与带一个或多个灯组件的远端设备进行通信，目的就是将这些灯点亮）。端点之间的通信是通过称为串的数据结构实现的。这些串是应用对象之间共享信息所需的全部属性的容器，在特殊应用中使用的串在模板中有定义。

所有端点都使用应用支持子层（APS）提供的服务。APS 通过网络层和安全服务提供层与端点相接，并为数据传送、安全和绑定提供服务，因此能够适配不同但兼容的设备，如带灯的开关。

APS 使用网络层（NWK）提供的服务。NWK 负责设备到设备的通信，并负责网络中设备初始化所包含的活动、消息路由和网络发现。应用层可以通过 ZigBee 设备对象（ZD0）对网络层参数进行配置和访问。

物联网应用开发详解——基于ARM Cortex-M3处理器的开发设计 - - - - - - - - - - -

根据典型无线传感网络 ZigBee 堆栈规定的所有功能和支持，很容易推测 ZigBee 堆栈实现需要用到设备中的大量存储器资源。

ZigBee 规范定义了 3 种类型的设备，每种都有自己的功能要求。

ZigBee 协调器是启动和配置网络的一种设备。协调器可以保持间接寻址用的绑定表格、支持关联，同时还能设计信任中心和执行其他活动。协调器负责网络正常工作及保持同网络其他设备的通信。一个 ZigBee 网络只允许有一个 ZigBee 协调器。

典型无线传感器网络 ZigBee 路由器是一种支持关联的设备，能够将消息转发到其他设备。ZigBee 网络或树形网络可以有多个 ZigBee 路由器。ZigBee 星形网络不支持 ZigBee 路由器。

典型无线传感器网络 ZigBee 终端设备可以执行它的相关功能，并使用 ZigBee 网络到达其他需要与其通信的设备。它的存储容量要求最少。

上述 3 种设备根据功能完整性可分为全功能（FFD）和半功能（RFD）设备。其中，全功能设备可作为协调器、路由器和终端设备，而半功能设备只能用于终端设备。一个全功能设备可与多个 RFD 设备或多个其他 FFD 设备通信，而一个半功能设备只能与一个 FFD 通信。

需要注意的是，网络的特定架构会影响设备所需的资源。NWK 支持的网络拓扑有星形、树（串）形和网格形。在这几种网络拓扑中，星形网络对资源的要求最低。

网络层（NWK）必须提供功能，以保证 IEEE 802.15.4/ZigBee 的 MAC 子层的正确操作，并为应用层提供一个合适的服务器接口。要和应用层通信，网络层的概念包括两个服务实体，提供必要的功能，如图 11-5 所示，这些服务实体是数据服务和管理服务。NWK 层数据实体（NLDE）通过其相关的 SAP、NLDE-SAP 提供数据传输服务，而 NLME-SAP 提供管理服务，NIME 使用 NLDE 来获得它的一些管理服务，且还维护一个管理对象的数据库，叫做网络信息库（NIB）。

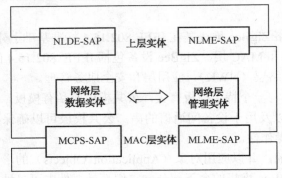

图 11-5 网络层参考模型

网络层数据实体（NLDE）应提供一个数据服务，以允许一个应用程序在两个或多个设备之间传输应用协议数据单元（APDU）。设备本身必须位于同一个网络。NLDE 将提供以下服务。

（1）生成网络级别的 PDU（NPDU）。NLDE 应该可以通过增加一个合适的协议头，从一个应用支持子层的 PDU，生成一个 NPDU。

（2）拓扑指定的路由。NLDE 应该可以传输一个 NPDU 给一个合适的设备，它是通信的最终目的地或是通信链中朝向最终目的地的下一步。

（3）安全。确保通信的真实性和机密性。

网络层管理实体（NLME）应提供一个管理服务，允许一个应用程序与协议栈相互作用，

NLME 应提供以下服务。

（1）配置一个新设备。为所需的操作充分配置协议栈的功能。

（2）开始一个网络。建立一个新的网络功能。

（3）加入、重新加入和离开一个网络。加入、重新加入和离开一个网络的功能，以及为一个 ZigBee 协调器和路由器请求一个设备离开网络功能。

（4）寻址。ZigBee 协调器和路由器给新加入网路的设备分配地址的能力。

（5）邻居发现。发现、记录和报告信息关于设备的单跳邻居的能力。

（6）路由发现。发现并记录通过网络的路径的功能，即信息可以有效地传送。

（7）接收控制。一个设备控制何时接收者是激活的，以及激活多长时间，从而使 MAC 子层同步或直接接收。

（8）路由。使用不同路由机制的能力，如单播、广播、多播或多对一，在网络中高效变换数据。

网络层数据实体通过网络层数据实体服务接入点（NLDE-SAP）提供数据服务，网络层管理实体通过网络层管理实体服务接入点（NLME-SAP）提供网络管理服务。网络层管理实体利用网络层数据实体完成一些网络的管理工作，并且完成对网络信息库（NIB）的维护和管理。

网络层通过 MCPS-SAP 和 MLME-SAP 接口为 MAC 层提供接口。通过 NLDE-SAP 与 NLME-SAP 接口为应用层提供接口服务。

1．ZigBee 网络层帧结构

通过 11.2.2 节的介绍，了解了网络层的概况。现在来看看网络协议数据单元（NPDU），即网络层帧结构，如表 11-1 所示。

表 11-1　网络层帧结构

字节	2	2	1	1			0/8	0/1	变长	变长
帧控制域	目的地址	源地址	广播半径域	广播序列号域	IEEE目的地址	IEEE源地址	多点传送控制	源路由帧	帧有效载荷	
网络层帧报头									网络层帧的有效载荷	

网络协议数据单元（NPDU）结构（帧结构）基本组成部分：网络层帧报头，包含帧控制域、地址和序列信息等；网络层帧的有效载荷，包含帧类型所指定的信息。表 11-1 中表示的是网络层的通用帧结构，不是所有的帧都包含地址和序列号域，但网络层帧报头还是按照固定的顺序出现。只有多点传递控制位为 1 时才存在多播（多点传送）控制域。

在 ZigBee 网络协议中，定义了两种类型的网络层帧，分别是数据帧和网络层命令帧。

下面分别简单讲解通用帧内各子域。

（1）帧控制域。帧控制域格式如表 11-2 所示，共 16 位，可以看到帧控制域包括帧类型、协议版本、发现路由、源路由、广播标志、地址、安全和保留。

表 11-2　帧控制域格式

比特0~1	2~5	6~7	8	9	10	11	12	13~15
帧类型	协议版本	发现路由	广播标志	安全	源路由	IEEE目的地址	IEEE源地址	保留

（2）目的地址。在网络层帧中必须有目的地址域，其长度是 2 字节，如果帧控制域的多播标志子域值是 0，则目的地址域是 16 位的目的设备网络地址或广播地址。如果帧控制域的多播标志子域值是 1，则目的地址域是 16 位的目的多播组的 Group ID。值得注意的是，设备的网络地址与 IEEE 802.15.4—2003 协议中的 MAC 层 16 位短地址相同。

（3）源地址。在网络层帧中必须有源地址域，其长度是 2 字节，其值是源设备的网络地址。值得注意的是，设备的网络地址与 IEEE 802.15.4—2003 协议中的 MAC 层 16 位短地址相同。

（4）广播半径域。广播半径域仅当目的地址为广播地址（0xFFFF）时，广播半径和广播序号存在。广播半径的长度为 1 字节，每个设备接收到一次该帧，则广播半径减 1，广播半径限定了传输半径。

（5）广播序列号域。在每个帧中都包含序列号域，其长度是 1 字节，每发送一个新的帧，序列号值加 1，帧的源地址和序列号子域是一对，在限定了序列号 1 字节的长度内是唯一的标识符。

（6）IEEE 目的地址。如果存在 IEEE 目的地址域，则包含在网络层地址头中的目的地址域的 16 位网络地址相对应的 64 位 IEEE 地址，如果该 16 位网络地址是广播或多播地址，那么 IEEE 目的地址不存在。

（7）IEEE 源地址。如果存在 IEEE 源地址域，则包含在网络层地址头中的源地址域的 16 位网络地址相对应的 64 位 IEEE 地址。

（8）多点传送控制。多播控制域是 1 字节长度，只有在多播标志子域是 1 时存在。它分成 3 个子域：多播模式（第 0、1 位，共 2 位）、非成员半径（第 2~4 位，共 3 位）、最大非成员半径（第 5~7 位，共 3 位）。

多播模式表明使用成员或非成员模式传输该帧。成员模式在目的组成员设备中使用传送多播帧。非成员模式是从不是多播组成员设备到是多播组成员设备换算多播帧。

当不是目的组成员设备转播时，非成员半径域表明成员模式多播范围，接收设备是目的组成员将设置该子域值为最大非成员半径（MaxNonmemberRadius）域的值，如果 MaxNonmemberRadius 域的值是 0，则接收设备不是目的组成员时将丢弃该帧，如果 MaxNonmemberRadius 域的值是在 0x01 ~ 0x06 之间，那么将耗尽此域，如果 MaxNonmemberRadius 域的值是 0x07，则表明无限的范围且不能被耗尽。

（9）源路由帧。如果帧控制域的源路由子域的值是 1，则存在源路由子帧域，它分成 3 个子域：应答数据（1 字节）、应答索引（1 字节）和应答列表（可变长）。

应答数据子域表明包含在源路由子帧转发列表里的应答的数值。

应答索引子域表明传输的数据包的应答列表子域的下一转发的索引。这个域被数据包的发送设备初始化为 0，且每转发一次就加 1。

应答列表子域是结点的 2 字节短地址的列表，这个域用来进行源路由数据包向目的域的转发。

（10）帧有效载荷。帧有效载荷的长度是可变的，包含各种帧类型的具体信息。

① 数据帧。数据帧与网络层的通用帧结构相同，帧的有效载荷为网络层上层要求网络层传送的数据。在帧控制域中，帧类型子域应为表示数据帧的值。根据数据帧的用途，对其他所有的子域进行设置。

数据帧包括网络层报头和数据有效载荷域。

数据帧的网络层报头域由控制域和根据需要适当组合而得到的路由域组成。

数据帧的数据有效载荷域包含字节的序列，该序列为网络层上层要求网络层传送的数据。

② 网络层命令帧。网络层命令帧的结构如表 11-3 所示。网络层帧结构与通用网络层帧结构基本相同。

表 11-3　网络层命令帧的结构

字　　节	2	1	可　　变
帧控制	路由域	网络层命令标识符	网络层命令载荷
网络层帧报头		网络层载荷	

网络层命令帧中的网络层帧报头域由帧控制域和根据需要适当组合而得到的路由域组成。在帧控制域中，帧类型子域应表示网络层命令帧的值。根据网络层命令帧的用途，对其他所有的子域进行设置。

根据帧控制域中的设置，路由由地址域和广播域经过适当组合得到。

网络层命令帧标识符域表明所使用的网络层命令，其值如表 11-4 所示，网络层命令载荷包含网络层本身。

表 11-4　网络层命令帧标识符

命令帧标识符	命令名称	命令帧标识符	命令名称
0x01	路由请求	0x07	重新加入响应
0x02	路由应答	0x08	连接状态
0x03	路由错误	0x09	网络报告
0x04	断开	0x0A	网络更新
0x05	路由记录	0x0B—0xFF	
0x06	重新连接请求		保留

2．网络层功能介绍

在介绍网络层相关管理服务前，先来看看 ZigBee 中原语的概念。

ZigBee 设备在工作时，各种不同的任务在不同的层次上进行，通过层的服务，完成所要执行的任务。每层的任务主要完成两种功能：根据它的下层服务要求，为上层提供相应的服务；各项服务通过服务原语来实现。每个事件由服务原语组成，它将在一个用户的某一层，通过该层的服务接入点（SAP）与建立对等连接的用户的相同层之间传送。服务原语通过提供一种特定的服务来传输必需的信息。这些服务原语是一个抽象的概念，它们仅仅指出提供的服务内容，而没有指出由谁来提供这些服务。它的定义与其他接口的实现无关。

由代表其特点的服务原语和参数的描述来指定一种服务。一种服务可能有一个或多个相关的原语，这些原语构成了与具体服务相关的执行命令。每种服务原语提供服务时，根据具体的服务类型，可能不带有传输信息，也可能带有多个传输必需的信息参数。

原语通常分为以下 4 种类型。

（1）Request。请求原语是从 I1 用户发送到它的第 J 层，请求服务开始。

（2）Indication。指示原语是从 I1 用户的第 J 层向 I2 用户发送，指出对于 I2 用户有重要意义的内部 J 层的事件，该事件可能与一个遥远的服务请求有关或者可能是由一个 J 层的内部事件引起。

（3）Response。响应原语是从 I2 用户向它的第 J 层发送，用来表示用户执行上一条原语调用过程的响应。

（4）Confirm。确认原语是由第 J 层向 I1 用户发送，用来传递一个或多个前面服务请求原语的执行结果。网络层确认原语通常都包括一个参数，这个参数记录回答请求原语的状态。

网络层状态参数值如表 11-5 所示。

表 11-5　网络层状态参数值

名　称	值	描　述
SUCCESS	0x00	请求执行成功
INVALID_PARAMETER	0xc1	从高层发出的原语无效或者超出范围
INVALID_REQUEST	0xc2	考虑到网络层目前的状态，高层发送的请求原语无效或者不能执行
NOT_PERMITTED	0xc3	NLME-JOIN.request 原语不能接受
STARTUP_FAILURE	0xc4	NLME-NETWORK-FORMATION.request 原语启动网络失败
ALREADY_PRESENT	0xc5	产生 NLMEDIRECT-JOIN.request 原语的设备的邻居表中已经存在地址设备提供的 NLMEDIRECT-JOIN.request 原语
SYNC_FAILURE	0xc6	用来表明在 MAC 层 NLME-SYNC.request 原语失败
NEIGHBOR_TABLE_FULL	0xc7	LME-JOIN-DIRECTLY.request 失败，因为没有更多的空间
UNKNOWN_DEVICE	0xc8	NLME-LEAVE.request 原语失败，因为产生原语的设备地址不存在于邻居列表中
UNSUPPORTED_ATTRIBUTE	0xc9	NLME-GET.request or NLME-SET.request 原语产生带有未知的属性标识符
NO_NETWORKS	0xca	没有检测到网络环境产生 NLMR-JOIN.request 原语
LEAVE_UNCONFIRMED	0xcb	设备确认从网络出发失败
MAX_FRM_CNTR	0xcc	因为帧计数器达到最大值，所以输出帧安全处理失败
NO-KEY	0xcd	输出帧尝试安全处理且失败，因为对于处理没有有效的钥匙
BAD_CCM_OUTPUT	0xce	输出帧尝试安全处理且失败，因为安全设计产生一个错误的输出
NO_ROUTING CAPACITY	0xcf	由于缺少路由表或者发现路由表能力，尝试发现路由失败
ROUTE_DISCOVERY_FAILED	0xd0	尝试发现路由失败，由于缺少路由能力
ROUTE_ERROR	0xd1	由于发送设备的路由失败，NLDE-DATA.request 原语失败
BT_TABLE_FULL	0xd2	由于没有足够的空间在 BTT，尝试发送一个广播帧或成员模式多点传送失败
FRAME_NOT_BUFFERD	0xd3	一个非成员多点传送帧丢弃，未被路由发现而失败

网络层管理实体服务接入点为其上层和网络层管理实体之间传送管理命令提供接口，NLME 所支持的是 NLME-SAP 接口原语，这些原语包括网络发现、网络形成、允许设备连接、路由器初始化、设备同网络的连接等。

所有的 ZigBee 设备必须提供以下功能。

（1）加入一个网络。

（2）离开一个网络。

（3）重新加入一个网络。

ZigBee 协调器和路由器必须提供以下功能。

（1）允许设备使用以下方法加入网络。

① 来自于 MAC 的连接指示；

② 来自于应用层的明确的加入请求；

③ 重新加入请求。

（2）允许设备使用以下方法离开网络。

① 网络离开命令帧；

② 来自于应用程序的明确的离开请求。

（3）参与分配逻辑网络地址。

（4）维护一个相邻设备的列表。

ZigBee 协调器必须提供建立一个新网络的功能，ZigBee 路由器和终端设备在一个网络中应提供便携支持。

11.2.3　安全服务

ZigBee 技术在安全方面具有以下特点。

1．提供了刷新功能

刷新检查能够阻止转发的攻击；ZigBee 设备保持输入和输出刷新计数器，当有一个新的密钥建立时，计数器就重新设置。每秒通信一次的设备，它的计数器值不能超过 136 年。

2．提供了数据包完整性检查功能

在传输过程中，这种功能阻止攻击者对数据进行修改。完整性选项有 0、32、64 和 128 位，在数据保护和数据开销之间进行折中选择。

3．提供了认证功能

认证保证了数据的发起源，阻止攻击者修改一个设备并模仿另一个设备；认证可应用在网络层和设备层，网络层认证是通过使用一个公共的网络密钥，阻止外部的攻击，内存开销很少。设备层认证是在两个设备之间使用唯一的连接密钥，能阻止内部和外部的攻击，但需要很高的内存开销。

4．提供了加密功能

阻止窃听者侦听数据。它使用 128 位 AES 加密算法，这种加密保护可应用在网络层和设备层上。网络层加密是通过使用一个公共的网络密钥，阻止外部的攻击，内存开销很少。设备层加密是在两个设备之间使用唯一的连接密钥，能阻止内部和外部的攻击，但需要很高的内存开销。

11.3　AT86RF231 ZigBee 应用接口电路

在 FSIOT_A 实验设备中，ZigBee 核心模块接线图如图 11-6 所示。其中，控制芯片使用

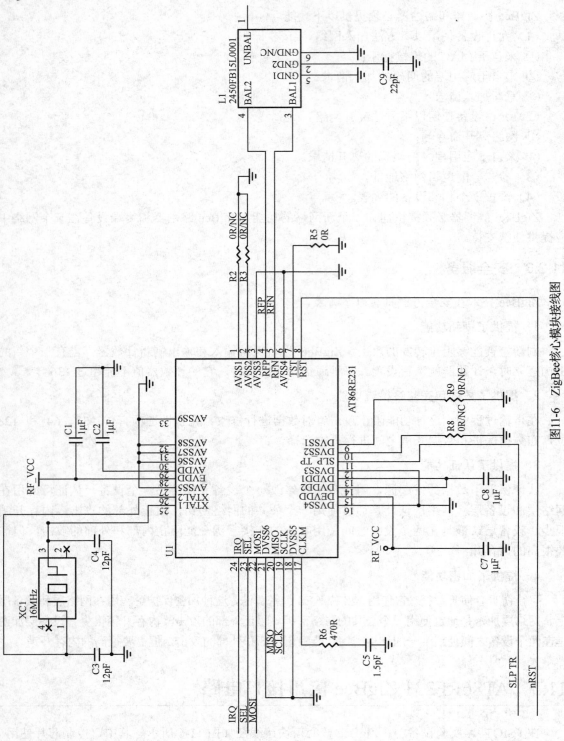

图11-6 ZigBee核心模块接线图

SAM3S4B，通过 SPI 格式（单一的 SAM3S4B 为主端，AT86RF231 为从端）与 AT86RF231 进行通信，AT86RF231 是一款工业级、低电压供电、超低功耗、操作方便、遵循 IEEE 802.15.4—2006 硬件标准的接口电路。AT86RF231 将控制信号转换为 ZigBee 模式的差分对信号，通过 2.45GHz 的谐波滤波器 2450FB15L0001 滤波后接入天线与其余 ZigBee 端点进行通信，2450FB15L0001 主要是对接收到的 ZigBee 信号进行滤波。

11.4 ZigBee 组网例程

FSIOT_A 实验平台共用到 4 个 ZigBee 模块，这 4 个模块按星形模式组网，有 1 个协调器和 3 个节点。协调器在 mainboard 板上，主要用于接收传感板数据，并对执行板和红外板发送控制信号。

在 ZigBee 框架下编译程序需要进行一些简单的设置。

因为处于 ZigBee 协议栈框架中，部分源码被 Atmel 封装起来，在 main 函数中，SYS_SysInit() 系统初始化给出.h 文件，而没有具体的 C 代码，这意味着 ZigBee 的具体结构核心部分不是开源的。实际上，SYS_SysInit() 在 libBc_All_At91sam3s4c_Rf231_Iar.a 中，该文件被封装起来。

其中，对 bitcloud 编译生成的是 libHAL_Sam3sEkRf2xx_At91sam3s4c_64Mhz_Iar.a。这个即便被封住，也可以进入 bitcloud 源码内，解读代码，如 WTD 操作，HAL_InstallInterrupt Vector() 和 TimeTick_Configure() 还可以进行代码解读。对 ZigBee 格式下的函数应该怎样跟踪解析代码呢？举个例子，在 pio.h 中，PIO_Configure()无法看到 C 代码的实现过程，可以用鼠标右击 pio.h 文件（如图 11-7 所示），打开文件夹，找到 include 中的 pio.h 文件，从而推测出.c 文件如果有，应该存在于 source 中，进而进行代码解读。

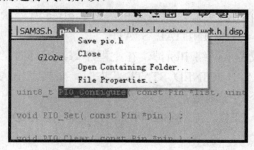

图 11-7　跟踪封装部分的代码示例

以下例程给出了协调器和节点的实现。

协调器部分程序：

```
int main(void)
{
//初始化，相关系统配置
SYS_SysInit();
...
...
for(;;)
```

```
        {
//数据处理
...
...
SYS_RunTask();
        }
}
```

SYS_SysInit()函数是系统函数，用来初始化系统的硬件；SYS_RunTask()是调用 ZigBee 的入口函数，会调用 bitcloud 协议栈中的用户应用程序，即 APL_TaskHandler()。

```
void APL_TaskHandler(void)
{
  switch (appState)
  {
    case APP_INITIAL_STATE:
      initHardware();
      initNetwork();
      break;
    case APP_JOINING_STATE:
      startNetwork();
      break;
    case APP_JOINED_STATE:
      break;
    default:
      break;
  }
}
```

APL_TaskHandler()这个函数类似有限状态机，是 ZigBee 所处状态的处理，程序在初始化时 static AppState_tappState = APP_INITIAL_STATE。

如果没有加入网络，或者从网络中断掉，在主程序每次循环时，会加入网络。如果已经处于 ZigBee 网络中，则处于 APP_JOINED_STATE 状态时，直接退出 APL_TaskHandler()函数。

可以看一下具体状态下的子函数。

硬件初始化只是配置个 LED，当 ZigBee 网络正常工作时，LED1 处于常亮状态，否则闪亮。

```
static void initHardware(void)
{
  LED_Configure(APP_LED_0);
  LED_Configure(APP_LED_1);
}
```

对协调器的配置是 ZigBee 配置的关键部分，下面一段代码将本身配置为协调器，并在网络中定义两个节点。

```
static void initNetwork(void)
{
  DeviceType_t deviceType = DEVICE_TYPE_COORDINATOR;        //配置成协调器
  CS_WriteParameter(CS_DEVICE_TYPE_ID, &deviceType);
  bool predefPANID = true;
```

```
    uint16_t nwkPANID = 0x1000;
    CS_WriteParameter(CS_NWK_PREDEFINED_PANID_ID, &predefPANID);
    CS_WriteParameter(CS_NWK_PANID_ID, &nwkPANID);
    // 定义数据节点 0
    apsDataReq.dstAddrMode = APS_SHORT_ADDRESS;
    apsDataReq.dstAddress.shortAddress = 0;
    apsDataReq.profileId = APP_PROFILE_ID;
    apsDataReq.dstEndpoint = APP_DATA_ENDPOINT;              //0X20
    apsDataReq.clusterId = APP_CLUSTER_ID;
    apsDataReq.srcEndpoint = APP_DATA_ENDPOINT;             //0X20
    apsDataReq.asdu = (uint8_t *)sensor_buf;
    apsDataReq.asduLength = sizeof(execute_buf);            //传输数据
    apsDataReq.txOptions.acknowledgedTransmission = 0;
    apsDataReq.radius = 0;
    apsDataReq.APS_DataConf = apsDataReqConf;
// 定义数据节点 1
    apsDataReq1.dstAddrMode = APS_SHORT_ADDRESS;
    apsDataReq1.dstAddress.shortAddress = 0;
    apsDataReq1.profileId = APP_PROFILE_ID;
    apsDataReq1.dstEndpoint = 0x40;
    apsDataReq1.clusterId = APP_CLUSTER_ID;
    apsDataReq1.srcEndpoint = 0x40;
    apsDataReq1.asdu = (uint8_t *)execute_buf;
    apsDataReq1.asduLength = sizeof(execute_buf);          //传输数据
    apsDataReq1.txOptions.acknowledgedTransmission = 0;
    apsDataReq1.radius = 0;
    apsDataReq1.APS_DataConf = apsDataReqConf1;
    appState = APP_JOINING_STATE;
    SYS_PostTask(APL_TASK_ID);
}
```

初始化结束后会改变 appState 的状态，appState = APP_JOINING_STATE，进行网络的加入操作，使用 SYS_PostTask(APL_TASK_ID)来投递任务，让系统再次调用 APL_TaskHandler() 去执行 case APP_JOINING_STATE，进而去执行 startNetwork()函数。

startNetwork()创建一个定时器，通过控制 LED 的亮灭来表示网络的连接状态，再注册一个确认网络连接的回调函数。

```
static void startNetwork(void)
{
    blinkTimer.interval = BLINK_TIMER_INTERVAL;
    blinkTimer.mode     = TIMER_REPEAT_MODE;
    blinkTimer.callback = blinkTimerFired;
    HAL_StartAppTimer(&blinkTimer);
    startNetworkReq.ZDO_StartNetworkConf = ZDO_StartNetworkConf;//回调函数
    ZDO_StartNetworkReq(&startNetworkReq);
}
```

回调函数用于判断 ZigBee 网络的连接，若连接成功，则关闭定时器，注册网络节点。

```
static void ZDO_StartNetworkConf(ZDO_StartNetworkConf_t* conf)
```

```
{
  HAL_StopAppTimer(&blinkTimer);
  if (ZDO_SUCCESS_STATUS == conf->status)
   {
    appState = APP_JOINED_STATE;
    // 注册网络节点 0
    registerDataEndpointReq.simpleDescriptor = &dataEndpoint;
    registerDataEndpointReq.APS_DataInd = APS_DataIndData;
    APS_RegisterEndpointReq(&registerDataEndpointReq);

    // 注册网络节点 1
    registerDataEndpointReq1.simpleDescriptor = &dataEndpoint1;
    registerDataEndpointReq1.APS_DataInd = APS_DataIndData1;
    APS_RegisterEndpointReq(&registerDataEndpointReq1);
   }
  else
   {
    appState = APP_JOINING_STATE;
   }
  SYS_PostTask(APL_TASK_ID);
}
```

ZigBee 数据发送函数程序为：

```
static void sendDataBlock(unsigned char channel)
{
    switch(channel)
    {
    case Sensor:
     APS_DataReq(&apsDataReq);
     break;
    case Execute:
     APS_DataReq(&apsDataReq1);
     break;
    default:
     break;
    }
}
```

ZigBee 数据接收函数程序为：

```
static void APS_DataIndData(APS_DataInd_t *ind)        // 从传感板采集到的数据
{
   zigbee_in_flag = 1;
  memcpy(&sensor_data[1],ind->asdu, 18);
  sensor_from_address = ind->srcAddress.shortAddress;
}
static void APS_DataIndData1(APS_DataInd_t *ind)        //向执行板发送数据
{
   memcpy(init_data,ind->asdu, 30);
   to_excute_address = ind->srcAddress.shortAddress;
```

```
    if(init_data[0] == 0xaa)
    {
      enable_count = 1;
      excute_open = 1;
    }
}
```

在 ZigBee 的节点函数 APL_TaskHandler()中，与协调器程序相比多出的状态是：离开 ZigBee 网络，定义的宏是 APP_LEAVE_STATE。

```
void APL_TaskHandler(void)
{
  switch (appState)
  {
    …
    …
    case APP_LEAVING_STATE:              //节点退出网络
      break;
    default:
      break;
  }
}
```

11.5 本章习题

1．简述 ZigBee 技术的基本特征。
2．分析 ZigBee 通信协议栈构架。
3．理解基于 AT86RF231 的 ZigBee 程序的实现过程。

第 12 章　Wi-Fi 无线通信技术与实践

12.1　Wi-Fi 技术

12.1.1　Wi-Fi 与嵌入式 Wi-Fi

Wi-Fi 的全称为 Wireless Fidelity，又称 802.11b 标准（IEEE802.11 系列包括 IEEE802.11、IEEE802.11a、IEEE802.11b、IEEE802.11g 和 IEEE802.11n 标准）。目前，非常流行的笔记本电脑技术——迅驰技术就是基于这个标准。

IEEE 802.11b 无线网络规范是 IEEE 802.11 网络规范的变种，最高带宽为 11Mbps，在信号较弱或有干扰的情况下，带宽可调整为 5.5Mbps、2Mbps 和 1Mbps，带宽的自动调整有效地保证了网络的稳定性和可靠性。其主要特点为：速度快；可靠性高；在开放性区域，通信距离可达 305m，在封闭性区域，通信距离为 76～122m；方便与现有的有线以太网整合，组网的成本较低。

值得一提的是，IEEE 802.11n 标准中最大的创新是在 Wi-Fi 标准中引入了多传入传出（MIMO）技术，以前的 Wi-Fi 天线配置只使用单一的输入输出（SISO）技术。如 MIMO 的名称所言，该技术使用多个天线用于输入和输出。MIMO 配置是多天线可选择的三种常规配置中的一种。这三种配置分别是：单输入多输出（SIMO），多输入单输出（MISO），多输入多输出（MIMO）。

Wi-Fi 无线保真技术与蓝牙技术一样，同属于在办公室和家庭中使用的短距离无线技术。该技术使用的是 2.4GHz 附近的频段，该频段目前尚属没用许可的无线频段。目前其可使用的标准有两个，分别是 IEEE 802.11a 和 IEEE 802.11b。

嵌入式 Wi-Fi 技术，可以认为是"微处理器+Wi-Fi"技术，俗称单片机 Wi-Fi 技术，这种 Wi-Fi 技术成本低，便于商业推广，同时单片机能够完成其他控制。

12.1.2　Wi-Fi 无线网络结构

（1）站点（Station），网络最基本的组成部分；基本服务单元（Basic Service Set，BSS），网络最基本的服务单元。最简单的服务单元可以只由两个站点组成。站点可以动态地连接（associate）到基本服务单元中。

（2）分配系统（Distribution System，DS）。分配系统用于连接不同的基本服务单元。分配系统使用的媒介（Medium）逻辑上与基本服务单元使用的媒介是截然分开的，但它们在物理上可能是同一媒介，如同一个无线频段。

（3）接入点（Access Point，AP）。接入点既有普通站点的身份，又有接入到分配系统的功能。

（4）扩展服务单元（Extended Service Set，ESS）。由分配系统和基本服务单元组合而成。这种组合是逻辑上的，并非物理上的。不同的基本服务单元有可能在地理位置上相去甚远。分配系统也可以使用各种各样的技术。

（5）关口（Portal）。用于将无线局域网和有线局域网或其他网络联系起来。

这里有 3 种媒介：站点使用的无线媒介，分配系统使用的媒介，与无线局域网集成一起的其他局域网使用的媒介。物理上它们可能互相重叠。IEEE 802.11 只负责在站点使用的无线媒介上寻址（Addressing）。分配系统和其他局域网的寻址不属于无线局域网的范围。IEEE802.11 没有具体定义分配系统，只是定义了分配系统应该提供的服务（Service）。整个无线局域网定义了 9 种服务：5 种服务属于分配系统的任务，分别为联接（Association）、结束联接（Diassociation）、分配（Distribution）、集成（Integration）、再联接（Reassociation）；4 种服务属于站点的任务，分别为鉴权（Authentication）、结束鉴权（Deauthentication）、隐私（Privacy）、MAC 数据传输（MSDU delivery）。

12.1.3 IEEE802.11 的工作模式

IEEE 802.11 有两种工作模式：Ad-hoc 和 Infrastructure 模式。IEEE 标准以独立的基本服务集（IBSS）来定义 Ad-hoc 模式工作的客户端集合，以基本服务集（BSS）定义 Infrastructure 模式工作的客户端集合。

在 Ad-hoc 模式中，客户端不能直接和网络外其他的客户端通信。Ad-hoc 模式的设计目的是使在同一个频谱覆盖范围内的客户间能够互相通信。如果一个 Ad-hoc 网络模式中的客户想要和该网络外的客户通信，则该网络中必须有一个客户做网关并执行路由功能。

而在 Infrastructure 模式中，每个客户将其通信报文发向 AP，AP 转发所有的通信报文。这些报文可以是发往以太网的，也可以是发往无线网络的。这是一种整合以太网和无线网络架构的应用模式。无线访问节点负责频段管理及漫游等指挥工作。一个 AP 最多可连接 1024 个站点，如图 12-1 所示为 Wi-Fi 网络总体方案。

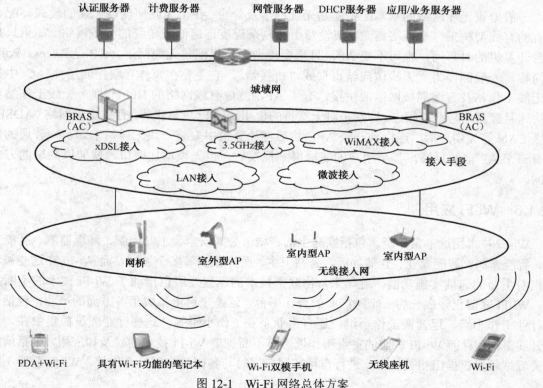

图 12-1 Wi-Fi 网络总体方案

12.1.4　Wi-Fi 技术的特点

（1）无线电波的覆盖范围广。Wi-Fi 的半径可达 100m，适合办公室及单位楼层内部使用。而蓝牙技术只能覆盖 15m。

（2）速度快，可靠性高。IEEE 802.11b 无线网络规范是 IEEE 802.11 网络规范的变种，最高带宽为 11 Mbps，在信号较弱或有干扰的情况下，带宽可调整为 5.5Mbps、2Mbps 和 1Mbps，带宽的自动调整有效地保证了网络的稳定性和可靠性。

（3）无须布线。Wi-Fi 最主要的优势在于不需要布线，可以不受布线条件的限制，因此非常适合移动办公用户的需要，具有广阔的市场前景。目前它已经从医疗保健、库存控制和管理服务等特殊行业向更多行业拓展开去，甚至开始进入家庭及教育机构等领域。

（4）健康安全。IEEE802.11 规定的发射功率不可超过 100mW，手机的发射功率为 200mW～1W，手持式对讲机高达 5W，无线网络的使用方式并非像手机那样直接接触人体，因此是绝对安全的。

目前使用的 IP 无线网络也存在一些不足之处，如带宽不高、覆盖半径小、切换时间长等，使其不能很好地支持移动 VoIP 等实时性要求高的应用；并且无线网络系统对上层业务开发不开放，使得适合 IP 移动环境的业务难以开发。

此前定位于家庭用户的 WLAN 产品在很多地方不能满足运营商在网络运营、维护上的要求。

12.1.5　Wi-Fi 组建方法

一般架设无线网络的基本配备就是无线网卡及一台 AP，如此便能以无线的模式，配合既有的有线架构来分享网络资源，架设费用和复杂程度远远低于传统的有线网络。如果只是几台计算机的对等网，也可不要 AP，只需要每台计算机配备无线网卡。AP 是 Access Point 的简称，一般翻译为"无线访问结点"或"桥接器"。它主要在媒体存取控制层 MAC 中扮演无线工作站及有线局域网络的桥梁。有了 AP，就像有线网络的 Hub 一样，无线工作站可以快速且轻易地与网络相连。特别是对于宽带的使用，Wi-Fi 更显优势，有线宽带网络（ADSL、小区 LAN 等）到户后，连接到一个 AP，然后在计算机中安装一块无线网卡即可。普通的家庭有一个 AP 已经足够，甚至用户的邻居得到授权后，也无须增加端口，就能以共享的方式上网。

12.1.6　Wi-Fi 应用

Wi-Fi 技术用途非常广泛，包括家庭生活、城市公共安全、工业控制、环境监测、智能交通、智能家居、智能农业、仓储物流、公共卫生、医疗监测等多个领域，而 Wi-Fi 在这些领域承担着主要的通信实施功能。近年来，物联网技术的迅猛发展也推动了 Wi-Fi 技术的不断完善。Wi-Fi 联盟已经成长为一个跨产业的合作平台，这个平台上集成了各方面的产业，包括医疗行业工作小组、运营商工作小组，还有工业企业工作小组等，这些行业成员被集中在一起来开展工作。目前 Wi-Fi 联盟的重点工作依然是不断推广 Wi-Fi 技术的普及和应用，包括研发相关测试项目、推出相关技术、进行市场拓展，同时与各国政府进行合作等。Wi-Fi 联盟不断地在跨领域、跨地区方面开展各种各样的合作，并为相关政策、流程提供优化的平台，致力于搭建无缝连接的整体网络环境，这都将推动 Wi-Fi 未来的发展。

12.2 基于 RS9110-N-11-22 的 Wi-Fi 应用模块

RS9110-N-11-22 模块是一个基于完整的 IEEE802.11BGN 协议的无线设备处理器，它可以直接向任何使用串行和 SPI 接口的设备进行数据传输，它集成了 MAC、基频处理器、带有功率放大器的射频收发器，符合 802.11b/g 和单流 802.11n，包括所有协议 WEP、WPA/WPA2-PSK、WLAN 连接、TKIP 的运作模式和配置功能。

RS9110-N-11-22 模块支持信道扫描和信号强度的测试，可以对周围的路由器或者热点所在的 14 个信道进行扫描，返回其所在的信道和信号强度指示，可以对无线进行测试。

模块内嵌 TCP/IP 协议和 ICMP 协议等，支持 IEEE802.11b/g 协议，用户可以只关心应用层协议，就可以完成透明的数据传输。

支持建立/加入 ad-hoc 网络，支持 OPEN/WEP/WPA/WPA2 认证方式，可以与手机、电脑的 Wi-Fi 进行组网通信。

模块支持 DHCP 功能，可以给加入该模块的从设备分配 IP 地址，作为从设备时可以使用模块自身的 DHCP 功能，由主模块分配 IP、子网掩码和网关。

如图 12-2 所示给出了 RS9110-N-11-22 与处理器的通信方式。

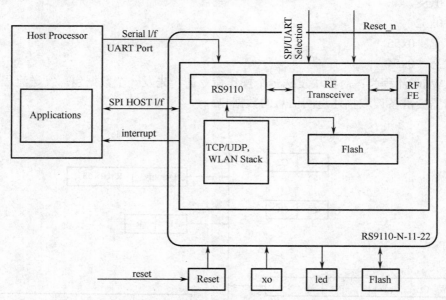

图 12-2　RS9110-N-11-22 与处理器的通信方式

可以看到，除了 SPI 接口外，还有一个外部中断，该中断信号用来提示 Host Processor 模块端准备好数据，可以进行下一步的操作了，如读返回帧或者数据帧。

以 little-endian 8bit 为例，给出基本的数据包格式，如图 12-3 所示。

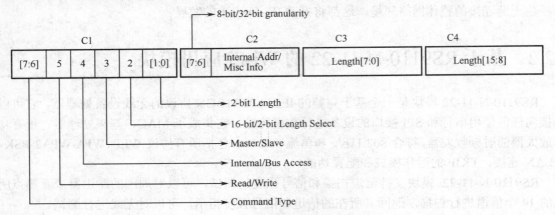

图 12-3　基本的数据包格式

数据包基本由 C1、C2、C3 和 C4 组成。C1 是命令头，由它告诉模块很多配置信息，如主从模式、读写操作和命令类型。C2 是帧数据的操作类型，有控制命令帧和普通数据帧。C3、C4 是数据帧的长度，C3 是低字节，C4 是高字节。

模块返回值的定义为：每个 8bit 数据从主机发到模块后，都会返回一个返回值，Host 可以根据这个返回值判断数据是否发送成功及判断模块当前的状态。

成功：0x58

失败：0x52

开始标记：0x55

繁忙状态：0x54

Frame Write 流程为：对模块发送一个操作命令前，先发一个数据包，发送流程如图 12-4 所示，接着需要准备读取描述返回信息的数据包。

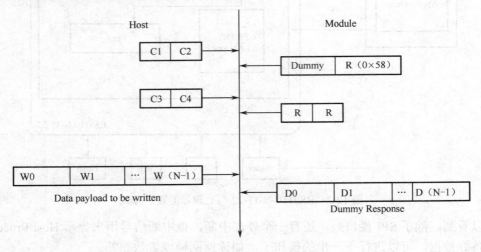

图 12-4　发送流程

发送这一帧数据后，就可以读取模块根据之前控制命令的请求所得到的数据，如图 12-5 所示。

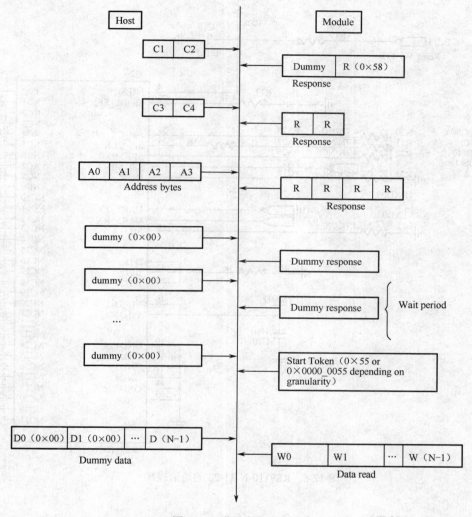

图 12-5　获取数据的流程

12.3　Wi-Fi 通信部分应用接口电路

在 FSIOT_A 实验设备中，RS9110-N-11-22 的通信接线如图 12-6 所示，主控芯片 SAM3X8E 通过 SPI 总线格式与 RS9110-N-11-22 进行通信。其中，复位和中断信号由 SAM3X8E 控制。

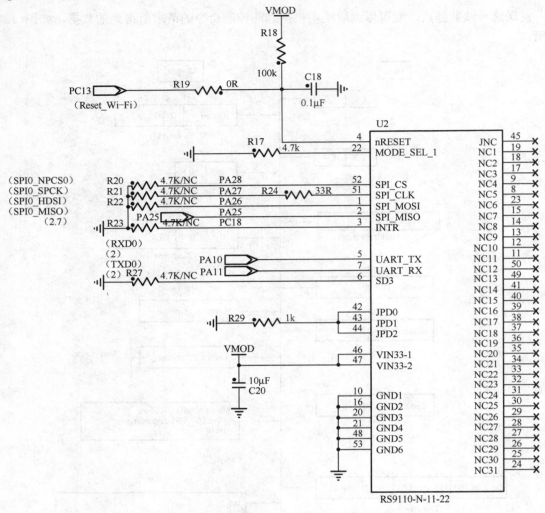

图 12-6　RS9110-N-11-22 的通信接线

12.4　Wi-Fi 例程

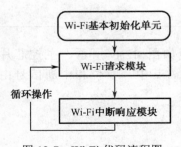

图 12-7　Wi-Fi 代码流程图

图 12-7 给出了 Wi-Fi 代码流程图。

Wi-Fi 基本初始化单元包括前期 Wi-Fi 初始化、模块复位、BOOTLOADER 程序及填写配置信息。

Wi-Fi 请求模块包括 BAND、INIT、SCAN、JOIN、IPCONFIG 操作。

Wi-Fi 中断响应模块有别于 ISR，即中断处理函数，该模块实现所有 Wi-Fi 请求后，返回的数据包类型对应响应的操作模式。

下面是 FSIOT_A 系统中所使用的 Wi-Fi 模块的控制流程步骤解析。

（1）测试命令。调用 rsi_sys_init() 函数，这个函数里面只做了一件事，就是进行模块握手操作，HOST 发了一个 0x15 到模块，这个时候模块如果返回 0x58，则表示握手成功，否则不可以进行后续操作。

（2）Load firmware。这一步调用 rsi_bootloader() 函数，将模块需要使用的固件下载到模块内部的内存中。其中固件有 3 种类型，分别为功能固件、软件引导程序固件和升级镜像固件。除了最后一种外，前两种在每次使用模块时，都需要下载到模块中，否则无法正常使用。

（3）Band 初始化。该步骤用来配置模块的基带部分，其中有两个选项，一个是 2.4GHz，另一个是 5GHz。这里选择 2.4GHz。

（4）INIT 初始化。发送该命令给模块后，模块返回一个值，可根据返回值判断模块当前的工作状况，是否可以正常通信。

（5）SCAN 扫描命令。该命令发送一个数据包，需要填写通道号和 SSID。如果在 2.4GHz 下，通道号为 0，表示全通道方式扫描，剩下的是 1~13，一共 14 个通道号可用。

该命令发过去后，可以接收到一个通用数据帧。该数据帧包括扫描到的全部 SSID 数量，以及每个 SSID 的详细信息，如通道号、信号值、密码加密算法类型等。

（6）JOIN 命令。在 SCAN 后，即可操作这一步，先确定需要发送 IBSS-open 模式，还是 IBSS-wep 模式。接着设定传输速度及供电水平，安全算法类型，OPEN、WPA、WPA2、WEP 等 4 种方式。再设定 SSID 及密码，模块的组网角色，如是加入者，还是创建者。最后配置通道号。

（7）IP 设置命令。配置内容为模块所加入到的网络的属性，如 IP 地址、网关地址和子网掩码。

可以使用 DHCP 的方式获取一个 IP，但必须要有 DHCP 服务器的支持。最后可以设置 DNS 地址。该命令发送后，会接收到一个返回数据包，该数据帧包含 MAC 地址、IP 地址、子网掩码、默认网关地址和错误号。

（8）创建套接字。当前几个步骤成功后，就可以创建套接字了。套接字类型可以是 TCP 方式，也可以是 UDP 方式，每一种方式下又可以是服务端或者客户端。

（9）监听到连接成功。套接字创建完成后，如果模块以服务端的方式建立套接字，则会立刻进入监听模式，等待客户端的加入。一旦某个客户端加入成功，则模块主动发出中断，HOST 主动用 FRAME READ 的方式读出客户端的信息，并进入数据交互期。

（10）数据交互期。此时，模块可以进行网络通信了。模块交互时，返回的数据为 ASCII 值。

（11）套接字断开重建机制。当某一方突然断开连接时，会自动发出关闭套接字的命令，模块应答成功后，则表示上个套接字关闭成功，当发现关闭后，系统可以自动重建套接字，这时可以发生第二次连接。

Wi-Fi 初始化单元的代码片段为：

```
int16 InitWifi(void)
{
    int16          retval;
    retval = rsi_sys_init();              //复位操作和握手操作
    retval = rsi_bootloader();            //引导固件程序
    retval = rsi_init_struct(&rsi_strApi); //配置必要的 Wi-Fi 模块信息，如 IP 地址
```

```
        pio_enable_interrupt(SPI_INR_PIO, SPI_INR_MASK);//使能中断，准备接收中断
        return 0;
```

从流程上看，执行 Wi-Fi 基本初始化单元后，进入循环，Wi-Fi 请求模块一次性执行，即其中的每一项操作只执行一次。

```
void WifiFlowOnePart(void)
{
  volatile uint32 delay ;
  rsi_api      *ptrStrApi = &rsi_strApi;
  if( ((!cmd_Sent)&&(!wificonf_done)) )
   {
    switch(cmd)
     {
      case HOST_BAND:        //初始化 BAND
                rsi_band(rsi_strApi.band);
                cmd_Sent = true;
                break;
      case HOST_MODE_SEC:    //模式选择
                rsi_spi_mode_sel(22);
                cmd_Sent = true ;
                break ;
      case HOST_INIT:        //INIT 初始化
                rsi_init();
                cmd_Sent = true;
      case HOST_SCAN:        //扫描工作
                rsi_scan(&rsi_strApi.uScanFrame);
                cmd_Sent = true;
                break;
      case HOST_JOIN:        //加入网络
                rsi_join(&rsi_strApi.uJoinFrame);
                cmd_Sent = true;
                break;
      case HOST_IPCONFIG:    //IP 配置操作
                rsi_ipparam_set(&rsi_strApi.uIpparamFrame);
                cmd_Sent = true;
                break;
      default :
                break;
     }//switch
   }//if

    if(wificonf_done && flag_)
    {
     if( (sock_desc[0]==0)&&(sock_desc_flag == false)) {
           /*创建一个服务类型套接字   */
           *(uint16    *)ptrStrApi->uSocketFrame.socketFrameSnd.moduleSocket
= RSI_MODULE_SOCKET_ONE;
           *(uint16      *)ptrStrApi->uSocketFrame.socketFrameSnd.destSocket
  = RSI_TARGET_SOCKET_ONE;
```

```
            *(uint16        *)ptrStrApi->uSocketFrame.socketFrameSnd.socketType
 = RSI_SOCKET_TCP_SERVER;
            rsi_socket(&rsi_strApi.uSocketFrame);//当上面的完成后，才会执行到这里，创
建一个套接字。这里是服务端套接字创建的配置
    }
  }//if wificonf_done && flag_
}
```

以下是 Wi-Fi 中断响应函数的片段，当 pkt_pending 这个标记值大于 0 时，表示数据到来，每处理一次后，就减 1，直到 0 结束。

```
void WifiDataPartTwo()
{
    uint32_t        *p;
    int16           retval;
    rsi_api         *ptrStrApi = &rsi_strApi;
    if( pkt_pending > 0)
    {
     if(rsi_checkPktIrq()==true)
     {
      retval = rsi_read_packet(&uCmdRspFrame);
      if(retval == 0)
      {
       /*从接收到的数据包中检索响应代码*/
       ptrStrRecvArgs->recvType      = *(uint16 *)(uCmdRspFrame.rspCode);
       /*从收到的数据包中找回套接字号*/
          ptrStrRecvArgs->socketNumber
                        =*(uint16*)(uCmdRspFrame.recvFrameTcp.recvSocket);
       /*从接收的数据包中检索的数据的长度*/
       ptrStrRecvArgs->recvBufLen  =
                        *(uint32 *)(uCmdRspFrame.recvFrameTcp.recvBufLen);
       /*检索的数据缓冲区的地址*/
       ptrStrRecvArgs->ptrRecvBuf
                        = &uCmdRspFrame.recvFrameTcp.recvDataBuf[0];
       pkts_processed++;
       //接收数据包类型切换
       switch (ptrStrRecvArgs->recvType)
       {
        case RSI_RSP_SOCKET_CREATE: //套接字创建处理
            p = (uint32_t *)&uCmdRspFrame.socketFrameRcv.errCode;
            if(*p == 0) {
              printf("create socket ,it is okey\r\n");
            }
            else {
              printf("create socket failed \r\n");
              return ;
            }
            ptrStrRecvArgs->socketNumber=
                        *(uint16 *)(uCmdRspFrame.recvFrameTcp.recvSocket);
            sock_desc[sock_no++] = ptrStrApi->socketDescriptor =
```

```
                *(uint16 *)(uCmdRspFrame.socketFrameRcv.socketDescriptor);
        register_socket_protocol(ptrStrApi);
        sock_desc_flag = false;
        break;
    case RSI_RSP_REMOTE_TERMINATE:                     //连接断开响应
        ptrStrRecvArgs->socketNumber =
                *(uint16 *)(uCmdRspFrame.recvFrameTcp.recvSocket);
        rsi_socket_close(ptrStrRecvArgs->socketNumber);
        if(ptrStrRecvArgs->socketNumber == sock_desc[0])
        {
          sock_no = 0;
          ltcp_con_status = false;
          //重新创建数据LTCP
          sock_desc[0] = 0;
          printf("close over\r\n");
        }
        break;
    case RSI_RSP_RECEIVE:                          //通信时，数据到来响应
        ptrStrRecvArgs->socketNumber
            = *(uint16 *)(uCmdRspFrame.recvFrameTcp.recvSocket);
                                                  // 与读取套接字指针相关联
        ptrStrRecvArgs->recvBufLen      =
                *(uint32 *)(uCmdRspFrame.recvFrameTcp.recvBufLen);
        ptrStrRecvArgs->ptrRecvBuf
                = &uCmdRspFrame.recvFrameTcp.recvDataBuf[0];
        memcpy(WnetRvbuf,ptrStrRecvArgs->ptrRecvBuf,
                                    ptrStrRecvArgs->recvBufLen);
        sizeofpkt = ptrStrRecvArgs->recvBufLen;
        processdata(ptrStrRecvArgs);
        WifiDataComing = 1;
        break;
    case RSI_RSP_CONN_ESTABLISH:                     //套接字连接成功响应
        ptrStrRecvArgs->socketNumber
                = *(uint16 *)(uCmdRspFrame.recvFrameTcp.recvSocket);
        if(ptrStrRecvArgs->socketNumber == sock_desc[0])
        {
          ltcp_con_status = true;
          wifi_trigger = 1;
        }
        break;
    case RSI_RSP_DHCP_QUERY:                           //DHCP应答响应
        printf("get a info\r\n");
        break ;
    default:
        /*response to commands from UART*/
        process_rcvd_msg_spi(ptrStrRecvArgs->recvType);
        cmd_Sent = false;
        break;
    }//switch (ptrStrRecvArgs->recvType )
}// if(retval == 0)
```

```
    }// if(1)
    pkt_pending--;
    pio_enable_interrupt(SPI_INR_PIO, SPI_INR_MASK);//每次响应中断后，中断函数被
屏蔽，直到处理完一个响应后，这里才会再次打开
    }// if( pkt_pending > 0)
}
```

Task_Wifiout 线程程序流程图如图 12-8 所示。

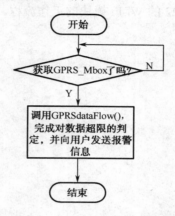

图 12-8 Task_Wifiout 线程程序流程图

该任务的实现如下：

```
void Task_Wifiout(void *ppdata)
{
  ppdata = ppdata;
  while(1)
  {
    OSSemPend(Wifiout_Sem, 0, &err);
    Wifi_Send();//数据发送
  }
}
```

Wifi_Send 函数用于向智能手机或平板电脑等 Android 客户端发送信息。

```
void Wifi_Send(void)
{ snprintf(buf,60,"%d,%d:%d,%d,%d,%d,%d,%d,%d,%d,%d,%d,%d:%d,%d,%d,%d,%d,%d,
%d:",command_respond,0xff,data_rcv.temp[0],data_rcv.hum[0],data_rcv.flux,data_
rcv.adc[0],data_rcv.adc[1],\

data_rcv.gas[0],data_rcv.gas[1],data_rcv.acc[0],data_rcv.acc[1],data_rcv.acc[2],
data_rcv.light,temp_led_flag,temp_leftwin_flag,temp_rightwin_flag,temp_tv_flag,
temp_curtain_flag,temp_fan_speed,buzz_state);
    send_tx_data_buf(buf,60);
}
```

信息内容包括对 Android 智能终端发送命令的成功确认、来自传感单元的数据信息及模块的状态信息。

12.5　本章习题

1. 简述 Wi-Fi 通信的基本原理。
2. 简述 Wi-Fi 通信与其他无线通信的差异。
3. 理解基于 RS9110-N-11-22 的 Wi-Fi 模块的工作流程。

第 13 章　GPRS 无线通信技术与实践

13.1　GPRS 概述

13.1.1　GPRS 的产生及发展

GPRS（General Packet Radio Service，通用分组无线业务）是在现有的 GSM 移动通信系统基础之上发展起来的一种移动分组数据业务。GPRS 通过在 GSM 数字移动通信网络中引入分组交换功能实体，以支持采用分组方式进行数据传输。GPRS 系统可以看做是对原有的 GSM 电路交换系统进行的业务扩充，以满足用户利用移动终端接入 Internet 或其他分组数据网络的需求，即 GPRS=移动+IP，它是 GSM 无线接入技术和 Internet 分组交换技术的结合。

在目前话音业务继续保持发展的同时，对 IP 和高速数据业务的支持已经成为第二代移动通信系统演进的方向，而且也成为第三代移动通信系统的主要业务特征。

GPRS 包含丰富的数据业务，如 PTP（Point To Point，点对点）数据业务，PTM-M（Point To Multipoint，点对多点）广播数据业务，PTM-G（Point To Multipoint-Group，点对多点群呼）数据业务和 IP-M 广播业务。这些业务已具有一定的调度功能，再加上 GSM phase II+中定义的话音广播及话音组呼业务，GPRS 已经能够完成一些调度功能。

GPRS 新增的功能实体包括服务 GPRS 支持节点（SGSN）、网关 GPRS 支持节点（GGSN）、点对多点数据服务中心等，同时包括对原有的一系列功能实体进行软件升级。

GPRS 大规模地采用了数据通信技术，包括帧中继、TCP/IP、X.25、X.75，同时在 GPRS 网络中使用了路由器、接入网服务器、防火墙等产品。

GPRS 主要的应用领域包括 E-mail 电子邮件、WWW 浏览、WAP 业务、电子商务、信息查询、远程监控等。

13.1.2　GPRS 的特点

（1）适用于非周期性的突发数据业务。

（2）上下行链路可不对称，数据速率可变。

（3）灵活的资源管理方式。

（4）无线口资源被 GSM 语音和 GPRS 数据业务动态共享。

（5）信道分配灵活，MS 与信道的多种映射关系。

（6）一个 MS 可同时进行多个数据会话。

（7）编码方案 CS-1～CS-4，数据速率 9.05～171.2kbps。

（8）支持主要的接口定义，包括 Internet、X.25 和 SMS。

（9）和 GSM 基础设施共享，网络运营费用降低，按数据量收费。

13.1.3 GPRS 的网络结构

GPRS 网络引入了分组交换和分组传输的概念，使 GSM 网络对数据业务的支持从网络体系上得到了加强。图 13-1 和图 13-2 从不同的角度给出了 GPRS 网络的组成示意。GPRS 网络其实是叠加在现有的 GSM 网络上的另一个网络，GPRS 网络在原有的 GSM 网络的基础上增加了SGSN（服务 GPRS 支持节点）、GGSN（网关 GPRS 支持节点）等功能实体。GPRS 共用现有GSM 网络的 BSS 系统，但要对软硬件进行相应的更新；同时 GPRS 和 GSM 网络各实体的接口必须作相应的界定；另外，移动台要求提供对 GPRS 业务的支持。GPRS 支持通过 GGSN 实现和 PSPDN 的互联，接口协议可以是 X.75 或者是 X.25，同时 GPRS 还支持和 IP 网络的直接互联。

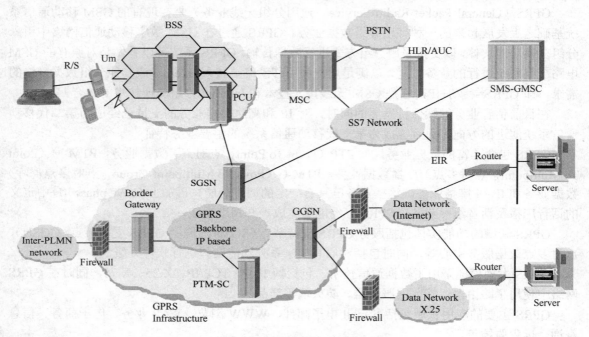

图 13-1 GPRS 网络的组成示意 1

13.1.4 GPRS 的网络接口

如图 13-3 所示为 GPRS 网络接口，下面对接口做一下具体介绍。

Um 接口展开具体如下。

MS 完成与 GPRS 网络的通信，完成分组数据传送、移动性管理、会话管理、无线资源管理等多方面的功能。

Gb 接口通过接口 SGSN 完成同 BSS 系统、MS 之间的通信，以完成分组数据传送、移动性管理、会话管理方面的功能。该接口是 GPRS 组网的必选接口。

Gi 接口是 GPRS 与外部分组数据网之间的接口。GPRS 通过 Gi 接口和各种公众分组网如Internet 或 ISDN 网实现互联，在 Gi 接口上需要进行协议的封装/解封装、地址转换、用户接入时的鉴权和认证等操作。

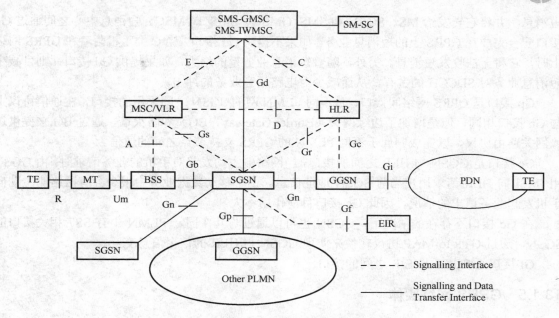

图 13-2　GPRS 网络的组成示意 2

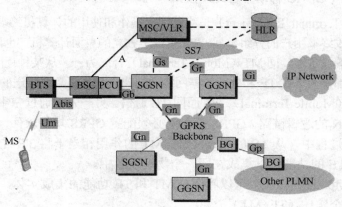

图 13-3　GPRS 网络接口

Gn 接口是 GRPS 支持节点间接口，即同一个 PLMN 内部 SGSN 间、SGSN 和 GGSN 间的接口，该接口采用在 TCP/UDP 协议之上承载 GTP 的方式进行通信。

Gs 接口用于 SGSN 和 MSC 配合完成对 MS 的移动管理功能，包括联合的 Attach/Detach、联合的路由区/位置区更新等操作。SGSN 还将接收从 MSC 来的电路型寻呼信息，并通过 PCU 下发到 MS。

Gr 接口是 SGSN 与 HLR 之间的接口，Gr 接口采用 7 号信令上承载 MAP+协议的方式。SGSN 通过 Gr 接口从 HLR 取得关于 MS 的数据，HLR 保存 GPRS 用户数据和路由信息。当发生 SGSN 间的路由区更新时，SGSN 将更新 HLR 中相应的位置信息；当 HLR 中数据有变动时，也将通知 SGSN，SGSN 会进行相关的处理。

Gd 接口是 SGSN 与 SMS-GMSC、SMS-IWMSC 之间的接口。通过该接口，SGSN 能接收

短消息，并将它转发给 MS、SGSN 和 SMS_GMSC、SMS_IWMSC。短消息中心之间通过 Gd 接口配合完成在 GPRS 上的短消息业务。如果不提供 Gd 接口，当 C 类手机附着在 GPRS 网络上时，它将无法收发短消息。另外，随着短消息业务量的增大，如果提供 Gd 接口，则可减少短消息业务对 SDCCH 的占有，从而减少对电路话音业务的冲击。

Gp 接口是 GPRS 网络间接口，是不同 PLMN 网的 SGSN 之间采用的接口，在通信协议上与 Gn 接口相同，但是增加了边缘网关（Border Gateway，BG）和防火墙，通过 BG 来提供边缘网关路由协议，以完成归属于不同 PLMN 的 GPRS 支持节点之间的通信。

Gc 接口是 GGSN 与 HLR 之间的接口，当网络侧主动发起对手机的业务请求时，由 GGSN 用 IMSI 向 HLR 请求用户当前 SGSN 地址信息。由于移动数据业务中很少会有网络侧主动向手机发起业务请求的情况，因此 Gc 接口目前作用不大。

在 Gc 接口不存在的情况下，GGSN 也可以通过与其在同一 PLMN 中有 SS7 相关接口的 SGSN，通过 GTP-to-MAP 协议转换来实现 GGSN 与 HLR 的信令信息交互。

Gf 接口是 SGSN 与 EIR 之间的接口。

13.1.5 GPRS 网络实体

1. GPRS MS（GPRS 移动平台终端接口）

终端设备 TE（Terminal Equipment）是终端用户操作和使用的计算机终端设备，在 GPRS 系统中用于发送和接收终端用户的分组数据。TE 可以是独立的桌面计算机，也可以将 TE 的功能集成到手持的移动终端设备上，同 MT（Mobile Terminal）合二为一。从某种程度上说，GPRS 网络所提供的所有功能都是为了在 TE 和外部数据网络之间建立起分组数据传送的通路。

移动终端 MT（Mobile Terminal）一方面同 TE 通信，另一方面通过空中接口同 BTS 通信，并可以建立到 SGSN 的逻辑链路。GPRS 的 MT 必须配置 GPRS 功能软件，以支持 GPRS 系统业务。在数据通信过程中，从 TE 的观点来看，MT 的作用相当于将 TE 连接到 GPRS 系统的 MODEM。MT 和 TE 的功能可以集成在同一个物理设备中。

移动台 MS（Mobile Station）可以看做是 MT 和 TE 功能的集成实体，物理上可以是一个实体，也可以是两个实体（TE+MT）。

MS 有 3 种类型。

（1）A 类 GPRS MS。能同时连接到 GSM 和 GPRS 网络，能在两个网络中同时激活，同时侦听两个系统的信息，并能同时启用，同时提供 GPRS 业务和 GSM 电路交换业务，包括短消息业务。A 类移动台用户能在两种业务中同时发起和接收呼叫，自动进行分组数据业务和电路业务之间的切换。

（2）B 类 GPRS MS。能同时连接到 GSM 网络和 GPRS 网络，可用于 GPRS 分组业务和 GSM 电路交换业务，但两者不能同时工作，即在某一时刻，它或者使用电路交换业务，或者使用分组交换业务。B 类移动台也能自动进行业务切换。

（3）C 类 GPRS MS。在某一时刻只能连接到 GSM 网络或 GPRS 网络。如果它能够支持分组交换和电路交换两种业务，只能人工进行业务切换，不能同时进行两种操作。

2．PCU（Packet Control Unit，分组控制单元）

PCU 是在 BSS 侧增加的一个处理单元，主要完成 BSS 侧的分组业务处理和分组无线信道资源的管理，目前 PCU 一般在 BSC 和 SGSN 之间实现。

3．SGSN（Service GPRS Support Node，服务 GPRS 支持节点）

SGSN 是 GPRS 网络的一个基本组成网元，是为了提供 GPRS 业务而在 GSM 网络中引进的一个新的网元设备。其主要作用是为本 SGSN 服务区域的 MS 转发输入/输出的 IP 分组，其地位类似于 GSM 电路网中的 VMSC。

本 SGSN 区域内的分组数据包的路由与转发功能，为本 SGSN 区域内的所有 GPRS 用户提供服务。

- ❑ 加密与鉴权功能；
- ❑ 会话管理功能；
- ❑ 移动性管理功能，逻辑链路管理功能；
- ❑ 同 GPRS BSS、GGSN、HLR、MSC、SMS-GMSC、SMS-IWMSC 的接口功能；
- ❑ 话单产生和输出功能，主要收集用户对无线资源的使用情况。

此外，SGSN 中还集成了类似于 GSM 网络中 VLR 的功能，当用户处于 GPRS Attach（GPRS 附着）状态时，SGSN 中存储了同分组相关的用户信息和位置信息。同 VLR 相似，SGSN 中的大部分用户信息在位置更新过程中从 HLR 中获取。

4．GGSN（Gateway GPRS Support Node，关口 GPRS 支持节点）

GGSN 也是为了在 GSM 网络中提供 GPRS 业务功能而引入的一个新的网元功能实体，提供数据包在 GPRS 网和外部数据网之间的路由和封装。用户选择哪一个 GGSN 作为网关，是在 PDP 上下文激活过程中根据用户的签约信息及用户请求的 APN（Access Point Name，接入点名）来确定的。

GGSN 主要提供以下功能。

- ❑ 同外部数据 IP 分组网络（IP、X.25）的接口功能，GGSN 需要提供 MS 接入外部分组网络的关口功能，从外部网的观点来看，GGSN 类似于可寻址 GPRS 网络中所有用户 IP 地址的路由器，需要同外部网络交换路由信息；
- ❑ GPRS 会话管理，完成 MS 同外部网的通信建立过程；
- ❑ 将移动用户的分组数据发往正确的 SGSN；
- ❑ 话单的产生和输出功能，主要体现用户对外部网络的使用情况。

5．CG（Charging Gateway，计费网关）

CG 主要完成对各 SGSN/GGSN 产生的话单的收集、合并、预处理工作，并完成同计费中心之间的通信接口。CG 是 GPRS 网络中新增加的设备。GPRS 用户一次上网过程的话单会从多个网元实体中产生，而且每一个网元设备中都会产生多张话单。引入 CG 是为了在话单送往计费中心之前对话单进行合并与预处理，以减少计费中心的负担；同时 SGSN、GGSN 这样的网元设备也不需要实现同计费中心的接口功能。

6．RADIUS 服务器

在非透明接入时，需要对用户的身份进行认证，相关的认证、授权信息就存储在 RADIUS

服务器（Remote Authentication Dial In User Service Server，远程接入鉴权与认证服务器）上。该功能实体并非 GPRS 所专有的设备实体。

7．DNS（Domain Name System，域名服务器）

GPRS 网络中存在两种域名服务器：一种是 GGSN 同外部网之间的 DNS，主要功能是对外部网的域名进行解析，其作用完全等同于固定 Internet 网络上的普通 DNS；另一种是 GPRS 骨干网上的 DNS，其作用是在 PDP 上下文激活过程中根据确定的 APN（Access Point Name，接入点名）解析出 GGSN 的 IP 地址，在 SGSN 间的路由区更新过程中，根据旧的路由区号码，解析出老的 SGSN 的 IP 地址。该功能实体并非 GPRS 所专有的设备实体。

8．BG（Border Gateway，边缘网关）

BG 实际上就是一个路由器，主要完成分属不同 GPRS 网络的 SGSN、GGSN 之间的路由功能，以及安全性管理功能。该功能实体并非 GPRS 所专有的设备实体。

13.2　中兴 ME3000 模块应用接口电路

中兴 ME3000 模块是一款支持 Quad Band 的 GSM/GPRS 无线模块，具有丰富的语音、短信、数据业务等功能。ME3000、MG3006 无线模块可以广泛应用于数据传输、无线 POS、安防、彩票机、智能抄表、无线传真、小交换机、烟草通、校园通、无线广告、无线媒体、医疗监护、直放站监控、铁路终端、智能家电、车载监控等领域。

FSIOT_A 选用中兴 ME3000 模块，模块的具体接线如图 13-4 所示。通过串口发送 AT 指令集进行通信操作。

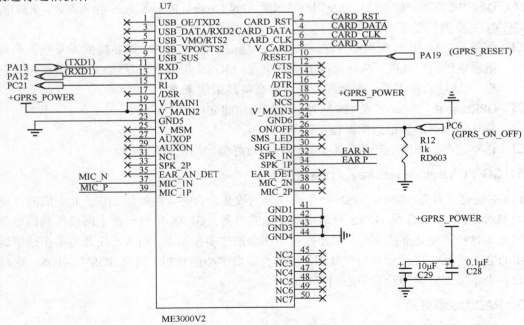

图 13-4　中兴 ME3000 模块的接线

13.3 基于中兴 ME3000 的 GPRS 例程

本例程主要演示如何利用 ME3000 发短信。

在主程序中，利用串口调试工具发送 AT 指令来完成整个工作。串口调试工具指令与 ME3000 对应操作的关系如表 13-1 所示。

表 13-1 串口调试工具指令与 ME3000 对应操作的关系

串口调试工具指令	ME3000 对应操作
0x32	ME3000 初始化
0x33	等待 ME3000 应答
0x34	ME3000 指令模式
0x35	ME3000 获取发送的手机号码
0x36	ME3000 给指定手机发短信

中断函数，主要获取从 ME3000 模块返回的数据。

```
void USART_Handler1(void)
{
  volatile unsigned int j=0;
  uint32_t ul_status;
/*读串口状态 */
  ul_status = usart_get_status(BOARD_USART1);
  memset(gprs_buf,sizeof(gprs_buf),0);
  for(j=0; j<1000; j++)
  {
    ul_status = usart_get_status(BOARD_USART1);
    if (ul_status & US_CSR_RXRDY) //获取数据
    {
      usart_getchar(BOARD_USART1, &gs_us_read_buffer_gprs);
      gprs_buf[gprs_data_len]=gs_us_read_buffer_gprs;
      gprs_data_len++;
    }
  }
  read_flag =1;
}
```

主程序主要是时钟配置，系统初始化，引脚功能配置，串口 0 的配置，以及按 AT 指令集控制 ME3000 模块。

在主程序中，发送 AT 指令集时，ME3000 模块会返回数据，进行应答，在这个过程中，当 ME3000 初始化后，返回是"+CPIN: READY"（其中，":"后有空格回车，2 个字节构成），程序中判断"R"来确定是否进入就绪态。发送"AT+CMGF=1"，返回为"AT+CMGF=1 空格

回车空格回车 OK"，程序中通过判断 OK 的位置确定通信是否成功。发送 "AT+CMGF=号码"，
返回 "AT+CMGF=1 空格回车空格回车 OK"，程序中通过判断 OK 的位置确定通信是否成功。
发送 "信息"，返回为 "AT+CMGF=1 空格回车空格回车 OK"，程序中通过判断 OK 的位置确
定通信是否成功。

```c
int main(void)
{
    sysclk_init();
    board_init();                          //引脚初始化
    Uart *p_uart=(Uart *)0x400e0800; //定义串口地址
    pmc_enable_periph_clk(ID_PIOA);
    gpio_configure_group(PINS_UART_PIO, PINS_UART, PINS_UART_FLAGS);
    borad_source_init();                   //板级初始化
    unsigned char uget[1]={0};
    unsigned int i=0;
    char  flag_mess= -1 ;
    unsigned char lix[11]={0x31,0x35,0x32,0x31,
                     0x30,0x34,0x39,0x36,0x39,0x31,0x31};//接收短信号码
    unsigned char com_number[13]={0};
    while(1)
    {
    uart_read((Uart*)p_uart,uget);
    if( uget[0] == 0x31)
    {
      printf("%s\r",gprs_number);
      uget[0]=0;
      for(i=0;i<11;i++)
      {
        gprs_number[i]=0;
      }
    }
    if( uget[0] == 0x32)    //初始化
      {
        for(i=0;i<11;i++)
      {
       gprs_number[i]=lix[i];
        }
      printf("%s\r",gprs_number);
      printf("%d\r",uget[0]);
      InitGPRS();
      printf("gprs_buf: %s",gprs_buf);
      uget[0]=0;
      }
```

```
if( uget[0] == 0x33)                    //应答
  {
  printf("%d\r",uget[0]);
  while(readapkgchk() != 1);
  printf("ready to work gprs module \r\n");
  uget[0]=0;
  printf("gprs_buf: %s",gprs_buf);
  }
    if( uget[0] == 0x34)                //发送短信模式
  {
  printf("%d\r",uget[0]);
  SMSCONFIG(0); //to choose the text mode
  uget[0]=0;
  printf("gprs_buf: %s",gprs_buf);
  while(1)
  {
    if(gprs_buf[13] == 'O' && gprs_buf[14] == 'K') //校验
    {
     break;
    }
  }
 }
if( uget[0] == 0x35)                    //发送号码设置
  {
    printf("%d\r",uget[0]);
    SMSSENDTO();
    uget[0]=0;
    printf("gprs_buf: %s",gprs_buf);
   while(1)
  {
    if(gprs_buf[13] == 'O' && gprs_buf[14] == 'K') //校验
    {
     break;
    }
  }
 }

if( uget[0] == 0x36)                    //发送信息
  {
  printf("%d\r",uget[0]);
  SMSSENDMSG();
  uget[0]=0;
```

```
        printf("gprs_buf: %s",gprs_buf);
        while(1)
        {
          if(gprs_buf[13] == 'O' && gprs_buf[14] == 'K')//校验
          {
            break;
          }
        }

      }
    }
}
```

对 ME3000 模块进行初始化，进行引脚配置和功能配置。

```
void InitGPRS(void)
{
  volatile int i ;
  uint8_t sbuf[] = "ATE0\r\n";
  configure_GPRS();
  pmc_enable_periph_clk(ID_PIOA);
  for(i=100000;i > 0; i--);
  gpio_configure_pin(PIO_PA19_IDX,  (PIO_TYPE_PIO_OUTPUT_1));
  gpio_set_pin_high(PIO_PA19_IDX);
  for(i=100000;i > 0; i--);
  gpio_set_pin_low(PIO_PA19_IDX) ;
  for(i=100000;i > 0; i--);
  gpio_set_pin_high(PIO_PA19_IDX) ;
  for(i=1000000;i > 0; i--);
  for( i = 0 ; i < sizeof(sbuf) - 1 ; i++ )
  usart_write(BOARD_USART1,sbuf[i]);        //不在终端上显示输入命令
}
//USART1 串口配置
Static void configure_GPRS(void)
{
  const sam_usart_opt_t usart_console_settings =
  {
    BOARD_USART_BAUDRATE,
    US_MR_CHRL_8_BIT,
    US_MR_PAR_NO,
    US_MR_NBSTOP_1_BIT,
    US_MR_CHMODE_NORMAL,
    0
```

```
};
gpio_configure_pin(PIN_USART1_RXD_IDX, PIN_USART1_RXD_FLAGS);
gpio_configure_pin(PIN_USART1_TXD_IDX, PIN_USART1_TXD_FLAGS
                                            | PIO_PULLUP);
pmc_enable_periph_clk(BOARD_ID_USART1);
usart_init_rs232(BOARD_USART1,
                    \ &usart_console_settings, sysclk_get_cpu_hz());
usart_disable_interrupt(BOARD_USART1, ALL_INTERRUPT_MASK_GPRS);
usart_enable_tx(BOARD_USART1);
usart_enable_rx(BOARD_USART1);
NVIC_EnableIRQ(USART_IRQn1);
usart_disable_interrupt(BOARD_USART1, US_IDR_RXRDY);
usart_clear1();
usart_enable_interrupt(BOARD_USART1, US_IER_RXRDY);
}
```

ME3000 模块应答，进入准备状态：

```
uint32 readapkgchk(void)
{
   if(!read_flag)
     return 0;
   uint32_t val = isReady();
   gprs_data_len = 0;
   read_flag = 0 ;
   return val;
}


static uint32_t isReady(void)
{
   if (gprs_buf[9] == 'R')//就绪态校验
   {
   return 1;}
   else
   return -1;
}
```

ME3000 模块模式设定：

```
void SMSCONFIG(uint16 mode)
{
   int i;
   uint8_t sbuf[] = "AT+CMGF=1\r\n";
   mode = mode;
   for( i = 0 ; i < sizeof(sbuf) - 1 ; i++ )
```

```
    usart_write(BOARD_USART1,sbuf[i]);
}
```

ME3000 模块发送号码设定：

```
void SMSSENDTO(void)
{
  volatile int i ;
  uint8_t number[30];
  uint32_t buf[64];
  snprintf(number,30,"AT+CMGS=\"%s\"\r\n",gprs_number);
  for(i=0;i<strlen(number) ; i++)
  usart_write(BOARD_USART1,number[i]);
  usart_read(BOARD_USART1,buf);
  printf("buf=%s\n\r",buf);
  READY = 1 ;
}
```

ME3000 模块发送信息 "normal"，发送的结尾需要添加指令 "0x1a"，是 CTRL+Z 的 ASCII 码。

```
void SMSSENDMSG(void)
{
  volatile uint8_t i ;
  uint8_t tmpbuf[30];
  send_message="normal\r\n";
  memcpy(tmpbuf,send_message,6);
  tmpbuf[7] = 0x1A;
  for(i=0; i < 8 ; i++)
  usart_write(BOARD_USART1,tmpbuf[i]);
  printf("message has been sent\r\n");
}
```

13.4 本章习题

1．理解 GPRS 的产生过程及原理。
2．理解 GPRS 的网络特征。
3．能够使用 AT 指令集控制 ME3000 模块。

第 14 章　工业串口屏实践

14.1　串口屏基本原理

14.1.1　串口屏定义

串口屏是指用户通过串口（通常使用微型控制器或 PLC）完成显示屏的操作，串口屏由显示驱动板、LCD 液晶显示屏，触控面板 3 部分构成。在带有触控面板的串口屏上，可以采集触控信号，并发送给控制器，控制器根据程序逻辑再通过串口发送对应的控制指令，完成在 LCD 显示的所有操作。

14.1.2　串口屏的触摸类别及工作原理

1．电阻式触摸屏

电阻式触摸屏的主要部分是一块与显示器表面非常配合的电阻薄膜屏，这是一种多层的复合薄膜，它以一层玻璃或硬塑料平板作为基层，表面涂有一层透明氧化金属（透明的导电电阻）导电层，上面再盖有一层外表面硬化处理、光滑防擦的塑料层，它的内表面涂有一层涂层，在它们之间有许多细小的（小于 1/1000 英寸）的透明隔离点把两层导电层隔开绝缘。当手指触摸屏幕时，两层导电层在触摸点位置就有了接触，电阻发生变化，在 X 和 Y 两个方向上产生信号，然后送触摸屏控制器。控制器侦测到这一接触并计算出 (X, Y) 的位置，再根据模拟鼠标的方式运作。这就是电阻式触摸屏的基本原理。

2．电容式触摸屏

电容式触摸屏利用人体的电流感应进行工作。电容式触摸屏是一块四层复合玻璃屏，玻璃屏的内表面和夹层各涂有一层 ITO，最外层是一薄层矽土玻璃保护层，夹层 ITO 涂层作为工作面，四个角上引出四个电极，内层 ITO 为屏蔽层以保证良好的工作环境。当手指触摸在金属层上时，由于人体电场，触摸屏表面形成一个耦合电容，对于高频电流来说，电容是直接导体，于是手指从接触点吸走一个很小的电流。这个电流从触摸屏的四角上的电极中流出，并且流经这四个电极的电流与手指到四角的距离成正比，控制器通过对这四个电流比例的精确计算，得出触摸点的位置。

3．红外线式触摸屏

红外线式触摸屏是利用 X、Y 方向上密布的红外线矩阵来检测并定位用户的触摸。红外线式触摸屏在显示器的前面安装一个电路板外框，电路板在屏幕四边排布红外发射管和红外接收管，一一对应形成横竖交叉的红外线矩阵。用户在触摸屏幕时，手指会挡住经过该位置的横竖两条红外线，因而可以判断出触摸点在屏幕中的位置。任何触摸物体都可以改变触点上的红外线而实现触摸屏操作。

4．表面声波触摸屏

表面声波是超声波的一种，是在介质（如玻璃或金属等刚性材料）表面浅层传播的机械能量波。通过楔形三角基座（根据表面波的波长严格设计），可以做到定向、小角度的表面声波能量发射。表面声波性能稳定、易于分析，并且在横波传递过程中具有非常尖锐的频率特性，近年来在无损探伤、造影和退波器方面应用发展很快。表面声波触摸屏的触摸屏部分可以是平面、球面或柱面，安装在 CRT、LED、LCD 或是等离子显示器屏幕的前面。玻璃屏的左上角和右下角各固定竖直和水平方向的超声波发射换能器，右上角则固定两个相应的超声波接收换能器。玻璃屏的四个周边刻有 45°角由疏到密间隔非常精密的反射条纹。

14.1.3　各类型触摸屏的优缺点比较

表 14-1 给出了各类型触摸屏的优缺点比较。

表 14-1　各类型触摸屏的优缺点比较

类　　型	优　　点	缺　　点
电阻式触摸屏	高解析度，高速传输反应。具有表面硬度处理，可以减少擦伤和刮伤。经过防化学处理、光面及雾面处理。一次校正，稳定性高。不怕灰尘和水气，可以用任何物体来触摸	使用稍微费力，用力过度会损坏触摸屏，电阻式触摸屏的复合薄膜的外层采用塑胶材料，不知道的人太用力或使用锐器触摸可能划伤整个触摸屏而导致报废
电容式触摸屏	灵敏度高，易于实现多点触控	当环境温度、湿度改变时，环境电场发生改变时，会引起电容屏的漂移，造成不准确。用戴手套的手或手持不导电的物体触摸时没有反应
红外线式触摸屏	红外触摸屏不受电流、电压和静电干扰，适合恶劣的环境条件	分辨率低，触摸方式受限制，易受环境干扰而误动作，光照变化较大时会误判甚至死机
表面声波触摸屏	清晰度较高，透光率好，高度耐久，抗刮伤性良好（相对于电阻、电容等有表面度膜），反应灵敏，不受温度、湿度等环境因素影响，分辨率高，寿命长，透光率高，能保持清晰透亮的图像质量，没有漂移，只需安装时一次校正，有第三轴（即压力轴）响应，目前在公共场所使用较多	需要经常维护，灰尘、油污甚至饮料的液体沾污在屏的表面，都会阻塞触摸屏表面的导波槽，使波不能正常发射，或使波形改变而控制器无法正常识别，从而影响触摸屏的正常使用，用户需严格注意环境卫生。必须经常擦抹屏的表面以保持屏面的光洁，并定期进行一次全面彻底的擦除

14.2　FSIOT_A 实验设备使用的串口屏简介

14.2.1　串口配置

FSIOT_A 使用的串口屏为迪文公司 7 寸工业级串口屏，属于电阻式触摸屏，24 位色，分辨率为 800×480。图片最终保存格式为.bmp，需要用迪文公司提供的工具下载图片和控制指令。先利用 SysDef 软件 [DWIN SysDef.exe] 对图片进行编辑，包括控制区域及控制指令编号设置，生成.bin 文件；然后使用迪文演示助手 [v55 (11.12.21).exe 迪文串口开发演示.] 下载图片和.bin 文件到串口屏。具体操作见迪文触控界面使用说明视频 [迪文触控界面使用说明 .wmv 文件]。

14.2.2　串口屏工作模式

迪文科技所有标准 HMI 产品均采用异步、全双工串口（UART），串口模式为 8n1，即每个数据传送采用 10 个位：1 个起始位，8 个数据位（低位在前传送），1 个停止位。表 14-2 给出了串口的数据帧格式。

上电时，如果终端的 I/O0 引脚为高电平或者浮空状态，串口波特率由用户预先设置，范围为 1200～115200bps，具体设置方法参考 0xE0 指令。

上电时，如果终端的 I/O0 引脚为低电平，串口波特率固定在 921600bps。

表 14-2　串口数据帧格式

数据块	1	2	3	4
举例	0xAA	0x70	0x01	0xCC 0x 33 0x C3 0 0x3C
说明	帧头，固定为 0xAA	指令	数据，最多 248Byte	帧结束符（帧尾）

14.2.3　通信帧缓冲区（FIFO）

迪文 HMI 有一个 24 帧的通信帧缓冲区，通信帧缓冲区为 FIFO（先进先出存储器）结构，只要通信缓冲区不溢出，用户可以连续传送数据给 HMI。

迪文 HMI 有一个硬件引脚（用户接口中的"BUSY 引脚"）指示了 FIFO 缓冲区的状态，正常时，BUSY 引脚为高电平（RS-232 电平为负电压），当 FIFO 缓冲区只剩下一个帧缓冲区时，BUSY 引脚会立即变成低电平（RS-232 电平为正电压）。

对于一般的应用，由于迪文 HMI 的处理速度很快，用户用不着判断 BUSY 信号状态。

但对于短时间需要传送多个数据帧的应用，如一次需要高速刷新上百个屏幕参数，建议客户使用 BUSY 信号来控制串口发送，当 BUSY 信号为低电平时，就不要发送数据给 HMI 了。

字节传送顺序：迪文 HMI 的所有指令或者数据都是十六进制（HEX）格式；对于字型（2 字节）数据，总是采用高字节先传送（MSB）方式。例如，X 坐标为 100，其 HEX 格式数据为 0x0064，传送给 HMI 时，传送顺序为 0x00 0x64。

传送方向：在迪文 HMI 上，指令控制传送方向如图 14-1 所示。

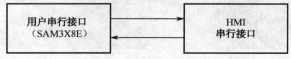

图 14-1　指令控制传送方向

下行（Tx）：用户发送数据给 HMI，数据从 HMI 用户接口的"DIN 引脚"输入；
上行（Rx）：HMI 发送数据给用户，数据从 HMI 用户接口的"DOUT 引脚"输出。
对于串口屏操作的具体指令在迪文 HMI 指令集中详细给出，这里不再赘述。

14.3　串口屏部分应用接口电路

FSIOT_A 中 mainboard 板通过串口与串口屏进行通信，其接线图如图 14-2 所示。

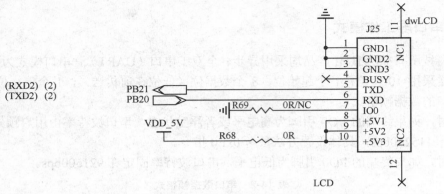

图 14-2　串口屏接线图

14.4　串口屏例程

串口屏例程部分不再介绍如何制作图片及加载图片。图 14-3 给出的是串口屏调试界面，各种开关事先规划好区域，当触摸到该区时则产生控制命令。

图 14-3　串口屏调试界面

主程序：主要是系统时钟配置，板级初始化，调用 screen_test()函数。

```
int main(void)
{
    sysclk_init();
    board_init();                    //引脚初始化
    borad_source_init();             //板级初始化
    while(1)
    {
        screen_test();
```

```
      }
  }
```

串口中断里加入查询方式来判断采集数据（if(ul_status & US_CSR_RXRDY)），将采集的串口触摸屏数据存放于rcv[100]中。

```
#define USART_Handler        USART2_Handler
void USART_Handler(void)
{
  volatile unsigned int j=0;
  uint32_t ul_status;
    /* 读串口状态 */
    ul_status = usart_get_status(BOARD_USART);
    memset(rcv,sizeof(rcv),0);
    /* 获取数据 */
    for(j=0; j<300; j++)
    {
     ul_status = usart_get_status(BOARD_USART);
     if (ul_status & US_CSR_RXRDY) {
       usart_getchar(BOARD_USART, &gs_us_read_buffer);
       rcv[len]=gs_us_read_buffer;
       len++;
     }
    }
    rx_frame = 1;              //置标志位，串口屏与SAM3X8E完成数据交互
    len = 0;
}
```

screen_test()串口屏执行函数：串口屏测试，主要是灯的控制及电视、空调的操作。

这里简单介绍一下 DWIN_70()和 DWIN_71()，这些函数是迪文公司提供的串口屏驱动，DWIN_70()用于图片显示，DWIN_71()用于图标显示，指具体的局部图片。

DWIN_6F()显示 24×24 点阵的内码汉字字符串（ASCII 字符以半角 12×24 点阵显示）。

```
void DWIN_70 (u16 ID)
{
       TXBYTE(0xAA);    //通信帧头
       TXBYTE(0x70);
       if(ID>0xFF){TXBYTE(ID/256);}
       TXBYTE(ID%256);
       DWIN_END ();
       DWIN_END 部分是下面/**/内，是结束的标志
/*TXBYTE(0xCC);
       TXBYTE(0x33);
       TXBYTE(0xC3);
       TXBYTE(0x3C);*/
}
```

测试程序：

```
void screen_test(void)
{
  if(rx_frame == 1)
        {
        rx_frame = 0;
        printf("rcv[0]= %x ,rcv[1]=%x,rcv[2]=%x,rcv[3]=%x,rcv[4]= %x\r\n",
                                rcv[0],rcv[1],rcv[2],rcv[3],rcv[4]);
        delay_ms(500);
        if(rcv[1] == 0x78)
          {
            switch(rcv[3])
            {
             case 0x00:            //灯开关控制，开关次序轮流
                if(led_flag)
                {
                DWIN_6F(100,100,"led on!",0);
                delay_ms(500);
                DWIN_70(100);
                DWIN_71(40,540,0,691,466,540,0);
                }
                else
                {
                DWIN_6F(100,100,"led off!",0);
                delay_ms(500);
                DWIN_70(100);
                DWIN_71(37,540,100,691,466,540,100);
                }
                led_flag = ~(led_flag & 0x01) & 0x01;
                printf("out\n\r");
                break;
            case 0x05: //电视控制
                if(tv_flag)
                {
                DWIN_6F(100,100,"tv close!",0);
                delay_ms(500);
                DWIN_70(100);
                DWIN_71(37,400,215,470,270,400,215);
                }
                else
                {
                  DWIN_6F(100,100,"tv open!",0);
                  delay_ms(500);
                  DWIN_70(100);
```

```
                DWIN_71(40,400,215,470,270,400,215);
            }
        tv_flag = ~(tv_flag &0x01)&0x01;
        break;
      case 0x06://开空调
        DWIN_6F(100,100,"air condition open!",0);
        delay_ms(500);
        DWIN_70(58);
        break;
      case 0x63://关空调
        DWIN_6F(100,100,"air condition close!",0);
        delay_ms(500);
        DWIN_70(100);
      default:
      break;
      }
    }
  }
}
```

14.5 本章习题

1. 了解串口屏原理及应用实例，并说明该应用场合的选用原因。
2. 简述触摸屏分类和各自特点。
3. 掌握使用串口屏开发的流程。

第 15 章　物联网智能家居综合案例

15.1　引言

15.1.1　项目背景

近年来，国内互联网的快速发展，不断地改变着人们的生活和工作方式，物联网的相关概念也随之进入了人们的视线。物联网的实质是把所有物品通过射频识别等信息传感设备与互联网连接起来，实现智能化识别和管理。物联网的发展趋势不容小觑，它将在人类的生活和生产中起到越来越重要的作用。

物联网将是一个巨型产业，它将传统工业带入一个新的阶段。现如今，快速发展如智慧城市、车联网、智能农业、智能医疗等都属于物联网的范畴，智能家居也是其中的一部分，智能家居的普及和推广将有着深远的意义，使用智能家居系统将给人们的生活方式带来变革。

目前，我国正处于高速发展的城市化进程中，人们的居住条件也在不断提升，别墅群体在各个城市已经屡见不鲜，而别墅房型众多，功能也有差异，如大客厅、小客厅、大餐厅、早餐厅、大小卧室、儿童房、健身房、桑拿房、影音房、中厨西厨、雪茄吧、庭院、花园、阳光房及车库等，这么多的房间就会有各种式样的照明设备、电动窗帘、热水循环系统、新风系统、净水系统、除尘系统、家庭影院系统、安防系统、背景音乐系统等。按照传统的控制方式使用这些设备已经不符合现代科技生活的理念，需要对这些设备进行集中控制，让这些原本互不相干的子系统按照主人的生活习惯和不同的生活场景自动地协同工作，共同营造一种尊贵、舒适、健康、节能的生活环境。

除了别墅群体外，小户型也是城镇中比较常见的居住场所。在小户型中使用智能家居系统，可以让原本的生活显得更加精致。小户型中有门厅、过道、客厅、厨房、卧室、阳台及需要的照明系统、电动窗帘、热水系统、通风系统、安防系统、家庭影院、日常管理等系统，这些系统都可以进行简约设计，打造出整洁舒适的居家环境。

Atmel 公司的 Cortex-M 系列处理器、ZigBee 通信技术及 Wi-Fi 解决方案等在物联网系统中有着广泛的应用前景与技术优势，必将在智能家居系统中全面使用。

15.1.2　术语及缩略语的定义

ZigBee：一种新兴的短距离通信技术。
RFID：射频识别技术。
WSN：无线传感网。
IOT：物联网的一个别称。
Wi-fi Direct：Wi-Fi 点对点通信模式。

15.2 系统概述

15.2.1 系统功能

FSIOT_A 使用基于 Atmel 先进的软硬件方案，将物联网的概念与应用很好地展现出来。从物联网架构中下面的感知层到上级的网络层、应用层，在整个项目中都会得到充分的体现。

系统主要有以下几个单元组成。

（1）传感单元（Sensors 板）。

（2）执行单元（Excute 板）。

（3）网关板单元（Mainboard 板）。

（4）交互控制单元（串口屏和平板终端）。

（5）ZigBee 转红外板单元。

系统功能框图如图 15-1 所示。

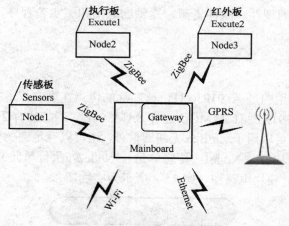

图 15-1　系统功能框图

系统利用 Node1 上的各种传感器实现对外界环境信息的"感知"，然后通过 ZigBee Module 无线传感模块将信号传递到 Mainboard。Mainboard 上带有触控功能的显示屏，实时显示信息，控制 Node2 执行单元动作，Node3 可以控制红外家电。平台的 Wi-Fi、GPRS、Ethernet 允许用户可以远程监控这些信息。当外界环境出现异常状况时，系统会向用户发出报警提示信息。此外，RFID 模块会做好对人物信息的登记，以便查询。

15.2.2 性能说明

该系统具有安全性、高效性、操作方便性等特点，除此之外，还体现出了物联网的物物相连的概念，真正实现一个智能的物联网平台。

15.3　系统硬件设计

FSIOT_A 开发平台采用 Atmel 公司先进的基于 Cortex-M3 内核的 SAM3S4B 与 SAM3X8E 处理器设计而成，提供了一套完整的物联网解决方案。此开发平台主要有 4 个重要组成部分：传感单元、网关板单元、交互控制单元及执行单元。

传感单元集成多种传感器，主要有温湿度传感器、烟雾传感器、磁门传感器、光敏传感器、三轴加速度传感器等，利用多个传感器与 ZigBee 主控单元的交互将数据信息传送到上层单元。

执行单元集成数码管、ISD1760 语音模块、蜂鸣器、PWM 风扇等，利用模块与 ZigBee 主控单元的交互接收来自上级单元的命令并完成相应的操作。

人机交互部分由 7 寸工业串口触摸屏和 Android 智能终端组成。

红外板是 ZigBee 转红外模块。

网关板单元作为平台核心所在，进行数据的接收、分析与处理。其上有 GPRS 模块、Wi-Fi 模块、RFID 射频模块和 ZigBee 模块。

开发平台具有丰富的硬件和软件资源，提供物联网相关实验程序，适合用做物联网教学及工程师研发的参考平台。

15.3.1　ZigBee 模块

ZigBee 收发芯片采用的是 AT91RF231，该芯片的优点在于它在进行无线传输时，功耗较小，距离很远。控制 AT91RF231 的 MCU 选择 SAM3S4B。该芯片有 256KB Flash 及 64pin 引脚。此 ZigBee 模块除了可以用于 ZigBee 无线通信外，还可以有足够的资源用于信息采集和外设控制，因此 ZigBee 模块也是 Node1（传感单元）、Node2（执行单元）及红外板的主控单元。如图 15-2 所示是 ZigBee 模块电路图，图 15-3 所示为实物图。

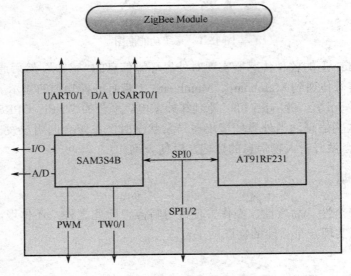

图 15-2　ZigBee 模块电路图

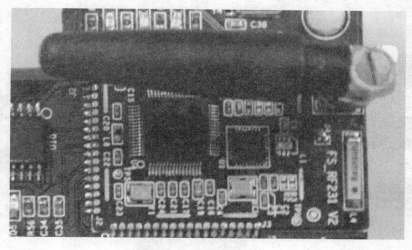

图 15-3 ZigBee 实物图

15.3.2 Node1 传感板

Node1 传感板模块的组成如图 15-4 所示。表 15-1 给出了 Node1 传感板的组件名称和对应型号。

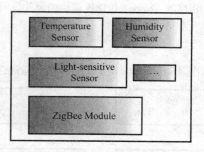

图 15-4 Node1 传感板模块的组成

表 15-1 Node1 传感板的组件名称和对应型号

组 件 名 称	型 号
ZigBee Module	使用 15.3.1 节描述的模块
Temperature Sensor	DHT11
Humidity Sensor	
Light Sensor	ISL29003
Triaxial Accelerometer Sensor	MMA7455
Gas Sensor	
Magnetic Sensor	

Node1 完成的功能主要有温湿度信息的采集、光照信息的采集、三轴加速度信息的采集、烟雾浓度的采集、门状态的采集及数据信息的发送等。如图 15-5 所示为传感板模块的硬件说明。

物联网应用开发详解——基于ARM Cortex-M3处理器的开发设计

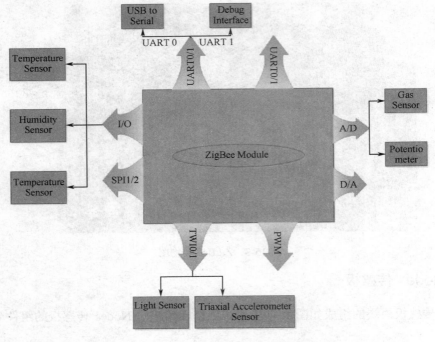

图 15-5　Node1 传感板模块的硬件说明

15.3.3　Node2 执行板

Node2 执行板模块的组成如图 15-6 所示。表 15-2 给出了 Node2 执行板的组件名称和对应型号。

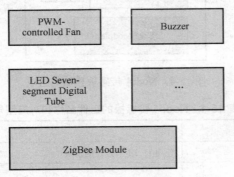

图 15-6　Node2 执行板模块的组成

表 15-2　Node2 执行板模块的组件名称和对应型号

组 件 名 称	型 号
ZigBee Module	使用 15.3.1 节描述的模块
Buzzer	3V 有源蜂鸣器
PWM-controlled Fan	可控、带速度反馈的风扇
LED Seven-segment Digital Tube	七段数码管
The Pronunciation Module	ISD1760

Node2 实现的功能有数码管的操作、风扇的操作、蜂鸣器报警、语音播放等。如图 15-7 所示为执行板模块的硬件说明。

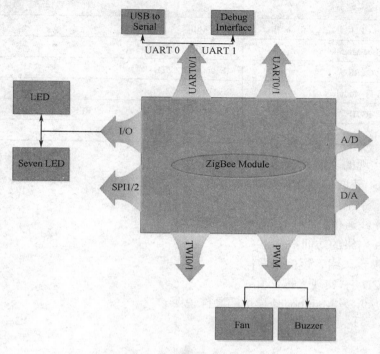

图 15-7　Node2 执行板模块的硬件说明

15.3.4　Node3 红外板

Node3 红外板数据交互如图 15-8 所示。红外板结构相对简单，主要功能有两个，一是接收 ZigBee 控制信号，二是将 ZigBee 的信号解析并发送红外码，控制红外设备。红外学习模块需要事先学习红外指令，然后再进行实际控制。

15.3.5　Mainboard 网关板

Mainboard 模块的组成如图 15-9 所示。表 15-3 给出了 Mainboard 模块的组件名称和对应型号。

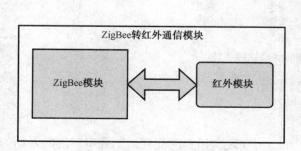

图 15-8　Node3 红外板数据交互

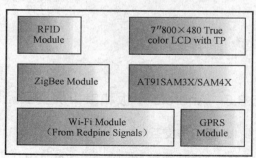

图 15-9　Mainboard 模块的组成

表 15-3　Mainboard 模块的组件名称和对应型号

组 件 名 称	型 号
CPU	SAM3X8E
ZigBee Module	使用 15.3.1 节描述的模块
GPRS	ME3000_V2（ZTE）
Wi-Fi Module	RS9110-N-11-22-01
RFID	13.56M 支持 ISO14443 TypeA 的 RFID 模块，SPI 接口
LCD/TP	7″ 800×480 工业串口屏，带触摸

Mainboard 实现的功能如下：

☐　从 Node1 获取信息并进行处理；

☐　发送命令控制 Node2 执行单元；

☐　Wi-Fi 无线通信；

☐　Ethernet 网络的访问；

☐　GPRS 模块入网、短信收发；

☐　通过 LCD/TP 实现人机交互；

如图 15-10 所示为 Mainboard 模块的硬件说明。

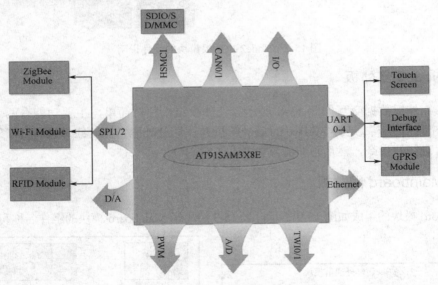

图 15-10　Mainboard 模块的硬件说明

15.3.6　Android 平板和串口屏交互控制单元

1．串口屏交互

Mainboard 通过 7″ 带触摸 800×480 工业串口屏实现与用户的交互。工业串口屏的界面如图 15-11 所示。

图 15-11　工业串口屏界面

2．Android 智能终端交互

Android 智能手机与平板电脑作为交互的终端存在，通过 Wi-Fi 网络与 Mainboard 相连。既可以接收来自传感单元的实时数据，又可以以语音的方式对执行单元及 Mainboard 进行控制。

15.4　无线通信方案

整个系统中，涉及网络传输的几个重要的无线通信模块有 Wi-Fi 模块、ZigBee 模块、GPRS 模块。这里主要介绍这几个模块的特性。

（1）Wi-Fi 模块。Wi-Fi 模块采用了 RS9110-N-11-22-01，可通过 SPI、UART 访问，适合于 MCU 应用。

（2）ZigBee 模块。AT91RF231 的电压范围为 1.8～3.6V，灵敏度为-100dBm，输出功率为 3dBm，可在各种应用中延长电池寿命。该收发器的电流消耗量是 13.8mA，还具有 11.8mA 的接收器电流消耗量及天线分集和 AES 加密特性，所有这些特性在为大批量消费性应用提供功能强大的无线收发器方面具有重要的作用。

（3）GPRS 模块。选用中兴的 ME3000_V2 模块，具有内置 TCP/IP 协议、支持发送网络数据包及中英文短信收发等特点。

15.5　系统软件设计

15.5.1　Node1 传感板的软件设计

如图 15-12 所示为传感板程序设计流程图。

物联网应用开发详解——基于ARM Cortex-M3处理器的开发设计

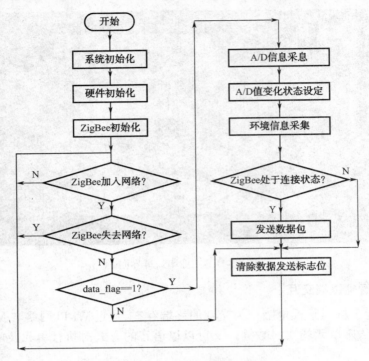

图 15-12　传感板程序设计流程图

在系统启动后，通过系统定时器对系统进行控制。在系统定时器处理函数中，进行 data_flag 标志的置 1 操作。

```
void SysTick_Handler( void )
{
 TimeTick_Increment() ;
 adc_counter++;
 ms++;
 if(ms >= 1000)
 {
   data_flag = 1;
   ms = 0;
 }
}
```

在主程序中检测到标志位后，进行 A/D 值的读取，然后将读取的 A/D 值与之前保存的值进行比较，如果前后的 A/D 值发生改变，则将所发送数据包中的最后一位信息 adc_flag 置 1；若没有发生改变，则标志位不改变；然后再进行其他数据信息的采集。

传感单元通过循环不断地采集各种传感信息（温度、湿度、光照强度、烟雾浓度、三轴加速度、A/D 转换结果、门状态值等），利用 ZigBee 网络向上提交数据。

1. ZigBee 节点配置

（1）网络状态初始化。在整个程序流程中，通过若干个标志位的改变，实现对 ZigBee 网络的控制。

326

```
typedef enum _AppState_t
{
  APP_INITIAL_STATE,
  APP_JOINING_STATE,
  APP_JOINED_STATE,
  APP_LEAVE_STATE,
  APP_LEAVING_STATE,
} AppState_t;
```

程序开始时，设置网络状态为 APP_INITIAL_STATE。

（2）网络配置。ZigBee 节点要完成相互通信，双方要设置相同的终端节点。

```
static SimpleDescriptor_t dataEndpoint =
{
  .endpoint           = APP_DATA_ENDPOINT,
  .AppProfileId       = APP_PROFILE_ID,
  .AppDeviceId        = APP_DEVICE_ID,
  .AppDeviceVersion   = APP_DEVICE_VERSION,
  .Reserved           = 0,
  .AppInClustersCount = 0,
  .AppInClustersList  = NULL,
  .AppOutClustersCount = 0,
  .AppOutClustersList = NULL,
};
```

然后对数据请求的相关项进行设置：

```
apsDataReq.dstAddrMode = APS_SHORT_ADDRESS;          //设置地址模式
apsDataReq.dstAddress.shortAddress = 0;
apsDataReq.profileId = APP_PROFILE_ID;
apsDataReq.dstEndpoint = APP_DATA_ENDPOINT;          //终端节点
apsDataReq.clusterId = APP_CLUSTER_ID;
apsDataReq.srcEndpoint = APP_DATA_ENDPOINT;
apsDataReq.asdu = (uint8_t *)sensor_buf;
apsDataReq.asduLength = sizeof(sensor_buf);          //数据缓冲区
apsDataReq.txOptions.acknowledgedTransmission = 0;
apsDataReq.radius = 0;
apsDataReq.APS_DataConf = apsDataReqConf;            //数据发送回调函数
```

（3）网络加入。ZigBee 模块通过网络定时器对网络进行检测并加入到网络。
设置定时器：

```
static void startNetwork(void)
{
  blinkTimer.interval = BLINK_TIMER_INTERVAL;
  blinkTimer.mode     = TIMER_REPEAT_MODE;
  blinkTimer.callback = blinkTimerFired;
  HAL_StartAppTimer(&blinkTimer);
  startNetworkReq.ZDO_StartNetworkConf = ZDO_StartNetworkConf;//网络状态回调函数
  ZDO_StartNetworkReq(&startNetworkReq);
}
```

在程序中进行网络回调函数的注册。该函数会定时返回网络状态，直到加入到网络为止。

```
static void ZDO_StartNetworkConf(ZDO_StartNetworkConf_t* conf)
{
 HAL_StopAppTimer(&blinkTimer);
 if (ZDO_SUCCESS_STATUS == conf->status)                      //成功加入到网络
 {
   LED_Set(APP_LED_1);
   appState = APP_JOINED_STATE;                    //网络确认后，改变 appState 的状态
   registerDataEndpointReq.simpleDescriptor = &dataEndpoint;
   registerDataEndpointReq.APS_DataInd = APS_DataIndData; //设置事件驱动函数
   APS_RegisterEndpointReq(&registerDataEndpointReq);
 }
 else
 {
   appState = APP_JOINING_STATE;

 }
 SYS_PostTask(APL_TASK_ID);//投递任务系统去执行 APL_TaskHandler()一次
}
```

（4）网络退出。在网络建立之后，每隔一段时间向上层发送数据信息，在每次发送信息之后，会对应一个回调函数，当数据没有发送成功时，说明节点失去网络。

```
static void apsDataReqConf(APS_DataConf_t *conf)
{
 if(APS_SUCCESS_STATUS != conf->status)
 {
    netFail_counter++;
    if(netFail_counter >= 3)
    {
     LED_Clear(APP_LED_1);
     appState = APP_LEAVE_STATE;
     SYS_PostTask(APL_TASK_ID);
    }
    else
     printf("send fail\r\n");
 }
 else
   netFail_counter = 0;
}
```

状态设置为 APP_LEAVE_STATE 之后，调用 leaveNetwork 完成退出网络的操作。

```
static void leaveNetwork(void)
{
 ZDO_MgmtLeaveReq_t *zdpLeaveReq = &leaveReq.req.reqPayload.mgmtLeaveReq;
 LED_Clear(APP_LED_1);
 appState = APP_LEAVING_STATE;
 SYS_PostTask(APL_TASK_ID);
 leaveReq.ZDO_ZdpResp = zdpLeaveResp;
```

```
  leaveReq.reqCluster = MGMT_LEAVE_CLID;
  leaveReq.dstAddrMode = EXT_ADDR_MODE;
  leaveReq.dstExtAddr = SELF_LEAVING_EXT_ADDR;
  zdpLeaveReq->deviceAddr = 0;
  zdpLeaveReq->rejoin = 1;
  zdpLeaveReq->removeChildren = 1;
  zdpLeaveReq->reserved = 0;
  ZDO_ZdpReq(&leaveReq);
}
```

2. 温湿度信息采集

温湿度信息的采集由下面的函数完成。

```
uint32_t Read_Temp_Hum(uint8_t *temp, uint8_t *hum)
{
  uint32_t  cnt_last;
  uint8_t   hum_10, hum_01, temp_10, temp_01, chksum, chk;
  uint32_t  tc1, tc;
  uint32_t  i;
  PIO_Configure(&hum_pin_output1, 1) ;        // 配置为输出
  PIO_Set(&hum_pin_output1);
  pa6_counter = 0;
  cnt_last = pa6_counter;
  SetTemIntType(2);                           // 关闭中断
  PIO_Configure(&hum_pin_output1, 1) ;        // 配置为输出
  PIO_Clear(&hum_pin_output1);
  delay_ms(30);
  PIO_Configure( &hum_pin_input, 1 ) ;        // 配置为输入
  for(i=0; i<3; i++)
  {
    SetTemIntType(i&0x01);                    // 使能中断
    while(pa6_counter == cnt_last);
    cnt_last = pa6_counter;
  }
  for(i=0; i<40; i++)
  {
    SetTemIntType(1);                         // 使能上升沿中断
    while(pa6_counter == cnt_last);
    cnt_last = pa6_counter;
    tc1 = pa6_tc;
    SetTemIntType(0);                         // 使能下降沿中断
    while(pa6_counter == cnt_last);
    cnt_last = pa6_counter;
    if(pa6_tc < tc1)
    {
      tc = tc1 - pa6_tc;
    }
    else
    {
      tc = 64000 - (pa6_tc - tc1);
```

```
    }
    if(i < 8)                              //读取I/O线上的数据
    {
      hum_10 <<= 1;
      if(tc >= 3200)
        hum_10 |= 0x01;
    }
    else if(i < 16)
    {
      hum_01 <<= 1;
      if(tc >= 3200)
        hum_01 |= 0x01;
    }
    else if(i < 24)
    {
      temp_10 <<= 1;
      if(tc >= 3200)
        temp_10 |= 0x01;
    }
    else if(i < 32)
    {
      temp_01 <<= 1;
      if(tc >= 3200)
        temp_01 |= 0x01;
    }
    else
    {
      chksum <<= 1;
      if(tc >= 3200)
        chksum |= 0x01;
    }
  }
  SetTemIntType(1);                        //设置上升沿触发中断
  while(pa6_counter == cnt_last);
  SetTemIntType(2);                        //关中断
  *temp = temp_10;
  *(temp+1) = temp_01;
  *hum = hum_10;
  *(hum+1) = hum_01;
  chk = hum_10;                            //校验码的计算
  chk += hum_01;
  chk += temp_10;
  chk += temp_01;
  if(chk == chksum)
    return 1;
  else
    return 0;
}
```

温湿度信息的采集是通过 I/O 单总线完成的,通过对时间的控制及中断触发方式的不断变换实现。

对中断触发方式的设置模块需要格外注意,程序如下:

```
void SetTemIntType(uint8_t type)
{
    switch (type)
    {
        case 0:                    //下降沿中断设置
          memset(mode,0xff,sizeof(mode));
          mode[6] = IRQ_FALLING_EDGE ;
          HAL_UnregisterIrq(IRQ_PORT_A);
          HAL_RegisterIrq(IRQ_PORT_A,mode, PIOA_Handler);
          HAL_EnableIrq(ID_PIOA);
          break;
        case 1:                    //上升沿中断设置
          memset(mode,0xff,sizeof(mode));
          mode[6] = IRQ_RISING_EDGE;
          HAL_UnregisterIrq(IRQ_PORT_A);
          HAL_RegisterIrq(IRQ_PORT_A,mode, PIOA_Handler);
          HAL_EnableIrq(ID_PIOA);
          break;
        case 2:                    //关闭中断
          memset(mode,0xff,sizeof(mode));
          mode[6] = IRQ_IS_DISABLED ;
          HAL_UnregisterIrq(IRQ_PORT_A);
          HAL_RegisterIrq(IRQ_PORT_A,mode, PIOA_Handler);
          break;
    default:
        break;
    }
}
```

可以看到,在每次需要进行相同引脚的不同触发方式的控制之前,需要将原先设置的中断的触发方式注销,然后才能进行新的触发方式的注册。

3. 门磁状态的采集

门磁状态只需要采集与门磁传感器连接的引脚的状态即可,然后设置相应的标志。

```
if(PIO_Get(&pinFlux) == 1)
        {
           data_send.flux = 1;
        }
        else
          data_send.flux = 2;
```

4. A/D 转换及烟雾传感器信息的采集

烟雾传感器是通过 A/D 转换获取信息的,因此需要了解 A/D 转换的过程。

（1）A/D 初始化。

```
void AD_Init(void)
{
  uint16_t pck ;
   pck =  CLOCK_GetCurrPCK();                        //获取 MCK 频率
   PMC_EnablePeripheral(ID_ADC);
   PIO_Configure(&AD_PIN,1);                         //引脚配置
   PIO_Configure(&AD_PIN2,1);
   ADC_Initialize(ADC, ID_ADC);
   ADC_EnableChannel( ADC, ADC_CHANNEL_9);           //使能 A/D 转换通道
   ADC_EnableChannel( ADC, ADC_CHANNEL_7);
   ADC_CfgTiming(ADC,0,0,0);
   ADC_cfgFrequency(ADC,0,0);                         //12MHz
   ADC_CfgTrigering(ADC,0,6,0);
   ADC_CfgLowRes(ADC,0);                              //12bit 精度
   ADC_CfgChannelMode(ADC,0,1);
   ADC_EnableIt(ADC,1u<<24);
   ADC_check(ADC,pck * 1000000);
}
```

（2）A/D 转换及数据读取。

```
ADC_StartConversion(ADC);
    adcs = 0xfff & ADC_GetConvertedData(ADC,ADC_CHANNEL_9);
    adc  =  adcs * 3300 / 4095;
```

5．光敏信息及三轴加速度信息采集

光敏传感器及三轴加速度传感器接在 MCU 的 I^2C 总线上，通过这两个传感器数据的获取可以了解 I^2C 总线的操作过程。以光敏信息采集为例，了解 I^2C 操作过程。

（1）光敏传感器初始化。

```
void Light_init(void)
{
  TWI_ConfigureMaster(TWI0, 100000, 64000000); //I²C 总线时钟配置
  light_init();
  light_enable();
  light_setRange(LIGHT_RANGE_4000);
}
```

对传感器使能及设置的函数实质上都是利用 I^2C 总线向模块写入数据完成的。

```
void light_enable (void)
{
   uint8_t buf[2];
   buf[0] = ADDR_CMD;
```

```
    buf[1] = CMD_ENABLE;
    I2CWrite(LIGHT_I2C_ADDR, buf, 2);                    //传入传感器的地址及命令
    range = RANGE_K1;
    width = WIDTH_16_VAL;
}
```

通过 I^{2}C 写实现：

```
    static  uint32_t  twi_master_write(Twi  *p_twi,uint32_t  length  ,uint8_t
*buf ,uint8_t addr)
    {
        uint32_t status, cnt = length;
        if (cnt == 0) {
            return -1;
        }
        /*设置写入模式，从机地址和 3 个内部地址字节长度*/
        p_twi->TWI_MMR = 0;
        p_twi->TWI_MMR = TWI_MMR_DADR( addr);
        /*设置别的器件内部地址 */
        p_twi->TWI_IADR = 0;
        while (cnt > 0) {
            status = p_twi->TWI_SR;              //读状态寄存器
            if (status & TWI_SR_NACK) {
                return -2;
            }
            if (!(status & TWI_SR_TXRDY)) {//等待发送准备好
                continue;
            }
            p_twi->TWI_THR = *buf++;              //向发送保持寄存器中写入数据
            cnt--;
        };
        p_twi->TWI_CR = TWI_CR_STOP;          //发送结束信号
        while (!(p_twi->TWI_SR & TWI_SR_TXCOMP)) {
        }
        p_twi->TWI_SR;
        return 0;
    }
```

15.5.2　Node2 执行板

Node2 执行板的程序设计流程图如图 15-13 所示。

执行单元 ZigBee 网络的建立过程与传感单元 ZigBee 网络的建立过程相似，在此不再赘述。这里主要介绍执行单元上模块的各种操作。

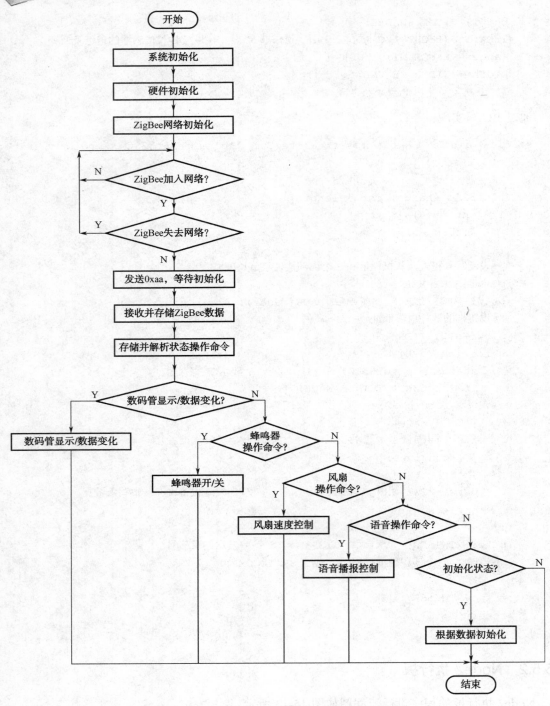

图 15-13　Node2 执行板的程序设计流程图

1. 执行函数 process_dev

在事件驱动函数中执行单元接收数据，并进行命令的解析及执行。

```
static void APS_DataIndData(APS_DataInd_t *ind)
{
  memset(execute_buf,0,sizeof(execute_buf));
  memcpy(execute_buf,ind->asdu, sizeof(execute_buf));
  process_dev(execute_buf);
}
```

函数 process_dev 根据收到的数据进行对不同模块的操作。

```
void process_dev(unsigned char dev[])
{
    switch(dev[0])
    {
      case 0 :                                //数码管
        disply_num(dev[1]);
        break ;
      case 1 :                                //蜂鸣器
        buzz_op(dev[1]);
        break ;
      case 2 :                                // 风扇
        switch (dev[1])
        {
        case 0 :
          fan_speed(0);                        //关风扇
          break ;
        case 1 :
          fan_speed(30);                       //一级风
          break ;
        case 2 : // off fan
          fan_speed(60);                       //二级风
          break ;
        case 3:
          fan_speed(90);                       //三级风
          break ;
        }
        break ;
      case 3 :                                 //语音
        ISD1760_RunTask(dev[1],dev[2]);
        break ;
      case 4:
      printf("resume\r\n");
        resume_state(&execute_buf[1]);         //状态恢复
        break;
    }
}
```

2．数码管和蜂鸣器操作

执行板上数码管和蜂鸣器的操作通过对 I/O 引脚的设置完成，通过高低电平的变化控制数码管数字的显示及蜂鸣器的开关操作。

例如，数码管显示 1 与 2 的代码为：

```
case 0x01:
            PIO_Set  (&digital_num[0]);//对数码管的 7 个段进行控制
            PIO_Clear(&digital_num[1]);
            PIO_Clear(&digital_num[2]);
            PIO_Set  (&digital_num[3]);
            PIO_Set  (&digital_num[4]);
            PIO_Set  (&digital_num[5]);
            PIO_Set  (&digital_num[6]);
            PIO_Set  (&digital_num[7]);
            break;
case 0x02:
            PIO_Clear(&digital_num[0]);
            PIO_Clear(&digital_num[1]);
            PIO_Set  (&digital_num[2]);
            PIO_Clear(&digital_num[3]);
            PIO_Clear(&digital_num[4]);
            PIO_Set  (&digital_num[5]);
            PIO_Clear(&digital_num[6]);
            PIO_Set  (&digital_num[7]);
            break ;
```

3. PWM 风扇操作

（1）进行 PWM 的初始化。

```
void fan_bell_init(void)
{
   PMC_EnablePeripheral(ID_PWM);
   PIO_Configure( &pwm_fan, 1 );
   PWMC_DisableChannel( PWM, CHANNEL_PWM_SPEAKER);  //禁能通道
 PWMC_ConfigureChannel( PWM,CHANNEL_PWM_SPEAKER,PWM_CMR_CPRE_CLKA,0,1);//通道配置
   PWMC_ConfigureClocks(PWM_CMR_CPRE_CLKA , 0, BOARD_MCK);//配置 PWM 时钟
   PWMC_SetPeriod( PWM, CHANNEL_PWM_SPEAKER, 100);//设置周期
   PWMC_SetDutyCycle( PWM, CHANNEL_PWM_SPEAKER, 0);//设置占空比
   PWMC_EnableChannel( PWM, CHANNEL_PWM_SPEAKER);
}
```

（2）接收到改变风扇风速的命令后进行判断。

```
        switch (dev[1])
        {
        case 0 :
          fan_speed(0);
          break ;
        case 1 :
          fan_speed(30);
          break ;
        case 2 :
          fan_speed(60);
          break ;
        case 3:
          fan_speed(90);
```

风速的改变是通过改变占空比来完成的，通过形参 speed 传递：

```
void fan_speed(unsigned char speed)
{
    PWMC_SetDutyCycle( PWM, 2, speed);
}
```

4. 语音模块操作

语音模块是通过 I/O 模拟 SPI 总线实现的。

（1）模块初始化。

```
void ISD1760_Init(void )
{
    Isd1760_Configure( 3 );
    delay_ms(10);
    ISD_Reset();
    ISD_PU();           //上电指令
    ISD_ClrInt();
    delay_ms(10);
    printf("ID = %X\n",ISD_RDDevID() ); //读取芯片 ID, 1760 为 0xA0
    ISD_CHK_MEM();              //检查环状存储器存储地址是否首尾相连
                   //改变 1700 内部存储单元或是内部寄存器的指令前，都要加上这个指令
    ISD_WR_APC2(0x40); //写 APC 寄存器，后 3 位为音量，此处设为最大，0xA7 为最小设置
                       //0x10 为 mic 和 Analn 混合输入 AUD 和 SP 输出声音最大
                       //0x40 为默认值
                       //0x00 为只是 Analns 输入
    ISD_RDAPC();               //读 APC 寄存器
}
```

（2）根据不同命令执行不同操作。

```
void ISD1760_RunTask(unsigned char ISD1760_STATE,unsigned char sension)
{
    switch(ISD1760_STATE)
    {
    case 0: Erase_All();
            printf("Erase_All\n");
      break;
    case 1: ISD_REC();
            printf("ISD_REC\n");
      break;
    case 2: ISD_PLAY();
            printf("ISD_PLAY\n");
      break;
    case 3: ISD_Set_ERASE(sension);//按段擦除录制的声音
            printf("ISD_Set_ERASE(%d)\n",sension);
            printf("ISD_Set_REC(%d)\n",sension);
      break;
    case 4: ISD_SetPLAY(sension);//按段播放声音
        //   printf("ISD_SetPLAY(%d)\n",sension);
      break;
    default:
      break;
    }
}
```

15.5.3　Node3 红外板

红外单元 ZigBee 网络的建立过程与传感单元 ZigBee 网络的建立过程相似，在此也不再赘述。这里主要介绍一下红外单元模块的控制操作。如图 15-14 所示为红外板的程序设计流程图。

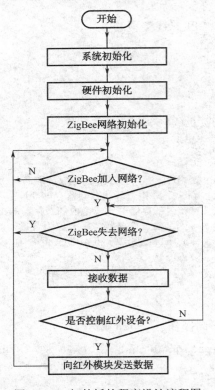

图 15-14　红外板的程序设计流程图

在红外板控制程序中，接收数据来自于 execute_buf[N]，调用形式为 process_dev(execute _buf)；获取执行红外函数的数据。

```
static void APS_DataIndData(APS_DataInd_t *ind)
{
  memset(execute_buf,0,sizeof(execute_buf));
  memcpy(execute_buf,ind->asdu, sizeof(execute_buf));
  process_dev(execute_buf);
printf("recv_buf=%X X %X\n\r",execute_buf[0],execute_buf[1],execute_buf[2]);
}
```

红外处理函数通过串口向红外模块发送指令，红外模块根据指令再将存储于红外模块内的红外指令通过发射管发射出去，去控制相应的红外设备，在 FSIOT_A 实验设备中，主要是控制学习型红外电源插座，从而控制设备电路的导通和截止。

```
void process_dev(unsigned char dev[])
{
```

```
        switch(dev[2])
        case 0:
         USART1_Write(USART1,0x49,0);
          printf("open the cution\n\r");
         break;
        case 1:
            USART1_Write(USART1,0x48,0);
          printf("close the coution\n\r");
            break;
        case 6:
          printf("open the led\n\r");
          USART1_Write(USART1,0x40,0);
          break;
        case 7:
          printf("close the led\n\r");
          USART1_Write(USART1,0x41,0);
          break;
        case 12:
          printf("open the tv\n\r");
          USART1_Write(USART1,0x42,0);
          break;
        case 13:
          printf("close the tv\n\r");
          USART1_Write(USART1,0x43,0);
          break;
        case 8:
          printf("open the fan1\n\r");
          USART1_Write(USART1,0x45,0);
          break;
        case 11:
          printf("close the fan\n\r");
          USART1_Write(USART1,0x44,0);
          break;
        default:
break;
    }
```

15.5.4 Mainboard 网关板

1. 流程图

网关板上的流程分为两个部分：ZigBee 网络控制部分与数据处理部分，如图 15-15 所示。
ZigBee 网络控制部分主要进行 ZigBee 网络的建立与数据转交操作。

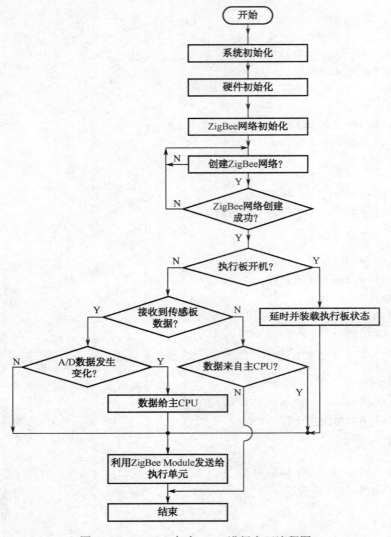

图 15-15　ZigBee 与主 CPU 进行交互流程图

在网关板上移植μC/OS- II硬实时操作系统，创建多个线程完成整个数据处理，如图 15-16 所示。在 Mainboard 部分，将其分为以下几个线程。

❑ Task_Start 线程：完成μC/OS 系统的启动；
❑ Task_Wifiin 线程：与 Wi-Fi 模块交互信息，完成 Wi-Fi 初始化及上层命令的接收；
❑ Task_Wifiout 线程：向与 Wi-Fi 网络相连的 Android 智能手机和 Android 平板电脑发送数据信息；
❑ Task_Gprs 线程：实现报警操作；
❑ Task_Rfid 线程：对 RFID 卡识别，完成对身份的认证；
❑ Task_Zigbeein 线程：接收传感单元发送来的数据；
❑ Task_Zigbeeout 线程：向执行单元发送控制命令；
❑ Task_Screen 线程：进行数据的显示及与用户的交互操作。

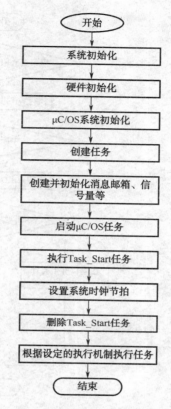

图 15-16　多个线程完成整个数据处理

2．Task_Start 线程

如图 15-17 所示为任务处理函数启动流程图，主要是获取时钟、设置时钟节拍及调用启动任务。

任务的实现如下：

```
void Task_Start(void *ppdata)
{
  ppdata = ppdata;
  INT32U   clk;
  clk = sysclk_get_cpu_hz();
  OS_CPU_SysTickInit(clk * 10);       //10ms 产生一个节拍
  OSStatInit();                       //μC/OS-Ⅱ统计任务初始化
  OSTaskDel(OS_PRIO_SELF);            //初始化以上内容后删除本任务，以减少任务调度时间
}
```

3．Task_Wifiin 线程

如图 15-18 所示为 Task_Wifiin()函数的线程，具体代码详见第 12 章 12.4 节的内容。

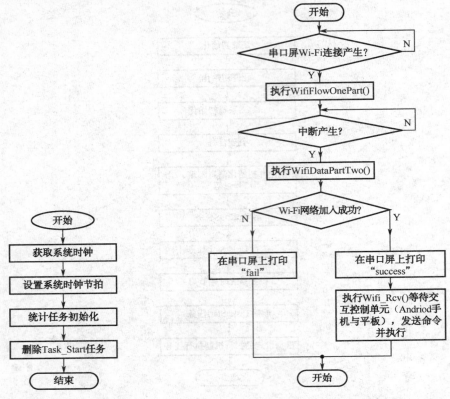

图 15-17　任务处理函数启动流程图　　图 15-18　Task_Wifiin 线程流程图

4．Task_Wifiout 线程

如图 15-19 所示为 Task_Wifiout 线程的流程图，具体代码详见第 12 章 12.4 节的内容。

5．Task_Gprs 线程

如图 15-20 所示为 GPRS 短信报警的程序流程图。

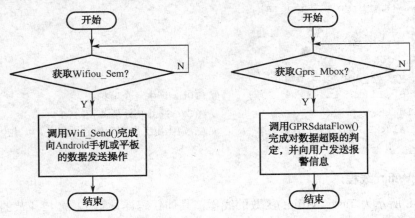

图 15-19　Task_Wifiout 线程的流程图　　图 15-20　GPRS 短息报警程序流程图

（1）初始化。FSIOT_A 实验平台中使用的 GPRS 是中兴 ME3000_V2 模块，在系统中只是使用模块实现了发送短信的功能。

模块提供 AT 指令接口，模块通过 AT 指令可以方便地跟外部设备进行通信。

在对模块进行操作之前，首先要对硬件进行初始化。

```c
static void configure_GPRS(void)
{

  const sam_usart_opt_t usart_console_settings =
  {
    BOARD_USART_BAUDRATE,
    US_MR_CHRL_8_BIT,
    US_MR_PAR_NO,
    US_MR_NBSTOP_1_BIT,
    US_MR_CHMODE_NORMAL,
    0
  };
  gpio_configure_pin(PIN_USART1_RXD_IDX, PIN_USART1_RXD_FLAGS);
  gpio_configure_pin(PIN_USART1_TXD_IDX, PIN_USART1_TXD_FLAGS | PIO_PULLUP);

  pmc_enable_periph_clk(BOARD_ID_USART1);
  usart_init_rs232(BOARD_USART1,&usart_console_settings,
sysclk_get_cpu_hz());
  usart_disable_interrupt(BOARD_USART1, ALL_INTERRUPT_MASK_GPRS);
  usart_enable_tx(BOARD_USART1);
  usart_enable_rx(BOARD_USART1);
  NVIC_EnableIRQ(USART_IRQn1);
  usart_disable_interrupt(BOARD_USART1, US_IDR_RXRDY);
  usart_clear1();
  usart_enable_interrupt(BOARD_USART1, US_IER_RXRDY);
}
```

进行引脚的配置，并设置串口的工作模式：8 位数据位、1 位停止位、无奇偶校验位、无硬件流控制，速率为 115200bps。

（2）流程分析。整个 GPRS 模块操作的流程由下面的函数完成。

```c
void GPRSdataFlow()
{
  switch(GPRS_step)
  {
  case G_INIT :
    CUR_WORK = GPRSCFG;
    InitGPRS();
    GPRS_step = G_READY ;
  break ;
  case G_READY:
    if(readapkgchk() == 1)
    {
      GPRS_step = G_WAIT ;
```

```
      printf("ready to work gprs module \r\n");
    }
    else
      GPRS_step = G_READY ;
  break ;
  case G_WAIT :
    gprs_op(0,message_t);
  break ; //just for waiting

  case G_SMS :
    switch(SMS_STEP)
    {
      case SMSREADY :
        printf("config the sms \r\n");
        CUR_WORK = SMS ;
        SMSCONFIG(0); //模式切换
        GPRS_step = G_GET ;
      break;
      case SMSSEND :
        printf("config the sms send to w ?\r\n");
        SMSSENDTO();
        GPRS_step = G_GET;
        break;
      case SMSMSG :
        SMSSENDMSG();
        GPRS_step = G_WAIT;
      break ;
    }
  case G_GET :
    readapkg();
  break ;
  case G_EXIT:
    break ;
  }
}
```

① 完成硬件及标志位的初始化。

② **G_READY**。判断返回值以进行下个状态切换。

```
static uint32 readapkgchk(void)
{
  if(!read_flag)
    return 0;
  uint32_t val = isReady();
  gprs_data_len = 0;
  read_flag = 0 ;
  return val;
}
```

③ G_WAIT。调用函数完成对环境状态的判定。

```
uint8_t gprs_op(uint8_t *phone_num, char *message)
{
  phone_num = phone_num;
  message = message;
  if(testflag == 1)
     return 0;
  if(temperature[0] > max_tem)                    //超过温度上限
  {
    sen_flag = tem_high_flag;
    printf("high %d\r\n",max_tem);
    GPRS_step = G_SMS ;
    testflag = 1;
  }
  else if(temperature[0] < min_tem)               //超过温度下限
  {
    sen_flag = tem_low_flag;
    printf("low:%d\r\n",min_tem);
    GPRS_step = G_SMS ;
    testflag = 1;
  }
  if(sen_flag)
  {
    switch(sen_flag)
    {
      case tem_high_flag:                         //设置发送短信内容
        message = tem_high;
      break;
      case tem_low_flag:
        message = tem_low;
        break;
      default:
        break;
    }
  }
  return 0;
}
```

④ G_SMS。完成信息的发送。其中短信的发送号码由串口屏部分输入。

```
  case G_SMS :
    switch(SMS_STEP)
    {
      case SMSREADY :
        printf("config the sms \r\n");
        CUR_WORK = SMS ;
        SMSCONFIG(0);                             //发送模式选定
        GPRS_step = G_GET ;
      break;
```

```
    case SMSSEND :
     printf("config the sms send to w ?\r\n");
     SMSSENDTO();
     GPRS_step = G_GET;
     break;
    case SMSMSG :
     SMSSENDMSG();
     GPRS_step = G_WAIT;
    break ;
  }
```

（3）短信发送。

① 设置短信发送模式。发送"AT+CMGF=1"，设置短信的输入模式为文本模式。

② 设置短信发送号码。

```
snprintf(number,30,"AT+CMGS=\"%s\"\r\n",gprs_number);
```

③ 短信发送。

```
memcpy(tmpbuf,tem_high,13);
tmpbuf[14] = 0x1A;
for(i=0; i < 15 ; i++)
  usart_write(BOARD_USART1,tmpbuf[i]);
```

6. Task_Rfid 线程

如图 15-21 所示为 Task_Rfid 线程执行的流程图。

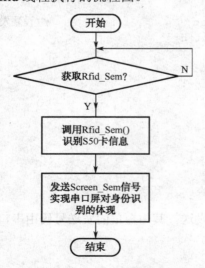

图 15-21　Task_Rfid 线程流程图

（1）任务实现。

```
void Task_Rfid(void *ppdata)
{
  ppdata = ppdata;
  while(1)
```

```
    {
      OSSemPend(Rfid_Sem, 0, &err);
      RfidFlow();
      OSSemPost(Screen_Sem);
    }
}
```

任务创建之后等待 RFID 中断的到来。

（2）当有卡片进入射频区域时，会引发软件上的一个中断，中断处理函数如下：

```
static void RFID_Handler(uint32_t a,uint32_t b)    //add by jacky
{
  a = a;
  b = b;
  OS_CPU_SR  cpu_sr;
  OS_ENTER_CRITICAL();
  OSIntEnter();
  OS_EXIT_CRITICAL();
  rfid_pending++;                              //标志位设置
  OSSemPost(Rfid_Sem);                         //释放信号量，触发 RFID 任务
  OSIntExit();

}
```

（3）有卡片到来时，进行数据的获取与认证。

```
if( rfid_pending > 0)
        {
           configspirfid();                //接口配置
           rfid_pending=0;
           RFID_Read_Card(rbuf);           //读卡操作
           NVIC_EnableIRQ(PIOC_IRQn);
           for(i = 0;i < id_counter;i++)   //身份识别
           {
              if((OwnerId[i][0] == rbuf[2]) && (OwnerId[i][1] == rbuf[3])
                && (OwnerId[i][2] == rbuf[4]) && (OwnerId[i][3] == rbuf[5]))
              {
                 rfid_counter++;
                 door_flag = 1;
                 show_pic_id = i;
              }
           }
           memset(rbuf,0,sizeof(rbuf));
        }
```

在 rfid.c 文件中，有以下数组用于存储验证卡片的相关信息。

```
uint8_t OwnerId[id_counter][id_len] = {{0xEA, 0x8E, 0x51, 0x28},
                                       {0xBD, 0x39, 0x30, 0xE8}
                  };
```

修改对应数组中的数据，可以对不同的 RFID 卡进行设置。

在 RFID_Read_Card 函数的实现中有几句注释代码：

```
/*
printf("\r\n");
for(i=0; i<8; i++)
{
    printf("%02X ", rbuf[i]);
}
*/
```

其作用在于将 RFID 读取的信息打印出来，如图 15-22 所示。如果用户使用不同的卡片，首先需要将注释的代码打开，编译下载运行，再次刷卡串口会打印下面的数据：

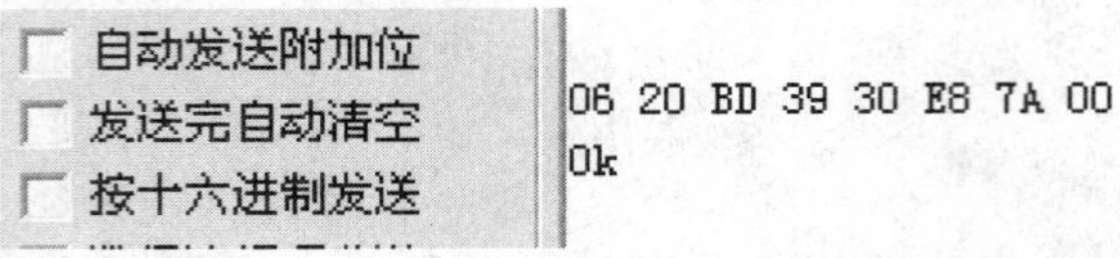

□ 自动发送附加位	06 20 BD 39 30 E8 7A 00
□ 发送完自动清空	0k
□ 按十六进制发送	

图 15-22　RFID 读取的信息打印出来

"BD 39 30 E8" 4 个字节为 RFID 卡序列号。

从串口中提出 4 字节的 RFID 卡序列号，然后替换数组 OwnerId 中的数据内容，编译程序重新烧写。当再次进行刷卡操作时，会出现相应效果。

程序中 OwnerId 数组的定义在上面已经提到，它是一个二维数组，如果用户将读取到的 ID 结果填入到第一个一维数组之中，那么界面上会显示图 15-23。

如果将读取的结果填入到第二个一维数组之中，则会出现图 15-24。

图 15-23　RFID 识别正确

图 15-24　RFID 识别正确

若设置不正确，则不会出现对应的效果。

数据（ID 号、数据块信息）的读取过程如下：

```
uint8_t RFID_Operate(uint8_t *tbuf, uint8_t *rbuf)
{
    uint8_t    chksum;
    uint32_t   i=0, j, rnumb;
    chksum = RFID_CheckSum(tbuf);        //计算发送数据的校验码
    SPI_PutGet(1, 0xaa);                 //根据协议发送 0xaa
```

```
    SPI_PutGet(1, 0xbb);                    //发送 0xbb
  for(j=0; j<tbuf[0]; j++)
  {
    rbuf[i] = SPI_PutGet(1, tbuf[j]);
    i++;
  }
  SPI_PutGet(1, chksum);                    //发送校验码
  delay_ms(10);
  SPI_PutGet(1, 0);
  if(SPI_PutGet(1, 0) != 0xaa)
  {
    printf("error 1\n");
    return 0;
  }
  if(SPI_PutGet(0, 0) != 0xbb)
  {
    printf("error 2\n");
    return 0;
  }
  switch(tbuf[1])                           //返回值数据长度的指定
  {
    case 0x01:
      rnumb = 8 + 2 + 1;
      break;
    case 0x19:
      rnumb = 2 + 2 + 1;
      break;
    case 0x20:
      rnumb = 4 + 2 + 1;
      break;
    case 0x21:
      rnumb = 16 + 2 + 1;
      break;
    case 0x22:
      rnumb = 2 + 1;
      break;
    default:
      rnumb = 4 + 2 + 1;
      break;
  }
  for(j=0, i=0; j<rnumb; j++, i++)  //发送数据 0 以读取射频模块的响应
  {
    rbuf[i] = SPI_PutGet(1, 0);
  }
  return i;
}
```

在进行卡片 RFID 验证通过之后，会进行如下操作：

```
rfid_counter++;
  door_flag = 1;
  show_pic_id = i;
```

在 screen.c 中，标志 door_flag 置位之后，进行图片的显示操作。

```
if(door_flag)
        {
          door_flag = 0;
          DWIN_70(pic_id[show_pic_id]);
        }
```

所要显示的图片的 ID 号在数组 pic_id 中已经设定，用户可以对其进行修改，体现对不同主人身份的识别。

```
uint8_t pic_id[id_counter] = {34,54};
```

7. Task_Zigbeein 线程。

如图 15-25 所示为 Task_Zigbeein 线程程序的流程图。

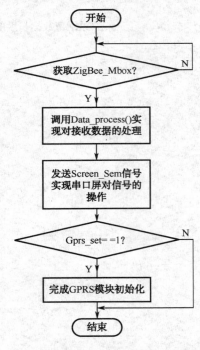

图 15-25　Task_Zigbeein 线程流程图

（1）任务实现如下：

```
void Task_Zigbeein(void *ppdata)
{
  ppdata = ppdata;
  while(1)
```

```
  {
    OSMboxPend(ZigBee_Mbox, 0, &err);
    data_process();
    if(!in_wifi_mode)
      OSSemPost(Screen_Sem);
    OSMboxPostOpt(Gprs_Mbox, NULL, OS_POST_OPT_BROADCAST);
  }
}
```

（2）数据处理。

```
void data_process(void)
{
  if(zigbee_in_flag)                    //标志有传感单元的数据信息到来
  {
    zigbee_in_flag = 0 ;
    get_data(0,sensor_buffer);
    memcpy(&data_rcv, &sensor_buffer[1],30);
      if(data_rcv.light!= 0)            //数据保存
      {
        temperature[0] = data_rcv.temp[0];
        temperature[1] = data_rcv.temp[1];
        humidity[0] = data_rcv.hum[0];
        humidity[1] = data_rcv.hum[1];
      if(temperature[0] >= max_tem)//进行系统常温态、制冷态或制热态的设置
      {
        cool_counter++;
        normal_counter = 0;
        warm_counter = 0;
        if(cool_counter == 1)
        {
          play_refrigerate();
        }
        warm_flag = 1;
        cool_flag = 0;
        normal_flag = 0;
      }
      else if(temperature[0] <= min_tem)
      {
        warm_counter++;
        cool_counter = 0;
        normal_counter = 0;
        if(warm_counter == 1)
        {
          play_heate();
        }
        warm_flag = 0;
        cool_flag = 1;
        normal_flag = 0;
      }
      else
      {
```

物联网应用开发详解——基于ARM Cortex-M3处理器的开发设计

```
        normal_counter++;
        warm_counter = 0;
        cool_counter = 0;
        if(normal_counter == 1)
        {
          play_resume();
        }
        warm_flag = 0;
        cool_flag = 0;
        normal_flag = 1;
      }
      adc_process();                    //进行烟雾值的处理
      if(!in_wifi_mode)//如果系统工作在Wi-Fi操作模式下，则不进行串口屏部分的处理
      {
        if(data_rcv.flux == 2)
          flux_flag = 2;
        else if(data_rcv.flux == 1)
          flux_flag = 1;
      acc_process();
      light_process();
      }
    }
  }
}
```

（3）传感数据接收。封装数据时，第一个字节为数据的长度（包含该字节 + 读写位与地址 + 数据），不包含校验和。

```
void spi_senddata(uint8_t *tbuf,uint8_t *rbuf)
{
  uint8_t checksum;
  uint8_t i,j,rcv_num;
  checksum = zigbee_checksum(tbuf);
  gpio_set_pin_low(PIN_ZIGBEE_SS);
  delay_ms_zigbee(100);
  spi_sendbyte(0xaa);
  delay_ms_zigbee(3);
  spi_sendbyte(0xbb);
  delay_ms_zigbee(3);

  for(i = 0; i < tbuf[0]; i++)
  {
    spi_sendbyte(tbuf[ i ]);
    delay_ms_zigbee(3);
  }
  spi_sendbyte(checksum);
  switch((tbuf[1] >> 7)& 0x01)
  {
  case 0x00:
    rcv_num = 0;
    break;
  case 0x01:
```

```
    rcv_num = 30 + 1 + 1; //30固定为数据长度,前 1 代表地址 ,后 1 代表校验和
    break;
  default:
    break;
  }
  delay_ms_zigbee(20);      //延时开始读取数据
  for(i = 0, j = 0;j < rcv_num; j++, i++)
  {
    rbuf[i] = spi_readbyte();
    delay_ms_zigbee(5);
  }
  gpio_set_pin_high(PIN_ZIGBEE_SS);
}
```

（4）效果处理。

flux_flag 代表门的状态,当 flux_flag 为 1 时,门处于关闭状态;为 2 时,门处于打开状态。

adc_process()进行对 A/D 值的处理,实现的是对执行单元七段数码管的控制,当转动传感板上的 A/D 单元时,执行单元的数码管显示数值会进行变换。

acc_process()对三轴加速度信息处理,当将传感单元进行翻转时,串口屏的界面会发生翻转。

light_process()对光敏值进行处理,用手捂住光敏传感器部分时,采集到的光照值会变小,串口屏的亮度会相应地改变。

8．Task_Zigbeeout 线程

如图 15-26 所示为 Task_Zigbeeout 线程程序的流程图。

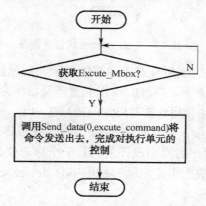

图 15-26　Task_Zigbeeout 线程流程图

要对执行单元进行控制,需要执行本任务。

```
void Task_Zigbeeout(void *ppdata)
{
  ppdata = ppdata;
  while(1)
  {
    excute_command = OSMboxPend(Excute_Mbox, 0, &err);
```

```
    send_data(0,excute_command);
  }
}
```

利用模拟的 SPI 总线将命令转交给 ZigBee Module。

```
void send_data(uint8_t address,uint8_t *data)
{
  data = data;
  write_command[1] |= (address & 0x07F);
  spi_senddata(write_command,NULL);
}
```

9. Task_Screen 线程

如图 15-27 所示为 Task_Screen 线程程序流程图。

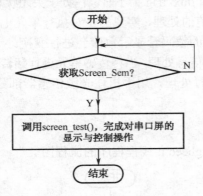

图 15-27   Task_Screen 线程流程图

任务通过 screen_test()函数完成所有对串口屏的显示与控制操作。

（1）系统初始化。系统中关于串口屏的操作主要涉及以下几种配置。

① 系统时钟初始化。程序中使用到的 UART、USART、I²C、SPI 通信方式都需要有时钟的驱动才能工作，在利用这些设备之前，需要配置时钟。另外，需要将设备的相关属性进行配置。

② 流程控制说明。整个程序的流程设计是同若干个标志位相互配合操作完成的。首先在程序的上方可以看到所有标志位的定义，同时程序中有 device_control 标志，用于进行设备间的相互操作。

（2）室内灯光控制。在这里，灯光控制没有以实物为例，只是在界面上做出一些效果。

① 变量定义及初始化。

```
#define        led_control          1               //led 状态
uint8_t        led_flag          = 0;               //led 标志位
```

② 流程分析。主界面上有关于灯光控制的按钮：▇，单击按钮后，屏幕上的壁灯、射灯都会打开，再次单击，灯光关闭。效果可以通过设置串口屏的背景光强度进行控制。

③ 亮度控制。

亮度选择：

```
#define  pf0      0                    //00%   显示屏亮度的百分比
#define  pf10     10                   //10%   显示屏亮度的百分比
#define  pf20     20                   //20%   显示屏亮度的百分比
#define  pf30     30                   //30%   显示屏亮度的百分比
#define  pf40     40                   //40%   显示屏亮度的百分比
#define  pf50     50                   //50%   显示屏亮度的百分比
#define  pf60     60                   //60%   显示屏亮度的百分比
#define  pf70     70                   //70%   显示屏亮度的百分比
#define  pf80     80                   //80%   显示屏亮度的百分比
#define  pf90     90                   //90%   显示屏亮度的百分比
#define  pf100    100                  //100%  显示屏亮度的百分比
```

控制:

```
static void screen_bright(uint8_t bright)
{
  switch(bright)
  {
  case pf0:
    DWIN_5F(0x00);
    break;
  case pf10:
    DWIN_5F(0x06);
    break;
  case pf20:
    DWIN_5F(0x0c);
    break;
  case pf30:
    DWIN_5F(0x13);
    break;
  case pf40:
    DWIN_5F(0x19);
break;
...
  }
}
```

④ 程序分析。
接收到灯光控制的命令如下:

```
if(rcv[1] == 0x78)
            {
            switch(rcv[3])
            {
              case 0x00:  //接收led控制指令
                led_flag = ~(led_flag & 0x01) & 0x01;
                device_control = led_control;
}
```

根据标志位进行开关灯控制的程序如下:

```
switch(device_control)
      {
      case led_control:
        if(led_flag)
        {
         turnon_led();
        }
        else
        {
         turnoff_led();
        }
        device_control = 0;
        break;
```

（3）电视控制、窗帘控制、窗户控制。与灯光的控制过程类似，先单击按钮，然后改变标志位。程序中先读取标志位的变化，然后剪切相关图片进行显示。

这里需要特别注意的是，在程序中，标志位之间的控制流程是相当重要的。一定要设计完整，否则会出现不同于设定的结果。

程序分析：

```
case 0x01:                              //接收左窗控制指令
            if(curtain_to_window)
            {
              leftwin_flag = ~(leftwin_flag & 0x01) & 0x01;
              device_control = leftwin_control;
            }
          break;
          case 0x02:                    //接收右窗控制指令
            if(curtain_to_window)
            {
              rightwin_flag = ~(rightwin_flag & 0x01) & 0x01;
              device_control = rightwin_control;
            }
          break;
          case 0x03:                    //接收窗帘控制指令
            curtain_flag = ~(curtain_flag & 0x01) & 0x01;
            device_control = curtain_control;
break;
```

上面这段程序进行的是左窗、右窗及窗帘之间的逻辑标志位操作。其中，curtain_to_window标志位用于控制窗帘和窗户之间的操作。窗帘关闭时不允许进行对窗户的相关操作。

然后，根据不同标志位进行不同的操作。

```
case leftwin_control:
          if(leftwin_flag)
          {
            close_leftwindow();        //关左窗
          }
          else
```

```
          {
              open_leftwindow();        //开左窗
          }
          device_control = 0;
          break;
        case rightwin_control:
          if(rightwin_flag)
          {
              close_rightwindow();      //关右窗
          }
          else
          {
              open_rightwindow();       //开右窗
          }
          device_control = 0;
          break;
        case curtain_control:
          if(curtain_flag)              //关闭窗帘
          {
              close_curtain();
          }
          else                          //打开窗帘
          {
              open_curtain();
          }
          device_control = 0;
          break;
```

需要注意的是，进行操作之后，要将 device_control 标志位清零，以防再次执行。

（4）时钟显示及配置。本部分包括两个功能：时钟的显示和时钟值的设定。

① 变量定义及初始化。

```
typedef struct _time_t
{
  uint32_t year_num;
  uint32_t month_num;
  uint32_t day_num;
  uint32_t workday;
  uint32_t hour_num;
  uint32_t minute_num;
  uint32_t second_num;
}time_t;
```

定义结构体用于 RTC 时钟的读取与设定、屏幕时钟的显示与设置。

```
uint8_t  show_clock_flag  = 0;
uint8_t  clock_flag     = 0;          //时间的显示与设置
uint8_t  set_clock_flag = 0;          //当时钟按键被按下时，将被置位
```

② 流程分析。通过单击主界面上的时钟按钮 ，进入时钟的显示与控制子界面，如

图 15-28 所示。

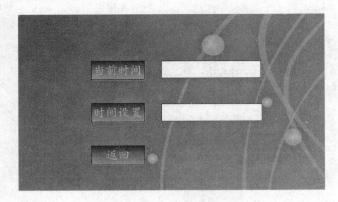

图 15-28　时钟的显示与控制子界面

界面上的属性配置如图 15-29 所示。

"当前时间"后面的文本框用于读取的时间的显示。

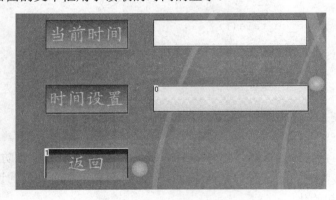

图 15-29　时间设置

图 15-29 界面上设置两个按钮，按钮 0 用于进入时间的设置界面。

图 15-30 中每个按钮对应不同的返回值，按照上面的格式进行设定时间的输入，按钮 EN 用于确定输入进行 RTC 时钟的设置。

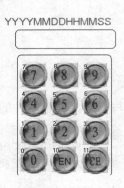

图 15-30　时间设置按键

物联网智能家居综合案例 **第15章**

③ 程序分析。时间设置流程图如图 15-31 所示。
检测到要进行时钟的设置，设置标志位以进入到子界面。

```
if(rcv[1] == 0x78)
                {
                switch(rcv[3])
{
...
case 0x07:                //接收到时钟设置指令
                clock_flag = ~(clock_flag & 0x01) & 0x01;
                device_control = clock_control;
              break;
...
}
```

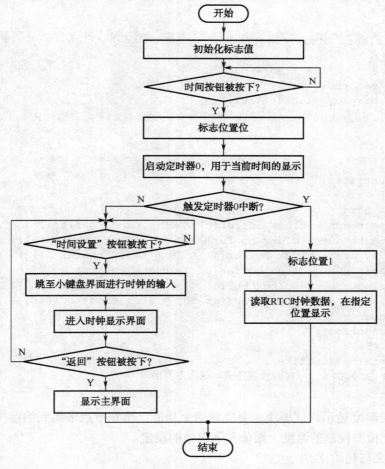

图 15-31 时间设置流程图

显示当前时钟：

```
case clock_control:
        clock_flag = 0;
```

```
                DWIN_E2(100);
                DWIN_70(45);
                tc_start(TC0, 0);              //开启time0 显示当前时间
                get_rtc(&time);
                display_clock(&time);
                device_control = 0;
                break;
```

进行设置之前，首先将保存用户输入的缓冲区清零。

```
if(set_clock_flag)
        {
          DWIN_70(46);
          memset(clock_buffer,0,sizeof(clock_buffer));
        }
```

显示时间：

```
            if(show_clock_flag)
            {
              show_clock_flag = 0;
              get_rtc(&time);
              display_clock(&time);
            }
```

设置时间：

```
case 0xFD:
if(set_clock_flag)
{
 set_clock_flag = 0;
 settime.year_num = clock_buffer[0] * 10 + clock_buffer[1];
 settime.month_num = clock_buffer[2] * 10 + clock_buffer[3];
 settime.day_num = clock_buffer[4] * 10 + clock_buffer[5];
 settime.hour_num = clock_buffer[6] * 10 + clock_buffer[7];
 settime.minute_num = clock_buffer[8] * 10 + clock_buffer[9];
 settime.second_num = clock_buffer[10] * 10 + clock_buffer[11];
 time_counter = 0;
 set_rtc(&settime);
 DWIN_70(45);
 isplay_settime(&settime);
 tc_start(TC0,0);  //时间设置完成，返回主界面
 }
```

（5）室内温湿度显示。该模块主要完成两个功能：感知节点采集到的温度、湿度数据信息的显示和用于报警控制的温度上限值和下限值的设定。

① 变量定义与初始化。

```
uint8_t max_tem = 30;              //初始值
uint8_t maxtem[4] ;                //临时值
uint8_t init_maxtem[4];
uint8_t maxtem_counter = 0;
uint8_t min_tem = 10;              //初始化温度最小值
```

```
uint8_t mintem[4];                    //临时变量
uint8_t init_mintem[4];               //存储初始化最小值
uint8_t mintem_counter = 0;
```

② 流程分析。单击主界面中的 按钮，就可以进入到温湿度的显示与限值的设定界面，如图 15-32 所示。

左侧两个文本框用于当前由感知节点通过 ZigBee 无线传输设备传送过来的数据信息，右侧两个按钮用于设定上、下限值，以便在出现异常情况的时候给用户发送报警信息。

单击"温度上限"设定按钮，可以调出小键盘，如图 15-33 所示，用于进行限值的设定。

图 15-32　温湿度的显示与限值的设定界面

图 15-33　键盘界面

按下数字键后，会返回之前定义的数据，最后按下"EN"按钮完成限值的设定，但是这时候的数据不能生效，不具有任何作用，单击"确定"按钮后，完成赋值，返回到事先存储的主界面，否则取消输入值。

③ 程序分析。温湿度上、下限设置的流程图如图 15-34 所示。

```
case 0x08:                   //接收传感板数据
              tem_hum_flag = ~(tem_hum_flag & 0x01) & 0x01;
              device_control = tem_hum_control;
              break;
```

device_control 标志位赋值为 tem_hum_control 后，会先将主界面保存，然后开启定时器 1，控制转换后界面的显示操作。

```
case tem_hum_control:
        //tem_hum_flag = 0;
        init_counter++;
        DWIN_E2(100);
        DWIN_70(51);
         //进行初始值的显示
        init_maxtem[0] = (max_tem / 10) + '0';
        init_maxtem[1] = (max_tem % 10) + '0';
        if(init_maxtem[0] == 0)
          DWIN_54(557,138,&init_maxtem[1],0);
        else
```

```
        DWIN_54(557,138,init_maxtem,0);
init_mintem[0] = (min_tem / 10) + '0';
init_mintem[1] = (min_tem % 10) + '0';
if(init_mintem[0] == 0)
  DWIN_54(557,210,&init_mintem[1],0);
else
  DWIN_54(557,210,init_mintem,0);
if(init_counter == 1)
{
  maxtem[0] = init_maxtem[0];
  maxtem[1] = init_maxtem[1];
  mintem[0] = init_mintem[0];
  mintem[1] = init_mintem[1];
}
tc_start(TC0,0);                        //启动定时器显示温湿度
device_control = 0;
break;
```

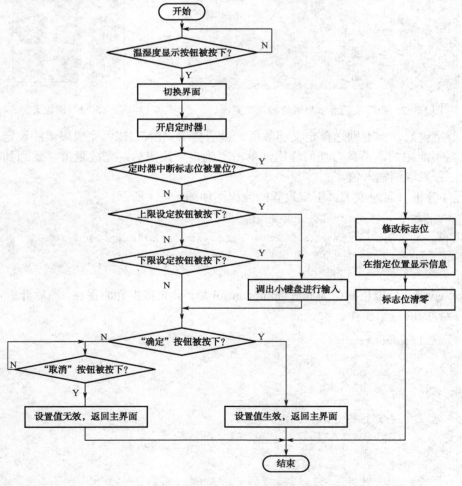

图 15-34　温湿度上、下限设置流程图

上/下限设定按钮按下时，会调出小键盘输入窗口。

```
case 0x18:
                    set_maxt_flag = ~(set_maxt_flag & 0x01) & 0x01;
                    tc_stop(TC1,0);                    //此处要关闭timer1
                    DWIN_70(52);
                    break;
            case 0x19:
                set_mint_flag = ~(set_mint_flag & 0x01) & 0x01;
                tc_stop(TC1,0);                    //此处要关闭timer1
                DWIN_70(52);
                break;
```

输入 "EN" 后，回到界面。如果单击 "确定" 按钮，则设置值有效；如果单击 "取消" 按钮，则调出原先存储主界面。

```
case 0x20:
                    tem_hum_flag = 0;
                    show_th_flag = 0;
                    memcpy(max_tem,maxtem,2);
                    memcpy(min_tem,mintem,2);
                    tc_stop(TC1,0);                    //关闭timer1
                    DWIN_70(100);
                    break;
            case 0x21:
                tem_hum_flag = 0;
                show_th_flag = 0;
                tc_stop(TC1,0);                    //关闭timer1
                DWIN_70(100);
```

（6）GPRS 操作。

在系统中，GPRS 模块用于发送短信息。

① 变量定义及初始化。

```
#define   gprs_control  10
uint8_t gprs_number[11];

uint8_t   gprs_flag   = 0;
```

② 流程分析。对 GPRS 模块的操作即是对电话号码的设置。单击主界面上的按钮 ，弹出设置 GPRS 通信号码界面，如图 15-35 所示。

在图 15-35 中共有 3 个按钮，进行 GPRS 的操作前，首先要设置被呼叫方的电话号码。单击 "设置" 按钮，弹出小键盘，完成 11 位电话号码的输入。单击 "确认" 按钮后，电话号码被保存。单击 "取消" 按钮则不进行任何操作。

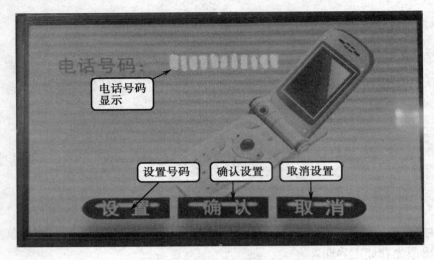

图 15-35　设置 GPRS 通信号码界面

③ 程序分析。GPRS 设置流程图如图 15-36 所示。

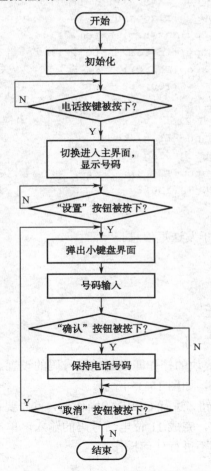

图 15-36　GPRS 设置流程图

按钮被按下时，进入子界面：

```
    case 0x04:                      //接收控制指令
        gprs_flag = ~(gprs_flag & 0x01) & 0x01;
        gprs_drive = 1;             //主动控制模式
```

单击电话设置按钮，调出小键盘：

```
 if(gprs_drive)
        {
            DWIN_70(52);
        }
        break;
```

case 0x31://键盘输入"1"时的操作：

```
            if(set_clock_flag)
            {
              clock_buffer[time_counter++] = 1;
              DWIN_54(53,54,clock_buffer,0);
            }
            else if(gprs_drive)
        {
          gprs_number[gprs_counter++] = 1;
          DWIN_54(53,54,gprs_number,0);
        }
        else if(set_maxt_flag)
        {
          maxtem[maxtem_counter++] = 1;
          DWIN_54(53,54,maxtem,0);
        }
        else if(set_mint_flag)
        {
          mintem[mintem_counter++] = 1;
          DWIN_54(53,54,mintem,0);
        }
        break;
        case 0x32:
          if(set_clock_flag)
          {
            clock_buffer[time_counter++] = 2;
            DWIN_54(53,54,clock_buffer,0);
          }
          else if(gprs_drive)//若是设置电话号码，则进行号码保存
        {
          gprs_number[gprs_counter++] = 2;
          DWIN_54(53,54,gprs_number,0);
        }
        else if(set_maxt_flag)
        {
          maxtem[maxtem_counter++] = 2;
```

```
                          DWIN_54(53,54,maxtem,0);
                     }
                     else if(set_mint_flag)
                     {
                      mintem[mintem_counter++] = 2;
                      DWIN_54(53,54,mintem,0);
                     }
                     break;
```

通过上面的程序读入值。

单击"确认"按钮，保存号码：

```
              if(gprs_drive)
            {
              gprs_drive = 0;
              if(gprs_counter == 11)
                memcpy(gprs_number,temp_gprs_number,11);
              DWIN_70(100);
            }
```

单击"取消"按钮，电话号码清零：

```
        case 0x0F:
          if(gprs_drive)
          {
            gprs_drive = 0;
            DWIN_70(100);
          }
```

（7）空调控制。本系统中，空调控制并没有与实际的空调进行连接，而只是对当前系统状态的一个展现。

单击主界面上的按钮 ，进入到空调控制子界面。子界面根据系统的标志位进行设定。系统在采集到传感板的数据之后，会对采集到的温度值进行处理。若温度高于上限值，则系统处于"制冷"状态，同时给执行单元发送语音控制命令，播放"制冷"；若温度低于下限值，则系统处于"制热"状态，播放"制热"；其他情况系统处于"常温"状态，执行单元从非常温态向常温态转换的时候，播放"恢复正常"一次。

```
if(temperature[0] >= max_tem)//温度高于上限值
  {

    cool_counter++;
    normal_counter = 0;
    warm_counter = 0;
    if(cool_counter == 1)
    {
      play_refrigerate();
    }

    warm_flag = 1;
    cool_flag = 0;
```

```
     normal_flag = 0;
   }
   else if(temperature[0] <= min_tem)//温度低于下限值
   {

     warm_counter++;
     cool_counter = 0;
     normal_counter = 0;
     if(warm_counter == 1)
     {
       play_heate();
     }

     warm_flag = 0;
     cool_flag = 1;
     normal_flag = 0;
   }
   else //系统处于常温态
   {
     normal_counter++;
     warm_counter = 0;
     cool_counter = 0;
     if(normal_counter == 1)
     {
       play_resume();
     }
     warm_flag = 0;
     cool_flag = 0;
     normal_flag = 1;
   }
```

系统根据采集到的温度数据进行判断，然后设置相关标志位。在单击空调按钮后，程序会根据相应标志位做出判定。

```
if(ac_flag)
    {
       ac_flag = 0;
       DWIN_E2(100);
       if(cool_flag)
       {
         DWIN_70(57);
       }
       else if(warm_flag)
       {
         DWIN_70(56);
       }
       else if(normal_flag)
       {
         DWIN_70(58);
       }
    }
```

例如，满足 cool_flag 时，系统处于"制冷"态，如图 15-37 所示。

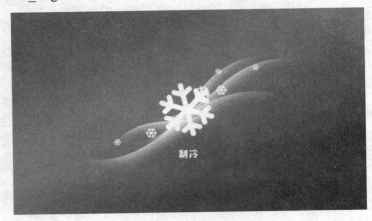

图 15-37　制冷显示

（8）排风控制。单击主界面左上方的排风控制按钮，可进入到风扇控制界面，如图 15-38 所示。

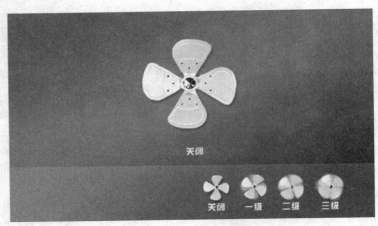

图 15-38　风扇控制界面

界面中共有 4 个按钮，对应着对风扇控制单元不同风速的控制。风速的控制利用 PWM 功能实现。单击上方区域则退出控制界面。

```
case 0x13:
            DWIN_71(47,280,52,530,329,280,52);
            control_fan(fan_no_speed);
        break;
        case 0x14:
          DWIN_71(48,280,52,530,329,280,52);
          control_fan(fan_one_speed);
        break;
        case 0x15:
          DWIN_71(49,280,52,530,329,280,52);
```

```
        control_fan(fan_two_speed);
    break;
    case 0x16:
        DWIN_71(50,280,52,530,329,280,52);
        control_fan(fan_three_speed);
```

（9）RFID 传感。主板上有 RFID 模块，当其有刷卡操作时，主板触发中断，判定是否是主人回家，然后调用 DWIN_70 指令调出动画。

① 流程说明。当有刷卡操作时，会触发一个中断，程序判定是否为主人回来，若是，则执行操作，否则不执行；无刷卡操作时，系统主界面如图 15-39 所示。

图 15-39　系统主界面

在进行刷卡操作并且验证成功之后会出现图 15-23 或图 15-24 的效果。如果身份验证不成功，则系统不进行响应。

② 程序分析。首先调用函数完成 RFID 模块的初始化，包括其中断初始化及利用 SPI 总线通信之前 SPI 的初始化。

```
void rfid_init(void)
{
                                        // SPI 中断初始化
    NVIC_DisableIRQ(SPI_IRQn);
    NVIC_ClearPendingIRQ(SPI_IRQn);
    NVIC_SetPriority(SPI_IRQn, 0);
    NVIC_EnableIRQ(SPI_IRQn);

    pmc_enable_periph_clk(SPI_ID);     //打开 PMC
    pmc_enable_periph_clk(13);

    ConfigInterrupt_0();               //中断配置
    spi_master_initialize_0();         //SPI 为主模式
}
```

由于 RFID 操作与 Wi-Fi 操作共用 SPI 总线，当有刷卡操作时，首先要重新进行 SPI 线的设置，然后进行读卡。

```
void spi_master_initialize_rfid(void) {
      Spi* p_spi = SPI_MASTER_BASE;
      p_spi->SPI_CR = SPI_CR_SPIDIS;
      p_spi->SPI_CR = SPI_CR_SWRST;
      p_spi->SPI_CR = SPI_CR_LASTXFER;

      p_spi->SPI_MR |= SPI_MR_MSTR;
      p_spi->SPI_MR |= SPI_MR_MODFDIS;
      p_spi->SPI_MR &= (~SPI_MR_PCS_Msk);
      p_spi->SPI_MR |= SPI_MR_PCS(1);
      p_spi->SPI_CSR[0] &=(~SPI_CSR_CPOL);
      p_spi->SPI_CSR[0] |= SPI_CSR_NCPHA;
      p_spi->SPI_CSR[1] &=(~SPI_CSR_CPOL);
      p_spi->SPI_CSR[1] |= SPI_CSR_NCPHA;
      p_spi->SPI_CSR[1] &= (~SPI_CSR_BITS_Msk);
      p_spi->SPI_CSR[1] |= SPI_CSR_BITS_8_BIT ;

      p_spi->SPI_CSR[1] &= (~SPI_CSR_SCBR_Msk);
      p_spi->SPI_CSR[1] |= SPI_CSR_SCBR(sysclk_get_cpu_hz() / 2000000);
      p_spi->SPI_CSR[1] &= ~(SPI_CSR_DLYBS_Msk | SPI_CSR_DLYBCT_Msk);
      p_spi->SPI_CSR[1] |= SPI_CSR_DLYBS(SPI_DLYBS_)|
                                      SPI_CSR_DLYBCT(SPI_DLYBCT_);
      delay_ms(50);
      p_spi->SPI_CR = SPI_CR_SPIEN;
}
```

读卡操作程序如下：

```
void RFID_Read_Card(uint8_t rbuf[])
{
  uint8_t    chksum;
  uint32_t   i, k;
  unsigned char j;
      delay_ms(10);
      j = RFID_Operate((uint8_t *)RFID_READ_CARD_20, rbuf);
      printf("\r\n");
   for(i=0; i<8; i++)
      {
          printf("%02X ", rbuf[i]);
      }
      chksum = RFID_CheckSum(rbuf);
      if(chksum == rbuf[rbuf[0]])
      {
          printf("\r\nOk ");
      }
      else
      {
```

```
        printf("\r\nNo Card ");
        }
}
```

卡的验证程序如下：

```
for(i = 0;i < id_counter;i++)
    {
        if((OwnerId[i][0] == rbuf[2]) && (OwnerId[i][1] == rbuf[3])
           && (OwnerId[i][2] == rbuf[4]) && (OwnerId[i][3] == rbuf[5]))
        {
            rfid_counter++;
            door_flag = 1;
            show_pic_id = i;
        }

    }
```

（10）Wi-Fi 操作。利用 Wi-Fi 模块首先设置参数初始化网络，然后使用手机加入到网络中，此后就可以使用 Android 智能终端对执行单元进行控制了。

Wi-Fi 操作界面如图 15-40 所示。

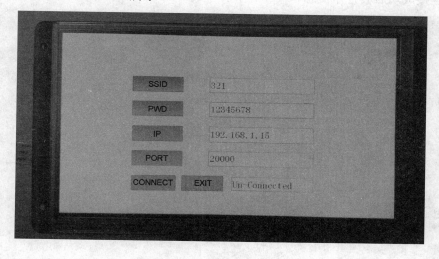

图 15-40　Wi-Fi 操作界面

关于参数的设定说明在用户手册说明书中有所提及，在此不再赘述。

单击"CONNECT"按钮，若网络连接成功，则会在屏幕下方打印成功信息，否则打印失败信息。连接成功之后，通过 Android 智能终端就可以对执行单元进行操作了。

下面进行程序分析。首先进行 Wi-Fi 相关硬件的初始化。

```
int16 InitWifi(void)
{
    int16        retval;
    pmc_enable_periph_clk(SPI_ID);        //打开 PMC
    pmc_enable_periph_clk(13);
```

```
        ConfigInterrupt();                    //配置中断工作模式
        spi_master_initialize();              //配置 SPI 为主模式
        /*测试连接 SPI 通信*/
        retval = rsi_sys_init();
        if(retval!=0)
        {
            printf("rsi_sys_init err \r\n");
            RESET_WIFI();
        }
        retval = rsi_bootloader();
        if(retval!=0)
        {
            printf("boot occur error\r\n");
            RESET_WIFI();
        }
        retval = rsi_init_struct(&rsi_strApi);
        pkt_pending = 0 ;
        pio_enable_interrupt(SPI_INR_PIO, SPI_INR_MASK);
}
```

Wi-Fi 连接成功后会打印信息。

```
if(wifi_trigger)        //Wi-Fi 连接成功后显示 success
  {
    if(reg_val)
    {
    str_counter++;
    if(str_counter == 1)
    {
        wifi_step = con_success;
        DWIN_54(414,386,temp,16);
        DWIN_6F(414,386,wifi_str3,0);
    }
    wifi_connect_flag = 0;
    wifi_trigger = 0;
    WIFICONFIG = 0;
    }
    else
    {
    wifi_step = con_failed;
    DWIN_54(414,386,temp,16);
    DWIN_6F(414,386,wifi_str4,0);
    wifi_connect_flag = 0;
    WIFICONFIG = 1;
    SetWifiDefaultVal();
    }
  }
```

连接成功后，即可进行系统与 Android 智能终端的连接。

注意: 在 Android 智能终端与系统建立连接后,系统将会工作在 Wi-Fi 控制模式下,之前工作在串口屏工作模式下的所有操作将不能起作用。

系统监听到 Android 智能终端的连接之后,会进行标志位的设置,以表示系统进入到 Wi-Fi 控制模式下。

```
case RSI_RSP_CONN_ESTABLISH:
            ptrStrRecvArgs->socketNumber =
                *(uint16 *)(uCmdRspFrame.recvFrameTcp.recvSocket);
            if(ptrStrRecvArgs->socketNumber == sock_desc[0])
            {
              state_send_wifi = 0;
              in_wifi_mode = 1;//设置标志位,表示进入 Wi-Fi 控制模式下
              screen_bright(100);
              state_save();
              DWIN_70(59);
              printf("finish the connect work\r\n");
              ltcp_con_status = true;
              wifi_trigger = 1;
            }
            break;
```

系统接收到来自 Android 智能终端发送来的命令后进行相关的操作。

```
switch(cmdtype )
   {
    case  OPENFAN1 :
     play_one_speed();
     temp_fan_speed = fan_one_speed;
     command_respond = OPENFAN1;
     OSSemPost(Wifiout_Sem);
    break;
    case CLOSECURTAIN :
     close_curtain();
     command_respond = CLOSECURTAIN;
     OSSemPost(Wifiout_Sem);
    break;

    case SEND_DATA_STATE:
     command_respond = SEND_DATA_STATE;
     OSSemPost(Wifiout_Sem);
    break;

    case WIFI_DISCONNECT:
     net_reconnect = 1;
     snprintf(buf,10,"%d,%d:",command_respond,0xff);
     send_tx_data_buf(buf,10);
     terminate_wifi();
     pio_enable_interrupt(PIOC, PIO_PC18);
```

```
    break;

    }
  memset(WnetRvbuf,0,100);
  WifiDataComing = 0;
  return ;
```

在接收到命令之后，除了根据命令类型执行相关的操作外，还要进行系统状态的更改，以便系统在退出 Wi-Fi 控制模式进入到串口屏工作模式时能够恢复相应的状态，保持操作的同步。

进入到 Wi-Fi 控制模式后，所有与串口屏操作有关的步骤将不再执行，这些都是根据之前设定的标志位而定的。

```
if(!in_wifi_mode)
    {
    if(data_rcv.flux == 2)
       flux_flag = 2;
    else if(data_rcv.flux == 1)
       flux_flag = 1;
    acc_process();
    light_process();
    }
```

以上面这段程序为例，如果系统处于 Wi-Fi 控制模式下，则不进行系统屏幕亮度的调整，对采集到的三轴加速度等信息不做任何处理。

10. ZigBee 网络传输

网关板上的 ZigBee Module 负责两方面的任务：ZigBee 网络的创建和网络数据的传输。

（1）ZigBee 网络的创建过程。

① 网络状态初始化。

```
typedef enum _AppState_t
{
  APP_INITIAL_STATE,
  APP_JOINING_STATE,
  APP_JOINED_STATE,

} AppState_t;
```

② 终端节点初始化。

```
static SimpleDescriptor_t dataEndpoint =                //接收来自传感单元的信息
{
  .endpoint          = APP_DATA_ENDPOINT,
  .AppProfileId      = APP_PROFILE_ID,
  .AppDeviceId       = APP_DEVICE_ID,
  .AppDeviceVersion  = APP_DEVICE_VERSION,
  .Reserved          = 0,
```

```
    .AppInClustersCount    = 0,
    .AppInClustersList     = NULL,
    .AppOutClustersCount   = 0,
    .AppOutClustersList    = NULL,
};
static APS_RegisterEndpointReq_t registerDataEndpointReq1;//与执行单元进行交互
static SimpleDescriptor_t dataEndpoint1 =
{
    .endpoint              = 0x40,
    .AppProfileId          = APP_PROFILE_ID,
    .AppDeviceId           = APP_DEVICE_ID,
    .AppDeviceVersion      = APP_DEVICE_VERSION,
    .Reserved              = 0,
    .AppInClustersCount    = 0,
    .AppInClustersList     = NULL,
    .AppOutClustersCount   = 0,
    .AppOutClustersList    = NULL,
};
```

③ 网络建立。首先对网络参数及通信的终端节点的相关属性进行配置。

```
DeviceType_t deviceType = DEVICE_TYPE_COORDINATOR; //配置成协调器
CS_WriteParameter(CS_DEVICE_TYPE_ID, &deviceType);
bool predefPANID = true;
uint16_t nwkPANID = 0x1000;
CS_WriteParameter(CS_NWK_PREDEFINED_PANID_ID, &predefPANID);
CS_WriteParameter(CS_NWK_PANID_ID, &nwkPANID);
// 定义数据节点 0
apsDataReq.dstAddrMode = APS_SHORT_ADDRESS;
apsDataReq.dstAddress.shortAddress = 0;
apsDataReq.profileId = APP_PROFILE_ID;
apsDataReq.dstEndpoint = APP_DATA_ENDPOINT;
apsDataReq.clusterId = APP_CLUSTER_ID;
apsDataReq.srcEndpoint = APP_DATA_ENDPOINT;
apsDataReq.asdu = (uint8_t *)sensor_buf;
apsDataReq.asduLength = sizeof(execute_buf);
apsDataReq.txOptions.acknowledgedTransmission = 0;
apsDataReq.radius = 0;
apsDataReq.APS_DataConf = apsDataReqConf;
// 定义数据节点 1
apsDataReq1.dstAddrMode = APS_SHORT_ADDRESS;
apsDataReq1.dstAddress.shortAddress = 0;
apsDataReq1.profileId = APP_PROFILE_ID;
apsDataReq1.dstEndpoint = 0x40;
apsDataReq1.clusterId = APP_CLUSTER_ID;
apsDataReq1.srcEndpoint = 0x40;
apsDataReq1.asdu = (uint8_t *)execute_buf;
apsDataReq1.asduLength = sizeof(execute_buf)
```

```
apsDataReq1.txOptions.acknowledgedTransmission = 0;
apsDataReq1.radius = 0;
apsDataReq1.APS_DataConf = apsDataReqConf;
```

如果网络创建成功，在回调函数中进行对事件驱动函数的设置。

```
if (ZDO_SUCCESS_STATUS == conf->status)
{
    appState = APP_JOINED_STATE;
    // 注册网络节点 0
    registerDataEndpointReq.simpleDescriptor = &dataEndpoint;
    registerDataEndpointReq.APS_DataInd = APS_DataIndData;//当传感单元有数据到
来时，从 APS_DataIndData 接口中获取数据
    APS_RegisterEndpointReq(&registerDataEndpointReq);
    // 注册网络节点 1
    registerDataEndpointReq1.simpleDescriptor = &dataEndpoint1;
    registerDataEndpointReq1.APS_DataInd = APS_DataIndData1;
    APS_RegisterEndpointReq(&registerDataEndpointReq1);
}
```

事件驱动函数进行数据的操作。

```
static void APS_DataIndData(APS_DataInd_t *ind)        //数据从传感单元获取
{
    zigbee_in_flag = 1;              //置标志位，以进行后续的数据处理操作
  memcpy(&sensor_data[1],ind->asdu, 30);
    sensor_from_address = ind->srcAddress.shortAddress;
}
```

（2）数据传送分析。数据传送分两部分完成：接收来自传感单元的数据信息和向执行单元发送命令。

```
if(zigbee_in_flag == 1)
{
    zigbee_in_flag = 0;
    create_irq();
}
```

在事件驱动函数中可以看到：zigbee_in_flag 标志被置 1，当系统感应到标志位的变化之后，首先将标志位清零，然后通过调用 create_irq 函数向主板模块发送中断请求。

（3）与主板通信协议的制定。ZigBee 模块与主板单元进行交互的接线如图 15-41 所示。

使用 4 根普通的 I/O 线模拟 SPI 总线时序，完成数据的交互。当主板意图向 ZigBee Module 发送数据时，会主动拉低 CS 线，然后通过时钟线的控制及逻辑控制完成数据发送。当 ZigBee Module 意图向主板发送数据时，首先拉低 IRQ 线，向主板发送中断请求，当主板开始接收数据时，再次利用 CS 线进行数据的交互。

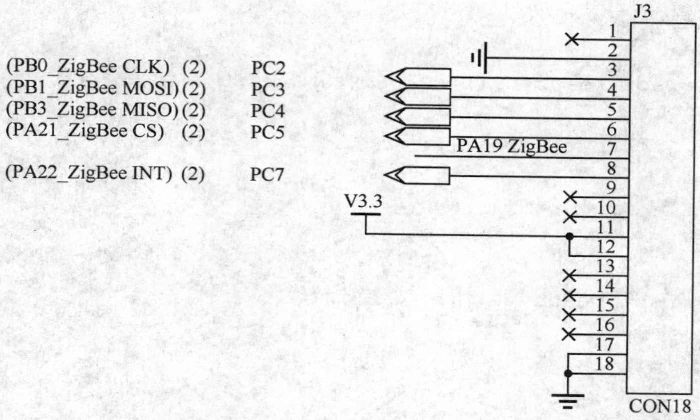

图 15-41　ZigBee 模块与主板单元进行交互的接线

① 主动进行数据发送时，首先产生中断。

```
void create_irq(void)
{
  PIO_Clear(&pinsZigbee[ZIGBEE_IRQ]);
  delay_ms(10);
  PIO_Set(&pinsZigbee[ZIGBEE_IRQ]);
}
```

② 主板可能暂时不会进行数据的处理，当需要处理数据时，会改变 SS 线的状态。ZigBee Module 等待状态的改变。

```
if(PIO_Get(&pinsZigbee[3]) == 0)
  {
    spi_answer(sensor_data,excute_data);
    while(PIO_Get(&pinsZigbee[3]) == 0);
  }
```

③ spi_answer 函数完成数据的接收与发送。

```
/********************** spi_answer ****************************//*
*tbuf: SPI tbuf 中存放的数据来自传感板
*      缓冲区有 31 个字节。首先是传感器地址，而后 30 字节是实际的数据
*rbuf: SPI rbuf 缓冲器存储的数据来自 SAM3X
*      缓冲区有 32 个字节
*      第一个字节的数据长度，包括数据长度本身
*      第二个字节是执行地址，而后的 30 字节是执行数据地址
*//****************************************************************/
uint8_t spi_answer(uint8_t* tbuf, uint8_t *rbuf)
{
  uint8_t i = 0,j;
  uint8_t data_len;
  uint8_t check_get,check_sum;
  if(spi_readbyte() != 0xaa)  //根据制定的协议首先接收 0xaa
    return 0;
```

```
if(spi_readbyte() != 0xbb)          //接收 0xbb
  return 0;
rbuf[i++] = spi_readbyte();         //接收来自主板的数据，第一个字节是要接收的数据长度

for(j = 1; j < rbuf[0]; j++)
{
  rbuf[i++] = spi_readbyte();
}

check_get = spi_readbyte();         //接收校验码

switch(rbuf[1] >> 7 & 0x01)
{
case 0x00:
  send_to_excute = 1;               //接收数据进行置位
  break;
case 0x01:
  for(i = 0;i < 31; i++)
  {
    spi_sendbyte(tbuf[i]);          //如果是主板需要数据，则进行数据的发送
  }

  check_sum = zigbee_checksum(tbuf);
  spi_sendbyte(check_sum);
  break;
}

}
```

通过 spi_readbyte()函数读取一个字节，通过 spi_sendbyte()函数发送一个字节。实现如下：

```
uint8_t spi_readbyte(void)
{
  uint8_t rcv_data = 0, i;
  uint8_t counter = 0;
  for(i = 0; i < 8; i++)
  {
    while(PIO_Get( &pinsZigbee[ZIGBEE_SCLK]) == 1);      //等待低电平
    while(PIO_Get( &pinsZigbee[ZIGBEE_SCLK]) == 0);      //等待高电平
    if(PIO_Get( &pinsZigbee[ZIGBEE_MOSI]) == 1)          //按位读取数据
    {
      rcv_data |= (0x1 << i);
    }
  }
  return rcv_data;
}
```

15.6 μC/OS-II 操作系统简要移植步骤

15.6.1 μC/OS-II 相关文件

进行μC/OS-II 系统的移植，首先要获取合适的μC/OS-II 操作系统源码，主要有以下文件。

（1）.h 头文件，如图 15-42 所示。

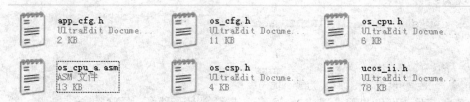

图 15-42 μC/OS 的.h 头文件

（2）.c 源文件，如图 15-43 所示。

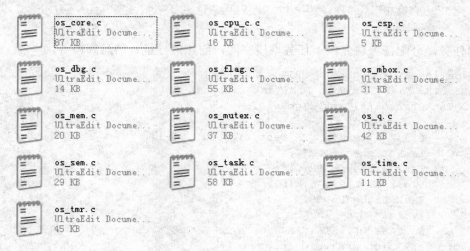

图 15-43 μC/OS 的.c 源文件

然后将这些文件添加到工程目录中。

15.6.2 μC/OS -II 代码修改

修改启动文件的中断向量表：

```
    (0UL),          /* Reserved */
    (0UL),          /* Reserved */
    (0UL),          /* Reserved */
    (0UL),          /* Reserved */
    SVC_Handler,
    DebugMon_Handler,
```

```
    (0UL),              /* Reserved */
    //PendSV_Handler,
    //SysTick_Handler,
    //将上面的两个中断处理函数进行替换
      OS_CPU_PendSVHandler,
      OS_CPU_SysTickHandler,
```

修改系统时钟处理初始化函数，替换为对应处理器的时钟节拍函数。

```
OS_CPU_SysTickInit(clk * 10);
```

具体实现为：

```
void OS_CPU_SysTickInit (INT32U cnts)
{

    OS_CPU_CM3_NVIC_ST_RELOAD = cnts - 1u;
              /*设置 SYSTICK 为最小优先级*/
    OS_CPU_CM3_NVIC_PRIO_ST  = OS_CPU_CM3_NVIC_PRIO_MIN;
    OS_CPU_CM3_NVIC_ST_CTRL  |= OS_CPU_CM3_NVIC_ST_CTRL_CLK_SRC |
                            OS_CPU_CM3_NVIC_ST_CTRL_ENABLE;
      /* 使能定时器中断*/
    OS_CPU_CM3_NVIC_ST_CTRL  |= OS_CPU_CM3_NVIC_ST_CTRL_INTEN;
}
```

创建任务，分配任务优先级、任务堆栈空间，创建信号量、消息邮箱等。

```
(1) #define Task_Zigbeein_PRIO     10
(2) OS_STK  Task_Zigbeein_STK[Task_Zigbeein_SS];
(3) OSTaskCreateExt(Task_Zigbeein,
              (void *)0,
        &Task_Zigbeein_STK[Task_Zigbeein_SS-1],
        Task_Zigbeein_PRIO,
        Task_Zigbeein_PRIO,
        &Task_Zigbeein_STK[0],
        Task_Zigbeein_SS,
        (void *)0,
        OS_TASK_OPT_STK_CHK + OS_TASK_OPT_STK_CLR);
(4) void Task_Zigbeein(void *ppdata)
{
  ppdata = ppdata;
  while(1)
  {
    OSMboxPend(ZigBee_Mbox, 0, &err);
    data_process();
    OSSemPost(Screen_Sem);
    OSMboxPostOpt(Gprs_Mbox, NULL, OS_POST_OPT_BROADCAST);
  }
}
```

15.7　Android 智能终端语音控制

15.7.1　协议说明

（1）接收来自主板的数据。收到的字符串的形式为：

```
"%d,%d:%d,%d,%d,%d,%d,%d,%d,%d,%d,%d,%d:%d,%d,%d,%d,%d,%d,%d:"
```

对字符串进行解析，用"："进行拆分，字符串代表的含义为："命令类型，0xFF:温度，湿度，磁门状态，ADC 高 8 位，ADC 低 8 位，烟雾高 8 位，烟雾低 8 位，三轴的 X 轴，Y 轴，Z 轴，光敏值：灯光状态，左窗状态，右窗状态，电视状态，窗帘状态，风扇状态，蜂鸣器状态"。

（2）在每次发送控制命令之后，会接收到来自主板的返回信息，形式同上。

Android 智能终端在与系统建立连接之后，使用定时器每隔 1s 向系统发送获取数据的命令。在终端收到数据之后，根据收到的数据进行界面上状态的修改。在发生用户单击事件后，终端会将命令附加到命令包中并发送给系统，系统根据命令类型控制执行单元并进行系统状态的修改。在终端退出应用程序时，发出断开网络的命令。

（3）命令类型说明。

0x2	//风扇 1 挡
0x3	//风扇 2 挡
0x4	//风扇 3 挡
0x5	//关闭风扇
0x6	//打开左窗
0x7	//关闭左窗
0x8	//打开右窗
0x9	//关闭右窗
0xa	//打开电视
0xb	//关闭电视
0xc	//打开窗帘
0xd	//关闭窗帘
0xe	//打开灯
0xf	//关灯
0x10	//打开蜂鸣器
0x11	//关闭蜂鸣器
0x30	//发送当前状态
0x40	//断开 Wi-Fi

15.7.2　流程分析

Android 部分使用流程如图 15-44 所示。

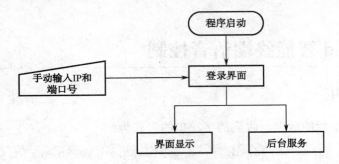

图 15-44　Android 智能家居流程图

程序启动界面如图 15-45 所示。

图 15-45　智能家居登录界面

单击"登录"按钮，将 IP 和端口号记录保存。

开启两个线程去异步启动界面和后台服务：

```
new Thread(new Runnable() {
                    public void run() {
                        // TODO Auto-generated method stub
                        Intent intent = new Intent(getApplication(),
                            HomeLinkClientActivity.class);
                        startActivity(intent);
                    }
                }).start();
new Thread(new Runnable() {
                    public void run() {
                Intent intentService = new Intent(getApplication(),
                        HomeLinkService.class);
                        startService(intentService);
                    }
                }).start();
```

智能家居后台服务的启动流程如图 15-46 所示。

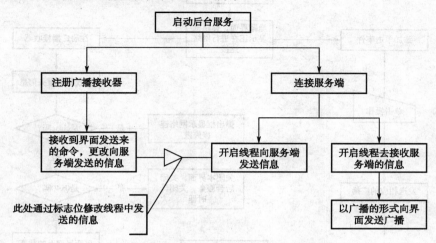

图 15-46　智能家居后台启动流程图

后台服务先将休眠状态取消：

```
//得到电源管理器
PowerManager pm = (PowerManager) getSystemService("power");
    //得到休眠锁，设置为不休眠 CPU
wl = pm.newWakeLock(PowerManager.FULL_WAKE_LOCK, this.getClass()
        .getCanonicalName());
    wl.acquire();
```

然后注册广播接收器：

```
private void register() {
    IntentFilter ifilter = new IntentFilter();
    ifilter.addAction("cn.com.farsight.HomeLinkService");
    sb = new ServiceBroad();
    registerReceiver(sb, ifilter);
}
```

开启一个线程去连接服务器，见 openSocket()；开启两个线程，一个接收服务端发送来的消息，见 receiveMsg()，另一个向服务端每 1s 发送一次指令，见 sendMsg()；后台服务的广播接收器接收到界面发送的信息，将其赋给全局变量，通过向服务端发送信息的进程，将控制命令发送出去，如图 15-47 所示。

界面启动，隐藏界面弹出对话框：

```
ad = new AlertDialog.Builder(this).setTitle("正在进行网络连接")
        .setMessage("请静心等待").create();
    ad.show();
```

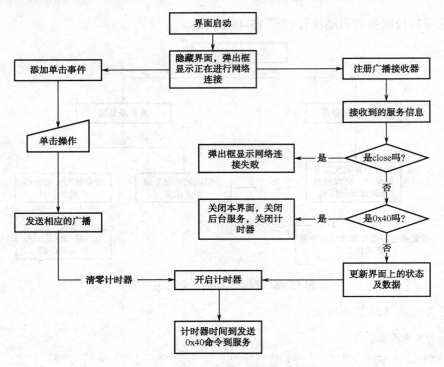

图 15-47 Android 部分信息处理流程图

注册广播接收器，见 registerBroad()；添加单击事件，见 init_click()；单击事件，见 class MyOnClick implements OnClickListener；广播接收器接收来自后台服务的信息进行解析，见 class HomeLinkBroad extends BroadcastReceiver；接收到信息后开启一个线程计时器，在 200s 内没接收到指令，自动断开连接，即发送 0x40 命令。

```
new Thread(new Runnable() {
                        @Override
                        public void run() {
                            // 设置时间，为单击事件超时的时间，单位为秒
                            while (myTimer < 200) {
                                myTimer++;
                                Log.d("activity 的计时器", "计时器的时间：  " +
myTimer);
                                try {
                                    Thread.sleep(1000);
                                } catch (InterruptedException e) {
                                    // TODO Auto-generated catch block
                                    e.printStackTrace();
                                }
                            }
                            // 超时后向后台服务发送关闭连接的命令
                            char c = 0x40;
                            sendCmd(c);
                        }
                });
```

解析更新界面见 updateUI(String s)；更新界面上按钮状态 updateImageView(String[] s_init)；更新界面上的数据 updateTextView(String[] temp_humi)。

15.7.3　语音控制操作

Android 智能终端的控制可以通过触摸和语音两种方式完成，在这里以开灯为例详细介绍关于语音控制的具体操作流程。

设置好 IP 和端口号，单击"登录"按钮，进入如图 15-48 所示的智能家居主界面。

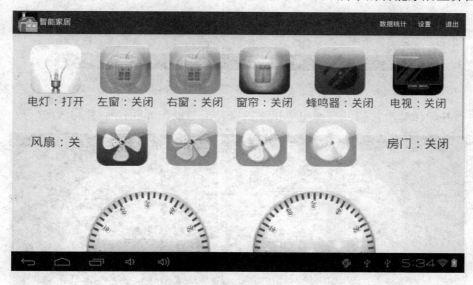

图 15-48　智能家居主界面

向下滑动触摸屏，进入如图 15-49 所示的语音话筒界面，话筒为进入语音模式的按键。

图 15-49　语音话筒界面

单击话筒图标，进入智能家居语音控制指令介绍界面，如图 15-50 所示，图 15-50 中给出了指令集，即我们要说的内容：开左窗："打开左窗"，"打开左边窗户"都可以执行"开左窗"，语音识别是以词组进行检索的，类似的"关电视"、"关闭电视"和"关闭电视机"，都执行"关电视"操作。

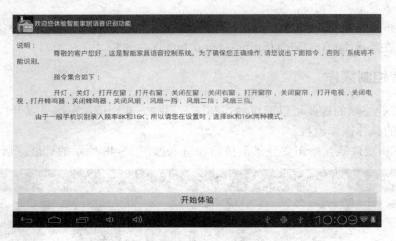

图 15-50　智能家居语音控制指令介绍界面

单击"开始体验"按钮，会弹出"讯飞语音使用帮助"界面，如图 15-51 所示。

图 15-51　"讯飞语音使用帮助"界面

单击"知道了"按钮，进入录音界面，如图 15-52 所示。

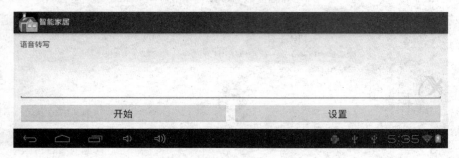

图 15-52　录音界面

　　单击"开始"按钮，进入语音录入环节，在录入过程中出现不识别或超时，可重新录入，录音过程中，发出"开灯"的指令，如图 15-53 所示。

图 15-53　录音过程

录入完毕后，单击"说完了"按钮，语音转写，会显示录入的具体内容——开灯。同时可以看到执行板播报"开灯"的语音，如图 15-54 所示。

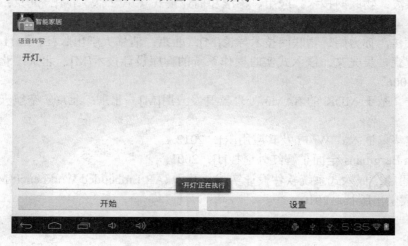

图 15-54　显示录音内容

至此，完成一次语音控制：开灯。

参考文献

[1] 李佳，周志强．物联网技术与实践——基于 ARM Cortex-M0 技术[M]．北京：电子工业出版社，2012．

[2] 陈瑶，李佳，宋宝华．Cortex-M3+μC/OS-II 嵌入式系统开发入门与应用[M]．北京：人民邮电出版社，2010．

[3] Jean J.Labrosse．邵贝贝等译．嵌入式实时操作系统μC/OS-II[M]．北京：北京航空航天大学出版社，2008．

[4] Joseph Yiu．宋岩译．ARM Cortex-M3 权威指南[M]．北京：北京航空航天大学出版社，2008．

[5] 周洪波．物联网技术、应用、标准和商业模式（第 2 版）[M]．北京：电子工业出版社，2011．

[6] 王汝传，孙力娟．物联网技术导论[M]．北京：清华大学出版社，2011．

[7] 周航瓷，吴光文．嵌入式实时操作系统的程序设计技术[M]．北京：北京航空航天大学出版社，2006．

[8] 李宁．基于 MDK 的 SAM3 处理器开发应用[M]．北京：北京航空航天大学出版社，2010．

[9] 沈建华．嵌入式 Wi-Fi 及其应用[R]．2012.4

[10] San Bergmans 全面了解红外遥控[J]．2001．

[11] 唐思超．嵌入式系统软件设计实战：基于 IAR Embedded Workbench[M] ．北京：北京航空航天大学出版社，2010．

读者意见反馈表

尊敬的读者:

感谢您购买本书。为了能为您提供更优秀的教材,请您抽出宝贵的时间,将您的意见以下表的方式(可从 http://www.hxedu.com.cn 下载本调查表)及时告知我们,以改进我们的服务。对采用您的意见进行修订的教材,我们将在该书的前言中进行说明并赠送您样书。

姓名:_____ 电话:_____

职业:_____ E-mail:_____

邮编:_____ 通信地址:_____

1. 您对本书的总体看法是:

　□很满意　　□比较满意　　□尚可　　□不太满意　　□不满意

2. 您对本书的结构(章节):　□满意　□不满意　改进意见_____
_____
_____

3. 您对本书的内容:　　□满意　□不满意　改进意见_____
_____
_____

4. 您对本书的习题:　　□满意　□不满意　改进意见_____
_____
_____

5. 您对本书的实训:　　□满意　□不满意　改进意见_____
_____
_____

6. 您对本书其他的改进意见:

_____
_____
_____

7. 您感兴趣或希望增加的教材选题是:

_____
_____
_____

请寄:100036　北京市万寿路 173 信箱高职教育分社　收

电话:010–88254015　　　E-mail:wangzs@phei.com.cn

反侵权盗版声明

电子工业出版社依法对本作品享有专有出版权。任何未经权利人书面许可，复制、销售或通过信息网络传播本作品的行为，歪曲、篡改、剽窃本作品的行为，均违反《中华人民共和国著作权法》，其行为人应承担相应的民事责任和行政责任，构成犯罪的，将被依法追究刑事责任。

为了维护市场秩序，保护权利人的合法权益，我社将依法查处和打击侵权盗版的单位和个人。欢迎社会各界人士积极举报侵权盗版行为，本社将奖励举报有功人员，并保证举报人的信息不被泄露。

举报电话：（010）88254396；（010）88258888

传　　真：（010）88254397

E-mail：　dbqq@phei.com.cn

通信地址：北京市万寿路 173 信箱

　　　　　电子工业出版社总编办公室

邮　　编：100036